쉽게배우는

열역학

정구섭 · 정용욱 지음

GS인터비전

머 리 말

열역학은 기계공학 및 관련학과에서 중요한 필수 교과목이지만 공부하는 학생들에게는 어렵게 인식되어 왔다. 이는 열적인 대상물질의 열과의 관계나 에너지의 상호교환 등이 추상적이고 상상을 요구하는 경우가 많고, 복합적으로 수학적 지식과 물리학적 지식이 요구되므로 초보 공학도들에게는 비교적 이해하기 힘든 교과목으로 다가오는 것이 현실이다.

하지만, 공업열역학은 기계공업분야에서 열에너지와 관계되는 열기관, 냉동기, 공조기기, 가스터빈, 화력발전소, 원자력발전소 등 열공학의 기초학문으로서 우리 일상생활과 밀접하게 연관되어 있는 학문이다. 또한 열역학은 모든 자연현상에서 열역학의 기본법칙을 올바르게 인식함으로써 새로운 기술의 발전과 개발에 있어서 문제해결을 위한 전문지식을 부여해 주는 데도 매우 중요한 학문이기도 하다.

본 교재는 필자가 대학에서 20여년간 열역학을 강의해오면서 경험을 바탕으로 학생들이 보다 알기 쉽게 열역학의 기본원리부터 그 응용에 이르기까지 열역학을 공부하는 공학도에게 꼭 필요한 내용을 수록하였다. 또한 기초를 단단히 하기 위해 기초적인 개념과 공식을 상세하고도 알기 쉽게 기술하여 열역학 입문 교재로 적합하도록 편찬하였다.

내용을 이해하는데 사용되는 단위는 국제표준단위인 SI단위로 기술하였고, 각 장마다 예제와 연습문제를 다룸으로써 본문 내용에 대한 이해와 응용능력을 높이고자 애썼다.

필자는 독자여러분에게 보다 쉽고 알찬 내용으로 엮고자 노력하였으나 미비한 점이나 오류가 다수 있을 것으로 생각되므로 서슴없는 지도와 편달을 바라며, 계속적인 보충과 보완을 해 나갈 것임을 약속하는 바이다.

끝으로 본서를 엮음에 있어서 많은 인용문헌 저자 제현에게 많은 관용 있으시기를 바라며 또한 애심으로 감사를 드립니다. 또한 교재출판에 도움을 주신 도서출판 GS인터비전 임직원여러분, 집필기간 중 조언과 격려를 해주신 여러 선생님과 산업체 인사께 깊은 감사를 드립니다.

2020년 2월

상문골 내연기관연구실에서 저자 씀

차 례

Chp. 1 ≫ 열역학의 기초

Chp. 2 ≫ 열역학 제1법칙

Chp. 3 완전가스

Chp. 4 열역학 제2법칙과 엔트로피

Chp. 5 가스동력 사이클

Chp. 6 증기(실제가스)

Chp. 7 증기 동력 사이클

Chp. 8 냉동 사이클

CHAPTER 01

열역학의 기초

1.1 열역학의 개요

물리학적으로 에너지는 일을 할 수 있는 능력을 나타내며 다른 형태로 변화될 수 있다. **열(熱)**이란 온도가 높은 상태에서 온도가 낮은 쪽으로 이동하는 에너지의 흐름을 말한다. 열과 에너지는 서로 밀접한 관계가 있으며, 열역학(熱力學)은 열과 에너지에 대하여 연구하는 학문으로 특히, 기계공학의 발전을 견인해 왔다. 열역학은 물체에 열을 가하거나 혹은 열을 방출시켰을 때 일어나는 물체의 물리적인 관계를 연구하는 학문으로, 어떤 물질이 열(熱)에 의하여 한 형태로부터 다른 형태로 변화할 때 일어나는 상호관계를 연구하는 학문이다.

열역학(thermodynamics)은 열(thermo)과 동력(dynamics)의 합성어로서 열과 역학적 일의 기본적인 관계를 바탕으로 열 현상을 비롯해서 자연계 안에서 에너지의 흐름을 통일적으로 다루는 물리학의 한 분야이다. 열에너지를 기계적인 에너지로 전환시키는 과정이나 사이클을 이용하여 경제성 및 효율성을 추구하는 경험법칙에 기초를 두고 있다. 여기서 **에너지**(energy)란 어느 상태에서 물리적 변화나 화학적 변화가 생길 때 주위에 대하여 일을 할 수 있는 능력 또는 변화를 일으킬 수 있는 능력을 말한다. 열역학에서 주로 다루게 되는 에너지는 다음과 같다. 위치에너지, 운동에너지, 내부에너지, 유동에너지, 화학적에너지, 원자력에너지 등과 같이 열역학적 계(係)에 저장되는 에너지와 열(heat)과 일(work)과 같은 이동하는 에너지로 나눌 수 있다.

열역학에서 물질(matter)의 성질과 거동을 규명함에 있어서 온도와 압력 등의 직접 측정이 가능한 양을 대상으로 이들의 관계 및 변화에 대해서 고찰하는 **거시적**(macroscopic)인 방법과 그 물질을 분자 및 원자의 집합체로 생각해서 이들의 무수한 미립자의 불규칙적인 운동을 통계적인 방법에 의해 해석하는 **미시적** (microscopic)방법이 있다. 이처럼 열역학은 크게 거시적 바탕을 둔 고전열역학과 미시적 바탕을 둔 통계열역학으로 나눌 수 있다. 또한 응용분야에 따라서 공업열역학, 화학열역학, 금속열역학 등으로 분류한다. 우리가 여기서 다루고자 하는 것은 **공업열역학**으로 물질을 구성하는 분자들의 개개의 상태를 논하는 미시적구조가 아닌 물질의 상태를 결정하는 압력, 온도, 체적 등과 같은 거시적이고 직접측정이 가능한 양을 대상으로 다루고자 한다.

공업열역학은 특히 우리 일상생활에서 가장 유용하게 이용하고 있는 기계장치인 자동차를 비롯하여 항공기, 선박, 열차의 동력발생장치에서부터 가정용 냉장고, 공기조화기, 가열장치 등의 냉·열설비, 산업체에서 사용되고 있는 각종 에너지 이용장치, 열 설비의 성능해석, 시스템의 성능 향상 등에 이르기까지 응용 분야는 매우 넓다. 또한, 열과 에너지에 관련된 분야로는 화염의 구조와 연소 불안전성 및 오염물질 저감 등을 연구하는 연소공학 분야, 전도 · 대류 · 복사를 기반으로 하는 열전달 분야 등이 있다. 또한 열교환기는 고온부와 저온부의 열교환이 잘 일어나게 하는 기구로서 증발기 및 응축기, 지중 열교환기, 차량용 열교환기, 히트 파이프 등 다양한 분야에서 연구가 진행되고 있다. 표 1.1은 열역학 응용분야를 나타낸 것이다.

[표 1.1 열역학 응용분야]

응용 분야	주요 장치 및 기계
증기원동소	보일러, 증기터빈, 증기 원동소 사이클, 화석 연료 및 핵연료 발전소
연소기관	자동차용 기관(가솔린기관, 디젤기관, 가스기관, 로터리 기관), 가스터빈, 제트기관, 선박용기관, 로켓기관
냉동 및 공기조화	냉동장치 및 냉동기, 공기조화기, 가습 및 감습기, 저온 장치, 가스분리 및 액화장치, 열펌프
직접 에너지 변환	연료전지, 열전 냉동기 및 열전 발전기
지열발전	연수 또는 지하 천연 증기 이용 발전 장치
태양에너지	태양 에너지 발전, 태양 에너지 난방 장치
그 밖의 응용 분야	가스액화, 가스분리장치, 조력발전, 풍력발전, 생물 의학용 장치

그림 1.1 자동차 엔진은 열을 역학적 에너지로 변환하는 열기관의 일종이다.

1.2 열의 본질

열(熱)은 따뜻한 정도가 서로 다른 두 물체가 접촉했을 때 높은 온도의 물체에서 낮은 온도의 물체로 이동하는 에너지의 흐름을 말한다. 열은 에너지의 한 형태이기 때문에 일로 변할 수 있으며, 반대로 일이 열로 변화될 수도 있다. 손바닥을 빠르게 비비면 열이 발생하는데, 이는 역학적 에너지(운동에너지)가 마찰에 의해 열에너지로 바뀐 것이다. 자동차에 쓰이는 엔진은 열에너지를 역학적 에너지인 운동에너지로 변화시킨다. 이외에 위치에너지나 전기에너지와 같은 다른 형태의 에너지가 열로 변하는 경우도 존재한다. 따뜻한 물체와 차가운 물체를 접촉시키면 따뜻한 물체의 온도는 점점 내려가고, 차가운 물체의 온도는 점점 올라간다. 이는 따뜻한 물체에서 차가운 물체로 열이 이동하였기 때문이며, 이러한 열의 이동을 열전도라 한다. 시간이 지나서 두 물체의 온도가 같아지면 더 이상 열은 이동하지 않는다. 이를 **열평형상태**라고 한다.

인류가 열을 이용해온 역사는 수만 년이 넘지만 열을 다루는 기술을 비약적으로 발전시키게 된 것은 비교적 최근의 일이다. 온도계가 처음 등장한 것이 불과 400년 전이었으며, 인류가 열의 본질을 이해하고 제어할 수 있게 된 것은 채 200년도 되지 않는다.

열은 고온의 물체에서 저온의 물체로 이동하는 에너지의 일종이지만 그의 본질에 대해서는 여러 가지 설(說)이 있었다. 과학자들은 근세에 이르기까지도 열의 정체를 제대로 파악하지 못하고, 19세기 중반에 이르러서도 열은 더운 곳에서 찬 곳으로 흐르는, 눈에 보이지 않는 유체인 **열소**(熱素,caloric)로 이루어졌다고 생각하였다. 그리고 열소는 생성되거나 소멸되지 않고 보존된다고 생각하였다. 이 열소는 한 물체에서 다른 물체로 자유로이 이동할 수 있으며, 물체의 온도는 이 열소를 얻으면 높아지고, 잃으면 낮아진다는 것이다. 하지만 이 **열소설**(熱素說)은 열에 대한 일반적인 개념은 어느 정도 설명할 수 있으나 마찰이나 충돌에 의한 온도의 상승이나 열의 발생 등에 대해서는 설명 할 수 없었다.

그림 1.2 제임스 줄
(James Prescott Joule, 1818-1889,
열과 일의 등가법칙을 발견)

그 후 열은 일과 동등한 에너지의 한 형태이며 일과 본질상으로 다를 바가 없다는 것을 확증하는데 중요한 공헌을 한 사람은 영국의 물리학자 제임스 줄(James Prescott Joule, 1818-1889, 열과 일의 등가법칙을 발견)이다. 예를 들어 망치로 못을 계속 두들기면 못이 뜨거워지는데, 이것은 망치가 못에 한 일이 계의 내부로 에너지를 전달하여 온도가 올라가게 만든 것이다.

Joule은 역학적인 일이 열로 바뀌는 것을 보여주었을 뿐 아니라 실험 장치를 고안하여 열의 일 해당량을 측정하였다. 현재 정확한 열의 일 해당량(열의 일당량)은 1 칼로리(cal)=4.186 줄(J)이다.

따라서 오늘날 **열은 일과 마찬가지로 에너지의 다양한 형태의 하나이며, '고온의 물체에서 저온의 물체로 온도 차이 때문에 흐르는 에너지'**로 정의된다. 열의 본질이 에너지인 것이 밝혀지면서 열소이론은 사라지게 되었고, 열소가 보존된다는 개념 대신 에너지가 보존된다는 에너지 보존법칙(열역학 제1법칙)이 확립되게 되었다.

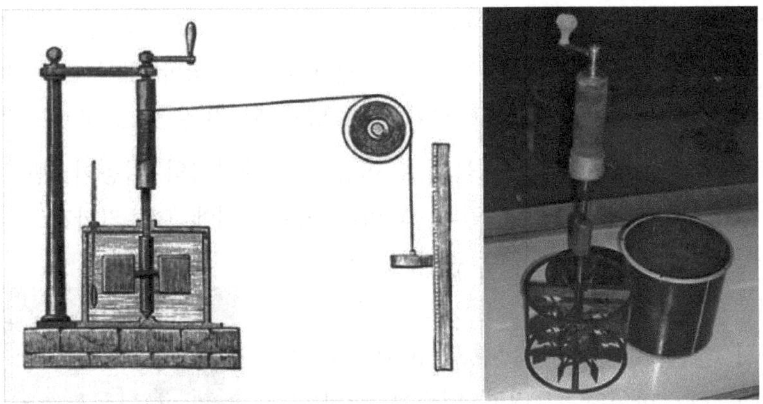

그림 1.3 열의 일 해당량을 측정하기 위한 Joule의 실험 장치.

양쪽에 매달린 추의 중력 위치에너지가 운동에너지로 바뀌고 다시 통 속의 물을 휘저어서 물의 온도가 올라간다.

열역학에는 4가지 근본법칙이 있다

① 열역학 제1법칙은 에너지 보존법칙이다.

이것은 열을 포함한 에너지 보존법칙으로, 고립된 계의 에너지는 일정하다는 것이다. 에너지는 다른 형태로 전환될 수 있지만 생성되거나 파괴될 수는 없다. 열역학적 의미로는 내부에너지의 변화가 공급된 열에 일을 빼준 값과 동일하다는 말이다. 열역학 제1법칙은 열이 관계되는 수많은 자연현상들을 모두 설명할 수 있다.

② 열역학 제2법칙은 엔트로피 증가의 법칙이다.

엔트로피는 무질서한 정도를 나타내는 척도로서 에너지가 쓸모없는 형태로 바뀐다는 것으로, 열기관의 효율의 한계와 자연계에서 일어나는 열 흐름의 방향을 설명한다.

③ 열역학 제3법칙은 절대 0도(0K)에 도달할 수 없다는 것이다.

0K는 모든 입자들이 운동 에너지가 0이 되고, 엔트로피도 0이 되는 특별한 점이다. 하지만 0K에 도달하는 것이 불가능하므로 이러한 일은 일어나지 않는다는 사실을 설명한다.

④ 열역학 제0법칙은 열적 평형 상태를 설명하는 법칙이다.

어떤 계의 물체 A와 C가 열적 평형상태에 있고, B와 C가 열적 평형상태에 있으면, A와 B도 열평형상태에 있다. 즉, A=C, B=C이면 A=B라는 것으로, C를 온도계라 생각하면 이 법칙은 온도측정의 기초가 된다. **열역학 제0법칙은 열평형 법칙 또는 온도계 원리**라고 할 수 있다. 이 법칙은 기본적으로 인지되었던 것이나 열역학 제1, 2, 3법칙이 확립된 이후에 제기되었기 때문에 0법칙이 되었다.

유의할 점은 열역학 법칙들은 한 가지 표현만 있는 것이 아니라는 것이다. 각각의 열역학 법칙들은 여러 가지 다른 형태로 기술될 수 있다. 하지만 이들은 본질적으로 동등하다. 또 다른 유의할 점은 열역학 법칙은 상당히 일반적인 법칙이라는 것이다. 다시 말해 열역학 법칙은 계의 내적 변화와 상관없는 계 전체에 대한 법칙으로 관찰하는 대상이나 물질 사이의 상호작용에 상관없이 성립한다. 열역학 법칙은 관찰하는 계와 둘러싼 환경 사이에 에너지와 물질 교환이 평형을 이룰 경우에 항상 적용할 수 있다.

1.3 열역학적 계

열역학은 물질과 에너지 사이의 상호작용 및 변환을 다루는 것으로 에너지 변환에 이용되는 물질이 있어야 한다. 어떤 물질이나 공간의 물리적, 화학적 현상을 해석하기 위해서는 우선 계(系, system)를 설정해야 한다. **계**(system)는 해석을 목적으로 관심을 두고자 하는 정해진 어떤 양의 물질이나 공간으로 정의한다. 계는 일정량의 물질과 공간을 포함해야 한다. 계의 외부에 있는 부분을 **주위**(surroundings)라고 하고 계와 주위와 구획하는 부분을 **경계**(boundary)하고 이때 경계 안을 **계**(system)라고 한다.

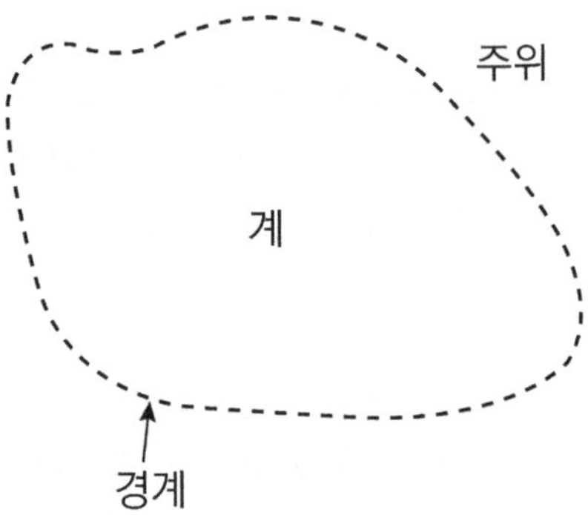

그림 1.4 계, 경계와 주위

계는 밀폐계(closed system), **개방계**(open system), **고립계**(isolated system)로 나누어 질수 있다.

밀폐계는 계 내의 동작물질이 계의 경계를 통하여 주위로 이동할 수는 없으나 열이나 일 등의 에너지는 이동할 수 있는 계로 비유동계(非流動係 ; nonflow system)라고도 한다. 예를 들면 쭈글쭈글한 고무공을 뜨거운 물속에 넣으면 팽팽하게 만들어진다. 이때 물속의 열에너지가 공속에 전달되어 공기의 압력이 높아져 팽팽해지지만 경계 내의 물질은 처음과 동일한 물질이며 양도 변하지 않는다. 또 다른 예로 그림 1.5(a)에서 실린더 내의 가스를 밑면으로부터 가열하는 경우 가스(동작물질)가 가열됨에 따라 그 온도가 상승하게 되어 경계는 위로 올라가게 된다. 이처럼 열이나 일 등의 에너지는 경계를 통과 수 있으나 물질은 경계를 통과할 수 없으며 처음과 동일한 물질이며 양도 변하지 않는다. 다만 체적은 변화가 가능하기 때문에 경계는 움직일 수 있다.

동작물질(動作物質, working substance)이란 작업유체라고도 하며 에너지를 저장하거나 운반하는 물질이다. 예를 들면 자동차 엔진에서는 혼합기(혹은, 연소가스), 증기터빈에서는 증기, 냉동 사이클에서는 냉매가 곧 동작물질이다.

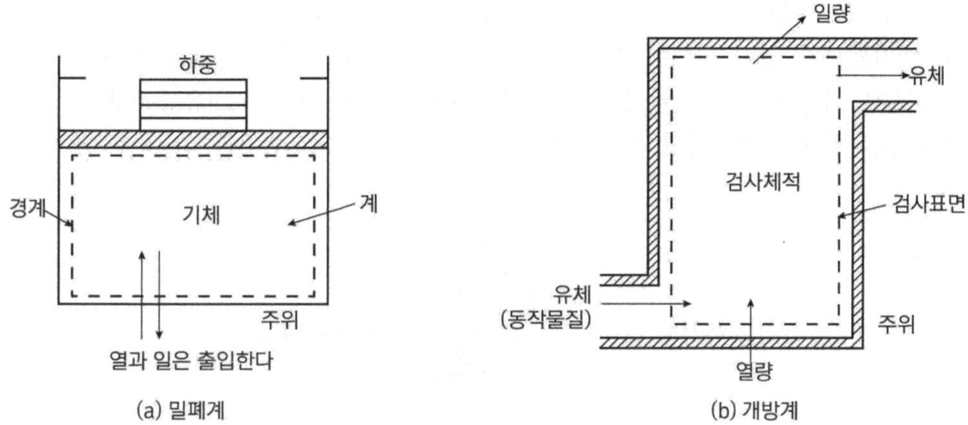

그림 1.5 밀폐계와 개방계

개방계는 동작물질이 계의 경계를 통하여 주위로 이동하고, 열이나 일 등 에너지의 이동이 있는 계이다. 유동계(流動係 ; flow system)라고도 한다. 예를 들면 고무물총을 들 수 있다. 물총의 손잡이 부분의 물주머니를 손으로 누르면(일에너지 유입) 누르는 힘에 따라 물총구로 물이 분사된다. 이때 총구 입구로 들어오는 물의 압력에 따라 대기로 분출되는 총구 출구의 물의 속도를 해석하고자 한다면, 물이 유입되어 분사되어 나가는 물의 통로를 계로 설정할 수 있다. 이 경우는 계가 물질이 아니고 공간이 된다. 앞서 계는 해석을 하고자 하는 물질이나 공간으로 정의하였다. 이 때 개방계에서 경계에 의해서 구별되는 체적을 **검사체적**(control volume)이라고 하고, 검사체적의 경계를 **검사표면**(control surface)이라고 한다. 그림 1.5(b)는 개방계를 나타내고 있으며 경계를 통하여 물질과 일과 열이 이동되는 것을 보여준다. 개방계는 자동차엔진, 가스터빈, 제트기관, 펌프 등의 예를 들 수 있다.

고립계란 계의 경계를 통해서 물질이나 에너지의 이동이 전혀 없는 계이다. 주위와 아무런 상호작용을 하지 않으며 **절연계(絶緣係)**라고도 한다. 따라서 계 내의 동작물질, 즉 물체는 고정되어 있고 에너지가 경계를 통하여 이동하지 않으므로 열역학 문제로는 잘 취급되지 않는다.

그림 1.6은 자동차엔진의 4행정 사이클을 하는 실린더이다. 여기서 흡기밸브가 열리고 배기밸브가 열린 상태는 개방계로 해석하고, 닫힌 상태는 밀폐계로 해석할 수 있다. 밀폐계, 개방계의 결정은 장치에 의한 것이 아니라, 물질을 비유동계로 보는가, 유동계로 보는가에 결정된다고 할 수 있다.

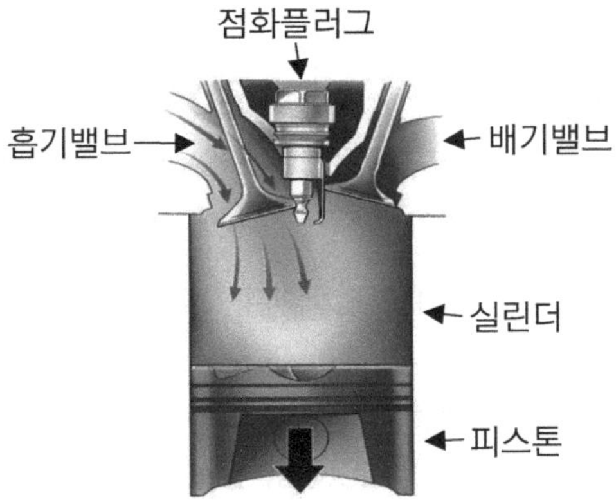

그림 1.6 밀폐계와 개방계의 결정

1.4 상태량과 상태변화

1.4.1 상태량

열역학에서 취급하는 양은 상태량과 상태량이 아닌 양으로 분류한다. **상태량(狀態量, property)**이란 온도, 압력, 체적, 질량, 내부에너지, 엔탈피, 엔트로피 등과 같이 열역학적 계의 상태를 규정하는 물리량을 말한다. 상태량은 계를 구성하는 입자들 간의 열역학적 평형이 이루어져 있다는 의미를 내포한다. 상태량이 아닌 양의 예는 일이나 열에너지를 들 수 있다.

여기서 **상태**(state)란 특정한 시간에서 계의 물리적, 화학적 특성을 의미한다. 상태량은 성질(property)이라고도 하며 계의 현재 상태만으로 정해진 양이며, 과거에 어떤 과정을 거쳐서 현재 상태까지 도달되는 경력에는 무관한 양(quantity)이다. 따라서 상태량은 수학적으로 **점함수**(point function)의 특성을 갖는다. 반면에 열이나 일 등의 에너지는 상태량이 아니며 과정이나 경로에 따라 값이 결정되므로 **경로함수** 또는 도정함수(path function)라 한다.

상태량은 **강도성 상태량**(intensive property)**과 종량성 상태량**(extensive property)으로 나눌 수 있다. 강도성 상태량은 물질의 질량에 무관한 상태량으로, 나누어도 변화가 없는 상태량을 말한다. 압력, 온도, 비체적, 밀도 등이 해당 된다. 가령, 어떤 계를 2등분하였을 때 각 부분의 질량은 전체 계의 질량의 1/2이 된다. 이 경우 압력이나 온도는 전체 계의 압력이나 온도와 같지만, 체적은 전체 계의 체적의 반이 된다. 종량성 상태량은 물질의 양(질량)에 비례하는 상태량으로 나누면 변화가 있는 상태량이다. 질량의존성 상태량이라고도 한다. 질량, 체적, 내부에너지, 엔탈피, 엔트로피 등이 여기에 속한다.

계 내의 동작유체가 한 상태에서 다른 상태로 옮겨지는 것을 상태변화(change of state)라고 하며, 계의 연속적인 상태변화의 도정을 **과정**(process)이라고 한다. 그리고 과정 중에는 처음상태로부터 상태변화가 일어나 최종상태가 처음상태로 다시 돌아오는 경우가 있는데 이 과정을 **사이클**(cycle)이라고 한다. 앞으로 다루게 될 계의 여러 가지 과정 중 온도가 일정하게 유지되는 등온과정, 압력이 일정하게 유지되는 등압과정, 체적이 일정하게 유지되는 정적과정, 외부와 열 및 물질의 출입이 차단된 채로 변화하는 단열과정 등이 있다.

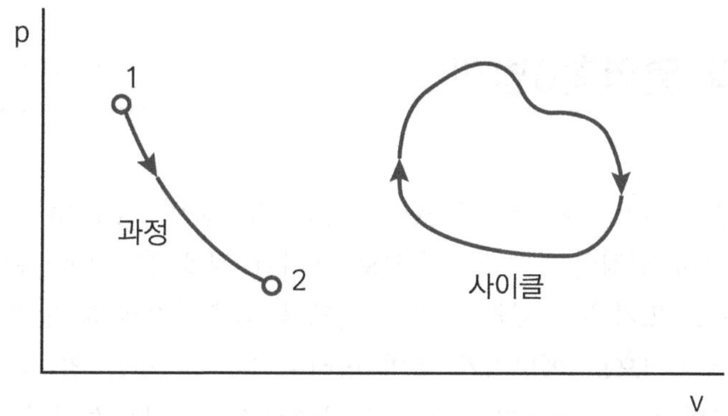

그림 1.7 과정과 사이클

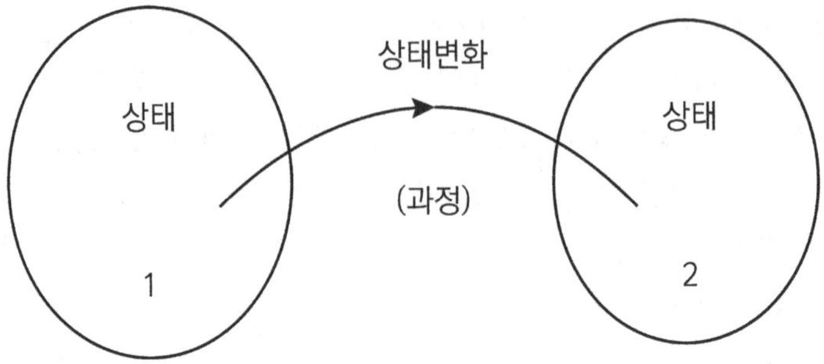

그림 1.8 상태변화

1.4.2 평행상태

평형상태(平衡狀態,equilibrium state)란 계의 상태가 시간적으로 불변이고 어떠한 유동상태도 일어나지 않을 때의 상태를 의미한다. 보통 밀폐계에서 평형상태가 되기 위하여서는 계와 주위의 강도성 상태량의 차이가 없어야 한다. 즉, 계와 주위의 온도가 같을 때에는 열평형(熱平衡, thermal equilibrium)이 되었다고 하고, 힘 또는 압력이 같을 때에는 역학적 평형(力學的平衡, mechanical equilibrium)이 되었다고 한다. 또 화학적 조성이 같을 때에는 화학적 평형(化學的平衡, chemical equilibrium)이 되었다고 한다. 이 세 가지가 모두 만족되었을 때 우리는 열역학적 평형상태(thermodynamic equilibrium)라고 한다.

1.5 온도와 열역학0법칙

온도의 개념은 우리의 경험에 비롯한 뜨겁고 차가움의 정도이다. 이러한 뜨겁거나 차다는 것을 누구나 인정할 수 있는 수치로 표시한 것을 온도(temperature)라고 한다. 우리는 경험적으로 뜨거운 물체와 차가운 물체를 접촉시키게 되면 뜨거운 물체로부터 차가운 물체로 자발적으로 에너지가 열의 형태로 흐르는 것을 알 수 있다. 따라서 온도의 개념은 "자발적으로 에너지를 밖으로 배출하려고 하는 성질의 정도" 이며, 편의

상 온도가 높을수록 에너지를 많이 방출하려고 하는 성질이 크다. 또한 이 온도를 측정하여 수량적으로 나타내는 계측장치를 온도계(thermometer)라 한다. 따라서 온도란 열에너지의 강도를 온도계로 측정한 결과이다.

열역학 제 0법칙은 "계(系)의 물체 A와 C가 열적 평형상태에 있고 B와 C가 열적 평형상태에 있으면, A와 B도 열평형상태에 있다는 법칙"이다. 이 법칙은 온도측정의 기초가 되고 열역학의 기본적 출발점이 된다. 여기서 C를 온도계라 생각하면 된다. 이는 앞서 말한 온도의 개념을 생각해 본다면 온도, 즉 "자발적으로 에너지를 밖으로 배출하려고 하는 성질의 정도"가 외부에 접촉한 계와 상관없이 독립적인 물리량으로 존재함을 알 수 있다. 따라서, 우리는 기준이 되는 계 몇 개를 정하고 다른 계들을 그 계와 접촉시켜 열이 흐르는 방향을 봄으로써 계의 온도의 상대적인 높낮음을 알 수 있다. 이러한 상대적인 높낮음을 절대 온도(K)나 섭씨 온도(°C)와 같이 기준을 만들어 정한다면 어떠한 계의 온도는 그 기준 내에서 이론적으로 정의가 된다. 온도의 기준과 온도에 따른 부가적인 성질들(알코올의 부피증가, 흑체복사 등)을 통해서 온도계를 만들 수 있고, 온도의 일반적인 정의는 "정해진 온도의 기준에 의하여 만들어진 온도계에서 측정되는 값"이라고 할 수 있다.

온도계의 원리는 물질의 열팽창, 전기저항, 기전력 등 각종 물리적 성질을 이용하여 물체의 물리적 상태가 온도의 변화에 따라 연속적으로 변하는 것을 이용한다. 대부분의 물질들은 온도가 증가하면 체적이 증가하는데, 이와 같은 성질을 이용한 온도계가 수은온도계나 알코올 온도계이다. 또한, 구리와 같이 도체인 물질은 온도가 증가하면 전기저항이 증가하는데, 이와 같은 성질을 이용한 온도계가 전기저항 온도계이다.

비접촉식 온도계로 복사 온도계를 들 수 있다. 고온체에서 나오는 복사선이 물체의 성질뿐 아니라, 그 온도에 의해서 결정된다는 것을 이용한 온도계이다. 고온체의 복사를 수열판(受熱板)에 모아 그 온도를 측정함으로써 간접적으로 고온체의 온도를 판정하는 복사고온계, 복사선 중 가시광선(可視光線)의 휘도로 온도를 판정하는 광온도계, 광전관을 사용하여 고온체에서 복사를 광전류로 바꾸어 온도를 판정하는 광전관온도계, 상온이나 저온도 측정할 수 있는 적외선온도계 등이 있다. 그 어느 것이나 대상 물체에 직접 닿지 않아도 온도를 잴 수 있다는 이점이 있으므로 공업 방면 등에서 널리 사용된다.

온도계는 온도 측정 방식에 따라 표 1.2와 같이 분류할 수 있다.

[표 1.2 측정원리에 의한 각종 온도계]

측정방법	물리적 성질		온도계의 종류
접촉식	열팽창	고체	금속봉의 팽창, 금속코일, 바이메탈
		액체	수은온도계, 알코올온도계
		기체	수소, 헬륨, 질소 등의 가스온도계
	열기전력의 변화		열전대(thermocouple)
	전기저항의 변화		측온도저항체, 전기저항선 스트레인 게이지
	상태의 변화		서모칼라(thermocolor), 제켈콘
비접촉식	복사에너지의 변화		광고온계
	복사파장의 변화		레이져온도계, 색온도계

온도계의 온도 눈금은 섭씨온도[℃], 화씨온도[°F], 절대온도[K], 랭킨온도[R]가 있다.

① 섭씨온도[℃]

표준대기압(1atm=1.0133 bar) 하에서 얼음의 빙점을 0[℃], 물의 비등점을 100[℃]로 하여 100등분한 눈금을 말하고 기호는 [℃]로 표시한다. 이를 고안한 스웨덴의 천문학자 Anders Celsius(1701~1744)의 이름을 따서 섭씨눈금이라고 한다.

② 화씨온도[°F]

미국이나 영국에서는 얼음의 빙점을 32[°F], 물의 비등점을 212[°F]로 하여 180등분한 눈금을 화씨(Fahrenheit;1686~1736))온도로 쓰며 기호 [°F]로 표시한다. 이들 사이의 관계식은 식(1.1),(1.2)와 같다.

$$\text{섭씨온도} \quad t_c = \frac{5}{9}(t_F - 32) \ [℃] \tag{1.1}$$

$$\text{화씨온도} \quad t_F = \frac{9}{5}t_c + 32 \ [°F] \tag{1.2}$$

③ 절대온도[K]

이론적으로 물체가 도달할 수 있는 최저온도를 기준으로 하여 물의 삼중점(1 atm하에서 물, 얼음, 수증기가 평형되어 공존하는 온도)을 273.16[K]로 정한 온도이다. 이때 섭씨온도는 0.01[℃]이다. 절대온도[K]의 기호는 북아일랜드 출신의 수리물리학자 켈빈 남작(Baron Kelvin; 1824~1907)에서 따왔다. 물의 삼중점의 온도를 273.16 K로 하고 이상기체의 부피가 0이 되는 온도(절대영도)를 0 K로 하여 정의한다. 절대온도 0[K]는 자연계내의 시스템이 도달할 수 있는 가장 낮은 온도를 말하는데, 분자의 운동에너지가 0인 온도이다. 절대영도는 우주에 존재하는 물질이 더 이상 내려갈 수 없는 최저의 온도라고 할 수 있고, 어떤 시스템으로도 더 이상 열을 빼낼 수 없는 상태로 정의한다. 섭씨 0도는 273.15 K에 해당한다. 상대온도의 단위로는 섭씨도와 같다.

절대온도를 화씨의 눈금으로 나태낸 것을 랭킨(Rankin) [°R]으로 표시한다. 절대온도를 T_K와 T_R로 나타내면 식 (1.3),(1.4)와 같다.

$$T_K = t_c + 273.15 \ \ [\mathrm{K}] \tag{1.3}$$

$$T_R = t_F + 459.67 \ \ [°\mathrm{R}] \tag{1.4}$$

[표 1.3 각종 온도 눈금]

온도 및 단위 기호	정의	섭씨온도로의 환산식
섭씨온도[℃]	1 atm에서 얼음의 빙점을 0[℃], 물의 비등점을 100[℃]로 하여 100 등분한 눈금으로 한 온도	
화씨온도 [℉]	1 atm에서 얼음의 빙점을 32[℉], 물의비등점을 212[℉]로 하여 180등분한 눈금으로 한 온도	$t_c = \frac{5}{9}(t_F - 32)$
캘빈온도 [K]	절대영도를 0 K, 물의 삼중점을 273.16 K로 한 온도	$T_K = t_c + 273.15$
랭킨(절대)온도 [°R]	물의 삼중점을 273.16 K로하고, 1 K =1.8 R로 함	1℃=1.8 ℉

그림 1.9는 각 온도 단위사이의 관계를 비교한 그림이다.

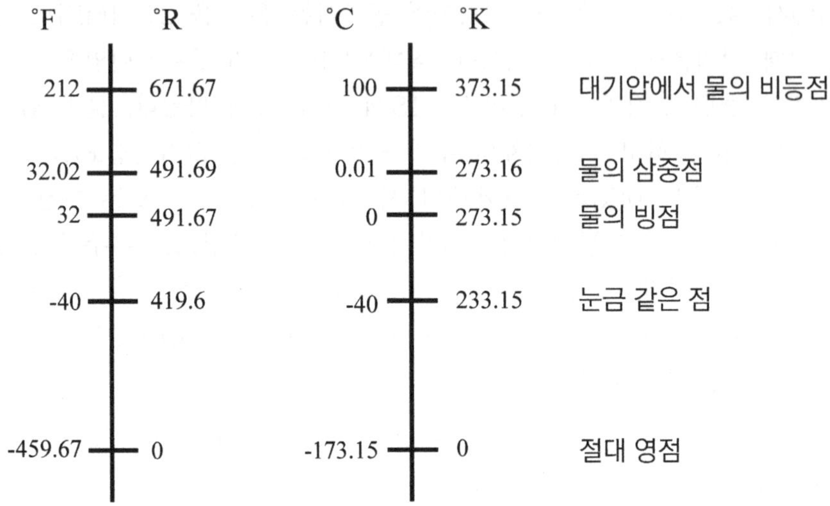

그림 1.9 섭씨온도-절대온도-화씨온도-랭킨온도 사이의 비교
(대기압 상태를 기준으로 함)

예제 1.1

80[℉]는 섭씨온도와 절대온도로 환산하면 몇 도인가?

풀이

$$t_c = \frac{5}{9}(t_F - 32) \ = \frac{5}{9}(80-32) = 26.67℃$$

$$T_K = t_c + 273.15 \ = 26.67 + 273.15 = 299.82 \text{ K}$$

예제 1.2

20℃를 화씨온도와 절대온도로 환산하면 몇 도인가?

풀이

$$t_F = \frac{9}{5}t_c + 32 \ = \frac{9}{5}(20) + 32 = 68 \ ℉$$

$$T_R = t_F + 459.67 = 68 + 459.69 = 527.69 \ ^\circ\mathrm{R}$$

예제 1.3

섭씨온도[℃]와 화씨온도[℉]의 양편의 눈금이 같게 되는 온도는 몇[℃]인가?

풀이

$t_F = \frac{9}{5}\, t_c + 32$에서 즉, $t_F = t_c = t$

$t = \frac{9}{5}\, t + 32 \quad \therefore \ t = -40℃$

1.6 단위와 차원

(1) 절대단위와 공학단위

단위계에서는 **기본단위와 유도단위(조립단위)**가 있으며 **절대단위계와 공학단위계**(중력단위계)로 구분한다. 기본단위는 물리적 현상을 다루는데 필요한 기본량 즉, 질량(kg), 길이(m), 시간(sec) 등의 단위를 기본단위라고 하며, 기본단위를 조합하여 만들어지는 모든 단위를 유도단위라고 한다. 가령 면적, 가속도, 밀도, 일, 에너지 등이 유도단위라 할 수 있다. 단, 절대단위계에서는 힘의 단위는 유도단위이지만, 공학단위계에서 힘이 기본단위가 되고 오히려 질량이 유도단위도 된다.

일반적으로 공업에서 사용되는 단위에는 질량을 기본으로 한 절대단위계와 중량(힘)을 기본으로 하는 공학단위계로 구분한다. 현재에는 국제단위계(SI단위계, System of Interna tional units)가 설정되어 모두 SI 단위계로 통일되어 가고 있다.

SI단위는 근본적으로 절대단위계와 동일하며 질량(kg), 길이(m), 시간(sec)를 기본단위로 하고 공학단위는 중량(kg_f), 길이(m), 시간(sec)을 기본단위로 하고 있다.

표 1.4 는 절대단위와 공학단위의 기본단위 비교한 것이다.

[표 1.4 절대단위계와 공학단위계의 비교]

단위계	길이	시간	질량	힘	에너지·일	물질의 양 단위
절대단위계 (SI 단위계)	m	s	kg	Newton N = kg·m/s^2	Joule J=N·m	kg
공학단위계	m	s	kg_f · s^2/m	1 kg_f =9.80665N	kg_f · m	kg_f

(2) SI 단위계(국제단위계)

국제단위계(SI단위)는 MKS 단위계(Mètre-Kilogramme-Seconde)이라고도 불린다. 국제단위계는 각 국가별로 상이하게 적용하는 단위를 미터법을 기준으로 현재 세계적으로 일상생활뿐만 아니라 상업적으로나 과학적으로 널리 쓰이고 있다.

표 1.5는 SI 단위의 구성을 나타낸 것으로 이 단위계는 6개의 기본단위와 2개의 보조단위를 조합하여 많은 유도단위를 도출해내며, 또 단위의 접두어를 바꾸어 줌에 따라 양의 크기를 나타내도록 되어 있다. 표 1.6은 SI 단위의 접두어를 나타낸다.

[표 1.5 SI 단위의 구성]

분류	양	기호	분류	양	기호
기본 단위	길이	m	유도 단위	동력	W
	질량	kg		전기량	C
	시간	s		전압	V
	전류	A		전계의 세기	V/m
	온도	℉ 또는 K		전기저항	Ω
	광도	cd		정전용량	F
보조 단위	각도	rad		자속	Wb
	입체각	sr		인덕턴스	H
유도 단위	면적	m^2		자속밀도	T
	체적	m^3		자속의 세기	A/m
	주파수	Hz		기전력	A
	밀도	kg/m^3		광속	lm
	속도	m/s		휘도	cd/m^2
	가속도	rad/s		조도	lx
	가속도	m/s^2		파수	m^{-1}
	각가속도	rad/s^2		엔트로피	J/K
	힘	N		비열	J/kg K
	압력	N/m^2		열전도율	W/m K
	동점도	$m^{2/s}$		복사의 세기	W/sr
	점도	Ns/m^2		복사능	s^{-1}
	에너지	J			

[표 1.6 SI 단위의 접두어]

수치	접두어	기호	수치	접두어	기호
10^{18}	exa	E	10^{-1}	deci	d
10^{15}	peta	P	10^{-2}	centi	c
10^{12}	tera	T	10^{-3}	milli	m
10^{9}	giga	G	10^{-6}	micro	μ
10^{6}	mega	M	10^{-9}	nano	n
10^{3}	kilo	k	10^{-12}	pico	p
10^{2}	hecto	h	10^{-15}	famto	f
10^{1}	deca	da	10^{-18}	atto	a

표 1.7은 각 단위계의 조립단위 중 열역학에서 자주 사용되고 있는 단위를 정리하였다.

[표 1.7 조립단위의 비교]

단위계	SI 단위	절대단위(물리적단위)	공학단위(중량단위)
질량	kg	kg	$kg_f \cdot s^2/m$
힘(중량)	n	$N = kg \cdot m/s^2$	kg_f
밀도	kg/m^3	kg/m^3	$kg_f \cdot s^2/m^4$
비체적	$m^{3/}/kg$	m^3/kg	m^3/kg_f
비중량	–	–	kg_f/m^3
운동량	$kg \cdot m/s$	$kg \cdot m/s$	$kg_f \cdot s/m$
압력량	$Pa=N/m^2$	bar mmHg mmAg	kg_f/m^2 kg_f/m^2 = ay
절대 점도	$N \cdot s/m^2$	$P = 0.1N \cdot s/m^2$	$kg_f \cdot s/m^2$
동점도	m^2/s	$s_t = 10^{-4}m^3/s$	m^2/s
일	J	$J = N \cdot m$ kWh	$kg_f \cdot m$ PSh
동력	W	W = J/s kW	$Ps = 75kg_f \cdot s/m^2$
온도	K	℃	℃
열량(에너지)	J	J, kcal	J, kcal
열용량	J/K	J/℃ kcal/℃	kcal/K
비열	J/kg ℉	J/kg℃ kcal/kg℃	kcal/kg K
엔트로피	J/K	J/K kcal/K	kcal/K
열전도계수	$W/m \cdot K$	W/m℃ $kcal/m \cdot h$℃	$kcal/m \cdot hK$
열전달계수	$W/m^2 \cdot K$	W/m^2℃ kca/m^2h℃	$kcal/m^2hk$

(3) 차원

모든 물리적 현상은 길이, 시간, 질량 또는 기본량으로서 표시할 수 있는데 이 기본량의 조합을 차원이라고 한다. 절대단위계에서는 차원을 MLT로, 공학단위계에서는 FLT로 표시한다. MLT계 차원은 질량(M), 길이(L), 시간(T)을 기본차원하고, FLT계 차원은 힘(F), 길이(L), 시간(T)을 기본차원으로 한다.

표 1.8은 공학에서 많이 사용되고 있는 주요 물리량과 차원, SI단위를 요약한 것이다.

[표 1.8 주요 물리량과 차원 및 SI단위]

양	차원	SI 단위
질량(mass)	M	kg
변위(displacement)	L	m
시간(time)	T	s
속도(velocity)	LT^{-1}	m/s
가속도(acceleration)	LT^{-2}	m/s^3
힘(force)	MLT^{-2}	N 또는 kN m^3/kg
면적(area)	L^2	m^2
체적(volume)	L^3	m^3(1000 1 = $1m^3$)
압력(pressure)	$ML^{-1}T^{-2}$	N/m^2 또는 PA(1bar = 10^5Pa)
밀도(density)	ML^{-3}	kg/m^3
온도(temperature)	θ	K(Kelvin)
에너지(energy)	ML^2T^{-2}	Nm 또는 J, kJ
동력(power)	ML^2T^{-3}	Nm/s 또는 W, kW

예)

힘 : $1\ N = 1\ kg \times 1\ m/s^2 = 1\ kg\ \ m/s^2$ $[MLT^{-2}]$

에너지 : $1\ J = 1\ N\ \ m = 1\ kg\ \ m/s^2 \times m$ $[ML^2T^{-2}]$

동력 : $1\ W = 1\ J/s = 1\ N\ \ m/s = 1\ kg\,m^2/s^3$ $[ML^2T^{-3}]$

1.7 힘(Force)

힘의 단위는 N(뉴튼)으로서 질량 1kg의 물체에 작용하여 1 m/s^2의 가속도를 일으키는 힘을 1 N이라 한다. 가속도 a는 속도v 변화의 시간에 대한 비율로 단위는 m/s^2이다.

$$F = ma,\ 1\,\mathrm{N} = 1\,kg \cdot m/s^2$$

$$a = \frac{dv}{dt} = \frac{d^2x}{dt^2} \tag{1.5}$$

공학단위계에서 중량(무게)는 힘의 단위로서 kg_f 표시된다. 질량은 중력의 크기에 무관하며 그 물체가 갖는 고유량인 반면에, 중량은 물체가 작용하는 중력의 크기와 관계있으므로 중력가속도의 표준값에 따라 달라진다. 일반적으로 중력가속도 g=9.80666 m/s^2으로 사용하지만 장소에 따라 조금 달라진다.

여기서 1 kg_f의 힘은 질량 1 kg의 물체에 중력가속도 g=9.8 m/s^2을 생기게 하는 힘이다.

$$1\,kg_f = 1\,kg \times 9.8\,m/s^2 = 9.8\,kg \cdot m/s^2 = 9.8\,N \tag{1.6}$$

예제 1.4

질량 100 kg에 2 cm/s^2의 가속도를 가지는 물체가 있다고 하면 그때 가지는 물체의 힘은 몇 N인가?

풀이

$F = ma$ 에서 $100\ kg \times 0.02\ m/s^2 = 2\ N$

예제 1.5

질량이 200 kg인 물체에 80 kg_f의 힘을 가했을 때 이 물체의 가속도는 몇 m/s^2인가?

풀이

$F = ma$에서 $a = \dfrac{F}{m} = \dfrac{80\ kg \times 9.8\ m/s^2}{200\ kg} = 3.92\ m/s^2$

예제 1.6

해발 200 m에서 질량이 30 kg인 물체의 중량은 몇 N인가? (단, 중력가속도는 9.55 m/s^2이다.)

풀이

$F = G = mg = 30\ kg \times 9.55\ m/s^2 = 286.5\ N$

1.8 일과 에너지

일(W)은 일반적으로 힘(F)이 가해진 방향으로 움직인 물체의 거리(S)로 정의된다. 일의 단위는 J(줄, Joul)이다. 1 J은 1 N의 힘으로 1 m 움직이는데 필요한 에너지 량이고 1 kg_f·m는 1 kg_f의 힘으로 1 m 움직이는데 필요한 에너지의 량이다.

이렇게 정의할 때 일은 단순히 다음의 식으로 나타낼 수 있다.

$$W = F \cdot S \tag{1.7}$$

$$1\text{J} = 1\,\text{N}\cdot\text{m} = 1\,\text{kg}\cdot\text{m}^2/\text{s}^2$$

$$1\,\text{kg}_f\cdot\text{m} = 9.8\,\text{N}\cdot\text{m} = 9.8\,\text{J}$$

에너지(enengy, E)는 일을 할 수 있는 능력을 말하며, 그 양은 외부에 행한 일로 표시된다. 단위는 일의 단위와 동일하다. 따라서 에너지란 어떤 효과를 발생할 있는 능력이라고 정의할 수 있다. 에너지는 무형의 것이지만, 발생된 그 효과는 유형의 것이며 일과 같은 값으로 구할 수 있다. 에너지는 계 안에 예를 들어 열과 같이 저장될 수 있고, 한 계에서 다른 계로 전달될 수 있다.

열역학에서는 기계적 에너지(mechanical energy)혹은 역학적 에너지인 운동에너지, 위치에너지와 내부에너지인 열에너지만을 취급하고 빛 소리, 전기 등도 에너지의 종류이지만 여기에서는 취급하지 않는다. 따라서 비교적 큰 물체의 위치 또는 운동에 의해 발생하는 에너지는 기계적 에너지(역학적 에너지)에 속하고, 분자의 운동과 배치에 관계되는 에너지는 내부에 저장된 에너지로서 열에너지에 속한다고 볼 수 있다.

위치에너지(potential energy, E_p)는 에너지 준위가 낮은 쪽으로 물체를 끌어 당기는 형태의 힘, 즉 복원력(Restoring force)이 작용할 때에 존재한다. 어떤 기준면에 대하여 높은 위치에 있는 물체는 위치에너지를 가지며, 움직이는 물체는 운동에너지를 가진다.

예를 들면, 용수철이 왼쪽으로 늘어나면 원래의 늘어나지 않은 상태로 돌아가려는 힘이 오른쪽으로 작용하게 된다. 이와 유사하게, 어떤 질량이 지면에서 들어 올려질 경우 아래 방향으로 중력이 작용하여 낮은 위치가 되도록 한다. 여기서 처음에 가했던 행동은, 예컨대 질량을 들어 올리거나 용수철을 당기려고 할 때는 모두 에너지를 필요로 하게 된다. 질량을 들어올리기 위해 가해준 에너지는 중력장 하의 그 물체의 위치에 저장된다. 용수철을 놓아버리거나 질량을 떨어트렸을 때, 이 저장된 에너지는 복원력에 의해 운동에너지로 바뀌게 된다. 여기서 복원력은 용수철의 경우에 탄성력이며, 질량의 경우엔 중력이다.

따라서 **위치에너지는 상대적인 위치에 따라 물체가 가지는 에너지 간의 차이를 의미**하며, 그렇지 않은 경우는 기준점이나 기준면을 정해서 사용한다. 위치E가 0이라고 할때 이 0이라는 수치는 관점(상대적)에 의해서 정해지는 것이지 절대적인 값이 아니다. "지면에서 위치E를 0이라 하자"라고 하면 지면에서 0인 것이고, "63빌딩 옥상에서 위치E를 0이라고 하자"라고 한다면 63빙딜의 옥상에서 위치E가 0이 된다는 의미이다.

위치에너지에는 다양한 종류가 있으며, 예를 들면, 탄성력에 대해 한 일은 탄성 위치에너지이며, 중력의 경우 중력 위치에너지, 전기력(Coulomb force)의 경우는 전기 위치에너지 등이 있다.

질량이 m(kg)인 물체가 기준면으로부터 높이 z(m)인 곳에 있을 때 가지는 중력에 의한 위치 에너지 Ep (J)는 다음과 같다.

$$E_p = mgz \tag{1.8}$$

또한 운동에너지(kinetic energy, Ek]는 운동하는 물체가 가진 에너지로, 물체의 질량을 m, 속력을 v라고 할 때 운동 에너지는 다음과 같이 나타낸다.

$$E_k = \frac{1}{2} mv^2 \tag{1.9}$$

위치에너지, 운동에너지 모두 일의 단위인 J(Joule)을 사용한다.

예제 1.7

중량 2 ton인 자동차가 시속 100 km/h 속도로 고속도로를 달리다가 갑자기 급 브레이크를 걸어 정지하였을 경우, 이 자동차의 운동에너지 중 1/2이 마찰열로 바꾸었다면 이 마찰열은 몇 kJ인지 구하라.

풀이

$$E_k = \frac{1}{2} mv^2 = \frac{1}{2} \times 2000\ kg \times \left(\frac{100,000\ m}{3600\ s}\right)^2 = 771604.93\ \mathrm{J}$$

$$Q_f = \frac{1}{2} E_k = 385.802\ \mathrm{kJ}$$

예제 1.8

리프트기로 2 ton의 물체를 30 m 높이로 들어 올렸을 때 리프트기가 한일은 몇 kJ인가?

풀이

$$E_p = mgz = 2000\ \mathrm{kg} \times 9.8\ \mathrm{m/s^2} \times 30\ \mathrm{m} = 588\ \mathrm{kJ}$$

예제 1.9

0.2 kg인 야구공을 옥상위에서 자유 낙하하여 5 m의 위치에 도달했을 때의 야구공의 속도는 몇 m/s 인가? 단 공기의 저항은 무시한다.

풀이

위치에너지와 운동에너지의 총량은 같으므로

$$mgz = \frac{1}{2} mv^2 \qquad \therefore v = \sqrt{2gz} = \sqrt{2 \times 9.8 \times 5} = 9.89\ \mathrm{m/s}$$

1.9 동력(power)

동력은 단위시간 동안 할 수 있는 일로 정의한다. 동력의 국제표준단위(SI 단위)는 watt (W로 표기)이며 이는 초당 1 Joule(= 1 Nm)의 일을 하는 것을 말한다.

$$1\ \mathrm{W} = \frac{1\ J}{s} \tag{1.10}$$

1 kW	= 102 kg_f m/s	(kW; kilo watt)
1 PS	= 75 kg_f m/s	(PS; Pferde Starke)
1 hp	= 76 kg_f m/s	(HP; horse power)

예제 1.10

무게가 200 kg인 강판을 기중기로 높이 10 m의 작업대위에 올리는데 1분 걸린다면, 이 기중기가 이 물체를 들어 올리는데 필요한 동력은 몇 kW인가?

풀이

$W = mgz$ = 200 kg × 9.8 m/s^2 × 10 m = 19.6 kJ

$Power = \frac{W}{t} = \frac{19.6}{60} = 0.327$ kJ

예제 1.11

정원이 12명인 엘리베이터에서 한 사람의 중량을 70 kg_f이고 운전속도는 140 m/min 이라 할 때 이 엘리베이터에 필요한 동력은 몇 PS 인가?

풀이

$$Power = \frac{W}{t} = \frac{F \cdot S}{t} = F \cdot v = 12 \times 70\ kg_f \times 140\ m/60s = 1960\ kg_f\ m/s$$

여기서 1 PS = 75 kg_f m/s

$$\therefore\ Power = \frac{1960}{75} = 26.13\ PS$$

1.10 열량과 비열

열(熱)은 에너지가 전달되는 방식의 하나로서 일(work)과 대비된다. 즉 어떤 계(system)에서 에너지가 다른 계로 전달되는 방식에는 일과 열의 두 가지가 있는데, 이 중 외부의 변수와 관계없는 에너지의 전달을 열이라 한다. 열은 온도의 변화로 인해 발생하는 에너지의 이동이다. 열에 의해 이동되는 에너지의 양을 나타내는 SI단위로 J(줄)이며, Btu(British Thermal Unit) 또는 kcal(칼로리)도 때때로 사용된다.

1 kcal는 20℃의 물 1 kg_m을 1℃ 상승시키는데 필요한 열량이며, 1 Btu는 68 ℉의 물 1 lb_m을 1 ℉ 상승시키는데 필요한 열량으로 정의한다. 이들의 단위환산은 다음과 같다.

$$1\ kcal = 427\ kg_f \cdot m = 427 \times 9.8\ N \cdot m \fallingdotseq 4.185\ kJ$$

$$1\ Btu = 778.16\ lb_f \cdot ft = 778.16 \times 1.3558\ J = 1.055\ kJ$$

$$1\ Btu = 0.2519958\ kcal$$

온도가 서로 다른 두 개의 물체를 접촉시키면 고온체에서 저온체로 열이 이동하며 나중에는 열적평행상태에 도달한다.

일반적으로 단위질량이 m kg인 물체에 dQ [kJ]인 열량을 가하여 온도가 dt[k] 만큼 상승하였다면, 이 온도상승의 크기 dt는 가해진 열량 dQ에 비례하고, 그 물체의 질량 m 에 반비례한다. 따라서 이 관계식을 SI단위계로 표시하면 다음과 같다.

$$dt \propto \frac{dQ}{m} \qquad \therefore\ dQ = m\ C\ dt \tag{1.11}$$

dQ : 열량 [kJ]

m : 질량 [kg]

C : 비열 [kJ/kg·K]

dt : 온도 [K]

열의 이동과정에서 질량 m kg대신 공학단위인 중량 G(kg_f)를 사용하면 dQ는 공학단위계로 다음과 같이 나타낼 수 있다.

$$dQ = GCdt = GCdT \tag{1.12}$$

dQ : 열량 [kcal]

G : 중량 [kg_f]

C : 비열 [kcal/kg_f·℃]

dt : 온도 [℃]

여기서 C는 비례상수로서 물질의 재료에 따라 정해지는 상수(constant)이며, 이것을 그 물체의 **비열**(比熱, specific heat)이라 한다.

비열은 단위질량이 1 kg인 물체의 온도를 단위온도 1 K만큼, 혹은 1℃ 상승시키는데 필요한 열량으로 표시된다. 단위는 SI단위계에서 [kJ/kg·K] 이며 공학단위에서는 [kcal/kg_f·℃]이다.

가령, 어떤 물질 1 g을 1℃ 올리는 데 드는 열량은 물질에 따라 다르다. 예를 들어, 1 g의 물을 1℃ 올리는 데 드는 열량은 1 cal이고 1g의 구리를 1℃ 올리는데 드는 열량은 0.0924 cal 이다. 이는 물질이 갖는 고유한 특성 중의 하나이다.

비열은 온도에 관계없이 일정한 경우와 온도의 함수로 표시되는 경우로 나눌 수 있다.

(1) 비열이 일정할 때

m kg의 물체를 온도 t_1[℃]에서 t_2[℃]로 높이는데 필요한 열량을 Q라고 하면 비열 C가 일정할 때는 식(1.13)과 같다.

$$Q = mC\Delta t = mC(t_2 - t_1) \text{ [kJ]} \tag{1.13}$$

혹은

$$Q = GC\Delta t = GC(t_2 - t_1) \text{ [kcal]} \tag{1.14}$$

(2) 비열이 온도의 함수일 때

만약 비열 C가 온도의 함수 $C = f(t)$인 경우에는 식 (1.15)과 같다.

$$Q = m\int_1^2 C\, dt = m\int_{t_1}^{t_2} f(t)\, dt \tag{1.15}$$

또한 $t_1 \sim t_2$ 사이에 평균비열(mean specific heat)을 C_m이라 하고 단위질량당 열량을 q라 하면 C_m은 다음과 같다.

$$C_m = \frac{q}{t_2 - t_1} = \frac{1}{t_2 - t_1}\int_{t_1}^{t_2} f(t)\, dt \tag{1.16}$$

따라서 식(1.13)은 다음 식으로 나타낼 수 있다.

$$Q = mC_m(t_2 - t_1) \tag{1.17}$$

위의 식들을 활용하면 서로 다른 여러 개의 물질을 혼합했을 때의 평형온도를 구할 수 있다.

지금 각각의 질량을 m_1, m_2, 비열을 C_1, C_2라 하고 온도가 t_1, t_2인 두 물체를 혼합했을 때 화학변화와 열손실이 없다고 가정하면, 고온물체가 냉각할 경우 방출한 현열Q는 그대로 저온물체를 가열하는데 이용되기 때문에 다음과 같은 관계식이 성립된다. 즉, t_m을 혼합후의 평형온도라 하고, 온도는 $t_1 \rangle t_2$라면 다음 식과 같다.

$$Q = m_1 C_1 (t_1 - t_m) = m_2 C_2 (t_m - t_2)$$

$$\therefore \quad t_m = \frac{m_1 C_1 t_1 + m_2 C_2 t_2}{m_1 C_1 + m_2 C_2} \tag{1.18}$$

일반적으로 n 종류의 물체를 혼합했을 경우에도 마찬가지로 생각할 수 있다. 즉,

$$t_m = \frac{\Sigma m_n C_n t_n}{\Sigma m_n C_n} \tag{1.19}$$

비열은 그 물체에 열을 가하는 조건이나 그때의 상태 조건에 따라 달라진다. 비열값은 실험을 통하여 얻어지게 되는데 실험 조건에 따라 일정한 압력 하에서 측정한 비열(정압비열 C_p)과 일정한 부피 상태로 측정한 비열(정적비열 C_v)은 그 값이 서로 다르다. 고체와 액체의 경우 두 비열값의 차이가 거의 없으며, 또 열을 가할 때 일정한 부피를 유지하도록 만들기 어렵기 때문에 정압비열을 그 물체의 비열로 한다. 그러나 기체는 가열하면 열팽창에 의하여 외부압력에 대해 일을 하게 되므로 압력이 일정한 경우와 부피가 일정한 경우의 비열이 달라지게 된다. 일반적으로 기체인 경우 C_p 〉 C_v이다.

또한 C_p와 C_v와의 비를 비열비라 하며 k로 표시한다. 즉,

$$k = \frac{C_p}{C_v} > 1 \tag{1.20}$$

예제 1.12

어떤 수증기의 정압비열을 $C_p = 1.861$ kJ/kg·K이라고 할 때 10 kg의 이 수증기를 100℃에서 500℃까지 높이는데 필요한 열량은 몇 kJ인지 구하라

풀이

$Q = mC\Delta t = mC(t_2 - t_1) = 10\ kg \times 1.861\ kJ/kg\ K \times (500 - 100)K = 7444\ kJ$

예제 1.13

200 kg_f의 강구를 온도 20℃에서 90℃까지 높이는데 필요한 열량은 몇 kcal 인가? (단, 강구의 비열은 0.113 kcal/kg_f℃)

풀이

$Q = GC(t_2 - t_1)$ = 200 kg_f × 0.113 kcal/kg_f ℃×(90-20)℃ = 1,582 kcal

예제 1.14

20℃의 물 100 l과 80℃의 물 500 l을 혼합하면 물의 온도는 몇 ℃ 되겠는가?

풀이

$Q = mC\Delta t$,

$Q = m_1 C_1 (t_1 - t_m) = m_2 C_2 (t_m - t_2)$에서 평균온도를 t_m이라 두면

100 l × C × (t_m-20)= 500 l × C × (80-t_m)

$\therefore\ t_m$ = 70℃

예제 1.15

100℃의 물 300 l에 20℃의 물 몇 l를 가하면 40℃의 물이 되는가? (단, 물의 비열은 1 kcal/kg$_f$℃ 이다)

풀이

100℃의 물의 방열량 Q_1 = 10℃의 물의 수열량 Q_2이므로

$Q = m_1 C_1 (t_1 - t_m) = m_2 C_2 (t_m - t_2)$

300 kg$_f$×1 kcal/kg$_f$℃×(100−40)℃ = m_2×1 kcal/kg$_f$℃×(40−20)℃

$\therefore m_2$ = 900 l

예제 1.16

2 kW의 전열기로 물 1 l를 20℃에서 100℃까지 가열한다고 할 때 걸리는 시간은 몇 분인가? (단, 전열기에서 발생하는 열은 60%만 물의 온도상승에 이용된다고 본다)
여기서 물의비열 C = 1 kcal/kg$_f$℃, 1 kW= 860 kcal/h 라 둔다.

풀이

물을 가열하는 데 필요한 열량 : Q_1

전열기에서 나오는 열량 : Q_2

$Q_1 = GC\Delta t$ = 1 kg$_f$×1 kcal/kg$_f$℃×(100−50)℃ = 50 kcal

$Q_2 = 2 \times 860 \times 0.6 = 1032$ kcal/h

$$\therefore \ \frac{Q_1}{Q_2} = \frac{50\ kcal}{1032\ kcal/h} = 0.0484\ h = 2.9\ \min$$

1.11 압력(pressure)

압력이란 단위면적당 힘의 수직성분이라 정의하며, 다음의 식으로 주어진다.

$$p = \frac{F_n}{A} \tag{1.21}$$

$$1\ Pa = 1\ N/m^2$$

여기서 F_n은 표면적 A에 수직한 힘을 의미한다.

압력에 대한 단위는 Pa(파스칼, pascal)라는 SI 유도단위를 사용한다. 1 pa은 1 m^2 당 1 N의 힘이 작용할 때의 압력에 해당한다. 단위의 이름은 프랑스의 수학자 블레즈 파스칼의 이름을 땄다.

(1) 표준대기압

대기압(大氣壓)은 공기의 무게 때문에 생기는 지구 대기의 압력이다. 중력가속도 g=9.8 m/s^2 위치에서 수은의 밀도 13.595 g/cm^3 일때 수은주의 높이가 약 760 mm까지 상승하였을 때의 공기가 누르는 힘(압력)을 1기압이라고 한다. 이 실험을 통해서 얻어진 760 mm의 수은(Hg)기둥의 높이를 1기압의 표준으로 삼는다.

1기압 = 1 atm = 760 mmHg = 760 Torr =1.0332 kg_f/cm^2 = 10.33 mAq
= 101.325 kPa ≒ 1.013 bar ≒ 14.7 psi

단 1 bar = 10^5 N/m^2 = 105 Pa
1 Pa = 1 N/m^2

여기서 1 mmHg는 1토르(Torr)라고도 하는데, 이것은 토리첼리의 이름을 따서 만든 단위이다. 1 Torr는 0℃에서의 수은기둥 1 mm의 압력을 나타낸다. mmHg은 온도의 기준이 없다. 따라서 같은 1 mmHg라도 온도에 따라 압력의 양이 다르다.

또한, 압력을 수주(水柱; water column)을 나타낼 경우에는 [Aq]또는 [H_2O]를 덧붙이고, 수은주로 표시될 경우에는 [Hg]를 붙이고 있다.

(2) 공학기압(at)

1 at은 1 cm^2 당 1 kg_f와 같으며, 이 수치는 98.0665 kPa와 같고, 또한 0.96784 atm과 같은 수치이다.

$$1at = \frac{1\ kg_f}{cm^2} \tag{1.22}$$

1 at= 1 kg_f/cm^2 = 735.6 mmHg = 98.0665 kPa = 0.980665 bar

(3) 절대압력

일반적으로 압력의 크기는 완전진공을 기준으로 하는 절대압력(Absolute pressure)과 대기압을 기준으로 하는 게이지압력(측정압력)이 있다.

대기압은 지표로부터 고도에 따라 변화하며 또한 같은 장소라 하더라도 날씨의 변화에 따라 변화하기 때문에, 열역학에서는 완전진공을 기준으로 **절대압력**에 의하여 압력을 나타낸다. 기호는 [kg_f/cm^2, abs] 혹은 [ata]로 표기한다.

게이지압력(guage pressure)은 대기압을 기준으로 현재 압력의 고저를 압력계로 측정할 때 그 측정압이 대기압보다 높을 경우에는 게이지압력이라고 한다. 단위는 [kg_f/cm^2, g] 혹은 [atg]의 기호로 표시한다.

$$\text{절대압력}(P_a) = \text{측정압력}(P_g) + \text{대기압}(P_0) \tag{1.23}$$

$$\text{절대압력}(P_a) = \text{대기압}(P_0) - \text{진공압}(P_v)$$

반면에 대기압보다 낮을 경우에는 **진공압**(vacuum pressure) 혹은 **부압**(negative pressure) 이라고 한다. 진공상태를 나타낼 때에는 수은주 또는 수주로서 표시한다. 또 진공의 정도를 나타내는 값으로 진공도를 사용한다. 완전진공은 진공도100, 대기압은 진공도 0이다.

$$진공도(\%) = \frac{계기압(진공압)}{대기압} \times 100\% \tag{1.24}$$

예를 들면 표준상태에서 600 mmHg의 진공이란, 표준대기압 760 mmHg와 계기압력(-600 mmHg)와의 차이, 즉 760-600=160 mmHg의 절대압력을 말하며, 진공도는 600/760 = 0.789이므로 78.9%이다.

그림 1.10은 절대압력, 대기압력, 게이지압력과의 관계를 나타내고 있다.

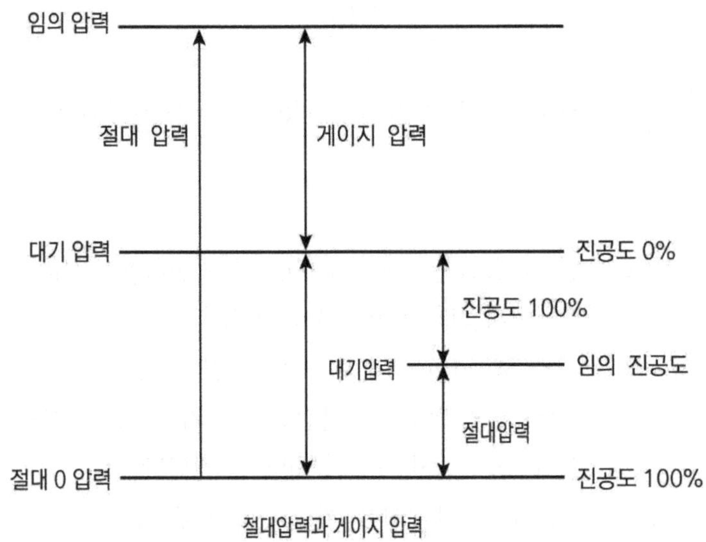

그림 1.10 절대압력, 대기압력, 게이지압력과의 관계

대기압에 비하여 큰 차이가 없는 압력은 주로 액주계(manometer)를 이용하여 측정하는 것이 비교적 간단하다. 그림 1.11과 같은 액주계에서 액면의 높이차 L을 측정하여 측정압력(p)를 구하는 식은 다음과 같다.

$$p = \rho \cdot L \cdot g \tag{1.25}$$

여기서 ρ : 액주계 내에 담겨 있는 액체의 밀도, [kg/m^3]

L : 액주계에서 액면의 높이차

g : 중력가속도 [m/s^2]

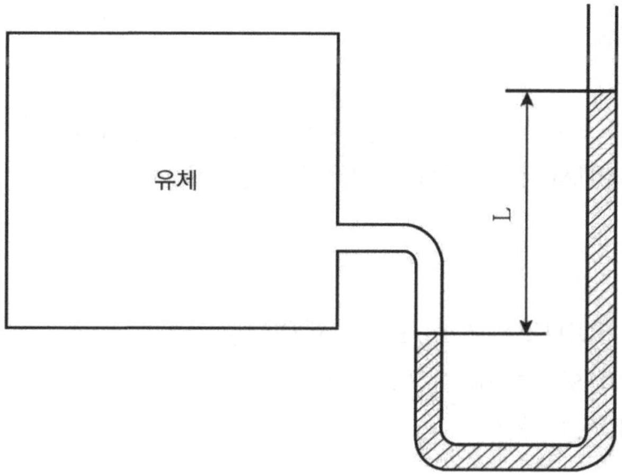

그림 1.11 액주계를 사용한 압력측정의 예

표 1.6은 압력 단위계를 정리한 표이다.

[표 1.6 압력 단위계]

치수	파스칼 (Pa)	바 (bar)	공학기압 (at)	기압 (atm)	토르 (Torr)	제곱 인치 당 파운드 (psi)
1 Pa	≡ 1 N/m^2	10^{-5}	1.0197×10^{-5}	9.8692×10^{-6}	7.5006×10^{-3}	145.04×10^{-6}
1 bar	100,000	≡ 106 dyn/cm^2	1.0197	0.98692	750.06	14.504
1 at	98,066.5	0.980665	≡ 1 kgf/cm^2	0.96784	735.56	14.223
1 atm	101,325	1.01325	1.0332	≡ 1 atm	760	14.696
1 Torr	133.322	1.3332×10^{-3}	1.3595×10^{-3}	1.3158×10^{-3}	≡ 1 Torr; ≈ 1 mmHg	19.337×10^{-3}
1 psi	6,894.76	68.948×10^{-3}	70.307×10^{-3}	68.046×10^{-3}	51.715	≡ 1 lbf/in^2

예제 1.16

중력가속도가 6 m/s^2 인 중력장 내에서 질량이 500 kg인 물체가 있다. 이 물체가 이 중력장내에서 갖는 중량(kg_f)은 얼마인가?

풀이

$F= mg = 500\ kg \times 6\ m/s^2 = 3000\ kg \cdot m/s^2$

$3000\ kg \cdot m/s^2 = m \times 9.8\ m/s^2$

$\therefore\ m = 306.12\ kg_f$

예제 1.17

표준대기압 상태에서 어떤 용기 내 가스의 압력을 마노메타로 측정하였더니 마노메타 내 유체의 높이 차가 50 cm 이었다. 마노메타에 들어 있는 유체의 밀도가 300 kg/m^{3}이라면, 이 용기내 가스의 절대압력은 몇 kPa인가? 여기서 대기압은 1.03 at로 둔다.

풀이

절대압력(Pa) = 측정압력(Pg) + 대기압(P0)

$Pg = \rho \cdot L \cdot g = 300\ kg/m^3 \cdot 50 \times 10^{-2}\ m \cdot 9.8\ m/s^2 = 1{,}470\ Pa$

$Pa = 1{,}470\ Pa + 1.03\ kg_f/cm^2 = 1{,}470\ Pa + 1.03 \times 9.8\ N/(10^{-2}\ m)^2 = 102.41\ kPa$

예제 1.18

대기 중에 직경이 50 cm인 실린더내의 피스톤 위의 질량이 50 kg인 추를 올려 놓았을 때 실린더내의 기체에 대한 측정압력과 절대압력을 구하라. (단, 피스톤의 질량은 무시하고, 대기압은 101.3 kPa, 중력가속도는 $g=9.81 m/s^2$ 으로 한다.

풀이

$$P_g = \frac{F}{A} = \frac{50\ kg_f}{\frac{1}{4}\pi(0.5)^2} = 2498\ Pa = 2.498\text{kPa}\ (\text{답})$$

$$P_a = P_g + P_0 = 2.498\ \text{kPa} + 101.3\ \text{kPa} = 103.8\ \text{kPa}\ (\text{답})$$

예제 1.19

어떤 증기터빈의 입구압력이 3 bar 이며, 출구압력은 진공도의 80%이었다. 입구와 출구에서의 절대압력은 몇 bar 인가? 대기압은 750 mmHg이다.

풀이

1 atm = 760 mmhg = 1.0332 kg_f/cm^2 = 1.01325 bar

1) 입구에서의 절대압력

$$P_a = P_g + P_0 = 3 + 1.01325 \times \frac{750}{760} = 3.99\ \text{bar}\ (\text{답})$$

2) 출구에서의 절대압력

출구압력은 진공도 80% 이므로

750 mmHg × 0.8 = 600 mmHg

$$P_a = P_0 - P_v = 1.01325 \times \frac{750}{760} - 1.01325 \times \frac{600}{760} = 0.199\ \text{bar}(\text{답})$$

1.12 비체적과 밀도, 비중량

비체적과 밀도는 계를 구성하고 있는 물질의 조밀한 정도를 나타내는 물리적 특성 값이다.

비체적(specific volume, ν)은 계의 단위질량당 체적 혹은 중량당 체적으로 단위는 $[m^3/kg]$, $[m^3/kg_f]$을 말하며 밀도의 역수이다.

$$\nu = \frac{V}{m} \ [m^3/kg] \tag{1.26}$$

$$\nu = \frac{V}{G} \ [m^3/kg_f]$$

여기서, V : 계의 체적$[m^3]$, m : 계의 질량[kg], G : 중량(kgf)

밀도(density, ρ)는 계의 단위체적당 질량으로 단위는 $[kg/m^3]$이다.

$$\rho = \frac{m}{V} \ [kg/m^3] \tag{1.27}$$

$$\rho = \frac{1}{\nu}$$

계의 밀도가 클수록, 혹은 비체적이 작을수록 계를 구성하고 있는 물질이 조밀한 상태에 있다는 의미를 가진다.

비중량(specific weight, γ)은 단위체적당 중량을 말한다. 단위는 $[kg_f/m^3]$, $[N/m^3]$이다. 중량이 질량에 중력가속도를 곱한 값이므로 비중량은 질량×중력가속도/체적이며. 밀도에 중력가속도를 곱하면 물질의 비중량이 된다.

$$\nu = \frac{1}{\gamma} \tag{1.28}$$

여기서, ν는 비체적, γ는 비중량이다.

$$\rho = \frac{\gamma}{g} \tag{1.29}$$

여기서, ρ는 밀도, g는 중력가속도이다.

참고로 **비중**(specific gravity, s)은 4℃ 물의 질량에 대한 물과 동일한 체적의 물체에 대한 질량비를 비중이라고 한다. 단위는 무차원이다.

예제 1.20

표준상태에서 공기의 비중량이 (1) 1.293 kg_f/m^3 (2) 1.35 kg_f/m^3 일 때 각각의 공기의비체적과 밀도를 구하라

풀이

(1) $\nu = \frac{1}{\gamma} = \frac{1}{1.293} = 0.773\ m^3/kg_f$

$\rho = \frac{\gamma}{g} = \frac{1.293}{9.8} = 0.132\ kg_f \cdot s^2/m^4$

(2) $\nu = \frac{1}{\gamma} = \frac{1}{1.35} = 0.74\ m^3/kg_f$

$\rho = \frac{\gamma}{g} = \frac{1.35}{9.8} = 0.138\ kg_f \cdot s^2/m^4$

예제 1.21

직경 80 mm인 자동차엔진의 실린더 내를 피스톤이 120 mm 움직여서 중량이 20 g_f의 유체를 흡입할 때 이 유체의 비체적과 비중량, 밀도를 구하라

풀이

$$\nu = \frac{V}{G} = \frac{\frac{1}{4}\pi(0.08)^2 \times 0.12}{20 \times 10^{-3}} = 0.03\ \mathrm{m^3/kg_f}$$

$$\gamma = \frac{1}{\nu} = \frac{1}{0.03} = 33.33\ \mathrm{kg_f/m^3}$$

$$\rho = \frac{\gamma}{g} = \frac{33.33}{9.8} = 3.40\ \mathrm{kg_f \cdot s^2/m^4}$$

연 / 습 / 문 / 제

1.1 다음 용어를 간단히 설명하라

① 계(system)② 주위(surrounding), 계경계 ③ 열평형상태

④ 과정과 사이클 ⑤ 상태(state), 상태량(property) ⑥ 밀폐계, 개방계, 고립계

⑦ 검사체적과 검사표면 ⑧ 동작물질

1.2 점함수(point function)와 경로함수(path function)에 대하여 설명하라.

1.3 강도성 상태량(intensive property)과 종량성 상태량에 대하여 설명하라.

1.4 열역학 0법칙을 설명하라

1.5 섭씨온도, 화씨온도, 절대온도를 비교 설명하라

1.6 열과 비열에 대하여 간단히 설명하라

1.7 표준대기압과 공압기압에 대하여 설명하라

1.8 절대압력과 대기압력, 게이지압력의 관계에 대하여 설명하라

1.9 비체적과 밀도, 비중량에 대하여 설명하라

1.10 5 ton의 트럭이 고속도로상에서 100 km/h의 속력으로 달린다. 이 트럭의 운동에너지를 열로 환산하면 몇 kcal 인가? (단 노면의 마찰은 무시한다.)

답: 459 kcal

1.11 100℃의 끓는 물 200 l에 5℃의 찬물 500 l를 넣으면 이 혼합된 물의 온도는 몇 ℃ 인가?

답: $t_m = 32.14$℃

1.12 온도가 600℃인 강구 5 kg을 20℃의 물 100 l속에 넣었을 때 평형 후의 온도를 구하라. 단 강구의 비열은 0.502 kJ/kg K, 물의 비열은 4.186 kJ/kg K이고 열손실은 무시한다.

답: t_m= 296.60 K =23.35℃

1.13 공기가 압력이 일정한 상태에서 0 K에서 50 K까지 변할 때, 그 비열이 $C_p = 1.1 + 0.0002\,t$ [kJ/kg· K]의 식으로 주어진다고 하자. 0 K의 공기 3 kg을 50 K까지 가열하는데 필요한 열량과 평균비열을 구하라

답: $Q = 172.5$ kJ, $C_m = 1.15$ kJ/kg K

1.14 어떤 자동차엔진의 실린더 직경이 90 mm인 엔진이 흡입행정을 위하여 피스톤이 100 mm하강하여 혼합기를 15 g_f를 흡입하였다. 이 때 혼합기의 비중량, 비체적, 밀도를 구하라.

답: $\gamma = 23.57\ kg_f/m^3$, $\nu = 0.042\ m^3/kg_f$, $\rho = 2.405\ kg_f \cdot s^2/m^4$

1.15 어떤 보일러의 압력계가 30 at를 나타내고 있다. 그 때의 대기압이 755 mmHg이었다면 보일러의 절대압력은 몇 at 이가?

여기서 1 at = 1 kgf/cm^2 이고, 1 atm = 1.0332 at이다.

답: $P_a = 31.026$ at

1.16 보일러로부터 증기터빈으로 보내는 증기의 터빈입구의 게이지압력이 2.5 bar이고, 터빈출구의 압력이 진공계로 720 mmHg이다. 기압계의 읽음이 750 mmHg일 경우 터빈입구와 출구의 절대압력을 구하라

답: 1) 입구에서의 절대압력 $P_a = 3.499$ bar

2) 출구에서의 절대압력 $P_a = 0.0399$ bar

CHAPTER 02

열역학 제1법칙

2.1 열역학 제1법칙

열은 본질상으로 에너지의 한 형태이다. 따라서 열에너지는 다른 에너지로, 또 다른 에너지는 열에너지로 변환될 수 있다. **열역학 제1법칙은 에너지, 열, 그리고 일, 이 세 가지 물리량 사이의 상관관계를 정의해주는 법칙이라 할 수 있다. 열역학 제 1법칙은 에너지 보존의 법칙이**라 불린다. 여기서 에너지가 보존된다는 말은 주어진 계에 속한 물질의 에너지와 그 계의 외부 에너지의 총합이 항상 일정하다는 것을 의미한다. **즉, 에너지는 한 형태에서 다른 형태로 변환될 수 있어도 창조되거나 소멸되지 않는다. 따라서 에너지의 총량은 일정하다는 것이다.**

열역학 제1법칙에서 에너지는 형태가 변할 수 있을 뿐 새로 만들어지거나 없어질 수 없다. 우주의 에너지 총량은 시간이 시작된 때로부터 종말에 이르기까지 일정하게 고정되어 있다. 즉 일정량의 열을 일로 바꾸었을 때 그 열은 소멸된 것이 아니라 다른 장소로 이동하였거나 다른 형태의 에너지로 바뀌었을 뿐이다. 에너지는 새로 창조되거나 소멸 될 수 없고 단지 한 형태로부터 다른 형태로 변환될 뿐이다. 또한, 계의 경계를 에너지가 넘나들 때 이들은 언제나 열과 일의 형태를 띤다.

만일 에너지의 변화가 계 주위 사이의 역학적 접촉으로부터 발생한 것이라면 일이 행해진 것이라 할 수 있고, 열적인 접촉으로부터 발생한 것이라면 열이 전달되었다고 볼 수 있다. 이처럼 주어진 물질이 보유한 에너지는 언제나 그 물질의 주위에서 내부로 일이나 열이 전달되는 과정이나 그 역의 과정을 통해 변화한다. 즉 열역학 제 1법칙은 가시적인 에너지인 열과 일 그리고 비가시적 에너지인 내부에너지의 관계를 규정해 주는 법칙이다.

열역학 제1법칙은 제1종 영구기관을 부정하는 법칙이다. 제1종 영구기관이란 외부로부터 에너지의 유입 없이 영구적으로 에너지를 낼 수 있는 기관을 말한다. 따라서 에너지를 소비하지 않고 계속하여 일을 발생시키는 기관을 만드는 것은 불가능하다.

1842년 영국의 R.Mayer와 1847년 Joule(1818~1889)에 의해서 일과 열의 상당량을 실험을 통하여 일과 열의 상호관계를 다음과 같이 나타내었다. “열(heat)은 본질상 일(work)과 같은 에너지의 한 형태이며, 열과 일은 서로 전환이 가능하다. 이때 열과 일의 사이의 일정한 비례관계가 성립한다.”

$$Q \leftrightarrows W \tag{2.1}$$

이상과 같은 관계식을 이용하여 열량 Q (kcal, J)과 일 W(kJ, $kg_f \cdot m$)라고 하면 열역학 제1법칙은 다음의 식으로 표시할 수 있다.

$$Q = AW \text{ 또는 } W = JQ \tag{2.2}$$

여기서 A: 일의 열당량 (thermal equivalent of work) [$kcal/kg_f \cdot m$]

J : 열의 일당량 (mechanical equivalent of heat) [$kg_f \cdot m/kcal$]

Joule은 그림 2.1과 같은 장치에 의해서 열과 일의 일당량 구할 수 있었다. Joule은 그림 2.1과 같은 장치를 사용하여 추가 내려가면서 한 일과 이 일에 의하여 교반(kneading)되면 서 상승되는 물의 온도에 따라 열상당량을 구하였다.

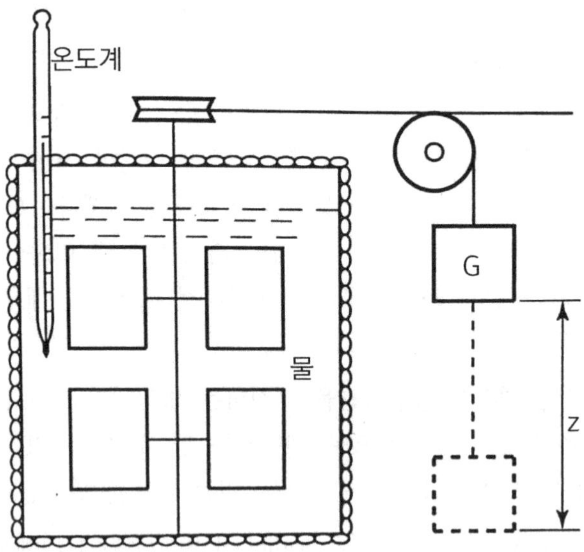

그림 2.1 Joule의 열당량 실험장치

$$A = \frac{Q}{W} = \frac{1}{427}\ [\text{kcal/kg}_f\cdot\text{m}]\ =\ 1\ \text{J/N}\cdot\text{m} \tag{2.3}$$

$$J = \frac{1}{A}\ =\ 427\ [\text{kg}_f\cdot\text{m/kcal}]\ =\ 1\ \text{N}\cdot\text{m/J} \tag{2.4}$$

$$1\ \text{kcal}\ =\ 427\ \text{kg}_f\cdot\text{m}\ =\ 4.186\ \text{kJ}$$

열량과 일의 관계는 표2-1과 같다.

[표2.1 열량과 일의 관계]

양	공학단위	SI 단위
열량 일	Q(kcal) W(Kg$_f$ · m)	Q(J) W(J)
일의 열당량 일의 일당량	A=1/427 kcal/(Kg$_f$ · m) J=427 Kg$_f$ · m/kcal	A = J = 1
열역학 제1법칙을 나타내는 식	Q = 1/427 W W = 427 Q	Q = W

예제 2.1

어떤 자동차에서 출력이 100 PS인 자동차용 디젤엔진을 동력계를 사용하여 성능 시험을 할 때 흡수된 출력의 60%가 냉각수에 의해 냉각된다. 이 때 물의 온도를 40℃이하로 제한하려면 매시간 사용해야 할 냉각수량은 얼마인가? (단, 여기서 물의 비열은 4.19 kJ/kg K, 1 PS = 735.75 W로 계산한다.)

풀이

열역학 제1법칙을 이용하여

$Q = W, \quad Q = mc\Delta t$ 식을 이용하면

$W = 100\ PS \times 0.6$

$100\ PS \times 0.6 = m \times 4.19\ kJ/kg\,K \times 40$

여기서, $1\ PS = 735.75\ J/s$ 이므로

$100 \times 735.75\ \times 3600\ J/h \times 0.6 = m \times 4.19\ kJ/kg\,K \times 40$

$\therefore\ m = 948.22\ kg/h$

예제 2.2

10 PS의 디젤엔진에서 마찰 손실량이 출력의 10%일 때 손실에 의하여 생기는 열량은 얼마인가?

풀이

$Q = W$

여기서 1 PS=75 kgf·m/s=735.75 W

$Q = AW = \dfrac{1}{427} \times 75\ = 0.1756\ kcal/s = 632.16\ kcal/h$

예제 2.3

20 PS의 디젤엔진에서 마찰 손실량이 출력의 10%일 때 손실에 의하여 생기는 열량은 몇 kcal/h 인지 구하라 ?

풀이

$Q = W$

여기서 1 PS=75 kgf·m/s

$W = 20 \times 75$ kgf·m/s$\times 0.1 =$150 kgf·m/s

여기서 $A = \dfrac{1}{427}$ [kcal/kgf·m]

$Q = AW = \dfrac{1}{427}$ kcal/kgf·m × 150 kgf·m/s = 0.351 kcal/s = 1263.6 kcal/h

예제 2.4

어느 전열기가 100 kW의 출력으로 5시간 운전하여 400 kg의 연료를 소비하였다. 연료의 발열량이 10 MJ/kg이라고 할 때 전열기로부터 방출된 열량을 얼마인가?

풀이

전열기에 주어진 열량 Q1=400 kg×10 MJ/kg = 4000 MJ

이 기간 동안에 한 일량 W= 100 kJ/s×5 h=100 kJ/s×5×3600 s=1,800,000 kJ=1800 MJ

열기관은 사이클을 이루므로 방출된 열량을 Q2라고 하면

$\Sigma Q = \Sigma W$, $W_{12} = Q_1 - Q_2$

$Q_2 = Q_1 - W_{12} = 4000$ MJ-1800 MJ$=2,200$ MJ

2.2 계의 상태변화에 대한 열역학 제1법칙

일은 열과 마찬가지로 계(system)와 주위(surrounding)사이의 에너지 교환이다. 에너지는 열이나 일의 형태로 시스템의 경계를 통과 할 수 있다. 따라서 밀폐계의 경계를 통과하는 에너지는 열이 아니면 반드시 일이어야 한다. 열은 구동력이 계와 주위 사이의 온도 차이에 의하여 발생하기 때문에 쉽게 알 수 있다. 계와 주위 사이의 온도차 이외의 다른 방법으로 일어나는 에너지 교환 작용은 일이라고 보면 된다.

그림 2.2는 일과 열의 방향을 나타낸다. 그림에서와 같이 계에서의 열이 공급되고 일이 생산되는 것을 양(+)으로 보고, 그 반대는 음(-)으로 본다. 즉 계가 행한 일은 양, 계에 가해진 일은 음이다. 이러한 부호규약에 의하여 자동차 엔진, 수력, 스팀, 또는 가스터빈의 일은 양이고, 계로의 일은 음이다. 열은 이와 반대이다. 따라서 계에서의 일을 하고 있다는 것은 에너지감소로 보며, 계에서의 에너지 증가는 일이 끝난 것으로 보면 된다.

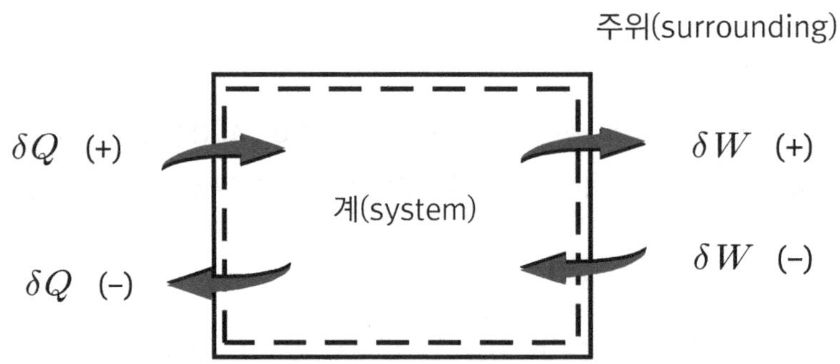

그림 2.2 일과 열의 방향

열전달과 일은 계와 주위 사이의 상호작용이며 다음과 같이 정리할 수 있다.

① 열과 일은 경계현상(boundary phenomena)이며 계의 경계를 통과할 때 계의 경계에서만 확인된다.

② 계는 에너지를 가질 수 있으나 열이나 일은 갖지 못한다. 즉, 열과 일은 전달현상이다.

③ 열과 일은 상태가 아니라 과정과 관계된다. 상태량들과는 달리 일과 열은 한 상태에서는 의미가 없다.

④ 열과 일은 경로함수(path function)이다. 즉, 그 크기는 최종상태뿐만 아니라 과정동안에 경로에 따라 달라진다.

경로함수(path function)는 δ로 나타내는 편미분이다. 그러므로 열이나 일의 미분량은 각각 δQ, δW로 표시된다. 그러나 상태량은 주어진 상태에 어떻게 도달하는가에 아니라 단지 주어진 상태에 따라 달라지는 점함수(point function)이다. d로 나타내는 완전미분을 취한다.

예를 들어 그림 2.3에서와 같이 미소체적변화는 dV로 표시되고, 상태1과 상태2사이의 과정 동안 전체 체적변화는 아래 식과 같이 표시한다.

$$\int_1^2 dV = V_2 - V_1 = \Delta V$$

여기서 V_1 = 상태1에서의 체적, V_2 = 상태2에서의 체적

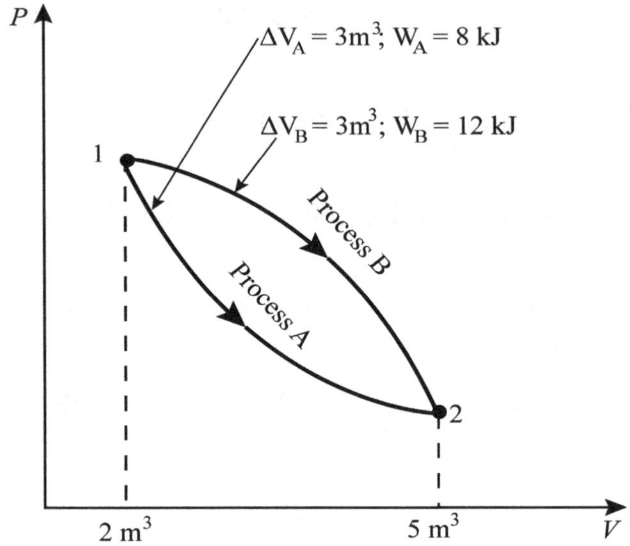

그림 2.3 경로함수와 점함수의 비교 설명

그림 2.3에서와 같이 1-2과정동안의 체적변화는 경로에 관계없이 항상 상태2에서의 체적(5 m^3)과 상태1에서의 체적(2 m^3)과의 차이 3 m^3이다. 하지만 1-2과정동안 행해진 일은 다음과 같다.

$$\int_1^2 \delta W = {}_1W_2 \ (\neq \ W_2 - W_1 \ \text{즉} \ \Delta W\text{가 아님})$$

즉, 전체 일은 과정의 경로에 따라 행해진 일의 미분량 δW을 합함으로써 구해진다. 즉 전체 적분을 통해서 구해진다. 그림 2.3에서 보는 바와 같이 체적의 변화는 경로에 관계없이 처음의 상태와 마지막 상태와의 차이 3 m^3이지만, 한 일은 경로A에서는 8 kJ이고 경로B에서는 12 kJ임을 알 수 있다.

그림 2.4에서와 같이 상태1에서 상태2까지의 1a2b1사이클과 1a2c1사이클 과정을 가지는 계가 있다고 생각하자.

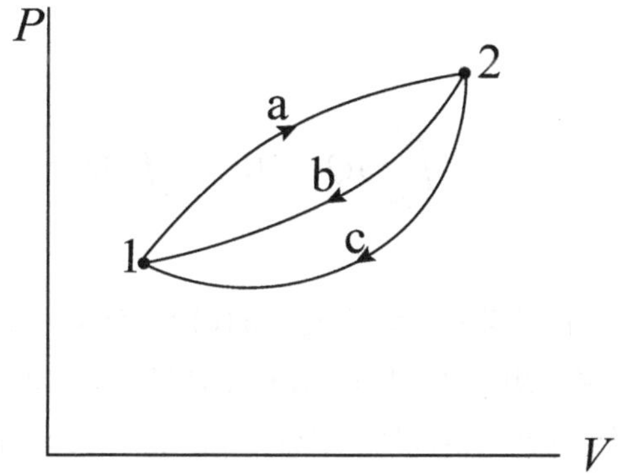

그림 2.4 열역학적 상태량 E의 설명

열역학 제1법칙으로부터

$$\oint \delta Q = \oint \delta W$$

사이클 1a2b1에 대하여 윗 식을 적용하면

$$\int_{1a}^{2} \delta Q + \int_{2b}^{1} \delta Q = \int_{1a}^{2} \delta W + \int_{2b}^{1} \delta W \qquad \text{----------} \qquad ①$$

여기서 1a는 1→a의 경로를 의미한다.
또 다른 사이클 1a2c1에 대하여 같은 식을 적용하면

$$\int_{1a}^{2} \delta Q + \int_{2c}^{1} \delta Q = \int_{1a}^{2} \delta W + \int_{2c}^{1} \delta W \qquad \text{-----------} \qquad ②$$

①식에서 ②식을 빼면

$$\int_{2b}^{1} \delta Q - \int_{2c}^{1} \delta Q = \int_{2b}^{1} \delta W - \int_{2c}^{1} \delta W$$

이 식을 바꾸어 쓰면

$$\int_{2b}^{1}(\delta Q - \delta W) = \int_{2c}^{1}(\delta Q - \delta W) \tag{2.5}$$

경로 b와 c는 임의의 과정이므로 $(\delta Q - \delta W)$는 상태 1과 상태 2사이의 모든 과정에 대하여 같다고 할 수 있다. 따라서 $(\delta Q - \delta W)$는 최초와 최종의 상태에만 좌우되며 두 상태점 사이의 경로에는 상관없는 점함수(point function)임을 알 수 있다. 이 성질을 계의 에너지라 하며 E로 표기하기로 한다.

$$\delta Q - \delta W = dE$$

$$\therefore \delta Q = dE + \delta W \tag{2.6}$$

식(2.6)을 초기상태 1에서 최종상태 2까지 적분하면 다음식과 같다.

$${}_1Q_2 = E_2 - E_1 + {}_1W_2 \tag{2.7}$$

여기서 ${}_1Q_2$는 상태1에서 상태2까지의 과정 사이에 계로 전달된 열량이며, E_1, E_2는 계의 에너지 E의 최초와 최종의 값이고, ${}_1W_2$는 그 과정 중에 계가 한 일이다.

상태량 E의 물리적 의미는 계의 주어진 상태에서 모든 에너지를 포함한다. 즉, 계 전체의 운동에너지, 위치에너지, 분자의 운동과 위치에 관계되는 에너지, 원자구조에 관한 에너지 등 여러 가지 형태로 존재한다.

일반적으로 공업열역학에서는 운동에너지(kinetic energy ; KE)와 위치에너지(potential energy ; PE)를 분리하여 생각하고, 그 밖의 모든 에너지를 내부에너지(internal energy ; U)라는 하나의 상태량으로 표시한다. 내부에너지 U는 다음 장에서 보다 자세히 설명하기로 한다.

따라서 전체에너지 E는 내부에너지, 운동에너지, 위치에너지의 합으로 표시된다.

$E=$ 내부에너지 + 운동에너지 + 위치에너지

또는

$$E = U + KE + PE \tag{2.8}$$

여기서 E는 상태량인 점함수이므로 그 미분형은

$$dE = dU + d(KE) + d(PE) \tag{2.9}$$

그러므로 계의 상태변화에 대한 열역학 제1법칙의 식(2.6)은 다음과 같이 표시된다.

$$\delta Q = dU + d(KE) + d(PE) + \delta W \tag{2.10}$$

식 (2.10)에 운동에너지 및 위치에너지 식을 대입하면

$$\delta Q = dU + \frac{1}{2}d(mv^2) + d(mgZ) + \delta W \tag{2.11}$$

m, g가 일정하다고 가정하고 상태 1에서 상태 2로의 상태변화에 대해 적분하면 다음과 같다.

$${}_1Q_2 = U_2 - U_1 + \frac{m({v_2}^2 - {v_1}^2)}{2} + mg(Z_2 - Z_1) + {}_1W_2 \tag{2.12}$$

식 (2.12)은 계의 에너지보존의 법칙을 나타내며, 계에 가해진 열과 일의 차이는 에너지변화량과 같음을 알 수 있다.

2.3 밀폐계에 대한 열역학 제1법칙의 식

내부에너지는 열역학적 상태량의 일종으로 물체가 보유한 총에너지에서 운동에너지, 위치에너지 및 전기에너지를 뺀 나머지를 내부에너지(internal energy)라 하였다. 열역학에서는 일반적으로 전기에너지는 고려하지 않으므로 물체가 정지하여 외력의 작용을 받지 않을 때에는 역학적에너지(운동에너지, 위치에너지)는 0 이므로 정지된 물체가 가지는 열역학적 총에너지는 내부에너지와 같다.

내부에너지는 U [J]라고 표시하고, 단위물체의 내부에너지는 비내부에너지 u [J/kg]라 한다.

$$u = \frac{U}{m} \text{ [J/kg]} \tag{2.13}$$

물체는 온도나 압력의 변화에 따라 내부에너지를 갖는다. 물체가 갖는 내부에너지를 미시적으로 고찰하면 물체는 무수한 미소분자로 구성되어 있다. 각 분자는 끊임없이 불규칙한 운동을 하며 그 상태에 따라 개개의 분자의 병진운동에 의한 에너지와 분자 상호간의 인력에 의하여 생기는 위치에너지, 분자 내에서 원자의 회전 및 진동에 의한 에너지를 갖는다.

따라서 **물체 내의 전(全) 분자가 갖는 에너지의 총합은 전(全) 분자의 병진운동에너지, 인력에 의한 위치에너지, 원자의 회전운동에너지 및 진동에너지 등의 총합이 물체의 내부에너지와 같다.**

일반적으로 온도가 상승하면 분자의 운동도 활발하므로 온도가 높아짐에 따라 물체의 내부에너지도 상승한다. 물체를 가열하거나 냉각하면 그 상태 (p, T 등)가 변화하므로 그 내부에너지도 변화한다. 또한 내부에너지는 그 절대값을 알 수 없지만 그 상태량만은 온도, 압력 등의 상태변화를 알면 정확히 구할 수 있다.

내부에너지는 온도만의 함수이고 계의 과거 상태 등의 계의 경로와 무관한 점함수이자 현재 상태에 의해 결정되는 상태량이다.

그림 2.5와 같이 어느 밀폐계에서 정지하고 있는 물체에 미소열량 δQ가 주어지면 내부에너지가 미소량 dU 만큼 증가함과 동시에 외부에 대하여 미소일량 δW를 하게

된다. 동시에 압력p하에서 체적은 dV만큼 증가하게 되며, 이로 인하여 외부에 대해서는 $\delta W = pdV$의 일을 하게 된다.

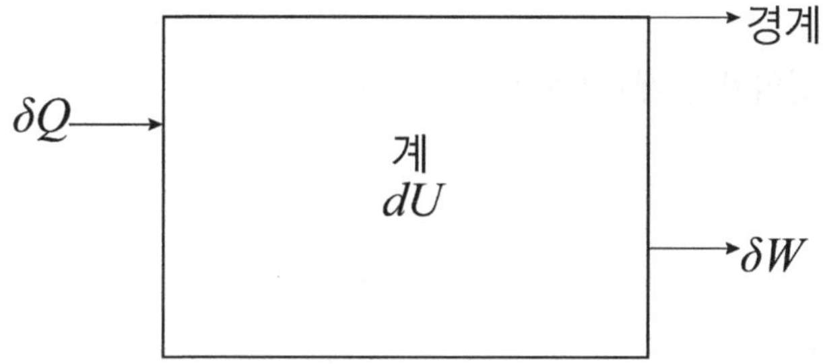

그림2.5 밀폐계에서의 에너지 관계

열역학 제1법칙으로부터 운동에너지 및 위치에너지의 변화가 없다고 보면 다음과 같이 나타낼 수 있다.

$$\delta Q = dU + \delta W \tag{2.14}$$

이 식을 상대 1에서 상태 2까지 적분하면,

$${}_1Q_2 = U_2 - U_1 + {}_1W_2 \tag{2.15}$$

이 식은 열역학의 제1법칙 또는 에너지보존의 법칙을 수식화한 것으로, 제1법칙의 식 또는 에너지의 식(energy equation)이라고 한다.

계가 준 준정적변화일 경우 δW는

$$\delta W = pdV \tag{2.16}$$

이므로 식 (2.14)은 다음과 같다.

$$\delta Q = dU + \delta W = dU + pdV \tag{2.17}$$

이 식을 단위질량에 대하여 정리하면 다음과 같다.

$$\delta q = du + pdv \tag{2.18}$$

식 (2.18)을 **열역학의 제1기초식**이라고 한다.

예제 2.5

밀폐계에서 피스톤이 팽창할 때 압력이 10 kg_f/cm^2으로 일정하고 체적이 0.5 m^3에서 2 m^3으로 변화된다고 하면 이때의 일량은 얼마인가?

풀이

$$W = \int_1^2 pdV = p(V_2 - V_1) = 10\ kgf/cm^2\ (2m^3 - 0.5m^3) = 150{,}000\ kg_f\ m$$

예제 2.6

어떤 쭈글쭈글한 고무공에 50 kJ의 열을 공급하여 고무공이 팽창하여 30 kJ의 일을 하였다고 하자. 이때 고무공 안의 내부에너지의 변화량은 얼마인가?

풀이

$\delta q = du + \delta w$에서

$du = \delta q - \delta w = 50\ kJ - 30\ kJ = 20\ kJ$

예제 2.7

압력이 100 kPa이고 체적이 0.8 m^3인 가스가 일정 압력하에 팽창하여 체적이 3배로 되었다. 이때 내부에너지가 200 kJ 증가하였다면, 가스가 외부에 대하여 한 일과 외부로부터 받은 열량은 얼마인가?

풀이

가스가 외부에 대하여 한일은

$$_1W_2 = \int_1^2 p\,dV = p(V_2 - V_1) = 100\text{ kPa}(2.4\text{ m}^3 - 0.8\text{ m}^3) = 160\text{ kJ}$$

외부로부터 받은 열량은

$\delta q = du + \delta w$에서 $_1Q_2 = 200\text{ kJ} + 160\text{ kJ} = 360\text{ kJ}$

예제 2.8

1000 m의 높이에서 강구를 자유낙하 시켰다. 이 강구가 바닥에 떨어질 때 위치에너지 전부 열에너지로 바뀌고, 열의 80%를 강구가 흡수하였다면 온도 상승은 얼마인가?[K] (단, 강철의 비열은 0.607 kJ/kgK라 한다.)

풀이

$PE = mgh$, $Q = mc\,\Delta t$ 에서

$0.8 \times (mgh) = m\,c\,\Delta t$,

$\therefore \Delta t = \frac{1}{c} \times 0.8 \times 9.8 \times 1000 = 12.91$[K]

2.4 개방계에 대한 열역학 제1법칙의 식

실제적으로 공학적 측면에서는 정상적으로 흐르는 액체 또는 기체를 취급하는 문제, 즉 유동계 또는 개방계의 경우가 많다. 내부에너지를 갖는 유체가 정상적으로 흐르는 경우 이 유체는 내부에너지(U)와 유체를 밀어서 흐르게 하는 일의 에너지인 **유동에너지**(PV)를 가진다. **내부에너지와 유동에너지의 합을 엔탈피(enthalpy)라 하고 물리량 H로 정의**한다. 이것은 두 량 ($U+PV$)이 모두 계의 상태에만 의존하는 상태량이므로 이들의 조합도 역시 상태량인 점함수 임을 알 수 있다. 엔탈피를 정의하면 다음과 같다.

$$\text{엔탈피} = \text{내부에너지} + \text{유동에너지}$$

$$H = U + PV \tag{2.19}$$

유체의 단위질량당에 대한 엔탈피는 비엔탈피(specific enthalpy, h kJ/kg)라 하며 다음가 같다.

$$h = u + pv \tag{2.20}$$

엔탈피는 열역학에서 매우 중요한 상태량 중의 하나이다. 식(2.20)의 식을 미분하면

$$dh = du + d(pv) = du + pdv + vdp$$

가 되면 식 (2.18)식을 대입하여 정리하면 다음과 같다.

$$dh = dq + vdp$$

$$\therefore\ dq = dh - vdp \tag{2.21}$$

이 식을 **열역학의 제2기초식**이라고 한다.

개방계에서는 열과 일이 에너지의 형태로 계의 경계를 출입하는 동시에 물체도 계의 경계를 이동하므로 **유동계(flow system)**라고도 한다. 유동하는 물체의 질량은 검사체적을 통하여 유입, 유출하며 이 사이에 열 및 일에 의한 에너지 이동이 존재하는 것으로 생각한다. 이러한 시스템의 실제 예로서는 증기터빈, 제트기관, 압축기, 가스터빈 내의 흐름 등이 있다. 증기터빈에서 증기가 터빈으로 들어와서 터빈으로 나가는 경우나 제트기관에서 기관 내로 공기가 유입되었다가 방출되는 경우 모두 검사체적을 포함하는 계로 생각할 수 있다. 이들의 경우에는 검사체적은 일정하고 이 검사체적을 통하여 작업물질이 유입, 유출하게 된다.

일반적으로 개방계에서 열역학적 문제를 다룰 때에는 정상유동(steady flow)하는 경우가 대부분이므로 정상유동과정을 하는 계의 에너지 보존에 대하여 살펴보기로 한다.

정상유동과정(steady flow process)이란 어느 한 점에서 시간에 관계없이 물리량 즉 온도, 압력, 속도 등이 일정한 유동상태를 말한다.

그림 2.6에서와 같이 어떤 개방계의 관로에 정상유동과정으로 1의 위치에서 2의 위치로 유체가 흘러간다고 할 때 열역학 제1법칙을 적용해보기로 한다.

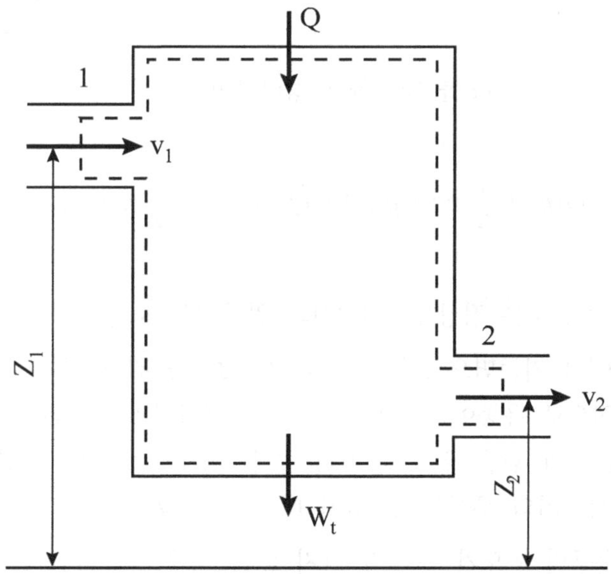

그림2.6 개방계에서의 에너지 관계

단면 1에서의 압력을 p_1[kPa], 비체적v_1[m^3/kg], 내부에너지u_1[kJ], 속도 v_1[m/s], 위치Z_1[m]라 하고, 단면 2에서의 압력을 p_2[kPa], 비체적v_2[m^3/kg], 내부에너지u_2[kJ], 속도 v_2[m/s], 위치Z_2[m]라 한다. 또한 관로의 두 단면에서 시간당 질량 $\dot{m}$ [kg/s]이 흐르고, 단면 1, 2사이에 외부에서 계에 시간당 열량 $\dot{Q}$[kJ/s]를 받고, 시간당 외부에 일 $\dot{W}$ [kJ/s]을 하였다고 하면 열역학 제1법칙인 에너지보존의 식을 적용하면 다음과 같다.

$$\text{내부에너지}_1+\text{운동에너지}_1+\text{위치에너지}_1+\text{유동에너지(유입)}+\dot{Q}$$
$$=\text{내부에너지}_2+\text{운동에너지}_2+\text{위치에너지}_2+\text{유동에너지(유출)}+\dot{W}$$

위식을 기호로 표시하면

$$U_1+KE_1+PE_1+p_1v_1+\dot{Q}=U_2+KE_2+PE_2+p_2v_2+\dot{W}$$

$$\dot{m}(u_1+\frac{1}{2}\mathrm{v}_1^2+gZ_1+p_1v_1)+\dot{Q}=\dot{m}(u_2+\frac{1}{2}\mathrm{v}_2^2+gZ_2+p_2v_2)+\dot{W} \quad (2.22)$$

여기서 엔탈피 $h=u+pv$를 대입하고 정리하면

$$\dot{m}(h_1+\frac{1}{2}\mathrm{v}_1^2+gZ_1)+\dot{Q}=\dot{m}(h_2+\frac{1}{2}\mathrm{v}_2^2+gZ_2)+\dot{W} \quad (2.23)$$

식 (2.22)와 식 (2.23)은 정상유동계에서의 **일반 에너지식**이라 한다.

일반 에너지식에서 기준면으로부터 위치 Z_1, Z_2 가 위치 차이가 거의 무시하는 경우가 많다. 일반적으로 유동이 기체인 경우 위치에너지의 차(ΔPE)는 무시한다. 열기관, 터빈, 압축기 등과 같은 실제 공학의 문제 해석에 있어서도 입구 및 출구에서의 위치(고도)의 차이는 거의 무시할 수 있기 때문에 ΔPE은 무시되는 경우가 많다.

또한 입구와 출구의 속도가 그다지 크지 않을 경우, 즉 유속이 30~50 m/s 이하인 경우에는 운동에너지 차(ΔKE)도 무시해도 무방하다. 따라서 식 (2.23)을 위치에너지와 운동에너지의 차를 무시한다고 할 때 다음과 같이 정리할 수 있다.

$$\dot{Q} - \dot{W} = \dot{m}\,(h_2 - h_1) \tag{2.23}$$

또 식 (2.23)에서 단열유동, 즉 $\dot{Q} = 0$ 이라고 하면 이 과정에서 발생한 일의 양($\dot{W}$)은 다음의 식이 된다.

$$\dot{W} = \dot{m}\,(h_1 - h_2) \tag{2.24}$$

단열유동에서는 엔탈피의 감소량이 일로 전환되며 이것을 **단열 열단락**(heat drop)이라고 한다.

예제 2.9

동작유체가 압축기를 통과해 나갈 때 입구에서 압력이 1 kgf/cm^2, 체적 2 m^3, 내부에너지 5 kcal이고, 출구에서 압력이 10 kgf/cm^2, 체적 0.5 m^3, 내부에너지 6 kcal이다. 엔탈피의 변화량은 몇 kcal인지 구하라.

풀이

$\Delta h = h_2 - h_1 = (u_2 + p_2 v_2) - (u_1 + p_1 v_1) = (u_2 - u_1) + (p_2 v_2 - p_1 v_1)$

여기서 1 kcal=427 kg$_f$·m 이므로

$= (6\ \text{kcal} - 5\ \text{kcal}) + \frac{1}{427}[10\ \text{kg}_f/(0.01\ \text{m})^2 \times 0.5\ \text{m}^3 - 1\ \text{kg}_f/(0.01\ \text{m})^2 \times 2\ \text{m}^3]$

$= 71.258$ kcal

예제 2.10

1 kg의 가스가 압력 0.1 MPa, 체적 5 m^3의 상태에서 압력 2.4 MPa, 체적 0.4 m^3의 상태로 변화하였다. 만약 가스의 내부에너지는 변화가 없다면 엔탈피의 변화량은 얼마인가?

풀이

$h = u + pv$에서 $\Delta h = \Delta u + \Delta pv$

여기서 $\Delta u = 0$이므로

$\Delta h = (p_2 v_2 - p_1 v_1) = (2.4 \times 10^6 \times 0.4 - 0.1 \times 10^6 \times 5) = 460$ kJ

예제 2.11

어떤 가스터빈에서 압력이 600 kPa, 속도가 30 m/s인 가스가 터빈으로 들어가서 압력이 6 kPa, 속도가 300 m/s로 되어 터빈을 나온다. 이 때 가스터빈 입구가 출구보다 5 m 높고 유량이 10 kg/s이고 터빈으로부터의 방열량이 15 kJ/s이면 이 가스터빈의 출력은 얼마인가? 입구와 출구의 내부에너지는 각각 2150 kJ/kg, 1210 kJ/kg이고, 비체적은 각각 0.057 m^3/kg, 12.35 m^3/kg이다.

풀이

정상유동계에서의 일반 에너지식을 이용하면

$$U_1 + KE_1 + PE_1 + p_1 v_1 + \dot{Q} = U_2 + KE_2 + PE_2 + p_2 v_2 + \dot{W}_t$$

$$\dot{m}(u_1 + \frac{1}{2}v_1^2 + gZ_1 + p_1 v_1) + \dot{Q} = \dot{m}(u_2 + \frac{1}{2}v_2^2 + gZ_2 + p_2 v_2) + \dot{W}_t$$

$$\therefore \dot{W}_t = \dot{m}[(u_1 - u_2) + \frac{1}{2}(v_1^2 - v_2^2) + g(Z_1 - Z_2) + (p_1 v_1 - p_2 v_2)] + \dot{Q}$$

$= 10$ kg/s$[(2150-1210) \times 10^3$ J/kg$+ \frac{1}{2}(30^2 - 300^2) + 9.8 \times (5) + ((600 \times 10^3$ Pa$\times 0.057$ m^3/kg$- (6 \times 10^3$ Pa$\times 12.35$ m^3/kg$))] - 15 \times 10^3$ J/s $= 8540.990$ kJ

예제 2.12

체적이 10 m^3인 용기 속에 어떤 물질이 들어 있다. 이 물질에 15 kJ의 열을 가하였더니 압력이 2 bar에서 3 bar로 되고 온도가 10℃에서 40℃로 변화하였다. 이 물질의 밀도가 2.5 kg/m^3이면 용기 속에 들어있는 물질의 정적비열과 변화전후의 엔탈피 변화량을 구하라.

풀이

밀도 $\rho = \dfrac{m}{V}$ 이므로

$2.5\ kg/m^3 = \dfrac{m}{10}$ $\therefore$ 질량 m = 25 kg

$Q = m\,C_v\,\Delta t$ 에서 15 kJ= 25 kg× C_v × 30

$\therefore$ C_v = 0.02 kJ/kg·K (답)

$\delta q = dh - vdp$식에서

$dh = \delta q + vdp$

$= 15\ kJ + 10\ m^3(3\times10^5\ N/m^2 - 2\times10^5\ N/m^2) = 1015\ kJ$(답)

예제 2.13

어떤 증기터빈에서 엔탈피가 3000 J/kg인 증기가 50 m/s의 속도로 들어가서 엔탈피 2000 J/kg, 속도 20 m/s로 유출하며 터빈은 100마력의 일을 한다. 터빈의 열손실이 400,000 J/s이라면 공급해야 할 증기는 얼마인가? (단, 위치에너지는 불변이다.)

풀이

열역학 제1법칙의 일반 에너지식을 이용하면

$$U_1 + KE_1 + PE_1 + p_1 v_1 + \dot{Q} = U_2 + KE_2 + PE_2 + p_2 v_2 + \dot{W}_t$$

여기서 PE는 무시하면

$$\dot{m}(u_1 + \frac{1}{2}V_1^2 + p_1 v_1) + \dot{Q} = \dot{m}(u_2 + \frac{1}{2}V_2^2 + p_2 v_2) + \dot{W}_t$$

$$\dot{m}(h_1 + \frac{1}{2}V_1^2) + \dot{Q} = \dot{m}(h_2 + \frac{1}{2}V_2^2) + \dot{W}_t$$

$$\dot{m}[(h_1 - h_2) + \frac{1}{2}(V_1^2 - V_2^2)] = \dot{W}_t - \dot{Q}$$

여기서 $\dot{W}_t$ = 100 ps = 100×75 kg_f·m/s = 73500 J/s

$\dot{Q}$는 열손실이므로 $\dot{Q}$ = −400,000 J/s

윗식에 대입하면

$$\dot{m}[(1000\ \text{J/kg} + \frac{1}{2}(50^2 - 20^2)] = 73500\ \text{J/s} - (-400{,}000\ \text{J/s})$$

$\therefore\ \dot{m}$ = 230.975 kg/s

2.5 절대일과 공업일

2.5.1 절대일 (absolute work)

밀폐계상에서 주위와 열역학적 평형상태를 유지하며 팽창하면서 계가 외부에 한 일을 **절대일**(absolute work)이라 정의하고 **밀폐계의 일, 비유동일, 팽창일**이라고도 한다. 기호는 ${}_1W_2 = W$으로 사용한다. 그림 2.7과 같이 피스톤형 기관에서 실린더 내의 동작유체에 열을 가하면 동작유체의 팽창에 의해 피스톤을 밀게 되며 그 결과 외부에 대하여 일을 한다.

그림 2.7과 같이 절대압력 P와 체적 V를 직교좌표의 두 축으로 하고 유체의 팽창에 의한 상태변화를 나타내면 곡선 1,2가 얻어진다. 이때 가스의 압력을 p[N/m^2]가 피스톤의 단면적 A[m^2]에 작용하여 피스톤의 거리 dx만큼 이동시켰다고 하자. 이때 피스톤 면에 발생하는 힘은 $F = pA$이며 실린더내의 유체가 한일을 dW라 하면 식 (2.25)와 같다.

$$dW = Fdx = pAdx = pdV \tag{2.25}$$

유체가 상태1에서 상태2까지 팽창하여 외부에 한 일 W은 다음과 같이 표시할 수 있다.

$${}_1W_2 = \int_1^2 pdV \tag{2.26}$$

그림 2.7의 면적12ba는 $\int_1^2 pdV$의 면적과 같다.

한편 위치2에서 위치1로 압축되는 경우, 즉, 계에 가해진 일은 식 (2.27)과 같다.

$${}_2W_1 = \int_2^1 pdV \tag{2.27}$$

$$\therefore \quad {}_1W_2 = -{}_2W_1 \tag{2.28}$$

이와 같이 밀폐계가 준정적과정에서 외부에 팽창하면서 계가 외부에 한일을 **절대일**이라고 한다. 밀폐계에 대한 제1법칙을 적용하면 식 (2.29), (2.30)와 같다.

$$\delta Q = dU + \delta W = dU + pdV \text{ 에서}$$

$$_1Q_2 = U_2 - U_1 + \int_1^2 pdV \text{ (J)} \tag{2.29}$$

단위질량당 제1법칙을 적용하면

$$_1q_2 = u_2 - u_1 + \int_1^2 pdV \text{ (J/kg)} \tag{2.30}$$

비 엔탈피식으로 정리하면 식 (2.31)과 같다.

$$dq = dh - vdp \text{ 에서}$$

$$_1q_2 = h_2 - h_1 - \int_1^2 vdp \tag{2.31}$$

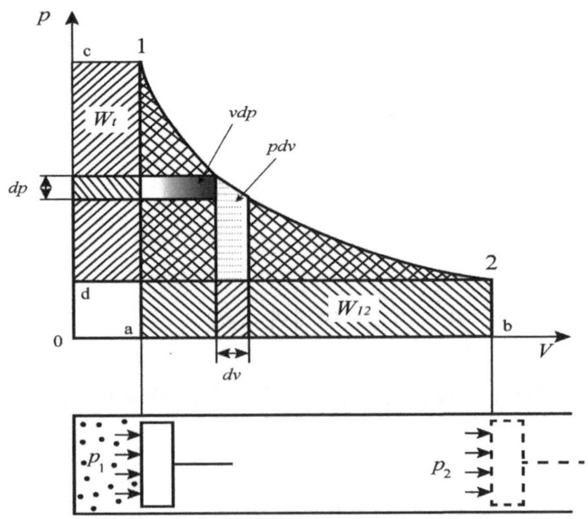

그림 2-7 P-V 선도에 나타난 절대일과 공업일

2.5.2 공업일

일반적으로 열기관을 이용하여 기계적인 일을 얻는 방법은 두 가지가 있다. 위에서 설명한 자동차기관(가솔린기관, 디젤기관)과 같이 밀폐계로서 일을 하는 피스톤기관의 **절대일**과 가스터빈이나 제트기관과 같이 개방계로서 일을 얻는 공업일이 있다. 가스터빈은 고온, 고압의 연소가스가 팽창하면서 터빈의 날개를 회전시켜 일을 하게 되는 데 절대일과 구분하여 **공업일**(technical work) 또는 **터빈일**이라고 한다. 즉, 동작유체가 개방계를 통과할 때 생기는 계가 외부에 한 일을 말하며 **개방계 일, 유동일, 압축일**이라고도 한다. 기호는 W_t로 나타낸다.

작동유체가 압력 p_2에서 p_1까지 변화할 때 계가 외부에서 한 일인 공업일은 그림 2.7에서 면적 c12d의 면적이며 $\int_2^1 vdp = -\int_1^2 vdp$와 같다. 여기서 음(-)의 부호가 압축일을 나타내는 것이 아니고 좌표에서 온 것이므로 유의하기 바란다.

따라서 발생한 공업일을 표시하면 식(2.32)와 같다.

$$W_t = \int_{p_2}^{p_1} vdp = -\int_{p_1}^{p_2} vdp = -\int_1^2 vdp \tag{2.32}$$

이상으로부터 $p-V$ 선도상에서 상태1에서 상태2로 변화할 때에 압력과 체적의 두 축에 대하여 이루는 면적은 일량을 나타낸다. 가로축인 v축에 대한 면적은 **절대일**을 나타내고 세로축 P에 대한 면적은 **공업일**을 나타낸다.

그림 2-7의 도형 면적의 관계로부터 기체가 가역변화 할 때 외부에 대하여 하는 절대일(${}_1W_2$)과 공업일(W_t)사이에는 다음과 같은 관계가 있다는 것을 알 수 있다.

$$W_t = {}_1W_2 + P_1V_1 - P_2V_2 \tag{2.33}$$

그림2-8은 절대일과 공업일의 차이를 설명한 그림이다. 절대일(${}_1W_2$)은 처음부터 외력에 의해 가스가 압축된 다음, 닫혀진 상태로부터 일을 시작하여 그 가스가 가진 내부에너지에 의하여 팽창하고 면적 $1-2-V_2-V_1-1$에 상당하는 일을 한다.

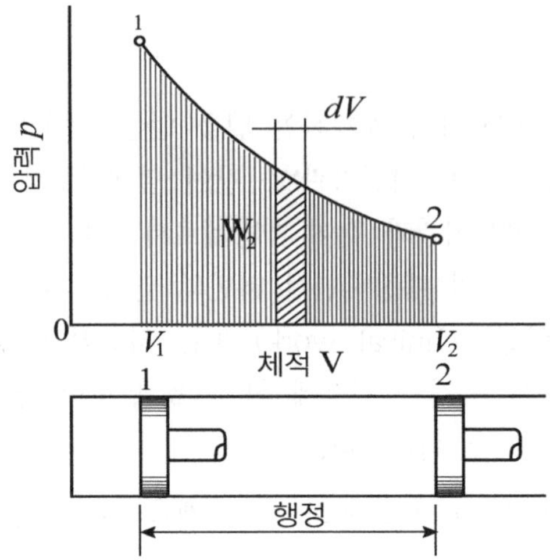

닫혀진 상태에서 일을 시작한다.

절대일 = 면적 $1-2-V_2-V_1-1$

(a) 절대일

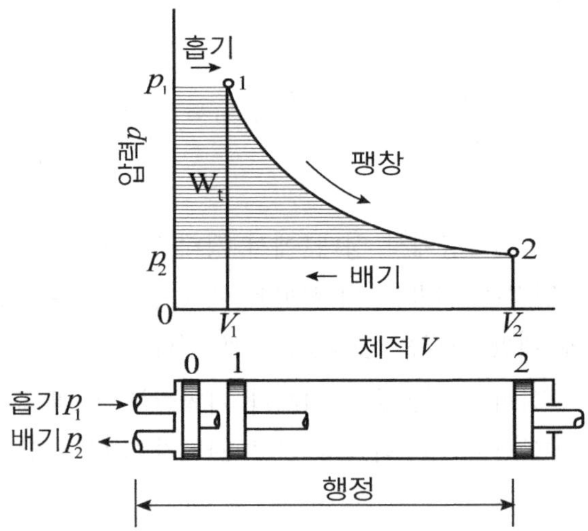

가스가 흡입구로부터 압입되면서 이미 일을 시작하고 있다.

공업일 = 면적 $p_1-1-2-p_2-p_1$

(b) 공업일

그림 2-8 절대일과 공업일의 차이

반면에 공업일(W_t)은 피스톤이 0의 위치에서 흡입밸브가 열려 압력 p_1에서 위치 1까지 이동하여 체적이 V_1이 될 때, 이 동안에 한 일은 압력이 일정하므로 $p_1 V_1$이 되며 면적 $p_1 - 1 - V_1 - 0 - p_1$에 상당한다. 다음에 이 위치에서 흡입밸브가 닫히고 가스의 팽창에 의해 피스톤이 위치 1에서 2까지 이동한다면 이 동안 한 일은 $\int pdv$가 되며 면적 $1 - 2 - V_2 - V_1 - 1$이 된다. 다음에 배기밸브가 열려 배압 p_2에서 피스톤이 외부로부터 일을 받아서 위치2에서 0으로 이동하여 가스는 유출하게 된다. 이 동안에 계가 외부로부터 받은 일은 $p_2 V_2$이며 면적은 $p_2 - 2 - V_2 - 0 - p_2$이다.

이상과 같은 과정이 준정적과정이라면 공기가 외부에 대하서 한 일은 다음과 같다.

(면적 $p_1 - 1 - V_1 - 0 - p_1$) + (면적 $1 - 2 - V_2 - V_1 - 1$) - (면적$p_2 - 2 - V_2 - 0 - p_2$)

= (면적 $p_1 - 1 - 2 - p_2 - p_1$)

이것을 식으로 표현하면 다음과 같다,

$$W_t = -\int_1^2 Vdp$$

예제 2.14

밀폐계에서 피스톤이 팽창할 때 압력이 100 kPa으로 일정하고, 체적이 0.5 m^{3}에서 2 m^{3}으로 증가되었다. 이때 계가 한 일을 구하라

풀이

$${}_1W_2 = \int_1^2 pdV = p(V_2 - V_1) = 100 \text{ kPa}(2 \text{ m}^3 - 0.5 \text{ m}^3) = 150 \text{ kJ}$$

예제 2.15

압력이 2000 kPa 보일러 속에 대기 중의 (P=0.1 MPa)의 물을 펌프로 압송한다, 물 1 kg당 소요되는 일량을 구하라.

풀이

펌프의 일, 즉 공업일 W_t는

$$W_t = -\int_1^2 V dp = -0.001\ \text{m}^3(2000\ \text{kPa} - 100\ \text{kPa}) = -1.9\ \text{kJ/kg}$$

2장

연 / 습 / 문 / 제

2.1 열역학 제1법칙에 대하여 기술하라

2.2 다음의 용어를 간단히 기술하여라

① 엔탈피　　② 일의 열당량, 열의 일당량　　③제1종 영구기관

2.3 열역학적 절대일과 공업일에 대하여 P-V 선도를 그리고 비교 설명하라

2.4 어떤 자동차에서 매분 3000 rpm으로 100 PS을 내는 엔진이 있다. 이 엔진에서 1 분간의 일량을 열량으로 환산하면 몇 kJ이 되는가?

답 : 4410 kJ/min

2.5 중량 100 kg_f의 물체를 20 m 끌어 올리는데 필요한 일을 열량으로 계산하면 몇 kcal 인가?

답 : 4.684 kcal

2.6 윈치로 10 ton의 하중을 마찰제동하여 15 m 아래에서 정지시켰다. 이때 베어링에 마찰 및 그 밖의 손실을 무시하면 제동기로부터 발생하는 열량은 몇 kJ인가?

답 : 1470 kJ

2.7 속도가 1000 m/s인 탄환이 날아가 벽에 충돌하여 정지할 때, 탄환의 운동에너지 중 $\frac{1}{3}$이 열로 변환하여 탄환에 가해진다면 탄환의 온도상승은 얼마인가? 단 탄환의 비열은 0.125 kJ/kg K이다.

답 : 1333.3 [K]

2.8 내부에너지 170 kJ를 보유하는 물체에 열을 가했더니 내부에너지가 188 kJ 증가하였다. 외부에 0.98 kJ의 일을 하였을 때 가해진 열량은 몇 kJ인가?

답 : 18.98 kJ

2.9 1 kg의 가스가 압력 0.05 MPa, 체적 2.5 m^3의 상태에서 압력이 1.2 MPa, 체적이 0.2 m^3의 상태로 변화하였다. 만약 가스의 내부에너지는 일정하다고 하면 엔탈피의 변화량은 얼마인가?

답: 115 kJ

2.10 질량 2 kg인 유체가 50 m/s의 유속으로 노즐에 들어가서 30 m/s로 유출할 때 마찰이나 열교환을 무시한다면 엔탈피의 변화량은 얼마인가?

답: 1600 J

2.11 밀폐된 용기 내에 10℃의 공기 20 kg이 들어 있다. 외부로부터 가열하여 100℃까지 온도를 상승시키면 내부에너지 증가는 얼마인가 [kJ]? (단, 증기의 평균 정적비열은 C_v=0.7 kJ/kg·K)

답:1,260 kJ

2.12 어느 증기터빈에 매시 2,000 kg의 증기가 공급되어 80 PS의 출력을 낸다. 이 터빈의 입구 및 출구에서의 증기의 속도가 각각 800 m/s, 150 m/s이다. 터빈의 매시간의 열손실은 얼마인가? (입구 및 출구에서의 엔탈피가 각각 3140 kJ/kg, 2763 kJ/kg이다.

답: 1159820 kJ/h

2.13 정상유동 과정에서 입구의 상태는 압력이 980 kPa, 비체적 0.01 m^3/kg, 내부에너지 168 kJ/kg, 속도 20 m/s이다. 출구의 상태는 압력 294 kPa, 비체적 0.04 m^3/kg, 내부에너지 42 kJ/kg, 속도 30 m/s이다. 이 과정 사이에 계에 50.4 kJ/kg의 열이 가해졌다면 유체 1 kg당 계가 한 일은 얼마인가? (단, 입구가 출구보다 15 m 위에 있다)

답: 174.34 kJ/kg

CHAPTER 03

완전가스

3.1 완전가스의 성질

산업용 및 공업용을 취급되는 가스는 **완전가스(ideal gas 혹은 이상기체)와 불완전가스(real gas, 실제가스)인 증기**로 나눌 수 있다. 완전가스란 이상기체(ideal gas)라고도 하며, 분자가 존재하는 공간에 비하여 체적이 거의 무시할 수도 있고, 또한 분자 상호간에 인력이 작용하지 않는다고 가정할 수 있는 가스이다. 무엇보다도 **완전가스는 보일-샤를의 법칙인 기체상태방정식을 가장 잘 만족하는 가스이다.**

완전가스는 엄밀히 말해 실제로 존재하지 않는 이상적인 기체이지만, 열역학에 있어서는 종종 기체의 상태변화를 논할 때 기체를 구성하는 분자가 상호간의 힘과 분자 자신이 차지하는 체적을 무시할 수 있는 이상적인 상태로 취급하면 해석이 용이해진다. 이와 같이 이상화된 기체를 이상기체 혹은 완전가스(perfect gas)하고 한다.

한편으로 완전가스는 보통온도에서 고압을 가했어도 액화되지 않는 기체를 말하며, 반대로 물이나 냉매, 탄산가스, 수증기와 같이 냉각하면 쉽게 액화되기 쉬운 기체를 증기(vapour)라고 한다.

실제로 기체상태방정식을 따르는 기체는 존재하지 않지만 수소(H_2), 산소(O_2), 질소(N_2), 일산화탄소(CO), 헬륨(He) 등과 같이 원자수가 1~2개인 가스나 공기(air) 등의 실제가스는 완전가스로 취급해도 무방하다.

반면에 물(H_2O), 이산화탄소(CO_2), 프레온가스, 암모니아(NH_3) 등과 같이 원자수가 3개 이상인 것은 보통의 상태에서 완전가스로 취급하기는 어렵다. 하지만 이러한 가스라도 온도가 높아지거나 압력이 낮아질수록 이상가스의 성질에 가까워진다. 그것은 고온으로 될수록 분자의 열운동이 심해져서 분자간의 인력이 약해지고, 저압이 될수록 각 분자들이 차지하는 체적이 가스 전체 체적에 비하여 무시될 수 있기 때문이다.

따라서 실제 기체가 이상기체방정식에 잘 적용되는 조건은 온도가 높을수록, 압력이 낮을수록, 분자 간 인력이 작을수록, 분자량이 작을수록 이상기체상태방정식에 잘 적용된다.

완전가스인 이상기체와 실제가스인 증기를 구분하는 엄격한 한계선은 없지만, 일반적으로 기체상태방정식을 만족하는 가스는 완전가스라 하며, 그렇지 않은 경우 증기로 취급한다.

이와 같이 작동유체 중 이상기체를 실용화한 장치에는 자동차엔진 등의 내연기관이 있고 증기를 이용한 기계에는 보일러와 터빈 등이 있다.

3.2 완전가스의 상태식

이상기체는 보일의 법칙과 샤를의 법칙을 완전히 만족하는 기체를 말한다.

시스템의 성질을 표시할 수 있는 양을 열역학적 성질이라고 하고, 이러한 성질로서 압력, 체적, 온도 등이 있고, 에너지, 엔탈피, 엔트로피도 중요한 성질이다. 특히, 상태 방정식이란 압력p, 체적V, 온도T와의 관계를 나타내는 식을 뜻한다.

3.2.1 보일(Boyer)의 법칙

보일의 법칙은 1662년 영국의 물리학자이자 화학자인 보일(1627~1691)에 의하여 창안된 법칙으로 "이상기체의 온도(T)가 일정한 상태일 때 압력(P)과 부피(V)는 서로 반비례한다."는 것이다. 이것을 식으로 표현하면 다음과 같다.

$$pV = C \text{ (일정)} \tag{3.1}$$

이 법칙으로부터 상태 1과 상태 2사이에는 다음의 관계가 성립된다.

$$T = const. \text{ 일 때} \quad p_1 V_1 = p_2 V_2 = C, \tag{3.2}$$

또는

$$\frac{V_2}{V_1} = \frac{p_1}{p_2} \tag{3.3}$$

식 (3.2)는 $p-V$선도에서 등온선은 반비례곡선이므로 직각 쌍곡선이 된다.

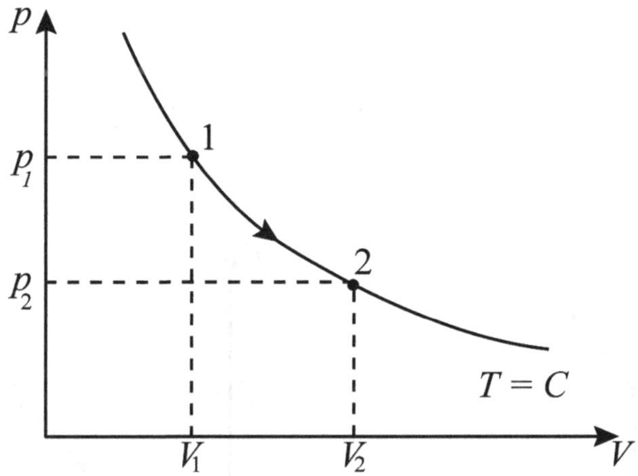

그림 3.1 보일의 법칙

3.2.2 샤를(Charles)의 법칙

샤를의 법칙은 1782년 프랑스 샤를(1746~1823)에 의해서 창안한 법칙으로 "압력이 일정할 때 이상기체의 체적은 절대온도에 비례한다.", "체적이 일정할 때 이상기체의 압력은 절대온도에 비례한다." 라고 하였다.

이 관계식을 다음의 식으로 표현하고 그림3.2에 나타낸다.

$$p = C\text{일 때} \quad \frac{V}{T} = C \tag{3.4}$$

$$V = C\text{일 때} \quad \frac{p}{T} = C$$

여기서 C는 상수이며, 상태 1에서 상태 2까지 변할 때 다음의 관계식이 성립한다.

압력이 일정할 때 ($p = C$)

$$\frac{V_1}{T_1} = \frac{V_2}{T_2}, \quad \frac{V}{T} = C \tag{3.5}$$

체적이 일정할 때 ($V = C$)

$$\frac{p_1}{T_1} = \frac{p_2}{T_2}, \qquad \frac{p}{T} = C \tag{3.6}$$

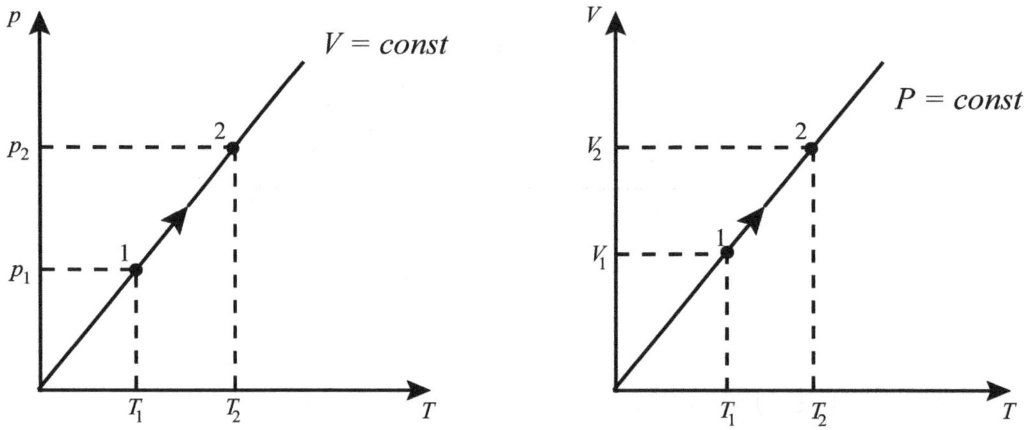

그림 3.2 샤를의 법칙

또한 샤를은 압력이 일정한 상태에서 모든 기체는 온도 1℃가 변화할 때마다 0℃의 체적의 $\frac{1}{273}$ 만큼 변화한다는 것을 발견하였다. 이것을 식으로 나타내면 다음과 같다.

$$V = V_0\left(1 + \frac{1}{273}t\right) \tag{3.7}$$

여기서 V_0는 0℃의 체적, V는 t℃의 체적, $\frac{1}{273}$은 체적평창계수이다.

식 (3.7)에서 $273 + t$(℃) = $T(K)$이며 0℃의 절대온도를 $T_0(K)$라 하면 식 (3.7)은 다음과 같이 나타낼 수 있다.

$$\frac{V}{T} = \frac{V_0}{T_0} = C \tag{3.8}$$

3.2.3 보일·샤를의 법칙

이상기체의 기체상태방정식은 보일의 법칙과 샤를의 법칙에 의해서 유도된다. 이 법칙들에서 압력 p, 비체적 v, 절대온도 T 사이에는 일정한 관계가 성립된다. 그림 3.3에서와 같이 상태 1에서 등온과정하에서 상태 2가 되고, 다시 상태 2로부터 등압과정하에서 상태 3이 되었다고 하자. 이때 과정 1 → 2에서는 보일의 법칙이, 과정 2 → 3에서는 샤를의 법칙이 성립한다.

보일의 법칙에 의해서 1 → 2과정은 등온과정이므로

$$p_1 v_1 = p_2 v_2 \ , \quad p_2 = p_3$$

$$\therefore \quad v_2 = v_1 \frac{p_1}{p_2} = v_1 \frac{p_1}{p_3} \qquad \text{------------------------ ①}$$

샤를의 법칙에 의해서 2 → 3과정은 등압과정이므로

$$\frac{v_2}{T_2} = \frac{v_3}{T_3} \quad \Leftrightarrow \quad \frac{v_2}{v_3} = \frac{T_2}{T_3}, \ T_2 = T_1$$

$$\therefore \quad v_2 = v_3 \frac{T_1}{T_3} \qquad \text{------------------------ ②}$$

위의 두 식으로부터 v_2를 소거하면

$$\frac{p_1 v_1}{T_1} = \frac{p_3 v_3}{T_3} \tag{3.9}$$

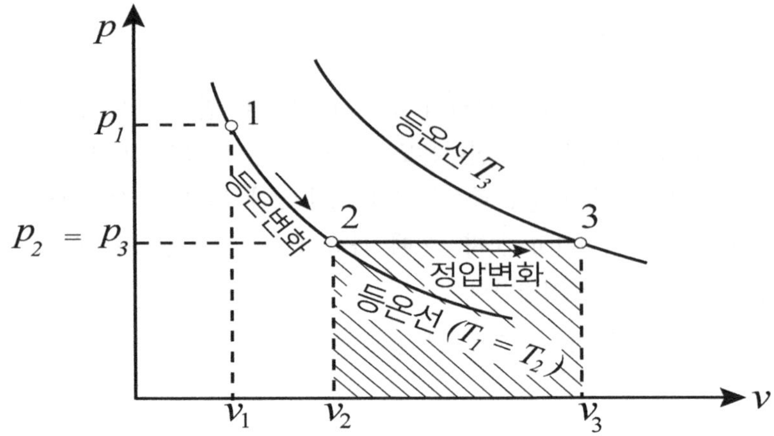

그림 3.3 완전가스의 상태변화

식 (3.9)은 상태변화가 상태 1에서 상태 3을 진행되었다면 p, v, T의 값은 상태량이 되므로 점함수의 성질을 갖고 있어 도중의 변화과정을 고려할 필요가 없다. 따라서 식 (3.9)에서 이상기체의 임의에 대한 상태에서는 p, v, T 사이에 항상 다음과 같은 관계가 성립된다는 것을 알 수 있다.

$$\frac{p_1 v_1}{T_1} = \frac{p_3 v_3}{T_3} = \frac{pv}{T} = const. \ (R) \tag{3.10}$$

윗 식으로부터 비체적 v에 대하여 이상기체의 상태방정식을 나타내면 다음과 같다.

$$\frac{pv}{T} = R$$

$$\therefore pv = RT \tag{3.11}$$

여기서 R은 기체상수(gas constant)라 하며 기체의 종류에 따라 일정한 값을 가진다.

이상기체의 상태방정식에서 온도 T[K], 압력 p[Pa], 체적 V[m^3], 질량 m[kg]이라고 하면, 기체상태방정식을 다음과 같다.

$$pV = mRT \tag{3.12}$$

여기서 비체적 v[m³/kg]은 $v = \frac{V}{m}$ 임을 알 수 있다.

만약, 중량 G[kgf]의 기체를 생각할 때 기체상태방정식은 다음과 같이 나타낼 수 있다.

$$pV = GRT \tag{3.13}$$

식 (3.12), 식 (3.13)식을 **보일-샤를의 법칙이라 하며, 이상기체의 상태식**이라고도 한다.

예제 3.1

어떤 기체 1 kg이 압력이 2 bar, 온도 30℃에서 300℃로 체적이 일정한 상태에서 변화하였다. 변화 후의 압력은 얼마인가?

풀이

$pV = mRT$식에서 $V = const.$ 이므로

$$\frac{p}{T} = C, \quad \frac{p_1}{T_1} = \frac{p_2}{T_2} \qquad \therefore\ p_2 = p_1 \times \frac{T_2}{T_1} = 2 \times \frac{(300 + 273.15)}{(30 + 273.15)} = 3.781 \text{ bar}$$

예제 3.2

일정한 압력상태에서 압력이 20 bar이고 비체적이 60 m³/kgf, 온도 200℃의 공기가 비체적 40 m³/kgf 으로 되었다면 온도는 얼마인가?

풀이

$pV = GRT$식에서 $p = const.$이므로

$$\frac{V}{T} = C, \quad \frac{V_1}{T_1} = \frac{V_2}{T_2} \quad \therefore\ T_2 = T_1 \times \frac{V_2}{V_1} = (200 + 273.15) \times (\frac{40}{60}) = 315.43 \text{ K}$$

예제 3.3

표준상태(0℃, 1 atm)에서 밀도가 $\rho = 1.293$ kg/m^3 인 공기의 가스상수는 얼마인가?

풀이

1 atm = 101.325 kPa 이므로 $p = 101.325$ kPa

기체상태방정식에서 $pv = RT$에서 $\rho = \frac{1}{v}$이므로

$$R = \frac{pv}{T} = \frac{p}{T} \times \frac{1}{\rho} = \frac{101.325}{273.15} \times \frac{1}{1.293} \fallingdotseq 0.287 \text{ kJ/kg·K}$$

예제 3.4

질량 10 kg의 산소가 800 l의 압력용기에 들어 있다. 산소의 온도가 30℃로 분출될 때 이때의 산소의 압력은 얼마인지 구하라? 단, 산소의 가스상수는 0.2598 kJ/kg·K이다.

풀이

$1l = 1000\ cc = 10^3\ cm^3$이므로 $V = 800 \times 10^{-3}\ m^3$

$pV = mRT$식에서 $p = \frac{mRT}{V} = \frac{10 \times 0.2598 \times (30 + 273.15)}{800 \times 10^{-3}} = 984.479$ kPa

예제 3.5

자동차가 고속주행시 타이어의 온도는 올라가지만 타이어 체적은 일정하다. 이 경우 온도가 15℃, 압력 30 kg_f/cm^2 상태에서 온도가 80℃로 상승하였다면 자동차 타이어 내부의 압력변화는 몇 kg_f/cm^2인가?

풀이

$pV = mRT$식에서 $V = const.$이므로 $\frac{p}{T} = C$, $\frac{p_1}{T_1} = \frac{p_2}{T_2}$

$$\therefore\ p_2 = p_1 \times \frac{T_2}{T_1} = 30 \times \frac{(80 + 273.15)}{(15 + 273.15)} = 36.767\ kg_f/cm^2$$

$$\therefore \Delta p = (p_2 - p_1) = 6.767\ kg_f/cm^2$$

예제 3.6

체적 $2m^3$의 밀폐용기에 공기가 T_1=20℃, p_1=500 kPa이었다. 이 용기를 가열하여 내압이 p_2=1000 kPa]까지 상승하였다면 최종온도와 가열량을 구하라.
(단, 공기의 가스상수 및 정적비열 각각 0.2872 kJ/kg K, 0.7171 kJ/kgK이다.)

풀이

$V = const.$이므로 기체상태방정식에서 $pV = mRT$에서

$$\frac{p}{T} = c \Leftrightarrow \frac{p_1}{T_1} = \frac{p_2}{T_2}$$

$$\therefore\ T_2 = T_1 \times \frac{p_2}{p_1} = (20 + 273.15) \times \frac{1000}{500} = 586.3\ K$$

$$m = \frac{p_1 V_1}{RT_1} = \frac{500 \times 2}{0.2872 \times (20 + 273.15)} = 11.88\ kg$$

$$Q = m\, c_v\, \Delta t = 11.88 \times 0.7171 \times (586.3 - (20 + 273.15)) = 2496.86\ kJ$$

3.3 아보가드로(Avogadro)의 법칙과 일반기체상수

아보가드로(1776~1856, 이탈리아)의 법칙은 "모든 기체는 같은 온도, 같은 압력에서 동일 체적 내에서 같은 개수의 분자를 가진다."는 것이다. 예를 들어 어느 두 종류의 가스에 대해 모두 0℃, 760 mmHg의 상태이면 1 cm^3속의 분자수는 다같이 2.7×10^{19}이다.

이상기체의 상태변화를 다루고자 할 경우에는 단위질량 kg이외에 kmol이 사용되기도 한다. kmol의 단위는 아보가드로의 법칙을 따르고 있다. 아보가드로의 법칙에 따르면 1 kmol의 기체가 차지하는 체적은 기체의 종류에 관계없이 같은 온도, 같은 압력하에서는 일정하며, 표준상태(0℃, 760 mmHg)에서는 22.4 m^3이 된다는 것이다.

여기서 1 kmol이란 "1 kg 분자량"으로서 어떤 가스의 분자량 M에 kg을 붙인 것을 의미한다. 즉,

$$1\text{ kmol} = M\text{ kg} = 22.41\text{ m}^3$$

그리고 가스의 질량 m을 분자량 M으로 나눈 값을 몰수 n(mole number) 라 한다,

$$n = \frac{m}{M}$$

기체 1 kmol의 분자량을 M kg이라고 하면, 비체적은 $v = \dfrac{V}{M}$가 되므로 기체상태방정식으로 나타내면 다음과 같다.

$$p_0 V = MRT_0 \qquad \therefore\ R = \frac{p_0 V}{MT_0}$$

여기서, p_0 = 1 atm = 101.325 kPa, T_0 = 273 K, V = 22.4 m^3 이므로 이것을 윗식에 대입하면

$$R = \frac{101.325 \times 22.4}{M \times 273} = \frac{8.314}{M} \quad \text{(kJ/kg K)} \tag{3.14}$$

식 (3.14)에서 기체의 분자량 M만 알면 기체상수 R값을 구할 수 있다. 예를 들어 산소의 분자량이 32일 때 가스의 상수값은 $R = \frac{8.314}{32} = 0.2598$ [kJ/kg k]이다. **부록2**에 **주요가스의 분자량 및 기체상수** 값에 대하여 참고하기 바란다.

식 (3.14)에서 MR의 값을 R_{mol}로 표시하고 **일반기체상수**(universal gas constant) 혹은 **분자기체상수**라고 한다. 이 값은 모든 가스에 대하여 일정한 값을 가지고, 표준상태에 대하여 식 (3.14)을 이용하여 다음과 같다.

$$R_{mol} = MR = 8.314 \text{ kJ/kmol K} \tag{3.15}$$

예제 3.7

산소 50 kg의 몰수 및 표준상태에서의 체적, 비체적을 구하라
표준상태 : p_0 = 1 atm = 101.325 kPa, T_0 = 273 K

풀이

① 몰수 $n = \frac{m}{M} = \frac{50}{32} = 1.5625$ kmol

② 체적은 표준상태이므로

$$V = \frac{mRT_o}{p_o} = \frac{50 \times 0.2589 \times 273}{101.325} = 34.877 \text{ m}^3$$

③ 비체적: $v = \frac{V}{m} = \frac{34.87}{50} = 0.697$ m^3/kg

예제 3.8

분자량이 44인 CO_2 가스의 압력이 200 kPa, 온도가 100℃일 때, 이 기체의 비체적은 얼마인가?

풀이

$R = \frac{8.314}{M}$ kJ/kg K에서

$R = \frac{8.314}{M} = \frac{8.314}{44} = 0.1889$ kJ/kg K

비체적은 $v = \frac{RT}{p} = \frac{0.1889 \times (100 + 273.15)}{200} = 0.352\ m^3$

3.4 완전가스의 내부에너지, 엔탈피, 비열

기체의 내부에너지는 열역학적 상태량이며 다른 상태량과 마찬가지로 p, v, T 중 어느 상태량의 함수로 표시할 수 있다.

영국의 과학자 Joule(1818~1889)은 1844년 **"완전가스의 내부에너지는 온도만의 함수이다"**라는 것을 밝히기 위하여 그림 3.4와 같은 실험을 하였다.

실험은 단열된 큰 물통에 물을 넣고 용기 A는 일정한 압력을 가진 공기를 채우고 다른 용기 B에는 진공으로 하여 두 개의 용기 사이에 밸브로 절연시켰다. 밸브를 열어 A 용기의 가스가 B 용기로 흐르며 두 용기내의 압력은 같게 되었다. 그리고 열평형이 이루어진 후 실험 전후의 물의 온도를 측정하였다. 실험을 하는 동안 가스는 외부로부터 열의 수수가 없었고 외부에 대한 일도 없었으며 온도의 변화도 없었다.

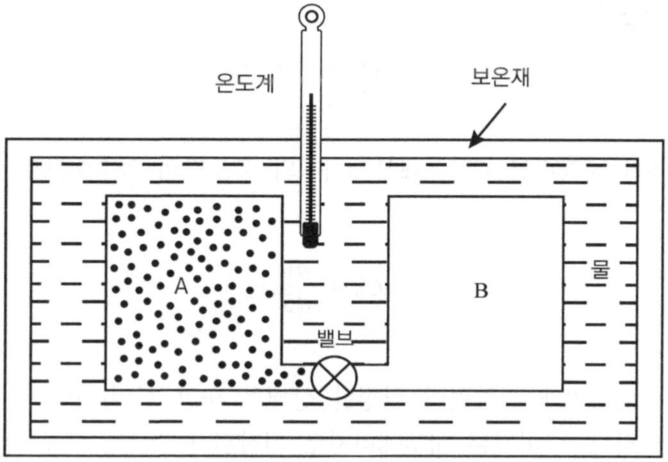

그림 3.4 Joule의 실험장치

이와 같은 사실로부터 다음의 결론을 얻을 수 있었다. 열역학 제1기초식 $\delta q = du + \delta w$ 에서 물의 온도 변화가 없기 때문에 용기 A, B와 물 사이에는 열 이동이 없어 $\delta q = 0$이고, 외부에 대해서 아무런 일도 하지 않았으므로 $\delta w = 0$, 따라서 $du = 0$임을 알 수 있다. 이것으로부터 그림 3.4의 계에서 압력과 체적이 변화했음에도 불구하고 내부에너지의 변화가 없다는 것은 내부에너지는 압력과 체적에는 무관함을 나타낸다. 또한 온도의 변화가 없었으므로 내부에너지의 변화가 역시 없었다는 결과로부터 내부에너지는 온도만의 함수임을 결론 얻었다. 이것을 **완전가스의 내부에너지에 대한 Joule의 법칙**이라고 한다.

단위질량당 이상기체를 체적이 일정한 상태로 하고 가열하면 가열량은 전부 내부에 저장되어 내부에너지로 전환되며, 이때 비열은 정적비열이므로 다음과 같은 관계가 성립한다.

$$dq = C_v dT = du$$

또한 에너지 제1 기초식 $dq = du + pdv$에서 dv=0이므로 $dq = du = C_v dT$가 된다. 즉 정적변화에서 가열량은 내부에너지의 변화량과 같다. 그러므로 내부에너지는 다음과 같이 나타낼 수 있다.

$$du = C_v dT \tag{3.16}$$

질량이 m kg일 때

$$dU = mC_v dT \tag{3.17}$$

식 (3.16)에서 정적비열 C_v는 내부에너지와 온도만의 함수이므로 다음과 같다.

$$C_v = \frac{du}{dT} \tag{3.18}$$

단위질량당 이상기체를 압력이 일정한 상태로 하고 가열하면 가열량의 일부는 외부에 대해 일을 하고, 나머지는 내부에너지로 저장된다. 정압변화에서는 정압비열이 적용되므로 열역학 제2기초식 $dq = dh - vdp$에서 $dp = 0$이므로

$$dq = dh = C_p dT$$

따라서 정압가열을 하면 가열량은 모두 엔탈피의 변화량과 같으며, 엔탈피는 다음과 같이 나타낼 수 있다.

$$dh = C_p dT \tag{3.19}$$

질량이 m kg일 때

$$dH = mC_p dT \tag{3.20}$$

엔탈피 h의 정의는 $h = u + pv$이고 기체상태방정식 $pv = RT$이므로

$$h = u + pv = u + RT \tag{3.21}$$

u가 온도만의 함수이고 RT 항도 온도만의 함수이므로 엔탈피 h도 온도만의 함수임을 알 수 있다.

식 (3.19)에서 정압비열 C_p은 엔탈피와 온도만의 함수이므로 다음과 같이 나타낼 수 있다.

$$C_p = \frac{dh}{dT} \tag{3.22}$$

열역학 제1법칙에서 $dq = du + pdv$, $dq = dh - vdp$이므로

$$du + pdv = dh - vdp$$

$$C_v dT + pdv = C_p dT - vdp$$

$$(C_p - C_v)dT = (pdv + vdp) = d(pv) = d(RT) = RdT$$

$$\therefore \quad C_p - C_v = R \tag{3.23}$$

또한 비열비 $k = \dfrac{C_P}{C_v}$이므로 식 (3.23)에 대입하면

$$C_p - C_v = kC_v - C_v = R$$

$$\therefore \quad C_v = \frac{R}{k-1} \tag{3.24}$$

$$\therefore \quad C_p = \frac{kR}{k-1}$$

비열비 k는 어떤 가스의 분자를 구성하는 원자수에 관계되며 가스의 종류에 관계없이 원자수가 같으면 통계학적으로 다음의 값이 된다.

① 단원자가스 $k = 1.66 = \dfrac{5}{3}$ (예: He, Ar 등)

② 이원자가스 $k = 1.40 = \dfrac{7}{5}$ (예: 공기, O_2, H_2, N_2, CO, HC 등)

③ 이원자가스 $k = 1.33 = \dfrac{8}{6}$ (예: H_2O, CO_2, SO_2 등)

부록 2에 각종 가스에 대한 C_p값 C_v값, k값에 대하여 표시하였다. 표의 값을 비교해 보면 단원자 및 이원자의 경우는 거의 일치하지만 삼원자 이상의 가스는 서로 차이가 남을 알 수 있다.

예제 3.9

어떤 완전가스의 정압비열이 0.832 kJ/kg K이고 정적비열 0.546 kJ/kg K인 기체를 압력 400 kN/m^2, 온도 20℃로 0.3 kg을 담을 수 있는 용기의 체적은 얼마인가?

풀이

$pV = mRT$ 식에서 $V = \dfrac{mRT}{p}$

여기서, $R = C_p - C_v = 0.832 - 0.546 = 0.286$ kJ/kg K

$$\therefore V = \frac{mRT}{p} = \frac{0.3 \times 0.286 \times (20 + 273.15)}{400} = 0.0628 \text{ m}^3$$

예제 3.10

어떤 완전가스 3 kg을 400℃ 상승시키는데 필요한 열량이 압력 일정의 경우와 체적 일정의 경우에 500 kJ의 차가 있다. 이 기체의 기체상수를 구하라

풀이

$Q = m\,C\,\Delta T$에서

$m\,C_p\,\Delta T - m\,C_v\,\Delta T = 500$ kJ

$m\,\Delta T(C_p - C_v) = 500$ kJ $\quad \therefore C_p - C_v = R = \dfrac{500}{3 \times 400} = 0.416$ kJ/kg K

예제 3.11

분자량이 30인 2원자 가스가 있다. 이 기체를 완전가스라 한다면 정적비열과 정압비열을 구하라

풀이

$$R = \frac{8.314}{M} \text{ kJ/kg K에서}$$

$$R = \frac{8.314}{M} = \frac{8.314}{30} = 0.2771 \text{ kJ/kg K}$$

$$C_v = \frac{R}{k-1} = \frac{0.2771}{1.4-1} = 0.6927 \text{ kJ/kg K}$$

$$C_p = \frac{kR}{k-1} = \frac{1.4 \times 0.2771}{1.4-1} = 0.9698 \text{ kJ/kg K}$$

3.5 완전가스의 상태변화

일반적으로 내연기관이나 공기압축기 등에서는 혼합기나 공기는 완전가스는 아니지만 완전가스라고 생각하고 온도, 압력, 체적 등의 변화량을 계산하여 해석하는 것이 설계에 유리할 수 있다. 완전가스인 이상기체의 상태변화는 크게 **가역변화**(reversible change)와 **비가역변화**(irreversible change) 있다. 가역변화는 그림 3.5와 같이 1→2 또는 2→1의 어느 방향으로나 일어날 수 있는 변화로써, 주위에 전혀 변화를 남기는 일 없이 역학적으로나 열적으로 평형상태를 유지하면서 압력이나 온도가 전 변화에 걸쳐 균등한 상태에서 일어나는 변화를 말한다. 이와 같은 조건을 만족하지 못한 변화를 비가역변화라고 한다. 실제로는 모든 변화는 비가역변화이지만 내연기관이나 공기압축기 등의 상태변화는 이론적으로 다룰 때에는 이상화된 가역변화로 간주하고 해석한다.

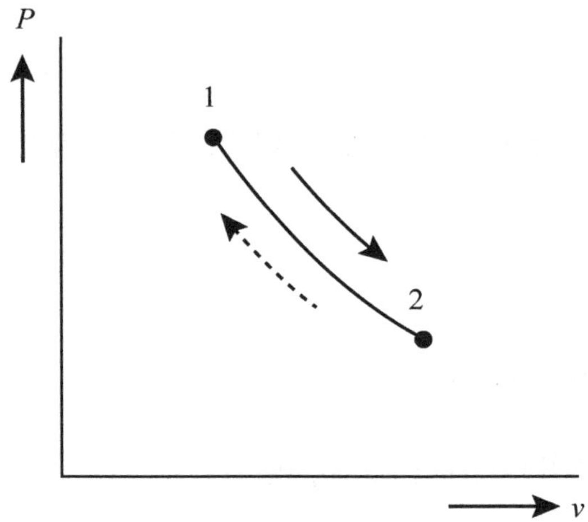

그림 3.5 가역변화

① 가역변화 (reversible change)

- 정적변화 (定積變化, constant volume change)
- 정압변화 (定壓變化, constant pressure change)
- 등온변화 (等溫變化, isothermal change)
- 단열변화 (斷熱變化, reversible adiabatic change)
- 폴리트로픽변화 (polytropic change)

② 비가역변화(irreversible change)

- 비가역단열변화 (irreversible adiabatic change)
- 교축 (throttling)
- 기체의 혼합 (mixing of gases)

이 절에서 이런 상태변화를 완전가스인 동작유체가 가역변화를 한다고 가정하고, 가스의 p, V, T관계, 절대일과 공업일, 계를 출입하는 열량 및 내부에너지, 엔탈피의 관계를 알아본다.

3.5.1 정적변화

정적변화는 체적의 변화가 없는 과정이다. 그림 3.6과 같이 체적이 일정한 상태에서 상태1에서 상태2로 변화하는 것을 말한다. 주로 어떤 용기 내에 열전달이 있는 과정을 말한다.

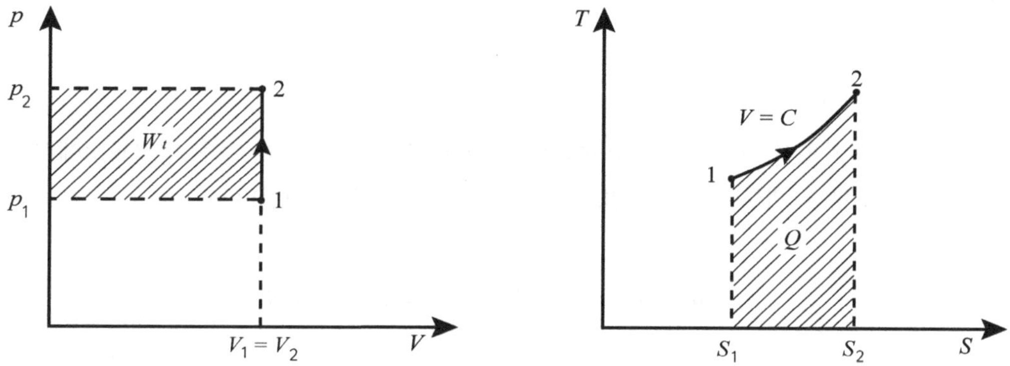

그림 3.6 정적변화

(1) p, V, T 관계

기체상태방정식 $pV = mRT$에서 $V = C$이므로

$$\frac{p}{T} = \frac{mR}{V} = C,$$

$$\therefore \quad \frac{p_1}{T_1} = \frac{p_2}{T_2} \tag{3.25}$$

압력(p)은 절대온도(T)에 비례하고 그림 3.6과 같이 수직선으로 표시된다.

(2) 절대일 (W)

정적변화에서 $V = C$ 이므로 $dV = 0$이므로 절대일은 0이 된다.

$$_1W_2 = \int_1^2 p\,dV = 0 \tag{3.26}$$

(3) 공업일 (W_t)

공업일 W_t은 그림 3.6과 같이 $p-V$선도의 p축과 이루는 면적으로 빗금친 사각형의 면적과 같다.

$$W_t = -\int_1^2 Vdp = -V(p_2 - p_1) = mR(T_1 - T_2) \tag{3.27}$$

(4) 이동열량 (q)

열역학 제1기초식 $dq = du + pdv$에서 $dv = 0$이므로, $dq = du$, 즉 정적과정에서 변화된 열량은 모두 내부에너지의 변화를 수반한다는 것을 의미한다.

$$dq = du = C_v dT, \qquad q = C_v(T_2 - T_1)$$

질량이 $m$kg일 때

$$Q = mC_v(T_2 - T_1) \tag{3.28}$$

(5) 내부에너지(U)와 엔탈피(H)

내부에너지(U)의 변화는

$$\Delta U = m\int_1^2 C_v dT = mC_v(T_2 - T_1) \tag{3.29}$$

엔탈피(H)의 변화는

$$\Delta H = m\int_1^2 C_p dT = mC_p(T_2 - T_1) \tag{3.30}$$

예제 3.12

체적이 10 m^{3}인 용기가 있다. 이 속에 채워진 완전가스는 온도가 27℃, 압력이 300 kPa이다. 이 가스의 온도를 50℃ 올리는데 필요한 열량은 얼마인가?

단, 가스상수는 0.2081 kJ/kgK, 정적비열 = 0.31 kJ/kgK로 둔다.

풀이

$dq = du + pdv$에서 $dv = 0$,

$dq = du = mC_v dt$

m을 구하면 $pV = mRT$식에서 $m = \dfrac{pV}{RT} = \dfrac{300 \times 10}{0.2081 \times (27 + 273.15)} = 48$ kg

$\therefore \quad {}_1Q_2 = 48 \times 0.31 \times 50 = 744$ kJ

예제 3.13

체적이 0.3 m^3 용기 안에 압력이 10 bar, 온도 250℃의 공기가 들어 있다. 공기를 냉각시켜 압력이 5 bar로 될 때의 온도와 공기로부터의 방출열량을 구하라. (단, 공기의 R=0.2872 kJ/kgK, C_v=0.7165 kJ/kgK로 둔다.)

풀이

$pV = mRT$에서 $V = const.$이므로

$$\frac{p_1}{T_1} = \frac{p_2}{T_2}, \qquad \frac{10}{250 + 273.15} = \frac{5}{T_2} \qquad \therefore \quad T_2 = 261.575 \text{ K}$$

$$m = \frac{p_1 V_1}{RT_1} = \frac{10 \times 10^5 \times 0.3}{0.2872 \times 10^3 \times (250 + 273.15)} = 1.996 \text{ kg}$$

$$Q = mC_v \Delta T = 1.996 \times 0.7165 \times (261.575 - (250 + 273.15)) = -374.216 \text{ kJ}$$

3.5.2 정압변화

정압변화는 그림 3.7과 같이 압력이 일정한 상태에서 상태 1에서 상태 2로 변화되는 과정이다. 어떤 계에서 열을 가하면 내압은 변하지 않고 체적만 변화되는 과정이다.

그림 3.7과 같이 $p-V$선도에서 p가 일정하게 수평선을 이루는 직선이 되며 빗금 친 면적은 상태 1에서 상태 2까지 변할 때의 일이 된다. $T-S$선도에서 $ds = \frac{dq}{T} = \frac{C_p dT}{T}$의 관계식에서 정적과정과 비슷하게 오른쪽으로 경사진 곡선으로 이룬다.

$T-S$선도에서 정압곡선이 정적곡선보다 완만하게 경사진 이유는 $C_p > C_v$이기 때문이다.

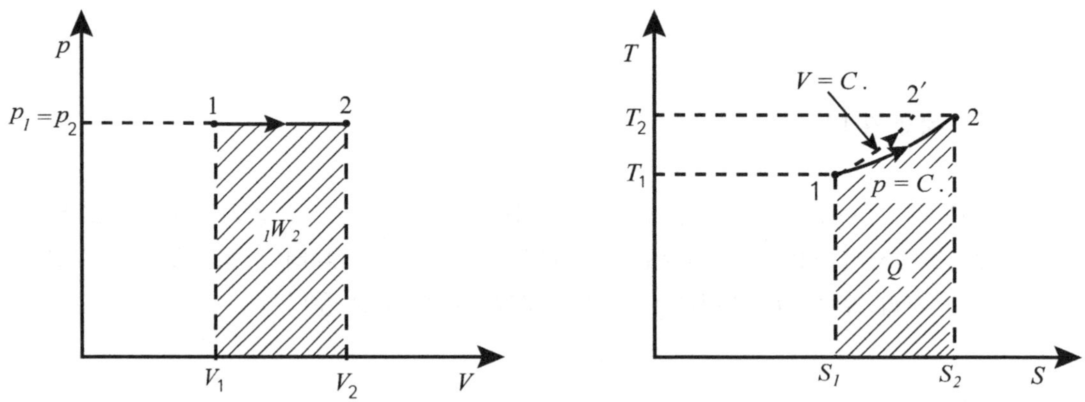

그림 3.7 정압변화

(1) p, V, T 관계

기체상태방정식 $pV = mRT$에서 $p = C$이므로

$$\frac{V}{T} = \frac{mR}{p} = C, \qquad \therefore \frac{V_1}{T_1} = \frac{V_2}{T_2} \tag{3.31}$$

(2) 절대일 (W)

이상기체의 압력이 일정한 상태에서의 팽창일(절대일)은 그림 3.7과 같이 V축에 빗금친 면적과 같다. 밀폐계의 일, 피스톤 기관의 일과 같다.

$$ {}_1W_2 = \int_1^2 pdV = p(V_2 - V_1) = mR(T_2 - T_1) \tag{3.32} $$

(3) 공업일 (W_t)

공업일은 $p = C$이므로, $dp = 0$, 따라서 공업일은 없다.

공업일은 개방계의 일인 터빈일과 같다.

$$ W_t = -\int_1^2 Vdp = 0 \tag{3.33} $$

(4) 이동열량 (q)

상태 1에서 상태 2까지 가해진 열량 q는 정압변화이므로 비열로서 정압비열 C_p를 사용한다.

$$ q = \int_1^2 C_p dT = C_p(T_2 - T_1) $$

질량이 $m$kg일 때

$$ Q = mC_p(T_2 - T_1) \tag{3.34} $$

또한, 열역학 제2기초식으로부터 $dq = dh - vdp$에서 $dp = 0$이므로 $dq = dh$가 성립한다. 즉, 정압변화에서의 이동열량은 전부 엔탈피의 변화량과 같다고 볼 수 있다.

$$ dq = dh = C_p dT $$

질량이 $m$kg일 때

$$ {}_1Q_2 = \int_1^2 dQ = \int_1^2 dH = mC_p(T_2 - T_1) = H_2 - H_1 \qquad (3.35)$$

(5) 내부에너지(U)와 엔탈피(H)

내부에너지 변화량 ΔU는

$$\Delta U = mC_v dT = mC_v(T_2 - T_1) \qquad (3.36)$$

엔탈피의 변화량 ΔH는

$$\Delta H = mC_p dT = mC_p(T_2 - T_1) \qquad (3.37)$$

예제 3.14

분자량이 44인 이산화탄소 5 kg을 일정 압력하에서 10℃로부터 80℃까지 가열하는데 285 kJ 열량이 소요된다. 이 때 정적하에서 이 가스를 10℃에서 150℃까지 가열하는 경우 가열량, 내부에너지 및 엔탈피를 구하라.

풀이

$Q_p = mC_p(T_2 - T_1) = 285 = 5 \times C_p \times (80 - 10) \quad \therefore \quad C_p = 0.8143$ kJ/kgK

$C_p - C_v = R$

$R = \dfrac{8.314}{M} = \dfrac{8.314}{44} = 0.1890$ kJ/kgK, $\quad \therefore \quad C_v = 0.6253$ kJ/kgK

$V = const.$에서

$\therefore \quad Q_v = mC_v(T_2 - T_1) = 5 \times 0.6253 \times (150 - 10) = 437.7$ kJ

내부에너지는 이 변화가 정적변화이므로 $\delta q = du + pdv$에서 $dv = 0$이므로

$\therefore \quad Q_v = \Delta U = 437.7$ kJ

$\Delta H = mC_p dT = mC_p(T_2 - T_1) = 5 \times 0.8143 \times (150 - 10) = 570.01$ kJ

예제 3.15

어느 물질 1 kg이 압력 0.1 MPa, 체적 0.86 m^{3}의 상태에서 압력 0.5 MPa, 체적 0.2 m^{3}의 상태로 변화했다. 이 변화에서 내부 에너지의 변화가 없다고 하면 엔탈피의 증가량은 얼마인가?

풀이

$\Delta H = \Delta U + \Delta pv$에서 $\Delta U = 0$이므로

$\therefore \ \Delta H = (p_2 v_2 - p_1 v_1) = (0.5 \times 10^3 \times 0.2) - (0.1 \times 10^3 \times 0.86) = 14$ kJ

예제 3.16

기체가 0.2 MPa의 일정한 게이지 압력하에서 4 m^{3}가 2.4 m^{3}로 마찰없이 압축되면서 동시에 80 kJ의 열을 외부로 방출하였다. 내부에너지 증가는 몇 kJ인가?

풀이

절대압력=게이지압력+대기압이고 대기압 1 at = 1 kg$_f$/cm^2 = 98.0665 kPa이다.

$\therefore$ 절대압력 $p = 0.2 \times 10^3 + 98.0665 = 298.0665$ kPa

$\delta q = du + \delta w = du + pdv$

$du = \delta q - pdv = -80 - 298.0665 \times (2.4 - 4) = 396.90$ kJ

3.5.3 등온변화

등온변화(isothermal change)는 온도가 일정하게 유지되는 상태변화이다. 계가 외부에 대하여 일을 함과 동시에 상당하는 열량을 받는다면 계의 내부는 일정하게 유지되고, 상태변화는 일정한 온도 하에서 진행된다. 이와 같은 변화를 등온변화라고 한다.

따라서 등온변화는 기체의 온도가 일정하므로 $T = C$가 성립되고 그림 3.8과 같이 $p-V$선도에서는 직교쌍곡선(1차반비례곡선)형태가 되며 $T-S$선도에서는 수평선이 된다. $p-V$선도상에서 V축에 투영된 면적은 절대일이고, p축에 투영된 면적은 공업일이 된다. $T-S$선도상에서 S축에 투영된 면적은 열량과 같다.

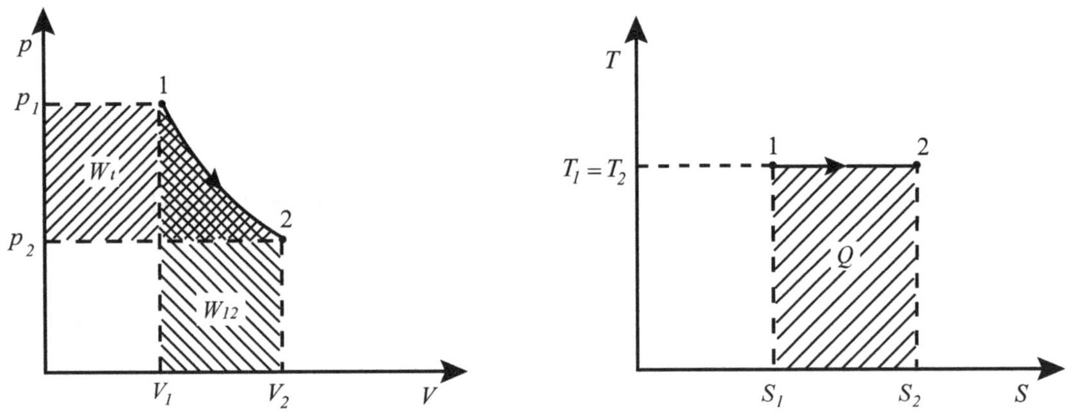

그림 3.8 등온변화

(1) p, V, T 관계

등온변화에서 기체상태방정식 $pV = mRT$에서 $T = C$이므로

$$pV = C,$$

$$p_1 V_1 = p_2 V_2 \tag{3.38}$$

(2) 절대일 (W)

등온팽창을 할 경우 외부에 대한 절대일(밀폐계의 일) ${}_1W_2$은 식 (3.38)으로부터 $p=\dfrac{C}{V}$이므로

$$
\begin{aligned}
{}_1W_2 &= \int_1^2 pdV \\
&= C\int_1^2 \frac{dV}{V} = C[\ln V]_1^2 = p_1V_1\ln\frac{V_2}{V_1} = mRT\ln\frac{p_1}{p_2}
\end{aligned}
\qquad (3.39)
$$

여기서 $\dfrac{V_2}{V_1}$를 팽창비(expansion ratio), $\dfrac{p_1}{p_2}$을 압력비라고 한다.

등온팽창에서 절대일 ${}_1W_2$은 T_1이 높은 쪽이 크며, 팽창비와 압력비에 관계된다.

(3) 공업일 (W_t)

개방계에서의 공업일 W_t는 $V=\dfrac{C}{p}$이므로

$$
\begin{aligned}
W_t &= -\int_1^2 Vdp \\
&= -C\int_1^2 \frac{dp}{p} = -C\ln\frac{p_2}{p_1} = mRT\ln\frac{p_1}{p_2} = p_1V_1\ln\frac{V_2}{V_1}
\end{aligned}
\qquad (3.40)
$$

등온과정에서는 절대일과 공업일이 같다. 이것은 그림 3.8에서와 같이 $p-V$선도에서 V축에 투영된 면적과 p축에 투영된 면적이 같음을 알 수 있다.

(4) 이동열량 (q)

등온과정은 “온도의 변화가 없으므로 이동열량이 0이다” 라고 생각하기 쉬우나 그렇지 않다. 온도의 변화가 없는 과정이지 이동열량은 있다. 열역학 제1 법칙에서 $dq = du + pdV$에서 $du = C_v dT = 0$이므로

$$dq = pdV, \ {}_1q_2 = {}_1w_2$$

또한 $dq = dh - vdp$에서 $dh = C_p dT = 0$이므로

$$dq = -vdp, \ {}_1q_2 = w_t$$

$$\therefore \quad {}_1q_2 = {}_1w_2 = w_t = RT\ln\frac{p_1}{p_2} = p_1v_1\ln\frac{v_2}{v_1} \tag{3.41}$$

등온과정에서 이동열량은 절대일 및 공업일과 같다.

(5) 내부에너지(U)와 엔탈피(H)

등온과정에서는 $dT = 0$이므로 내부에지와 엔탈피는 0 이다.

$$du = C_v dT = 0, \ dh = C_p dT = 0$$

등온변화에서는 계에 출입하는 열량이 내부에너지나 엔탈피로 소요되지 않고 전량이 일로 전환되는 것을 알 수 있다. 따라서 등온변화는 기계적 효율 측면에서 보면 효율이 가장 좋으며 가장 이상적인 상태변화이다. 하지만 실제의 기관에서는 팽창과정에서 등온을 위해 가열해 주어야 하고, 압축과정에서는 등온을 위해 반대로 냉각해 주어야 한다. 하지만 그 과정이 극히 짧은 시간 내에 가열과 냉각이 반복되어야 하므로 실현시키기가 매우 어렵다. 그러나 에너지효율적인 측면에서 보면 등온과정을 구현하여 시스템의 효율성을 올리는 시도는 다양하게 연구되고 있다.

예제 3.17

어떤 완전가스가 압력 $p_1 = 1000$ kPa, 체적 $V_1 = 0.1$ m^{3}의 상태에서 등온팽창을 하여 체적이 3배가 되었다. 이 과정에서 기체가 외부에 한일, 외부로부터 받은 열량을 얼마인가?

풀이

$\delta q = du + \delta w$에서 등온팽창이므로 $du = 0$ $\quad\therefore\quad \delta q = \delta w$

$${}_1W_2 = \int_1^2 pdV,\ p = \frac{C}{V}\text{에서 식을 정리하면}$$

$$= C\int_1^2 \frac{dV}{V} = C[\ln V]_1^2 = p_1 V_1 \ln\frac{V_2}{V_1} = 1000\times 0.1\times \ln\frac{0.3}{0.1} = 109.86\ \text{kJ}$$

$${}_1Q_2 = {}_1W_2 = 109.86\ \text{kJ}$$

예제 3.18

일정한 온도 15℃에서 15 bar, 20 liter의 가스가 1 bar까지 팽창하면 팽창일과 출입열량은 얼마인가?

풀이

$T = const.\quad V_1 = 20l = 0.02\ m^3 \qquad (1l = 1000\ cc = 10^3\ cm^3)$

$${}_1W_2 = \int_1^2 pdV,\ p = \frac{C}{V}\text{에서 식을 정리하면}$$

$$= C\int_1^2 \frac{dV}{V} = C[\ln V]_1^2 = p_1 V_1 \ln\frac{V_2}{V_1} = p_1 V_1 \ln\frac{p_1}{p_2} = 15\times 10^5\times 0.02\times \ln\frac{15}{1} = 81.24\ \text{kJ}$$

$\delta q = du + pdv$에서 $du = C_v dt$에서 $dt = 0$이므로

$${}_1Q_2 = {}_1W_2 = 81.24\ \text{kJ}$$

3.5.4 단열변화

단열변화(adiabatic change)는 어떤 계가 외부와 열 및 물질의 출입이 차단된 채로 변화하는 과정을 말한다. 따라서 단열변화는 외부와의 열의 출입을 완전히 차단하여 팽창 및 압축의 상태변화를 행하는 과정이다. 가령 내연기관의 압축행정과 팽창행정은 완전한 단열과정은 아니지만 단열변화로 취급하고 해석한다. 왜냐하면 압축 및 팽창행정 등의 과정은 매우 짧은 시간에 행해지는 반면, 열의 이동은 이보다도 대단히 늦기 때문에 단열변화에 가까운 변화를 한다고 볼 수 있기 때문이다. 또한 노즐에서의 유동도 단열변화로 볼 수 있다.

가역단열과정은 등엔트로피 과정이라고 하고 다음과 같이 정의한다.

$$dq = Tds \tag{3.42}$$

여기서, 이동열량이 없으므로 $dq=0$

$$dq = Tds = 0$$

윗 식에서 만약 절대온도 T가 0이 되면 열역학 제3법칙에 위배되므로 절대온도 T는 0이 될 수 없고 $ds = 0$이 된다. 따라서 단열과정은 등엔트로피(isentropic) 과정이라고도 한다.

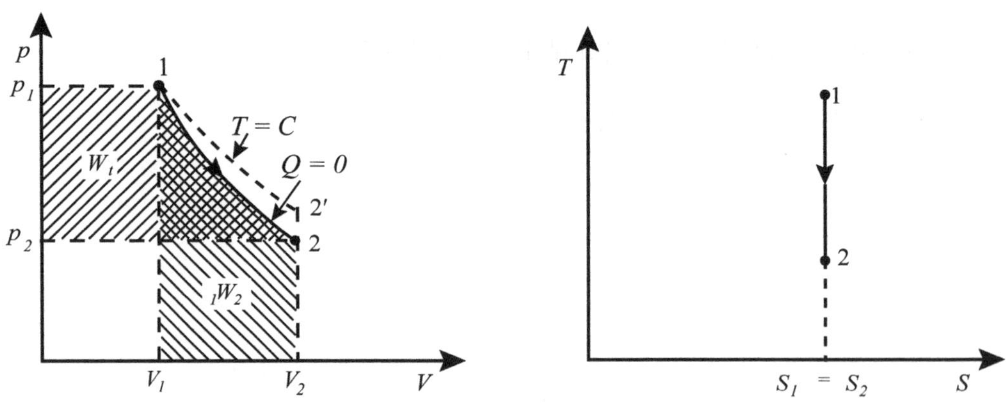

그림 3.9 가역단열변화

(1) p, V, T 관계∴

단열과정의 p, V, T관계는 기체상태방정식과 열역학 제1법칙에 의하여 유도할 수 있다. 열역학 제1기초식에서

$$dq = 0 = du + pdv = C_v dT + pdv \quad \text{-------} \ ①$$

기체상태방정식 $pv = RT$를 미분하면

$$pdv + vdp = RdT \quad \text{----------------} \ ②$$

$$\therefore \quad dT = \frac{1}{R}(pdv + vdp) \quad \text{-------} \ ③$$

③식을 ①식에 대입하여 정리하면

$$C_v(pdv + vdp) + Rpdv = 0$$

$$(C_v + R)pdv + C_v vdp = 0$$

여기서 $C_v + R = C_p$이므로

$$C_p pdv + C_v vdp = 0$$

또한, 비열비 $k = \dfrac{C_p}{C_v}$이므로 이 식을 C_v로 나누어 주고 정리하면

$$vdp + kpdv = 0 \quad \text{--------------------} \ ④$$

④식을 다시 정리하면

$$\frac{dp}{p} + k\frac{dv}{v} = 0$$

양변을 적분하면,

$$\ln p + k \ln v = C$$

$$\therefore\ \ln(pv^k) = \ln C$$

$$\therefore\ pv^k = C(\text{일정}) \tag{3.43}$$

$$p_1 v_1^k = p_2 v_2^k,$$

$$\frac{p_2}{p_1} = \left(\frac{v_1}{v_2}\right)^k \tag{3.44}$$

이 식 (3.44)를 **푸아송의 식**(poisson's equation)이라고 하며 단열변화의 특성식으로 활용된다. 지수 k는 단열지수라고 하여 비열비 k와는 구분되지만 그 값은 비열비의 값과 같다.

식 (3.43)을 기체상태방정식을 적용하여 온도 T와 체적 V, 온도 T와 압력 p의 관계식을 얻을 수 있다.

온도 T와 체적 V관계는

기체상태방정식 $pv = RT$에서 $p = \dfrac{RT}{v}$를 식 (3.43)에 대입하면,

$$\frac{RT}{v} v^k = RTv^{k-1} = C$$

$$Tv^{k-1} = \frac{C}{R} = \text{일정} = C \therefore\ Tv^{k-1} = C \tag{3.45}$$

$$T_1 v_1^{k-1} = T_2 v_2^{k-1} \therefore \frac{T_2}{T_1} = \left(\frac{v_1}{v_2}\right)^{k-1} = \left(\frac{V_1}{V_2}\right)^{k-1} \tag{3.46}$$

온도 T와 압력 p의 관계는

기체상태방정식 $pv=RT$에서 $v=\dfrac{RT}{p}$를 식 (3.43)에 대입하면,

$$p(\frac{RT}{p})^k=C$$

이 식을 정리하면

$$\frac{T^k}{p^{k-1}}=C, \qquad \frac{T_1^k}{p_1^{k-1}}=\frac{T_2^k}{p_2^{k-1}} \qquad \therefore \ \frac{T_2}{T_1}=(\frac{p_2}{p_1})^{\frac{k-1}{k}} \tag{3.47}$$

이상의 관계를 정리하면 다음과 같다,

$$\frac{T_2}{T_1}=(\frac{V_1}{V_2})^{k-1}=(\frac{p_2}{p_1})^{\frac{k-1}{k}} \tag{3.48}$$

그림 3.9에서와 같이 $p-V$선도에 단열과정이 등온과정보다 곡선이 약간 경사가 더 급한 것을 알 수 있다. 그것은 단열지수 k만큼의 영향을 받은 것을 볼 수 있다.

(2) 절대일 (W)

이상기체가 단열변화일 때 외부에 대하여 이루어지는 절대일($_1W_2$)은 열역학 제1법칙으로부터 구할 수 있다.

$$dq=0=du+dw=du+pdv$$

$$\therefore \ W=-\Delta U=mC_v(T_1-T_2) \tag{3.49}$$

여기서 $C_v=\dfrac{R}{k-1}$을 대입하면 위 식을 정리하면

$$=\frac{mR}{k-1}(T_1-T_2)=\frac{mR}{1-k}(T_2-T_1) \tag{3.50}$$

또한 절대일을 $pV^k = C$ 를 이용하여 구하면

$$
\begin{aligned}
{}_1W_2 &= \int_1^2 pdV = \int_1^2 \frac{C}{V^k} dV = [\frac{C}{1-k} V^{1-k}]_1^2 \\
&= \frac{p_2 V_2 - p_1 V_1}{1-k} = \frac{mR(T_2 - T_1)}{1-k}
\end{aligned} \tag{3.51}
$$

따라서 식 (3.50)과 식 (3.51)은 결과가 같아진다.

(3) 공업일 (W_t)

가스가 유동하면서 단열변화를 할 때 공업일 W_t는

$$
W_t = -\int_1^2 Vdp
$$

$pV^k = C$에서 $V^k = \frac{C}{p}$, $V = (\frac{C}{p})^{\frac{1}{k}}$ 이므로

$$
\begin{aligned}
W_t &= -\int_1^2 (\frac{C}{p})^{\frac{1}{k}} dp \\
&= \frac{k}{1-k}(p_2 V_2 - p_1 V_1) \\
&= \frac{k}{1-k} mR(T_2 - T_1)
\end{aligned} \tag{3.52}
$$

식 (3.51)과 식 (3.52)에서와 같이 절대일과 공업일와의 관계는 단열변화에서 개방일은 절대일의 k배가 됨을 알 수 있다.

$$
W_t = k \, {}_1W_2 \tag{3.53}
$$

(4) 이동열량 (q)

단열변화이므로 열의 출입이 없으므로 이동열량은 없다.

(5) 내부에너지(U)와 엔탈피(H)

내부에너지와 엔탈피는 열역학 제1법칙에 의해서 다음과 같이 유도될 수 있다.

$$dq = 0 = du + dw = du + pdv \qquad \therefore\ du = -pdv$$

$$dq = 0 = dh - vdp \qquad \therefore\ dh = vdp$$

따라서 단열변화에서 내부에너지는 절대일로, 엔탈피는 공업일로 전환된다. 이들 모두 단열팽창시키면 감소하고 단열압축시키면 증가하게 된다.

예제 3.19

공기 10 kg을 표준대기압으로부터 15 bar까지 단열압축하고 그 처음의 체적이 5 m^{3}라 할 때 필요한 절대일량을 구하라.

풀이

표준대기압이므로 $p_1 = 1.01325$ bar

$$pV^k = C \text{ 에서 } V_2 = V_1 \times \left(\frac{p_1}{p_2}\right)^{\frac{1}{k}} = 5 \times \left(\frac{1.01325}{15}\right)^{\frac{1}{1.4}} = 0.729\ \text{m}^3$$

$$_1W_2 = \frac{p_2 V_2 - p_1 V_1}{1-k} = \frac{15 \times 10^5 \times 0.729 - 1.01325 \times 10^5 \times 5}{1 - 1.4} = -1467.187\ \text{kJ}$$

예제 3.20

공기 2 kg을 0℃로부터 단열 압축하여 그 체적이 처음의 $\frac{1}{10}$로 압축되었다. 이때 압축후의 공기온도 T_2, 절대일 W, 공업일 W_t, 엔탈피의 변화량 ΔH을 구하라. (단, 공기의 k=1.4, $R = 0.287$ kJ/kg K, $C_p = 1.005$ kJ/kg 로 둔다.)

풀이

단열압축과정이므로 $pV^k = C$, $\frac{T_2}{T_1} = (\frac{V_1}{V_2})^{k-1} = (\frac{p_2}{p_1})^{\frac{k-1}{k}}$ 식을 이용하면

$$\frac{T_2}{T_1} = (\frac{V_1}{V_2})^{k-1} = \frac{T_2}{273.15} = (10)^{1.4-1}$$

$$\therefore T_2 = 686.12 \text{ K}$$

$$W = \frac{p_2 V_2 - p_1 V_1}{1-k} = \frac{mR(T_2 - T_1)}{1-k} = \frac{2 \times 0.287 \times (686.12 - 273.15)}{1-1.4} = -592.611 \text{ kJ}$$

$$W_t = kW = 1.4 \times -592.611 = -829.65 \text{ kJ}$$

$$\Delta H = mC_p(T_2 - T_1) = 2 \times 1.005 \times (686.12 - 273.15) = 830.06 \text{ kJ}$$

예제 3.21

공기압축기에서 압력 0.1 MPa, 온도 20℃의 공기 1 kg/s가 흡입되어 압축된 후 0.4 MPa인 상태로 배출된다. 압축기에서의 공기의 압축과정을 가역단열과정이라고 하면 압축기에 소요되는 동력은 얼마인가? 여기서 $C_p = 1.005$ kJ/kg 로 둔다.

풀이

가역단열압축이므로

$\frac{T_2}{T_1} = (\frac{p_2}{p_1})^{\frac{k-1}{k}}$ 식에서 $T_2 = (20 + 273.14)(\frac{0.4}{0.1})^{\frac{1.4-1}{1.4}} = 435.4 \text{ K}$

$dq = dh - vdp = 0$에서

$$-vdp = W_t = -dh = mC_p(T_1 - T_2) = 1 \times 1.005 \times (293.15 - 435.4) = -142.96 \text{ kJ}$$

3.5.5 폴리트로픽 변화(polytropic change)

앞에서 설명한 정적, 정압, 등온, 단열변화의 4가지 기본 변화만으로는 실제의 내연기관이나 열기관, 공기압축기 등에서 일어나는 상태변화를 정확하게 설명하기 어렵다. 다시 말해 열기관 내의 가스가 압축 또는 팽창행정에 있는 경우 그 상태변화는 엄밀히 말해서 단열변화는 아니다. 또 등온변화에서도 그 팽창과정에 가해진 열량이 전혀 손실 없이 모두 팽창일로 전환되는 것은 불가능하다. 이와 같이 실제 가스가 상태 변화할 경우 지금까지 다룬 기본적인 변화만으로 설명이 불가능하며 변화 중에 항상 다소 열의 출입이 수반된다. 따라서 이들 사항을 고려한 일반적인 상태변화를 나타낸 것이 **폴리트로픽 변화**이다.

그림 3.11과 같이 상태 1에서 상태 2로 변화할 경우에는 지수 n값에 따라 여러 가지 방향으로 행하고 있다. 그러므로 폴리트로픽(polytropic change) 변화란 모든 상태변화를 나타내는 변화란 뜻으로서 다방향변화(多方向變化)를 의미하는 말이다.

폴리트로픽 변화는 가역 단열변화의 상태변화의 식 $pV^k = C$ 에서 단열지수 k대신에 임의의 실수 n으로 바꾼 식으로 표시된다.

$$pV^n = C \tag{3.54}$$

여기서 n은 **폴리트로픽 지수**라고 하며, $-\infty < n < +\infty$의 값을 가지지만 통상 $1 < n < k$ 값을 가진다.

그림 3.10은 폴리트로픽 변화의 $p-V$선도와 $T-S$를 나타낸다. 폴리트로픽 변화의 여러 가지 관계식은 가역 단열변화의 식에서 k 대신에 지수 n으로 대치하여 사용된다.

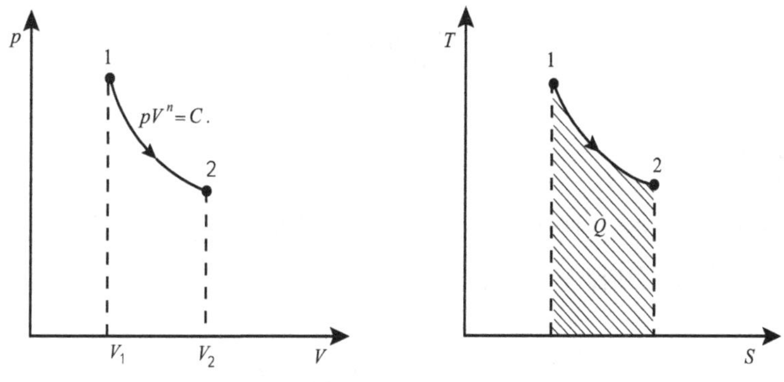

그림 3.10 폴리트로픽 변화

(1) p, V, T 관계

단열변화의 p, V, T 관계식에서 단열지수 k 대신 폴리트로픽 지수 n으로 바꾸면 된다.

$$pV^n = C \ , \quad p_1 V_1^n = p_2 V_2^n$$

$$\frac{T_2}{T_1} = \left(\frac{V_1}{V_2}\right)^{n-1} = \left(\frac{p_2}{p_1}\right)^{\frac{n-1}{n}} \tag{3.55}$$

(2) 절대일 (W)

$$\begin{aligned} {}_1W_2 &= \int_1^2 pdV \\ &= \frac{p_2V_2 - p_1V_1}{1-n} \\ &= \frac{mR(T_2 - T_1)}{1-n} \end{aligned} \tag{3.56}$$

(3) 공업일 (W_t)

$$\begin{aligned} W_t &= -\int_1^2 Vdp \\ &= \frac{n}{1-n}(p_2V_2 - p_1V_1) \\ &= \frac{n}{1-n}mR(T_2 - T_1) \end{aligned} \tag{3.57}$$

(4) 이동열량 (q)

폴리프로픽 변화는 가역단열변화와 달리 열의 출입이 있다. 열역학 제1법칙으로부터 다음과 같이 구할 수 있다. 단위질량당 이동열량(q)을 구하면

$$dq = du + pdv = C_v dT + \frac{R(T_2 - T_1)}{1-n} \tag{3.58}$$

여기서 $C_v = \frac{R}{k-1}$, $R = C_v(k-1)$을 윗 식에 대입하여 정리하면

$$\begin{aligned} dq &= C_v dT + \frac{k-1}{1-n} C_v (T_2 - T_1) \\ &= C_v (T_2 - T_1) + \frac{k-1}{1-n} C_v (T_2 - T_1) \\ &= C_v \frac{n-k}{n-1} (T_2 - T_1) \\ &= C_n (T_2 - T_1) \end{aligned} \tag{3.59}$$

여기서 $C_n = \frac{n-k}{n-1} C_v$ 를 **폴리트로픽 비열**이라고 정의한다. 따라서 폴리트로픽 변화의 이동열은 다음과 같이 표시된다.

$$q_n = C_n (T_2 - T_2) \tag{3.60}$$

(5) 내부에너지(U)와 엔탈피(H)

폴리트로픽 변화의 내부에너지와 엔탈피는 다음과 같이 표시된다.

$$du = C_v dT, \quad \Delta U = m C_v (T_2 - T_1)$$

$$dh = C_p dT, \quad \Delta H = m C_p (T_2 - T_1)$$

(6) 폴리트로픽 변화에서 지수 n의 변화

폴리트로픽 변화의 특성식 $pV^n = C$에서 지수 n은 $-\infty < n < +\infty$의 값을 가지지만 편의상 우리가 자주 접하는 변화과정에 대하여서 정리하면 다음과 같다.

$n = 0$이면 $pV^0 = C, \quad p = C$ **(정압과정)**

$n = 1$이면 $pV = C, \quad T = C$ **(등온과정)**

$n = k$이면 $pV^k = C, \quad s = C$ **(단열과정)**

$n = \infty$이면 $pV^\infty = C, \quad p^{\frac{1}{\infty}} V = C, \quad V = C$ **(정적과정)**

위의 과정을 $p-V$, $T-S$선도로 표시하면 그림 3.11과 같다.

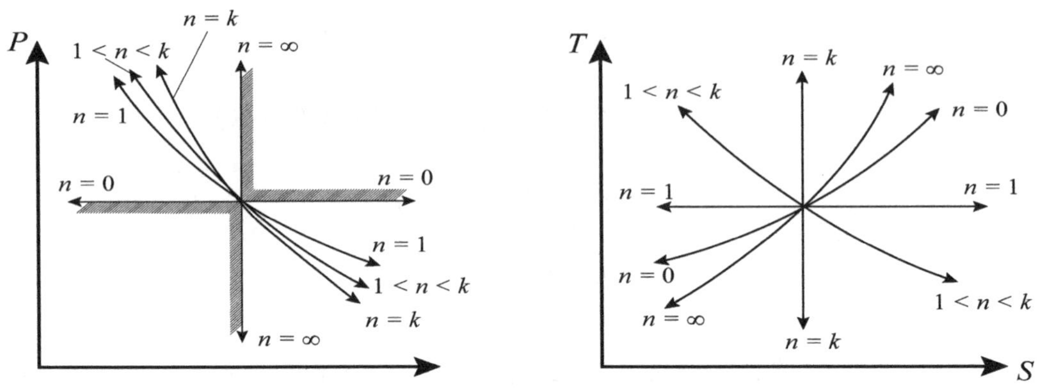

그림 3.11 폴리트로픽 지수 n에 따른 변화곡선

(7) 폴리트로픽 지수 n의 계산법

① 폴리트로픽 곡선이 주어진 경우

절대일과 공업일은 그림 3.12에서와 같이 다음과 같이 나타낼 수 있다.

$$_1W_2 = \int_1^2 pdV = \text{면적}\, ABB_2A_2$$

$$W_t = -\int_1^2 Vdp = \text{면적}\, ABB_1A_1$$

폴리트로픽 변화에서는 $W_t = n\ _1W_2$ 이므로 지수 n은 다음과 같다.

$$n = \frac{W_t}{_1W_2} = \frac{\text{면적}\, ABB_1A_1}{\text{면적}\, ABB_2A_2} \tag{3.61}$$

윗 식에서 각각의 면적을 알면 폴리트로픽 지수 n값을 구할 수 있다.

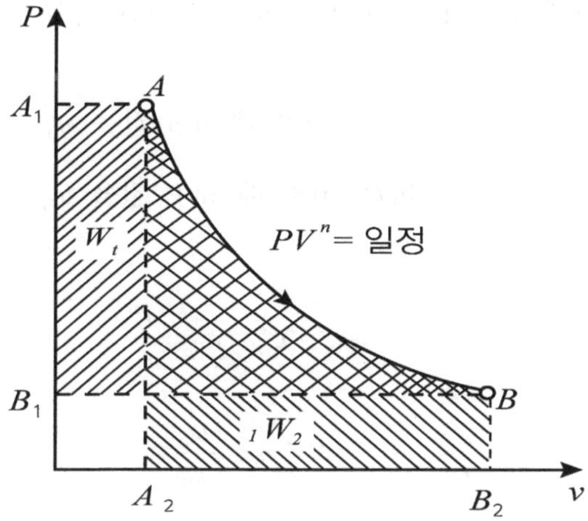

그림 3.12 폴리트로픽 지수n 구하는 방법

② 두 개의 상태점이 주어질 경우

두 개의 상태점을 각각 1, 2라고 한다면 $pV^n = C$에서 $p_1 V_1^n = p_2 V_2^n$에 대수를 취하면 다음과 같이 구할 수 있다.

$$\ln p_1 + n \ln V_1 = \ln p_2 + n \ln V_2$$

$$\therefore \quad n = \frac{\ln(p_1/p_2)}{\ln(V_2/V_1)} \tag{3.62}$$

③ 곡선의 방정식이 주어질 경우

폴리트로픽 변화로부터 상태식 $pV^n = C$에 대수를 취하면

$$\ln p + n \ln V = \ln C = C$$

따라서 그림 3.13과 같이 $\ln p - \ln V$ 선도를 그리면 직선이 된다.

$$\ln V = 0 \text{일 때 } \ln p \text{ 값을 } y_0$$

$$\ln P = 0 \text{일 때 } \ln V \text{ 값을 } x_0$$

라 한다면

$$y_0 = C, \quad n = \frac{C}{x_0}$$

$$\therefore \quad n = \frac{y_0}{x_0} \tag{3.63}$$

윗 식에서도 폴리트로픽 지수 n의 값을 구할 수 있다.

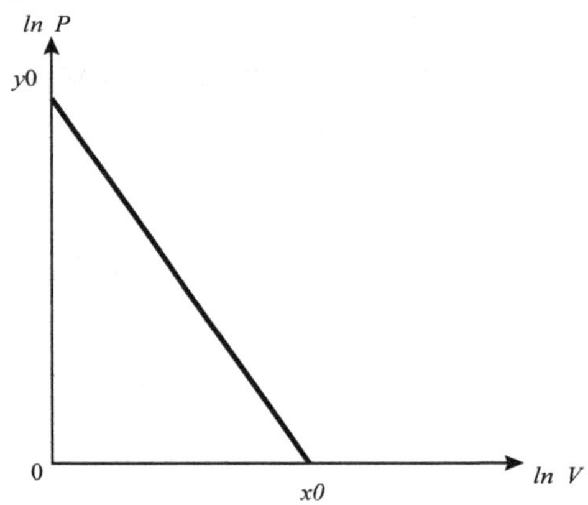

그림 3.13 $\ln p - \ln V$ 선도

표 3.2는 각 상태변화에 따른 여러 가지 상태값을 구하는 관계식을 정리하여 수록하였다.

표3-2 상태변화에 따른 상태값의 비교표

과정	정압변화 $p=C$	정적변화 $v=C$	등온변화 $T=C$	단열변화 $pv^k=C$	폴리트로픽변화 $pv^n=C$
p, v, T 관계	$\frac{T_2}{T_1}=\frac{v_2}{v_1}$	$\frac{T_2}{T_1}=\frac{p_2}{p_1}$	$\frac{v_2}{v_1}=\frac{p_1}{p_2}$	$\frac{T_2}{T_1}=\left(\frac{v_1}{v_2}\right)^{k-1}=\left(\frac{p_2}{p_1}\right)^{\frac{k-1}{k}}$	$\frac{T_2}{T_1}=\left(\frac{v_1}{v_2}\right)^{n-1}=\left(\frac{p_2}{p_1}\right)^{\frac{n-1}{n}}$
폴리트로픽지스 n	0	∞	1	k	$-\infty<n<\infty$
비열 C_n	C_p	C_v	∞	0	$C_v\frac{n-k}{n-1}$
가열량 $q=C_n\Delta T$	Δh	Δu	$RT\ln\frac{v_2}{v_1}$	0	$C_n(T_2-T_1)$
내부에너지의 변화량 Δu	$C_v(T_2-T_1)$	$C_v(T_2-T_1)$	0	$C_v(T_2-T_1)$	$C_v(T_2-T_1)$
엔틸피의 변화량 Δh	$C_p(T_2-T_1)$	$C_p(T_2-T_1)$	0	$C_p(T_2-T_1)$	$C_p(T_2-T_1)$
절대일 $w_a=\int pdp$	$p(v_2-v_1)$	0	$p_1v_1\ln\frac{v_2}{v_1}$	$\frac{p_1v_1-p_2v_2}{k-1}$	$\frac{p_1v_1-p_2v_2}{n-1}$
공업일 $w_t=-\int vdp$	0	$v(p_1-p_2)$	$p_1v_1\ln\frac{p_2}{p_1}$	$\frac{k(p_1v_1-p_2v_2)}{k-1}$	$\frac{n(p_1v_1-p_2v_2)}{n-1}$
엔트로피의 변화량 Δs	$C_p\ln\frac{T_2}{T_1}$	$C_v\ln\frac{T_2}{T_1}$	$R\ln\frac{v_2}{v_1}$	0	$C_n\ln\frac{T_2}{T_1}$

예제 3.22

어떤 계에서 공기 0.45 kg이 표준대기압에서 체적 0.4 m^3에서 0.2 m^3로 폴리트로픽 변화에 의하여 압축되었다. 이때 변화후의 온도, 이동열량, 절대일, 공업일, 내부에너지변화, 엔탈피변화를 구하라. 단, $n=1.3$, $R=0.2872$ kJ/kgK, $C_v=0.717$ kJ/kgK, $C_p=1.005$ kJ/kgK, $k=1.4$로 둔다.

풀이

폴리트로픽 변화이므로 $pV^n = C$, $\frac{T_2}{T_1} = (\frac{V_1}{V_2})^{n-1} = (\frac{p_2}{p_1})^{\frac{n-1}{n}}$ 식이 성립.

$p_1 V_1 = mRT_1$에서 $T_1 = \frac{1.013 \times 10^5 \times 0.4}{0.45 \times 0.287 \times 10^3} = 313.743$ K

① $T_2 = T_1 (\frac{0.4}{0.2})^{1.3-1} = 386.26$ K

② $Q_n = mC_n \Delta t$

$= mC_v \frac{n-k}{n-1}(T_2 - T_1) = 0.45 \times \frac{1.3-1.4}{1.3-1} \times 0.717 \times (386.26 - 313.743) = -7.79$ kJ

③ $W = \frac{mR(T_2 - T_1)}{1-n} = -31.21$ kJ

④ $W_t = nW = 1.3 \times -31.21 = -40.573$ kJ

⑤ $\Delta U = mC_v(T_2 - T_1) = 0.45 \times 0.717 \times (386.26 - 313.743) = 23.39$ kJ

⑥ $\Delta H = mC_p(T_2 - T_1) = 0.45 \times 1.005 \times (386.26 - 313.743) = 32.795$ kJ

예제 3.23

초기상태 $p_1 = 1$ bar, $T_1 = 15$℃인 공기 10 m^{3}를 최종상태 $p_2 = 7$ bar까지 $n = 1.3$의 폴리트로프 압축을 할 때 최종체적 및 온도, 압축에 필요로 하는 일, 가열량을 각각 구하라. 단, 공기의 정적비열 $C_v = 0.7171$ kJ/kgK]이다.

풀이

폴리트로픽 변화이므로 $pV^n = C$ 식이 성립하므로

$V_2 = V_1 (\frac{p_1}{p_2})^{\frac{1}{n}} = 10 \times (\frac{1}{7})^{\frac{1}{1.3}} = 2.24$ m^3

$T_2 = T_1 (\frac{p_2}{p_1})^{\frac{n-1}{n}} = (15 + 273.15) \times (\frac{7}{1})^{\frac{0.3}{1.3}} = 451.48$ K

$m = \frac{p_1 V_1}{RT_1} = \frac{1 \times 10^5 \times 10}{0.2872 \times 10^3 \times (15 + 273.15)} = 12.084$ kg

$$W = \frac{mR(T_2 - T_1)}{1-n} = -1889.5 \text{ kJ}$$

$$Q_n = mC_n\Delta t \ = mC_v\frac{n-k}{n-1}(T_2 - T_1) = -471.78 \text{ kJ}$$

예제 3.24

압력 0.3 MPa, 20℃의 공기5 kg이 폴리트로프 변화하여 335 kJ의 열량을 방출하고, 그 온도는 200℃로 되었다. 이 변화에서 최종 체적과 압력을 구하여라. (단, 공기의 정적비열 $C_v = 0.7171$ kJ/kgK]이다.)

풀이

폴리트로픽 변화이므로

$$Q_n = mC_n\Delta t$$

$$335 \text{ kJ} = mC_v\frac{n-k}{n-1}(T_2 - T_1) = 5\times 0.7171\times\frac{n-1.4}{n-1}\times(200-20)$$

$$\therefore\ n = 1.26$$

$$\frac{T_2}{T_1} = \left(\frac{p_2}{p_1}\right)^{\frac{n-1}{n}} \text{에서 } \frac{200+273.15}{20+273.15} = \left(\frac{p_2}{0.3}\right)^{\frac{1.26-1}{1.26}}$$

$$\therefore p_2 = 3.05 \text{ MPa}$$

$$p_2V_2 = mRT_2 \text{식에서 } V_2 = \frac{5\times 0.287\times 10^3\times(200+273.15)}{3.05\times 10^6} = 0.222 \text{ m}^3$$

3.6 완전가스의 비가역변화

가스의 실제 상태변화는 모두 열적으로나 역학적으로 완전히 평형을 유지하면서 이루어지는 변화는 없으며 반드시 손실을 수반하는 비가역변화(irreversible change)이다.

앞서 3.5절에서 언급하였듯이 가스의 상태변화는 가역변화와 비가역변화로 나누어 생각할 수 있다. **가역변화**(reversible change)는 상태 변화 과정이 역학적으로나 열적으로 평형을 유지하면서 이루어지는 변화를 말한다. 즉, 계와 주위 모두가 상태 변화 후에 처음 상태로 되돌아오는 변화를 말한다.

한편, **비가역변화**(irreversible change)는 변화 도중의 과정이 평형 상태를 유지하지 않고 이루어지는 변화로서, 엄밀한 의미에서 가역변화란 존재하지 않는다. 즉, 계와 계를 구성하는 부품들이 상태 변화 후에 처음상태로 되돌아오지 않는 변화를 말한다. 따라서 실제의 모든 변화는 비가역 변화이다.

비가역 변화 또는 비가역 과정에는 다음과 같은 과정을 하나 또는 그 이상을 포함하는 과정을 말한다. **비과역 변화의 예**는 다음과 같다.

① 온도차에 의한 **열전달**(heat transfer)

② 가스 또는 액체의 낮은 압력으로 **자유팽창**(free expansion)

③ 물질의 **혼합**(mixing)

④ **마찰현상**(friction)

⑤ **교축현상**(throttling)

⑥ 유체의 **점성 흐름**

⑦ **자발적 화학반응**(spontaneous chemical expansion)

⑧ **비탄성변형**(inelastic deformation)

⑨ **삼투현상**(osmosis)

이 중 몇가지만 대하여 알아보고자 한다.

① 비가역 단열변화

가스가 압축기나 내연기관의 내부에서 압축 또는 팽창 과정 중에 마찰이나 와류 등에 의한 손실이 수반되며 이러한 현상은 열로 된다. 따라서 외부와의 열교환이 없는 단열변화에서도 기체의 마찰에 의한 열이 기체 자신에 가해진다. 이와 같이 열이 기체에 흡수되어 내부적으로 단열이 아닌 비가역 변화가 수반되는 상태변화를 **비가역 단열변화**라고 한다.

② 교축

가스의 유동이 밸브(valve)나 콕(cock) 등에 의하여 유로의 일부를 좁게 하면 흐름의 방향으로 압력이 낮아진다. 이와 같은 현상을 **교축(스로틀링, throttling)**이라고 한다.

교축이 정상류에서 발생하는 경우 외부에 대한 일이 없고 열교환도 없으며 압력만 감소하므로 정상류에 대한 일반 에너지식으로부터

$$\dot{m}(h_1 + \frac{V_1^2}{2}) = \dot{m}(h_2 + \frac{V_2^2}{2})$$

가 되며 $V_1 = V_2$인 경우 또는 속도가 크다지 크지 않는 40m/s 이하에서는 운동에너지는 엔탈피에 비하여 작으므로 무시할 수 있다. 따라서

$$h_1 = h_2$$

즉 완전가스는 교축과정에서 엔탈피가 일정한 등엔탈피 변화가 된다. 그러나 실제 가스에서는 교축이 일어나면 압력감소와 더불어 온도도 떨어진다. 실제 냉동기나 공기 액화 기계 등에서는 이러한 교축작용을 이용하여 기체의 온도를 낮추는데 이용하고 있다.

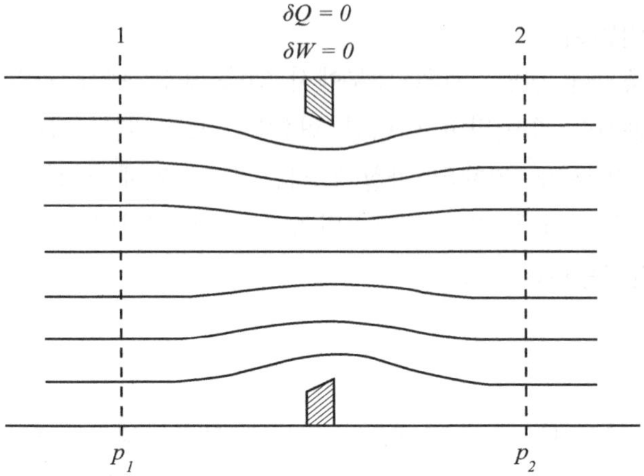

그림 3.14 교축 현상

③ 기체의 혼합

서로 다른 가스가 확산에 의하여 혼합될 때 이 확산에 의한 혼합도 비가역변화이다. 가스의 혼합에는 체적일 일정한 상태에서의 혼합과 정상유동의 혼합이 있다. 체적 일정일 때의 혼합은 외부에 대한 일이 없고 열교환도 없다고 하면 내부에너지의 합도 혼합 전후에는 변하지 않는 비가역변화가 된다.

또한 정상류의 혼합에서는 속도가 그다지 크지 않고 혼합 전후에서 일과 열교환이 없다면, 혼합 전후의 엔탈피와 운동에너지의 합이 변하지 않는 비가역변화이다.

3.7 완전가스의 혼합

3.7.1 돌턴(Dalton)의 법칙

이상기체의 혼합에 대한 기초 원리를 제시해 주는 법칙은 **돌턴(Dalton)의 법칙**이다. 돌턴의 법칙은 **"두가지 이상의 서로 다른 완전가스를 하나의 용기에 혼합시킬 때 기체 상호간에 화학반응이 일어나지 않는다면 혼합 기체의 전체압력은 각 기체의 분압의 합과 같다"**

그림 3.15에서와 같이 3가지 종류가 다른 기체의 혼합이 있다고 하자.

먼저 온도(T)와 체적(V)이 일정한 경우의 혼합일 때

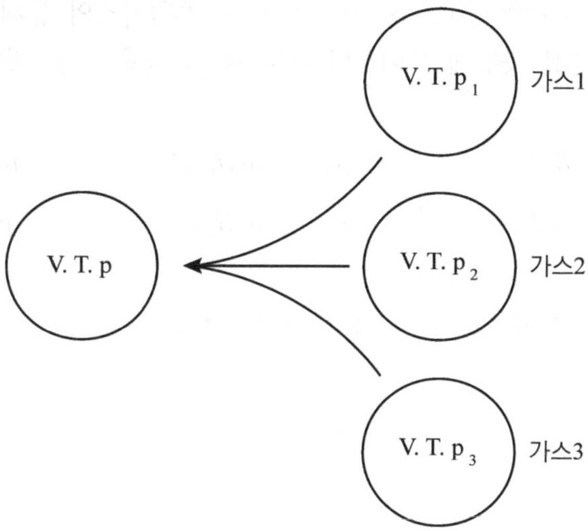

그림 3.15 혼합가스의 분압

혼합한 가스의 체적 V와 동일한 체적에 각 성분가스만이 각각 따로 들어 있을 때 압력은 p_1, p_2, p_3 라고 하면, 이상기체의 혼합가스의 압력은 각 성분의 분압의 합과 같다. 즉, 혼합가스의 압력을 p라고 할 때

$$p = p_1 + p_2 + p_3 \tag{3.64}$$

여기서 p는 전체압력, p_1, p_2, p_3는 각각 분압이라고 한다.

다음은 온도(T)와 압력(p)이 일정한 경우에 생각해 보자.

질량이 m_1, m_2, m_3 이고 가스 상수 R_1, R_2, R_3이고 이들의 가스가 같은 압력p및 온도T에서 차지하는 체적을 V_1, V_2, V_3라고 할 때 다음의 관계식이 성립한다.

$$m = m_1 + m_2 + m_3 \tag{3.65}$$

$$V = V_1 + V_2 + V_3 \tag{3.66}$$

이때 혼합 후의 가스를 돌턴의 분압법칙에 따라 "나누어 생각하라", 그러하면 각 성분가스에 대해서는 아래와 같이 표시할 수 있다. **혼합가스의 문제를 다룰 때는 "나누어 생각하라"는 의미를 뜻깊게 음미**하면 문제 풀 때 도움이 될 것이다.

$$pV_1 = m_1 R_1 T, \qquad pV_2 = m_2 R_2 T, \qquad pV_3 = m_3 R_3 T$$

$$p_1 V = m_1 R_1 T, \qquad p_2 V = m_2 R_2 T, \qquad p_3 V = m_3 R_3 T$$

이상의 관계식으로부터 다음의 식을 얻을 수 있다.

$$pV_1 = p_1 V, \qquad pV_2 = p_2 V, \qquad pV_3 = p_3 V \tag{3.67}$$

따라서 이들 가스가 혼합된 상태에서의 분압은 다음과 같다.

$$p_1 = p\frac{V_1}{V}, \qquad p_2 = p\frac{V_2}{V}, \qquad p_3 = p\frac{V_3}{V} \tag{3.68}$$

이 식으로부터 혼합기체 중의 각 기체의 체적비율을 알 수 있으면 그 가스의 분압을 구 할 수 있다.

3.7.2 혼합가스의 질량비

성분가스가 등온, 등압하에 있을 때 각각의 가스의 밀도 ρ_1, ρ_2, ρ_3라 할 때 질량을 $m = \rho V$이므로

$$\rho_1 = \frac{m_1}{V_1}, \qquad \rho_2 = \frac{m_2}{V_2}, \qquad \rho_3 = \frac{m_3}{V_3}$$

혼합된 후 혼합가스의 전체질량 m과 밀도 ρ는

$$m = \rho V = m_1 + m_2 + m_3$$
$$= \rho_1 V_1 + \rho_2 V_2 + \rho_3 V_3 \tag{3.69}$$

$$\therefore \rho = \rho_1 \frac{V_1}{V} + \rho_2 \frac{V_2}{V} + \rho_3 \frac{V_3}{V} \tag{3.70}$$

위의 식은 (3.68)식을 이용하여 가스의 밀도를 압력의 비율로도 나타낼 수 있다.

$$p_1 = p\frac{V_1}{V}, \qquad p_2 = p\frac{V_2}{V}, \qquad p_3 = p\frac{V_3}{V} \quad \text{에서}$$

$$\therefore \rho = \rho_1 \frac{p_1}{p} + \rho_2 \frac{p_2}{p} + \rho_3 \frac{p_3}{p} \tag{3.71}$$

따라서 각 가스의 질량비는 다음과 같이 밀도비와 체적비의 곱으로 표시할 수 있다.

$$\frac{m_1}{m} = \frac{\rho_1}{\rho}\frac{V_1}{V}, \qquad \frac{m_2}{m} = \frac{\rho_2}{\rho}\frac{V_2}{V}, \qquad \frac{m_3}{m} = \frac{\rho_3}{\rho}\frac{V_3}{V} \tag{3.72}$$

3.7.3 혼합가스의 분자량

성분가스가 등온, 등압하에서 혼합가스의 분자량을 M, 각 가스의 분자량을 M_1, M_2, M_3라 하면 일반기체상수 $R_{mol} = MR$이므로 밀도는 다음과 같이 나타낼 수 있다.

$pV = mRT$식과 $R_{mol} = MR$을 이용하여 정리하면

$$\rho_1 = \frac{pM_1}{R_{mol}T}, \qquad \rho_2 = \frac{pM_2}{R_{mol}T}, \qquad \rho_3 = \frac{pM_3}{R_{mol}T} \tag{3.73}$$

$$\frac{\rho_1}{\rho} = \frac{M_1}{M}, \qquad \frac{\rho_2}{\rho} = \frac{M_2}{M}, \qquad \frac{\rho_3}{\rho} = \frac{M_3}{M} \tag{3.74}$$

이 식을 (3.70)에 대입하여 정리하면 혼합가스의 분자량 M은 다음과 같다.

$$M = M_1\frac{V_1}{V} + M_2\frac{V_2}{V} + M_3\frac{V_3}{V}$$

$$= M_1\frac{p_1}{p} + M_2\frac{p_2}{p} + M_3\frac{p_3}{p} \tag{3.75}$$

3.7.4 혼합가스의 기체상수

혼합가스 중의 각 가스는 동일한 온도 T에서 균일하게 혼합된 것으로 생각하여야 하므로 혼합가스의 기체상수 R는 기체상태방정식 $pV = mRT$에서

$$p_1 V = m_1 R_1 T, \qquad p_2 V = m_2 R_2 T, \qquad p_3 V = m_3 R_3 T$$

이들의 합은

$$(p_1 + p_2 + p_3)V = (m_1 R_1 + m_2 R_2 + m_3 R_3)T$$

$$pV = (m_1 R_1 + m_2 R_2 + m_3 R_3)T = mRT$$

$$\therefore\ R = \frac{1}{m}(m_1 R_1 + m_2 R_2 + m_3 R_3)$$

$$= R_1\frac{m_1}{m} + R_2\frac{m_2}{m} + R_3\frac{m_3}{m} \tag{3.76}$$

식 (3.76)은 식 (3.72)을 이용하여 아래와 같이 나타낼 수 있다.

$$R = R_1\frac{\rho_1}{\rho}\frac{V_1}{V} + R_2\frac{\rho_2}{\rho}\frac{V_2}{V} + R_3\frac{\rho_3}{\rho}\frac{V_3}{V} \tag{3.77}$$

3.7.5 혼합가스의 비열

혼합가스의 온도를 1℃ 올리는데 필요한 열량은 각 가스의 온도를 1℃ 올리는데 필요한 열량의 합과 같으므로 $Q = mC\Delta T$에서

$$mC = m_1 C_1 + m_2 C_2 + m_3 C_3$$

$$\therefore \quad C = \frac{1}{m}(m_1 C_1 + m_2 C_2 + m_3 C_3)$$

$$= C_1 \frac{m_1}{m} + C_2 \frac{m_2}{m} + C_3 \frac{m_3}{m} \tag{3.78}$$

3.7.6 혼합가스의 온도

온도가 각각 T_1, T_2, T_3인 가스를 일정한 체적 하에서 혼합하였을 때 혼합가스의 온도가 T가 되었다고 하자. 등적혼합이므로 $W = \int_1^2 p\,dV$에서 $dV = 0$이므로 외부에 일을 하지 않으며, 혼합시 열의 출입이 없으므로, 열역학 제1법칙에 의하여 혼합 전 각 가스의 내부에너지의 합과 혼합 후 내부에너지의 합은 같아야 한다.

즉, 혼합 전의 내부에너지의 합은

$$m_1 C_1 T_1 + m_2 C_2 T_2 + m_3 C_3 T_3$$

또 혼합후의 내부에너지의 합은 mCT 로 표시하면

$$mCT = m_1 C_1 T_1 + m_2 C_2 T_2 + m_3 C_3 T_3$$

혼합가스의 온도 T를 구하면 아래와 같다.

$$\therefore \quad T = \frac{m_1 C_1 T_1 + m_2 C_2 T_2 + m_3 C_3 T_3}{mC} \tag{3.79}$$

예제 3.25

어떤 용기속에 15℃의 공기 10 kg과 50℃의 산소 5 kg, 30℃의 질소 20 kg이 혼합되어 있다. 혼합가스의 평균온도는 얼마인가?

단, 공기의 정적비열 C_v=0.7171 kJ/kg K, 산소의 정적비열 C_v=0.6551 kJ/kg k, 질소의 정적비열 C_v=0.7421 kJ/kg k,

풀이

혼합전후의 내부에너지는 같으므로 $mCT = m_1C_1T_1 + m_2C_2T_2 + m_3C_3T_3$

혼합후의 평균온도는

$$T = \frac{m_1C_1T_1 + m_2C_2T_2 + m_3C_3T_3}{mC}$$

$$= \frac{10 \times 0.7171 \times (15 + 273.15) + 5 \times 0.6551 \times (50 + 273.15) + 20 \times 0.7421 \times (30 + 273.15)}{10 \times 0.7171 + 5 \times 0.6551 + 20 \times 0.7421}$$

= 301.48 K = 28℃

예제 3.26

압력이 10 bar, 온도 50℃, 체적 1 m^3의 이산화탄소(CO_2)와 압력 2 bar, 온도 10℃, 체적 1.5 m^3의 공기를 혼합했을 시의 혼합후의 온도와 압력을 구하시오. (단, 이산화탄소의 정적비열 $C_v = 0.6279$ kJ/kgK, 공기의 정적비열 $C_v = 0.7171$ kJ/kgK이다.)

풀이

혼합가스의 온도를 구하면 $mCT = m_1C_1T_1 + m_2C_2T_2$

먼저 질량 m_1, m_2구하기

상태방정식에서 $m_1 = \frac{p_1V_1}{R_1T_1}$, $m_2 = \frac{p_2V_2}{R_2T_2}$에서

$$R_1 = \frac{8.314}{M_1} = \frac{8.314}{44} = 0.1889 \text{ kJ/kgK}$$

$$R_2 = 0.287 \text{ kJ/kgK}$$

$$m_1 = \frac{p_1 V_1}{R_1 T_1} = \frac{10 \times 10^5 \times 1}{0.1889 \times 10^3 \times (50 + 273.15)} = 16.38 \text{ kg}$$

$$m_2 = \frac{p_2 V_2}{R_2 T_2} = \frac{2 \times 10^5 \times 1.5}{0.287 \times 10^3 \times (10 + 273.15)} = 3.69 \text{ kg}$$

혼합기체의 온도식에서

$$mCT = m_1 C_1 T_1 + m_2 C_2 T_2$$

$$T = \frac{m_1 C_1 T_1 + m_2 C_2 T_2}{mC}$$

$$= \frac{16.38 \times 0.6279 \times (50 + 273.15) + 3.69 \times 0.7171 \times (10 + 273.15)}{16.38 \times 0.6279 + 3.69 \times 0.7171}$$

$$= 314.96 \text{ K}$$

혼합기체의 압력은

$$p(V_1 + V_2) = (m_1 + m_2)RT$$

혼합기체의 기체상수식에서

$$mR = m_1 R_1 + m_2 R_2$$

$$\therefore R = \frac{1}{m}(m_1 R_1 + m_2 R_2) = \frac{1}{16.38 + 3.69}(16.38 \times 0.1889 + 3.69 \times 0.287)$$

$$= 0.206 \text{ kJ/kgK}$$

$$p = \frac{(m_1 + m_2)RT}{V_1 + V_2} = \frac{(16.38 + 3.69) \times 0.206 \times 314.96}{1 + 1.5} = 520.87 \text{ kPa}$$

예제 3.27

공기 10 kg과 수증기 5 kg이 혼합되어 10 m^3의 용기안에 들어 있다. 이 혼합기체의 온도가 60℃일 때 혼합기체의 압력은 얼마인가?

단, 수증기의 기체상수는 0.46 kJ/kgK이다)

풀이

상태방정식 $pV = mRT$식에서

혼합기체의 압력은

$p(V_1 + V_2) = (m_1 + m_2)RT$

여기서 혼합기체의 기체상수는

$$mR = m_1R_1 + m_2R_2, \qquad R = \frac{1}{15}(10 \times 0.287 + 5 \times 0.46) = 0.344 \text{ kJ/kgK}$$

$$\therefore\ p = \frac{(m_1 + m_2)RT}{V_1 + V_2} = \frac{(10 + 5) \times 0.344 \times (60 + 273.15)}{10} = 171 \text{ kPa}$$

3 장

완전가스

연 / 습 / 문 / 제

3.1 다음을 간단히 설명하라

① 보일-샤를의 법칙 ② 돌턴의 법칙 ③ 교축현상

④ 줄-톰슨효과 ⑤ 폴리트로픽 변화

3.2 공기 2 kg이 압축되어 체적이 0.2 m^3, 압력이 80 bar로 되었을 때 온도는 얼마인가?

답: 2512.3℃

3.3 체적이 2 m^3인 탱크에 압력이 1,000 kPa, 30℃의 산소가 들어 있다. 탱크의 밸브를 열고 10 kg의 산소를 빼고 온도를 15℃로 낮추면 탱크 내의 압력은 얼마로 되겠는가? (단, 산소의 가스 상수 R=0.2598 kJ/kg·K로 둔다)

답: 576.2 kPa

3.4 산소 128 kg의 기체상수, 몰수 및 표준상태에서의 체적, 비체적을 구하라

표준상태 : p_0 = 1 atm = 101.325 kPa, T_0 = 273 K

답: $R = 0.2598$ kJ/kg K, $n = 4$ kmol, $V = 89.597\ m^3$, $v = 0.699\ m^3/kg$

3.5 어떤 기체의 기체상수 $R = 4.1$ kJ/kgK이고 정적비열이 10.12 kJ/kgK이고, 비열비 $k = 1.409$이면 이 기체의 정압비열을 구하라.

답:14.12 kJ/kgK

3.6 분자량이 28.5인 이상기체의 압력이 3 atm이면 1000℃일 때 비체적은 몇 m^3/kg 인가?

답:1.22 m^3/kg

3.7 어떤 고압용기에 온도가 10℃, 압력이 20 bar의 상태에서 열을 가했더니 온도가 100℃가 되었다. 이때 용기내의 압력변화는 얼마인가?

답:9.53 bar

3.8 체적이 0.2 m^3인 용기에 온도 100℃, 압력 1 MPa의 공기가 들어 있다. 이것을 냉각하여 공기압력을 0.5 MPa로 하고자 한다. 이때 감압 후의 온도, 냉각 열량을 구하라. (단, 공기의 $R = 0.2872$ kJ/kgK, 공기의 정적비열은 0.7165 kJ/kgK로 둔다.

답: $T_2 = 186.6$ K, $Q = -250$ kJ

3.9 체적 2 m^3의 밀폐용기에 공기가 $T_1 = 20$℃, $p_1 = 500$ kPa이었다. 이 용기를 가열하여 내압이 $p_2 = 1000$ kPa까지 상승하였다면 가열량을 구하라. (단, 공기의 가스상수 $R = 0.2872$ kJ/kgK, $C_v = 0.717$ kJ/kgK이다)

답: 2497.4 kJ

3.10 내부에너지가 100 kJ 증가하고 압력의 변화가 1 atm에서 5 atm로, 체적변화는 4 m^3에서 2 m^3인 계의 엔탈피 증가량은 얼마인가?

답: 707.8 kJ

3.11 1kg의 기체가 압력 0.05 MPa, 체적 2.5 m^3의 상태에서 압력 1.2 MPa, 체적 0.2 m^3의 상태로 변화하였다. 만일에 기체의 내부 에너지가 일정하다면 엔탈피의 변화는 얼마인가?

답: $\Delta H = 0.115$ MJ

3.12 질량 8 kg의 헬륨가스를 350℃ 의 등온상태에서 압력 P_1=5 MPa에서 P_2=0.2 MPa까지 변화시켰다. 헬륨가스를 완전가스로 보고 이 가스가 하는 절대일, 공업일 및 외부로 받은 열량을 구하라. (단, He의 기체상수는 2.077 kJ/kgK이다.)

답:33.3 MJ

3.13 완전가스 2 kg이 1 bar, 30℃에서 3 bar까지 가역단열 압축되었다. 이 기체의 정적비열, 정압비열이 각각 $C_v = 750$ J/kgK, $C_p = 1000$ J/kgK이면, 이때 이 기체의 처음체적 V_1, 나중체적 V_2, 나중온도 T_2 및 과정간의 일을 구하라

답: $T_2 = 398.14$ K, $V_1 = 1.5157$ m^3, $V_2 = 0.6635$ m^3 , $W = -143.878$ kJ

3.14 압력 0.5 MPa, 온도 37℃의 공기 5 kg이 폴리트로프 변화를 하여 364 kJ의 열량을 방출하며 180℃로 되었다면 변화 후의 압력은 얼마인가? (단, 공기의 정적비열 $C_v = 0.7171$ kJ/kgK)

답:$p_2 = 3.721$ MPa

3.15 중량비로서 $H_2 = 20\%$, $CO_2 = 80\%$ 인 혼합가스의 압력이 2 kg_f/cm^2 일 때 CO_2의 분압은 몇 kg_f/cm^2인가?

답: 0.307 kg_f/cm^2

3.16 용기에 20℃의 공기 10 kg과 산소 30℃의 산소 20 kg이 혼합되어 있다. 혼합가스의 평균온도는 얼마인가? (단, 공기의 정적비열 C_v=0.7171 kJ/kg K, 산소의 정적비열 C_v=0.6551 kJ/kg k)

답: 299.61 K

CHAPTER 04

열역학 제2법칙과 엔트로피

4.1 가역과정과 비가역과정

가역과정(reversible process)이란 상태변화의 과정이 역학적 및 열적의 평형을 유지하면서 계나 주위의 변화를 일으키지 않고 이루어지며, 역과정에 의해서도 원래 상태로 되돌아 갈수 있는 과정을 말한다. 그렇지 않은 과정을 **비가역과정**(irreversible process)이라고 한다. 자연계에 존재하는 모든 과정은 엄밀한 의미에서 비가역과정이다. 열역학 제2법칙은 이러한 비가역성의 존재성을 표현하는 법칙이기도 하다.

열역학 제1법칙은 앞장에서 설명하였듯이 일과 열은 본질적으로 서로 같으며 이들 사이 일이나 열은 어느 쪽으로나 동등하게 변환될 수 있음을 나타내고 있다. 즉, 가역과정을 설명한 것으로 일과 열의 변환의 방향이 동등함을 제시하고 있다. 하지만 실제로는 모든 형태의 일은 쉽게 열로 전환되지만 열을 일로 변환시킬 때는 어떤 제약이 따른다.

예를 들면, 물속에서 프로펠러를 돌려 물을 교반하면 물의 온도가 상승하게 된다. 프로펠러의 회전일은 열로 변환하여 수온이 상승하게 된다. 이것은 열역학 제1법칙에 따라 일이 열로 바뀌는 것이다. 그러나 반대로 상승한 물의 온도를 처음 온도까지 낮추어도 이것만으로는 프로펠러를 돌릴 수 없다. 즉 일은 쉽게 열로 변환하나, 열을 일을 바꾸는 것은 용이하지 않음을 알 수 있다.

다른 하나의 예를 들면, 마찰이 생기면 반드시 열이 발생하게 되는데 이것은 쉽게 일이 열로 변환됨을 알 수 있다. 그러나 열을 일로 변환하는 것은 그렇게 간단하지 않다. 물로 수차를 돌리기 위해서는 물이 높은 곳에서 낮은 곳으로 흘러야 하는 것처럼, 열이 일로 변환되기 위해서는 고열원의 물체와 저열원의 물체가 있고, 그 사이에 열을 이동시키는 열기관이 있어야 열을 일로 변환시킬 수 있는 것이다.

자연현상에서는 흔히 볼 수 있는 바와 같이 열은 고온의 물체로부터 저온의 물체로 흐르고, 유체는 압력이 높은 곳에서 낮은 곳으로 흐르며, 물질은 고농도에서 저농도로 확산한다. 이러한 현상은 모두 비가역현상임을 쉽게 알 수 있다.

따라서 **열역학 제1법칙은 열과 일의 변환에 대한 방향성 없이 에너지의 양적인 면만 설명하고 있고 있지만, 실제 자연계의 모든 현상들은 열과 일의 변환에 대한 방향성이 있고 비가역성이 존재하기 때문에 이를 설명한 것이 열역학 제2법칙이다.**

이것을 수식으로 표현하면 열역학 제1법칙은 열과 일 사이에는 다음과 같은 일정한 관계가 성립한다고 정의하고 있다.

$$Q = W$$

하지만 위의 관계식만으로 에너지변환에 관련되어 발생하는 모든 문제를 해석하기에는 불충분하다. 이 법칙은 일을 열로 변환하는 것과 반대로 열을 일로 변환하는 것이 똑같은 정도로 가능하다는 것을 나타내기 때문이다. 즉, 식 (4.1)과 같이 변환의 방향에는 전혀 관계하지 않기 때문이다.

$$Q \leftrightarrows W \tag{4.1}$$

그러나 실제로는 상태변화에는 방향성과 비가역성이 존재하기 때문에 열역학 제2법칙에 의하여 그 조건을 부여해 주는 것이다.

일반적으로 과정을 비가역으로 만드는 인자들을 살펴보면 다음과 같다.

① 마찰(friction)

② 유한한 온도차를 통한 열전달

③ 자유팽창

④ 혼합(mixing)

⑤ 비탄성변형

⑥ 연소반응

⑦ 저항을 통한 전류

자연계에서 엄밀한 의미에서 마찰이나 전열을 수반하지 않는 과정은 없다. 다시 말해 가역과정은 존재할 수 없다. 따라서 가역과정은 이상과정(ideal process)이다. 하지만 다음과 같은 과정은 극한에 있어서 가역과정으로 보아도 무방하다고 할 수 있다.

① 움직일 수 있는 피스톤을 갖는 실린더에 가스를 넣고 압축과 팽창을 할 때,

그 압력을 p라 하면 피스톤에 $p+dp$가 되는 외부압력을 작용시키면 가스는 압축된다. 반대로 압력을 $p-dp$로 내린다면 가스는 팽창된다. 따라서 이와 같은 미소변화를 하게 하는 외부 압력의 변화에 의해서 그 과정은 역행시킬 수 있으므로, dp를 극한조건으로 간다면 가역과정으로 볼 수 있다.

② 온도가 같은 물체 사이의 전열과정에 있어서도 이러한 관계가 성립한다. 즉, 온도가 t인 물체 A와 온도가 $t-dt$인 물체 B를 접촉시키면 열은 A→B로 흐른다. 이 dt을 영(zero)에 접근시킨다면 온도의 무한소의 변화에 의해서 이 과정은 역행시킬 수 있다. 따라서 전열과정이 무한히 완만하게 이루어지는 극한의 경우 등온과정은 가역과정으로 볼 수 있다.

4.2 열역학 제2법칙

열역학 제2법칙은 다음과 같이 여러 가지 표현으로 설명된다.

(1) Clausius 표현

독일의 물리학자 클라우지우스(R.J.E. Clausius, 1822~1888)는 "열은 그 자신만으로는 저온의 물체로부터 고온의 물체로 이동될 수 없다"라고 하였다. 이 표현은 열의 이동 방향성을 제시한 것으로 열은 자연적으로 고온의 물체로부터 저온의 물체로 이동되며 그 과정은 비가역이다.

한 예를 들면, 냉장고의 경우 냉동실에서 냉동효과를 얻는 것은 저온으로부터 실외의 고온부로 열이 이동되기 때문이다. 이것은 열이 그 자신만에 의해서 이동된 것이 아니라 외부로부터 압축일에 상당하는 전기적인 에너지를 압축기로부터 받아서 저온의 영역으로부터 흡열하여 열을 고온영역으로 이동시킨 결과이다.

(2) Kelvin-Plank의 표현

영국의 물리학자 켈빈(L. kelvin, 1858~1907)과 독일의 물리학자 플랑크(M.K.E.L Plank, 1858~1947)는 "외부에 어떠한 영향을 남기지 않고 한 사이클 동안에 계가 열원으로부터 받은 열을 모두 일로 바꾸는 것은 불가능하다"는 표현으로 Thomson의 원리하고도 한다.

이 표현은 열은 고온의 물체로부터 저온의 물체로 이동될 때만이 그 열의 일부를 일로 변환시킬 수 있다. 다시 말하면 고온물체의 열을 계속하여 일로 바꾸려면 저온물체로 열을 버려야만 가능하다는 것이다. 따라서 열기관(heat engine)이 동작유체에 일을 시키려면 고열원으로부터 열을 흡수하여 그의 일부를 일로 변환시킨 다음 나머지 열은 저열원에 주어야만 되므로 효율이 100%인 열기관은 만들 수 없다는 것이다.

(3) Ostwald의 표현

위의 두 표현은 그 방법이 서로 다를 뿐 열역학 제 2법칙에 대한 설명이 같음을 알 수 있다. Clausius는 열 이동의 방향성을, Kelvin-Plank는 열에너지를 일에너지로 바꾸는 데에는 고온물체와 저온물체 사이에서 열에너지를 이동시켜야 한다는 것을 말하고 있다. 이 열역학 제2법칙은 경험적으로 옳음이 알려져 있는 법칙이다.

공급된 열에너지를 모두 일로 전환하는 가상적인 기관을 제2종 영구기관이라 한다. 앞서 열역학 제1법칙에 위배하는 기계를 제1종 영구기관이라고 하였다. 열역학 제2법칙은 이와 같은 제2종 영구기관이 불가능함을 나타내는 법칙이다.

제2종 영구기관은 "한 열원으로부터 에너지를 공급받아 열원의 열을 온도 강하 없이 혹은 어떤 다른 것에 변화를 남기지 않고 계속적으로 기계적인 일을 바꾸어 이용할 수 있는 기관"이다. 즉 열에너지를 일에너지로 전부 변환할 수 있는 열효율이 100%인 기관이다. 그러나 경험상 일을 하면 반드시 마찰이나 열전달 등에 의한 손실이 따르므로 이러한 기관은 존재할 수 없다.

따라서, Ostwald는 **"자연계에서 아무런 변화도 남기지 않고 어느 열원에서 열을 계속해서 일로 바꾸는 기관은 존재하지 않는다."** 라고 하였다. 즉 '제2종 영구기관을 만들기는 불가능하다.' 라고 하였다.

이처럼 열역학 제1법칙은 에너지가 양적으로 가역 관계를 나타내는 데 대하여, 열역학 제2법칙은 변환의 방향성을 나타낸다고도 할 수 있다. 또한 이 법칙은 단순히 열에너지를 일에너지로 바꿀 뿐만 아니라 엔트로피라는 양적 관계를 도입함으로써 자연현상이 이동하는 방향성을 나타내므로 널리 이용된다.

열역학 제2법칙은 엔트로피(entropy)의 증가의 법칙이라고도 표현한다. 여기서 **엔트로피란 우주 내 어떤 시스템에 존재하는 유용한 에너지가 무용한 형태로 바뀌는 정도를 재는 척도, 혹은 무질서의 척도, 혹은 무용한 에너지의 총량이라고 정의**한다. 이 엔트로피란 개념은 독일의 물리학자 루돌프 클라우지우스(Rudolf Clausius)가 이름 붙인 것으로, 더 이상 일로 전환될 수 없는 에너지의 양을 측정하는 수단이고 열역학 제 2법칙을 설명하는 중요한 상태량이기도 하다.

열역학 제2법칙인 엔트로피 증가의 법칙은 열역학에서 뿐만 아니라 자연계의 모든 현상에 대하여 설명할 수 있다. 엔트로피 증가의 법칙에 의하면 우주안의 모든 물질과 에너지는 한 방향으로만 변한다. 즉, 유용한 상태에서 무용한 상태로, 획득 가능한 상태에서 획득 불가능한 상태로, 질서 있는 상태에서 무질서한 상태로 변한다는 것이다. 결국 에너지로 일을 할 때마다 일한 만큼 다시 쓸 수 없는 쓰레기를 만들어내는 것이다. 따라서 엔트로피는 쓸모없는 무용한 에너지 상태로 혼돈과 무질서를 향하여 한 방향으로만 변화해 가며, 엔트로피인 무용한 에너지의 총량은 극대점을 향해 움직이는 경향이 있다고도 할 수 있다.

4.3 사이클, 열효율 및 성능계수

4.3.1 사이클(Cycle)

일반적으로 동작유체가 어떤 상태에서 출발하여 연속적으로 여러 가지 상태변화를 한 후 다시 처음의 상태로 되돌아 올 때 이 동작유체는 **사이클(cycle)**을 이루었다고 하며, 이것을 $p-V$선도상에 나타내면 그림 4.1과 같은 폐곡선이 된다. 실제 기계에 적용된 예는 열기관, 냉동기, 공기압축기 등과 같은 기계에서는 동작물질(working substance)이 반복하면서 이와 같은 상태변화를 거쳐서 동력을 발생하거나 또는 동력을 소비하여 냉동이나 압축의 작업을 하고 있다.

① 동작유체(working fluid) : 에너지를 전달하는 매체

② 가역사이클(reversible cycle) : 사이클을 구성하고 있는 모든 변화가 가역변화일 때의 사이클

③ 비가역사이클(irreversible cycle) : 사이클을 구성하고 있는 모든 변화가 비가역변화일 때의 사이클

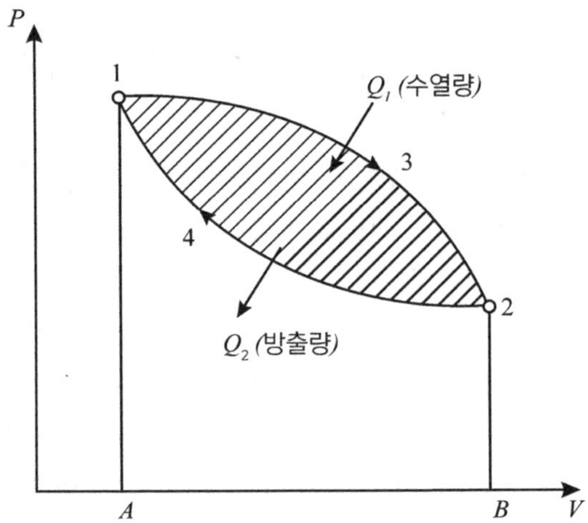

그림 4.1 사이클

그림 4.1에서 보는 바와 같이 동작유체는 상태1에서 출발하여 1-3-2-4-1과 같은 한 사이클을 구성한다. 여기서 1-3-2는 팽창과정을 나타내며 외부로부터 Q_1의 열량의 공급받아서 W_1의 일을 한다. 2-4-1은 동작유체의 압축과정을 나타내며 외부로부터 W_2의 일을 공급받아서 압축시키고 열량 Q_2를 방출하여 한 사이클을 완성한다.

사이클을 이루는 동안 일과 열량과의 관계는 다음과 같다. 앞서 그림 2.2에서와 같이 일반적으로 수열량(+)부호, 방열량 (-), 팽창일(+) , 압축일(-) 부호를 사용한다.

W_1 = 면적 1-3-2-B-A-1 (동작유체가 1→3→2동안에 하는 일, 팽창과정)

W_2 = - 면적 2-4-1-A-B-2 (동작유체가 2→4→1동안에 받는 일, 압축과정)

① 한 사이클 동안 동작유체가 한 일(W)

$$W = W_1 - W_2$$
$$= \text{면적 } 1\text{-}3\text{-}2\text{-}4\text{-}1$$
$$= \oint p\,dV$$

여기서 $\oint p\,dV$는 사이클 전체에 대한 적분을 나타내고 폐곡선 1-3-2-4-1은 이 사이클 동안에 한 일이 된다.

② 한 사이클 동안에 에너지 일반식은 다음과 같다.

$$\oint dQ = \oint dU + \oint dW = \oint dU + W \tag{4.2}$$

내부에너지 $\oint dU$은 점함수이자 상태량이기 때문에 $\oint dU = 0$이기 때문에

$$\oint dQ = W \tag{4.3}$$

여기서 $\oint dQ$은 1사이클 동안에 수열량(Q_1)과 방열량(Q_2)의 차이이므로

$$\oint dQ = Q_1 - Q_2$$

식 (4.3)에 의하여 다음의 식이 성립한다.

$$W = Q_1 - Q_2 \tag{4.4}$$

따라서 한 사이클 동안에 행한 일(W)은 $p-V$선도에서 밀폐곡선으로 둘러싸인 면적이 되며, 한 사이클 동안 수열량과 방열량의 차이와 같은 값이 된다.

4.3.2 열기관과 열효율

(1) 열기관(heat engine)

① **열기관** : 열을 일로 변환시키는 원동기를 말한다. 대표적으로 내연기관, 터빈 등을 들 수 있다.

② **열기관 사이클** : 그림 4.1과 같은 $p-V$선도에서 작동유체가 1사이클을 하는 동안 고열원에서 열량 Q_1을 공급받아 저열원으로 Q_2를 방출하고 그 차이인 Q_1-Q_2인 열을 기계적인 일W 로 전환하는 사이클을 열기관 사이클(heat engine cycle)이라고 한다.

(2) 열기관의 열효율(thermal efficiency ; η)

열효율(thermal efficiency ; η)이란 사이클에 공급된 열량에 대한 발생한 유효일의 비율을 말한다.

$$\eta = \frac{W}{Q_1} = \frac{Q_1 - Q_2}{Q_1} = 1 - \frac{Q_2}{Q_1} \tag{4.5}$$

여기서

Q_1 ; 공급열량 혹은 고열원

Q_2 ; 방출열량 혹은 저열원

W ; 발생한 유효일

따라서 열기관 공급열량 Q_1이 작을수록, W가 클수록 효율성이 커지고 경제적인 시스템이 된다.

4.3.3 성적계수 혹은 작동계수

냉동기나 열펌프는 열기관 사이클의 역행 사이클을 이룬다. 그림 4.2에서와 같이 외부로부터 일W를 공급받아 저열원에서 열량Q_2를 흡수하여 이들의 합인 열량Q_1을 고열원에 방출한다. 이러한 사이클을 **냉동사이클**(refrigeration cycle)이라고 한다.

냉동기와 열펌프는 같은 장치이며 다만 사용 목적에 따라 구분된다. 저열원의 온도를 낮추는 것이 목적일 때는 냉동기(refrigerator)라 하고, 고열원에 열을 공급하여 고열원의 온도를 높이는 목적으로 사용될 때는 열펌프(heat pump)한다. 또한 냉동기에서의 동작유체를 **냉매**(refrigerator)하고 한다.

냉동기나 열펌프는 일 W가 작을수록 경제적이므로 그 성능을 나타내기 위하여 정의되는 **성적계수**(coefficient of performance: ϵ또는 COP) 혹은 **성능계수**를 사용한다. 냉동기의 성적계수를 ϵ_R, 열펌프의 성적계수를 ϵ_H 로 표시한다.

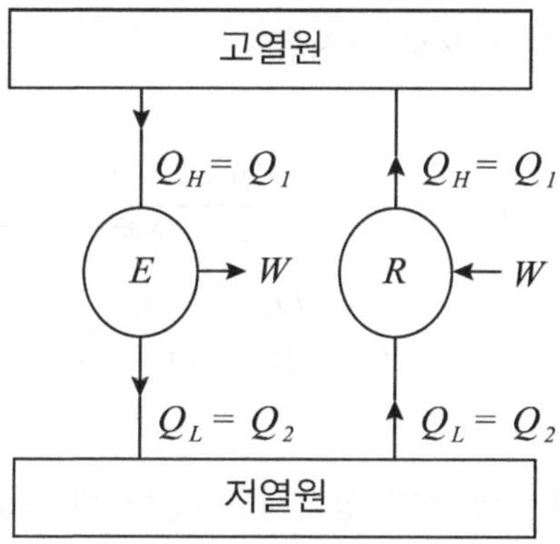

그림 4.2 열기관과 냉동기의 원리

(1) 냉동기(refrigerator)의 성적계수 : ϵ_R

우리가 흔히 사용하고 있는 냉장고, 에어컨, 제빙기 등을 들 수 있다. 상온의 물이나 공기 등을 고열원으로 하고 상온보다 저온인 냉장고, 제빙기 등을 저열원으로 취해서 여기서 Q_2를 흡수하도록 하므로 이 두 에너지의 비를 냉동기의 성적계수(ϵ_R)라고 한다.

냉동기에서는 저온부에서 열량Q_2를 흡수하여 냉동효과를 얻는 것이 목적이므로 공급되는 일W는 $W = Q_1 - Q_2$로 표시된다. 따라서 냉동기에서는 흡열량Q_2가 큰 것이 바람직하다. 따라서 냉동기의 성능은 흡수열량 Q_2와 계에 가해진 일 W와의 비이다.

$$\text{냉동기의 성적계수} = \frac{\text{저열원으로부터 흡수하는 열량}}{\text{외부로부터 공급받은 일량}}$$

$$\therefore \quad \epsilon_R = \frac{Q_2}{W} = \frac{Q_2}{Q_1 - Q_2} \tag{4.6}$$

(2) 열펌프(heat pump)의 성적계수 : ϵ_H

열펌프는 상온의 물이나 공기 등을 저열원으로 하고, 여기서 열량 Q_2를 흡수하여 상온보다 고온인 고열원에 열량 Q_1를 주어서 난방과 같은 목적에 이용할 때 그 성적계수는 식 (4.7)과 같다. 열펌프에서 이용할 수 있는 열은 $Q_1 = Q_2 + W$이며, 이것은 저온의 물체로부터 흡수한 열량과 외부로부터 공급되는 일의 합에 상당한다. 따라서 열펌프의 성적계수는 다음의 식으로 표시된다.

$$\text{열펌프의 성적계수} = \frac{\text{고열원으로 방출되는 열량}}{\text{외부로부터 공급받은 일량}}$$

$$\therefore \quad \epsilon_H = \frac{Q_1}{W} = \frac{Q_1}{Q_1 - Q_2} \tag{4.7}$$

냉동기의 성적계수 ϵ_R와 열펌프의 성적계수 ϵ_H를 비교해 보면 다음과 같다.

$$\epsilon_H = \epsilon_R + 1 \tag{4.8}$$

즉, 열펌프의 성적계수는 냉동기의 성적계수보다 항상 1만큼 크다는 것을 알 수 있다. 이것은 압축기를 구동하는데 가해진 일량이 열로 전환되어 방출되기 때문이다.

또한, 식 (4.5)와 식 (4.7)에서와 같이 열기관의 열효율과 열펌프의 성적계수는 서로 역수관계임을 알 수 있다.

예제 4.1

어떤 화력발전소가 70,000 KW의 전력을 생산한다. 이 때 이 발전소의 석탄소모량이 시간당 30 ton이라면 이 발전소의 열효율은 얼마인가? (단, 이 석탄의 발열량은 28000 kJ/kg이라 한다.

풀이

$\eta = \dfrac{W}{Q_1}$에서

$Q_1 = 30 \times 1000$ kg/h$\times 28000$ kJ/kg$= 840000000$ kJ/h$= 233333.33$ kJ/s

$$\therefore \eta = \frac{W}{Q_1} = \frac{70000}{233333.33} = 0.3 = 30\%$$

예제 4.2

어느 냉동기가 1 ps의 동력을 소모하여 시간당 13395 kJ의 열을 저열원에서 제거한다면 이 냉동기의 성능계수는 얼마인가?

풀이

냉동기의 성적계수 $\epsilon_R = \dfrac{Q_2}{W}$에서

W =1 ps=75 kgf·m/s= 735 J/s

Q_2 =13395 kJ/h=3720.83 J/s

$$\therefore \epsilon_R = \frac{Q_2}{W} = \frac{3720.83}{735} = 5.06$$

4.4 카르노(Carnot) 사이클

프랑스의 물리학자 카르노(Carnot, 1795~1832)가 1824년에 고안한 것으로 이론적으로 열효율이 가장 높은 이상적인 가역 사이클이다. 이 사이클은 그림 4.3가 같이 2개의 등온변화와 2개의 단열변화로 구성되어 있고, 모든 형식의 열기관에 대한 열효율의 기준을 정하였다. 역 카르노 사이클은 냉동기나 열펌프의 이상적인 사이클이다.

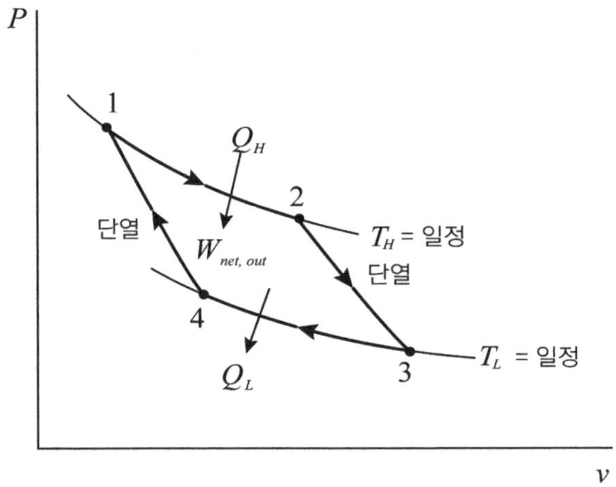

그림 4.3 카르노 사이클

4.4.1 카르노 사이클의 구성

그림 4.3에서 같이 가역 카르노 사이클의 $p-V$ 선도를 나타낸다. 이 사이클은 2개의 등온변화와 2개의 단열변화로 구성된다. 고열원의 온도를 T_I, 저열원의 온도 T_{II}라고 하고 그림과 같이 등온팽창 → 단열팽창 → 등온압축 → 단열압축의 행정을 가역적으로 시키면서 외부에 일을 하게 하는 사이클이다.

① 과정 1-2 : 등온팽창

온도가 T_I인 고열원에 접촉시켜 수열에 의하여 과정 1-2와 같이 동작유체를 등온팽창 시킨다. 이때 동작유체가 받아들인 수열량은 Q_1이다.

② 과정 2-3 : 단열팽창

상태 2에서는 열원과 동작유체 사이에 열 절연을 시키고 동작유체를 고열원의 온도 T_I에서 저열원의 온도 T_{II}까지 실린더 내에서 과정 2-3과 같이 단열팽창 시킨다. 이때 동작유체는 내부에너지의 소비에 의하여 일 W를 행한다.

③ 과정 3-4 : 등온압축

온도가 T_{II}인 저열원에 과정 3-4와 같이 방열에 의하여 등온압축 시킨다. 이때 동작유체가 버린 방열량은 Q_2이다.

④ 과정 4-1 : 단열압축

상태 4에서 과정 4-1 동작유체를 단열압축 시키면 동작유체는 외부로부터 일을 받아들여 내부에너지가 증가되므로 온도가 상승한다. 이때 압축 끝의 온도를 T_I이 되게 하여 처음의 상태와 같게 하면 한 사이클이 완성된다.

4.4.2 카르노 사이클의 열효율

그림 4.3에서 면적 1-2-3-4는 동작유체가 행한 한 사이클 동안의 일의 크기를 나타내므로 이것을 W라 하면 다음과 같다

$$W = Q_1 - Q_2$$

특히 수열량Q_1과 방열량Q_2은 등온변화이므로 식 (3.41)에 의해서

$$Q_1 = mRT_1 \ln \frac{V_2}{V_1}$$

$$-Q_2 = mRT_2 \ln \frac{V_4}{V_3} \quad \text{(방열량이므로 부호는 -)} \quad \therefore \; Q_2 = mRT_2 \ln \frac{V_3}{V_4}$$

카르노 사이클의 열효율 η_c은

$$\eta_c = \frac{W}{Q_1} = \frac{Q_1 - Q_2}{Q_1} = 1 - \frac{Q_2}{Q_1} = 1 - \frac{mRT_2 \ln \frac{V_3}{V_4}}{mRT_1 \ln \frac{V_2}{V_1}} \tag{4.9}$$

다음에는 이상기체를 작동하는 카르노사이클을 고려한다면 다음과 같이 정리할 수 있다.

단열팽창과정(2→3)에서 T 와 V관계

$$TV^{k-1} = C, \quad T_2 V_2^{k-1} = T_3 V_3^{k-1}$$

$$\therefore \; \frac{T_2}{T_3} = \left(\frac{V_3}{V_2}\right)^{k-1} = \frac{T_I}{T_{II}} \tag{4.10}$$

단열압축과정(4→1)에서 T 와 V 관계에서

$$TV^{k-1} = C, \quad T_4 V_4^{k-1} = T_1 V_1^{k-1}$$

$$\therefore \; \frac{T_1}{T_4} = \left(\frac{V_4}{V_1}\right)^{k-1} = \frac{T_I}{T_{II}} \tag{4.11}$$

위의 식을 정리하면

$$\frac{T_I}{T_{II}} = (\frac{V_3}{V_2})^{k-1} = (\frac{V_4}{V_1})^{k-1}, \quad \frac{V_3}{V_2} = \frac{V_4}{V_1}$$

$$\therefore \frac{V_2}{V_1} = \frac{V_3}{V_4} \tag{4.12}$$

식 (4.12)을 식 (4.9)에 대입하여 정리하면

$$\eta_c = \frac{W}{Q_1} = \frac{Q_1 - Q_2}{Q_1} = 1 - \frac{Q_2}{Q_1} = 1 - \frac{T_{II}}{T_I} \tag{4.13}$$

카르노 사이클의 열효율은 위의 식에서 알 수 있듯이 동작유체의 종류 및 압력이나 체적과는 무관하고 단지 고열원과 저열원의 온도에 의해서만 결정된다는 것을 알 수 있다.

예제 4.3

고열원 400℃와 저열원 30℃ 사이에 작동하는 카르노 사이클의 열효율은 몇 % 인가?

풀이

$$\eta_c = 1 - \frac{T_2}{T_1} = 1 - \frac{30 + 273.15}{400 + 273.15} = 54.96\%$$

예제 4.4

Carnot 사이클로 작동되는 열기관에 있어서 사이클마다 3.84 kJ의 일을 얻기 위해서는 사이클마다 공급열량이 9.5 kJ, 저열원의 온도가 30℃이면 고열원의 온도는 몇 도가 되어야 하는가?

풀이

Carnot 사이클 열효율 $\eta_c = \frac{W}{Q_1} = \frac{Q_1 - Q_2}{Q_1} = 1 - \frac{Q_2}{Q_1} = 1 - \frac{T_2}{T_1}$

$$\eta_c = \frac{W}{Q_1} = \frac{3.84}{9.5} = 0.40$$

$$0.40 = 1 - \frac{(30 + 273.15)}{T_1}$$

$$\therefore\ T_1 = 505.25\,\text{K} = 232.1\,℃$$

예제 4.5

온도가 300℃인 물체의 열용량이 6109 kJ/℃이다. 이 물체와 20℃인 대기온도 사이에서 가역 카르노 사이클 기관을 운전하면 물체의 온도가 주위의 온도 20℃와 같아질 때까지 몇 kWh의 일을 얻을 수 있겠는가?

풀이

Carnot 사이클 열효율 $\eta_c = \frac{W}{Q_1} = \frac{Q_1 - Q_2}{Q_1} = 1 - \frac{Q_2}{Q_1} = 1 - \frac{T_2}{T_1}$ 에서

$$\eta_c = 1 - \frac{T_2}{T_1} = 1 - \frac{20 + 273.15}{300 + 273.15} = 0.488$$

$0.488 = \frac{W}{Q_1}$, 여기서 Q_1 =300℃×6109 kJ/℃= 1832700 kJ=509.08 kWh

$$0.488 = \frac{W}{509.08}$$

$$\therefore\ W = 248.43\ \text{kWh}$$

4.4.3 역 카르노 사이클(reverse carnot cycle)

역 카르노 사이클은 카르노 사이클의 역과정을 가역적으로 이루는 사이클로서 이것은 **카르노 냉동사이클**이 된다. 냉동기나 열펌프의 이상적인 사이클이다.

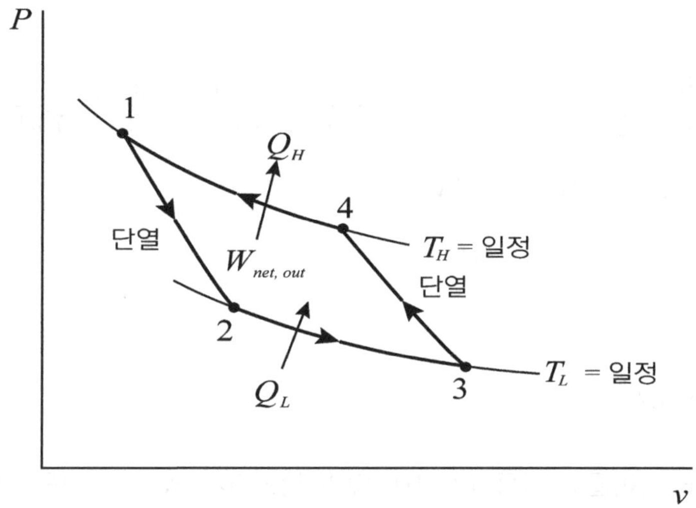

그림 4.4 역 카르노 사이클

따라서 역 카르노 사이클로 작동하는 냉동기 및 열펌프의 성적계수는 다음과 같다.

$$\epsilon_R = \frac{Q_2}{W} = \frac{Q_2}{Q_1 - Q_2} = \frac{T_{II}}{T_I - T_{II}} \tag{4.14}$$

$$\epsilon_H = \frac{Q_1}{W} = \frac{Q_1}{Q_1 - Q_2} = \frac{T_I}{T_I - T_{II}} \tag{4.15}$$

예제 4.6

냉동기가 -10℃에서 20 kW의 열을 흡수하여 25℃의 공기 중에 방열한다. 성적계수와 압축기의 동력은 얼마인가?

풀이

$$\epsilon_R = \frac{Q_2}{W} = \frac{Q_2}{Q_1 - Q_2} = \frac{T_2}{T_1 - T_2} = \frac{(-10+273.15)}{(25+273.15)-(-10+273.15)} = 7.518$$

$$7.518 = \frac{20}{W} \quad \therefore W = 2.66 \text{ kW}$$

예제 4.7

역카르노 사이클로 작동되는 10 kW의 냉동기가 있다. 저열원에서 -10℃이고 고열원이 30℃일 때 저열원에서 흡입열량, 고열원으로 방출열량, 성적계수를 구하라

풀이

$$\epsilon_R = \frac{Q_2}{W} = \frac{Q_2}{Q_1 - Q_2} = \frac{T_2}{T_1 - T_2} = \frac{-10+273.15}{(30+273.15)-(-10+273.15)} = 6.578$$

$$\epsilon_R = \frac{Q_2}{W}, \quad 6.578 = \frac{Q_2}{10} \qquad \therefore Q_2 = 65.78 \text{ kW}$$

$$W = Q_1 - Q_2, \quad 10 = Q_1 - 65.78 \qquad \therefore Q_1 = 75.78 \text{ kW}$$

예제 4.8

온도가 각각 -20℃와 25℃인 두열원 사이에서 역 카르노사이클로 작동하는 냉동기와 열펌프의 성능계수를 구하라

풀이

$$\epsilon_R = \frac{Q_2}{W} = \frac{Q_2}{Q_1 - Q_2} = \frac{T_2}{T_1 - T_2} = \frac{-20 + 273.15}{(25 + 273.15) - (-20 + 273.15)} = 5.63$$

$$\epsilon_H = \frac{Q_1}{W} = \frac{Q_1}{Q_1 - Q_2} = \frac{T_1}{T_1 - T_2} = \frac{25 + 273.15}{(25 + 273.15) - (-20 + 273.15)} = 6.63$$

4.5 Clausius의 부등식

열역학 제2법칙은 여러 가지 열기관과 기계장치의 성능을 평가하는데 적용될 뿐만 아니라 상태 변화 과정 동안 변화의 방향을 예측하는 데 이용된다. 열역학 제2법칙은 과정의 변화에 대한 방향을 나타내는데 사용되기 때문에 열역학 제2법칙에 대한 수학적 표현을 다음의 부등식으로 표시할 수 있다.

$$\oint \frac{dQ}{T} \le 0 \tag{4.16}$$

여기서 $\oint \frac{dQ}{T} < 0$ 은 비가역사이클에, $\oint \frac{dQ}{T} = 0$ 가역사이클에 성립한다.

4.5.1 가역사이클에 대한 Clausius의 적분

가역사이클의 대표적인 사이클인 카르노사이클의 열효율은

$$\eta_c = 1 - \frac{Q_2}{Q_1} = 1 - \frac{T_2}{T_1}$$

이므로

$$\frac{Q_2}{Q_1} = \frac{T_2}{T_1}, \quad \therefore \quad \frac{Q_1}{T_1} = \frac{Q_2}{T_2} \tag{4.17}$$

식 (4.17)을 좌변으로 이항하면

$$\frac{Q_1}{T_1} - \frac{Q_2}{T_2} = 0 \tag{4.18}$$

그림 4.5에서와 같은 폐곡선으로 표시되는 가역사이클 R를 다수의 단열선과 다수의 등온선으로 분할하여 그림과 같이 R를 미소한 카르노 사이클이 집합한 것으로 생각한다. 개개의 미소한 카르노 사이클에 대해서도 식 (4.18)이 성립하므로 전체 사이클에 대한 총합은 0이 된다.

$$\sum\left(\frac{\Delta Q_1}{T_1} + \frac{\Delta Q_2}{T_2}\right) = 0 \quad \therefore \quad \sum\frac{\Delta Q}{T} = 0 \tag{4.19}$$

수열량 ΔQ_1과 방열량 ΔQ_2에서는 수열인 경우 (+), 방열인 경우(-)부호를 사용하여 구별하였지만, 여기서는 대수적으로 ΔQ자체에 (+), (-)부호를 포함하는 것으로 생각하기 때문에 식 (4.19)과 같이 표시한다.

식 (4.19)의 $\frac{\Delta Q}{T}$은 사이클 전체에 대하여 적분한 것이기 때문에 전체 사이클에 취한 적분을 $\oint$의 기호로 표시하고, 열원의 수가 무한대라면 출입하는 교환 열량은 dQ로 나타내어 다음과 같이 표시할 수 있다.

$$\oint \frac{dQ}{T} = 0 \tag{4.20}$$

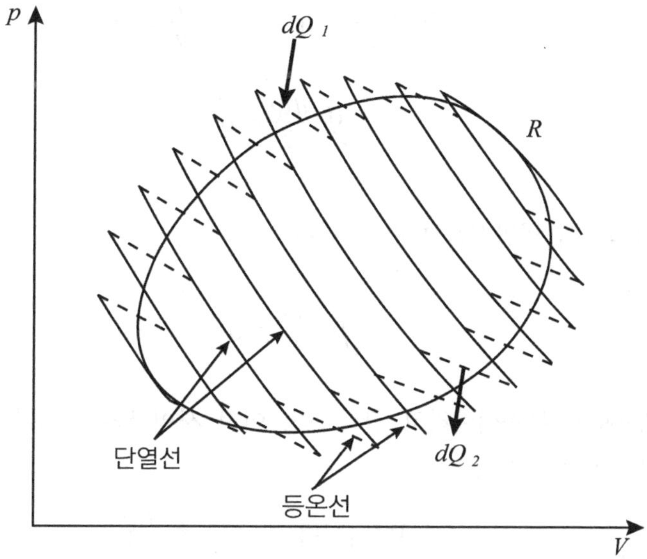

그림 4.5 가역 사이클의 적분

이 적분을 **Clausius 적분**이라고 하며, 임의의 가역사이클에서 그의 경로를 따라 일주한 Clausius 적분의 값은 항상 0이 됨을 의미한다.

4.5.2 비가역사이클에 대한 Clausius의 적분

비가역 사이클의 경우에는 마찰 등에 의한 열손실로 방열량이 가역사이클의 방열량보다 더 크므로 그 폐적분의 값은 항상 0보다 작다.

따라서, 가역 사이클 열효율 η_R과 비가역 사이클의 열효율 η_I라 하면 $\eta_R > \eta_I$가 되므로 Clausius 적분은 다음과 같이 된다.

$$\frac{Q_1}{T_1} - \frac{Q_2}{T_2} < 0$$

$$\sum\left(\frac{\Delta Q_1}{T_1} + \frac{\Delta Q_2}{T_2}\right) < 0,$$

$$\sum \frac{\Delta Q}{T} < 0, \quad \therefore \ \frac{dQ}{T} < 0$$

$$\oint \frac{dQ}{T} < 0 \tag{4.21}$$

Clausius 폐적분의 일반식을 다음과 같다.

$$\oint \frac{dQ}{T} \leq 0$$

이 식을 Clausius **부등식**이라고 한다. 즉, 어떤 사이클의 폐적분 값이 가역이면 0이고, 비가역이며 0보다 작다.

가역사이클 : $\oint \frac{dQ}{T} = 0$

비가역사이클 : $\oint \frac{dQ}{T} < 0$

4.6 엔트로피 (Entropy)

엔트로피는 1865년 Clausius에 의하여 명명하게 되었으며 질량의존성 상태량이다. 열역학 제2법칙에서 자연현상에는 비가역성이 존재하며 이러한 사실을 나타내기 위한 물리량이 **엔트로피**이고 열역학에서 중요한 상태량이다.

엔트로피는 어떤 계에 출입하는 열의 이용가치를 무효에너지의 관점에서 본 것으로 가상적인 상태량이기도 하다. 이것은 에너지도 아니고 온도와 같이 감각적으로도 알 수 없는 물리상의 상태량이다. 어느 물체에 열을 가하면 엔트로피는 증가하고, 냉각하면 감소하는 상상적인 상태량이라고 할 수 있다.

엔트로피는 가역과정에서와 비가역과정에서 나누어 설명하고자 한다.

4.6.1 가역과정에서의 엔트로피

그림 4.6에서 나타낸 가역사이클 1→a→2→b→1에서 1→a→2의 경로와 2→b→1의 경로로 나누어서 클라우지우스의 적분을 적용하면

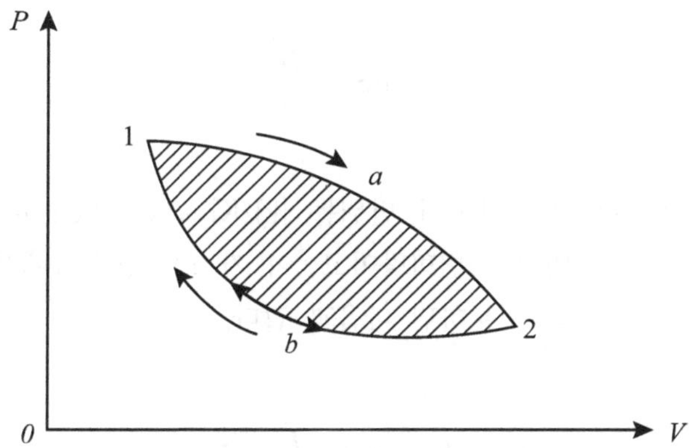

그림 4.6 가역 사이클

$$\int \frac{dQ}{T} = \int_{1a}^{2} \frac{dQ}{T} + \int_{2b}^{1} \frac{dQ}{T} = 0 \quad \text{--------------------} \quad ①$$

이 사이클은 가역사이클이므로 2→b→1의 역경로도 성립한다. 즉,

$$\int_{2b}^{1} \frac{dQ}{T} = -\int_{1b}^{2} \frac{dQ}{T} \quad \text{--------------------} \quad ②$$

②식을 ①식에 대입하여 정리하면

$$\int_{1a}^{2} \frac{dQ}{T} - \int_{1b}^{2} \frac{dQ}{T} = 0 \quad \therefore \int_{1a}^{2} \frac{dQ}{T} = \int_{1b}^{2} \frac{dQ}{T} = \text{일정(constant)} \quad \text{------} \quad ③$$

윗 식으로부터 변화가 가역이면 $\int_1^2 \frac{dQ}{T}$는 경로 1→a→2를 거치거나 1→b→2를 거쳐도 동일한 값을 가지므로, 도중의 경로에는 관계없이 상태 1에서 상태 2에 의해서만 결정되는 하나의 상태량이고 점함수이다. 이 새로운 상태량을 Clausius는 다음과 같은 식으로 표시하고 엔트로피라고 정의하였다.

$$dS = \frac{dQ}{T} \tag{4.22}$$

엔트로피는 질량의존성 상태량이며 단위는 [kJ/K] 혹은 [kcal/K]이다. 위의 식에서 dS는 그 가스의 엔트로피의 미소변화량이고, 이 가스가 상태 1에서 상태 2까지 가역적으로 변화할 때 위의 식을 적분하면 다음과 같다.

$$\Delta S = S_2 - S_1 = \int_1^2 \frac{dQ}{T} \tag{4.23}$$

여기서 S_1 : 상태1에서 가스의 엔트로피

S_2 : 상태2에서 가스의 엔트로피

dQ : 수열량 또는 방열량

T : 가스의 절대온도

엔트로피를 이용해서 가역변화를 할 때에 물체에 주어지는 열량은 다음과 같다.

$$dQ = TdS \tag{4.24}$$

식 (4.23)에서 알 수 있듯이 엔트로피의 절대량은 불분명하며 항상 어떤 표준값으로부터 증가량을 갖는 것이 엔트로피이다. 엔트로피는 다음의 식으로도 표현한다.

$$\Delta S = \frac{\Delta Q}{T} \tag{4.25}$$

단위 중량(1kg)에 대한 엔트로피는 **비엔트로피**(specific entropy)라 하고 s로 표시한다.

$$ds = \frac{dq}{T} \tag{4.26}$$

비엔트로피의 단위는 [kJ/kg K] 혹은 [kcal/kg K]이다.

4.6.2 비가역과정에서의 엔트로피

그림 4.6에서 1→a→2의 경로를 비가역변화로 하고, 2→b→1을 가역변화로 한다면 전체사이클 1→a→2→b→1는 비가역 사이클이 된다.

따라서 이런 경우의 Clausius의 적분식은

$$\oint \frac{dQ}{T} < 0 \text{에서} \qquad \int_{1a}^{2} \frac{dQ}{T} + \int_{2b}^{1} \frac{dQ}{T} < 0$$

여기서 2→b→1은 가역변화이므로 식 (4.23)을 이용하면

$$\int_{2b}^{1} \frac{dQ}{T} = -\int_{1b}^{2} \frac{dQ}{T} = -(S_2 - S_1)$$

따라서

$$\int_{1a}^{2} \frac{dQ}{T} < (S_2 - S_1) \tag{4.27}$$

이것은 상태 1에서 상태 2로 비가역변화를 한 경우 그 엔트로피의 변화($S_2 - S_1$)은 $\frac{dQ}{T}$의 적분값 보다 크게 나타난다.

점 1과 점 2를 극히 접근시키면 미소변화에 대한 다음의 식이 성립되고, 이 식을 **비가역변화에 대한 엔트로피 일반식**이라고 한다.

$$dS > \frac{dQ}{T} \quad \text{또는} \quad dQ < TdS \tag{4.28}$$

$$\text{가역과정에서의 엔트로피} \quad : dS = \frac{dQ}{T}$$

$$\text{비가역과정에서의 엔트로피} \quad : dS > \frac{dQ}{T}$$

어떤 과정이 가역 단열변화이면 $dQ = 0$이므로 $dS = 0$이 되어 엔트로피가 변하지 않는다. 즉, 등엔트로피 과정이 된다. 그러나 비가역 단열변화이면 $dS > 0$이 되므로 엔트로피는 반드시 증가한다. 엔트로피의 증가는 변화의 비가역성을 나타내게 된다.

자연계에서 일어나는 변화는 모두가 마찰이나 전열 등에 의한 비가역변화를 수반한다. 따라서 Clausius는 **"자연 현상의 모든 변화에는 그것을 구성하는 물질의 엔트로피의 총합이 항상 증가하는 방향으로만 진행한다."**라고 하였다. 이것은 **엔트로피 증가의 법칙**, 혹은 열역학 제 2법칙의 또 다른 표현이다.

예제 4.9

물 10 kg을 0℃에서 100℃까지 가열하면 물의 엔트로피 증가는 얼마인가? (단, 물의 비열은 4.18 kJ/kgK로 둔다.)

풀이

$$ds = \frac{dQ}{T}\text{에서} \int ds = \int \frac{dQ}{T} = \int \frac{mCdT}{T}$$

$$\therefore \Delta s = mC\ln\left(\frac{T_2}{T_1}\right) = 10 \times 4.18 \times \ln\left(\frac{373.15}{273.15}\right) = 13.04 \text{ kJ/K}$$

예제 4.10

250℃의 증기가 1800 kJ의 열을 받으면서 가역 등온적으로 팽창한다. 이때 엔트로피 변화는 얼마인가?

풀이

$$\Delta S = \frac{Q}{T} = \frac{1800}{250 + 273.15} = 3.44 \text{ kJ/K}$$

예제 4.11

30 kWh의 모터를 2시간 동안 제동하였더니 그 마찰열이 $t = 25$℃의 주위에 전달하였다. 엔트로피의 증가는 몇 kJ/K인가?

풀이

$$\Delta S = \frac{Q}{T} = \frac{30 \times 2 \times 3600}{25 + 273.15} = 724.47 \text{ kJ/K}$$

4.7 완전가스의 엔트로피 식

엔트로피는 앞서 설명한 바와 같이 변화의 경로에는 관계없이 결정되는 점함수이다. 따라서 압력, 온도, 비체적, 내부에너지 등과 같은 상태량으로 표시될 수 있으며, 엔트로피 변화량은 변화 전후의 상태만 결정되면 그 양을 계산할 수 있다.

완전가스의 엔트로피 변화량을 p, v, T의 함수로서 유도하면 다음과 같다.

4.7.1 엔트로피와 T, v의 관계

열역학 제 1기초식으로부터 완전가스의 엔트로피식를 유도하면 다음과 같다.

$$dq = du + pdv, \quad du = C_v dT \quad \text{이므로}$$
$$\therefore \ dq = C_v dT + pdv$$

엔트로피의 정의로부터

$$ds = \frac{dq}{T} = \frac{1}{T}(C_v dT + pdv) = C_v \frac{dT}{T} + \frac{p}{T}dv$$

여기서 이상기체 상태방정식 $pv = RT$ 에서 $\frac{p}{T} = \frac{R}{v}$ 이므로

$$ds = C_v \frac{dT}{T} + R\frac{dv}{v}$$

이를 상태 1에서 상태 2까지 적분하면

$$\Delta s = s_2 - s_1 = C_v \ln\left(\frac{T_2}{T_1}\right) + R\ln\left(\frac{v_2}{v_1}\right) \tag{4.29}$$

질량 m kg에 대해서는

$$\Delta s = s_2 - s_1 = mC_v \ln\left(\frac{T_2}{T_1}\right) + mR\ln\left(\frac{v_2}{v_1}\right) \tag{4.30}$$

4.7.2 엔트로피와 T, p의 관계

열역학 제 1기초식으로부터 완전가스의 엔트로피식를 유도하면 다음과 같다.

$$dq = dh - vdp,\ dh = C_p dT \text{ 이므로}$$

$$\therefore\ dq = C_p dT - vdp$$

엔트로피의 정의로부터

$$ds = \frac{dq}{T} = \frac{1}{T}(C_p dT - vdp) = C_p \frac{dT}{T} - \frac{v}{T}dp$$

여기서 이상기체 상태방정식 $pv = RT$ 에서 $\frac{v}{T} = \frac{R}{p}$ 이므로

$$ds = C_p \frac{dT}{T} - R\frac{dp}{p}$$

이를 상태 1에서 상태 2까지 적분하면

$$\Delta s = s_2 - s_1 = C_p \ln\left(\frac{T_2}{T_1}\right) - R\ln\left(\frac{p_2}{p_1}\right) \tag{4.31}$$

질량 m kg에 대해서는

$$\Delta s = s_2 - s_1 = mC_p \ln\left(\frac{T_2}{T_1}\right) - mR\ln\left(\frac{p_2}{p_1}\right) \tag{4.32}$$

4.7.3 엔트로피와 p, v의 관계

이상기체 상태방정식 $pv = RT$ 에서 $T = \frac{pv}{R}$,

$T_1 = \frac{p_1 v_1}{R}$, $T_2 = \frac{p_2 v_2}{R}$을 식 (4.29)에 대입하고 정리하면

$$\Delta s = s_2 - s_1 = C_v \ln\left(\frac{p_2 v_2}{p_1 v_1}\right) + R\ln\left(\frac{v_2}{v_1}\right)$$

$$= C_v \ln\frac{p_2}{p_1} + C_v \ln\frac{v_2}{v_1} + R\ln\frac{v_2}{v_1}$$

$$= C_v \ln\frac{p_2}{p_1} + (C_v + R)\ln\frac{v_2}{v_1}$$

$$= C_v \ln\frac{p_2}{p_1} + C_p \ln\frac{v_2}{v_1}$$

$$\therefore \quad \Delta s = s_2 - s_1 = C_v \ln\frac{p_2}{p_1} + C_p \ln\frac{v_2}{v_1} \tag{4.33}$$

질량 m kg에 대해서는

$$\Delta s = s_2 - s_1 = mC_v \ln\frac{p_2}{p_1} + mC_p \ln\frac{v_2}{v_1} \tag{4.34}$$

예제 4.12

1 kg의 공기가 600 kPa. 300℃의 상태로부터 180 kPa, 0.6 m^{3}의 상태로 변화되었다. 변화 후의 온도와 엔트로피 변화량을 구하라. 여기서 공기의 $R = 0.287$ kJ/kg K, $C_p = 1.0035$ kJ/kg K로 둔다.

풀이

변화후의 온도 $T_2 = \dfrac{p_2 v_2}{R} = \dfrac{180 \times 0.6}{0.287} = 376$ K

엔트로피 변화량 $\Delta s = s_2 - s_1 = mC_p \ln(\dfrac{T_2}{T_1}) - mR\ln(\dfrac{p_2}{p_1})$

$= 1.0035 \ \ln\dfrac{376}{300 + 273.15} - 0.287 \ln\dfrac{180}{600} = -0.077$ kJ/kg K

예제 4.13

공기1 kg이 표준대기압 하에서 27℃로부터 127℃까지 가열되는 동안에 체적이 0.62 m^{3}에서 0.73 m^{3}로 되었다. 이 과정 중에 엔트로피의 변화량을 구하라. 정적비열은 0.718 kJ/kg K이다.

풀이

온도와 비체적의 함수를 사용하면

$\Delta s = s_2 - s_1 = mC_v \ln(\dfrac{T_2}{T_1}) + mR\ln(\dfrac{v_2}{v_1})$

$= 0.718 \times \ln\dfrac{(127 + 273.15)}{(27 + 273.15)} + 0.287 \times \ln\dfrac{0.73}{0.62}$

$= 0.253$ kJ/kgK

4.8 엔트로피 선도

엔트로피는 앞서 설명한 바와 같이 상태량이며 이것을 독립변수로 하고 다른 상태량을 이 함수로 나타낼 수 있다. 온도 T를 세로축에, 엔트로피 S를 가로축에 잡은 선도를 $T-S$**선도**라 한다. 혹은 **엔트로피 선도, 열선도(heat diagram)**라고 표현하기도 한다.

$p-V$선도의 면적은 일을 표시하는 것과 마찬가지로 $T-S$선도의 면적은 계에 전달된 열량을 표시한다. 이 선도는 1874년 영국의 Belpair가 제창하였으며 열역학에서 $p-V$선도와 더불어 매우 중요한 선도이다.

그림 4.7과 같이 어느 동작 유체가 상태 1에서 상태 2까지 등온변화를 한 경우 $T-S$선도에서는 가로축에 평행한 수평선으로 표시되며, 엔트로피의 변화 S_2-S_1은 T가 일정하므로 식 (4.23)에 의해서

$$\Delta S = S_2 - S_1 = \int_1^2 \frac{dQ}{T} = \frac{1}{T}\int_1^2 dQ = \frac{{}_1Q_2}{T}$$

$$\therefore \quad {}_1Q_2 = T(S_2 - S_1) = \text{면적 } 12\,\text{ba} \tag{4.35}$$

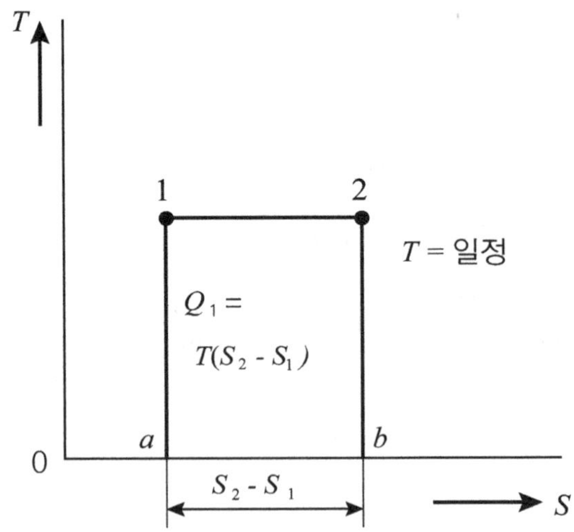

그림 4.7 등온변화와 열량과 $T-S$선도

위의 식에서처럼 이 등온변화 중에 들어온 열량 ${}_1Q_2$는 절대온도 T와 엔트로피의 변화 $S_2 - S_1$을 곱한 값이 되므로 $T-S$선도에서는 면적 12 ba로 표시된다.

그림 4.8과 같은 일반 상태변화의 경우에 대해서는 식 (4.22)에 의해서

$$dQ = TdS$$

상태 1에서 상태 2까지 출입한 열량은 이것을 적분하여 다음과 같이 된다.

$${}_1Q_2 = \int_1^2 TdS = \text{면적 } 12b'a' \tag{4.36}$$

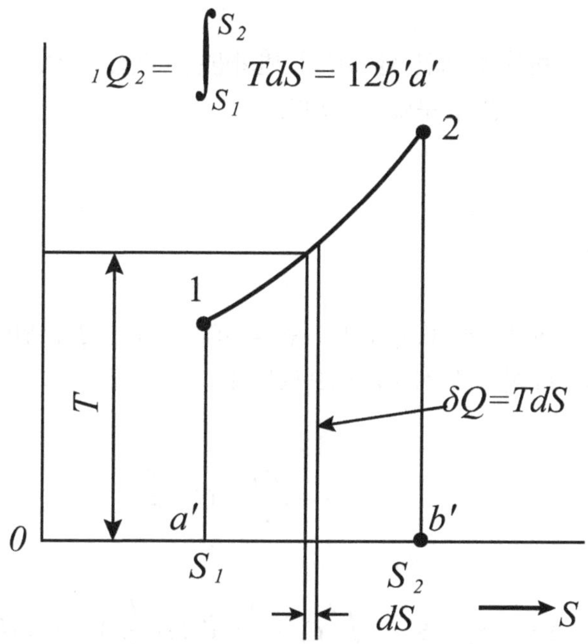

그림 4.8 일반 상태변화에 대한 엔트로피 선도

4.9 상태변화와 엔트로피의 변화량

단위 질량의 완전가스가 상태 1에서 상태 2로 변화할 때의 엔트로피의 변화량은 엔트로피의 정의 $ds = \frac{dq}{T}$로 부터 다음과 같이 나타낼 수 있다.

$$ds = \frac{dq}{T}, \quad \int_1^2 ds = \int_1^2 \frac{dq}{T}$$

$$\therefore \quad s_2 - s_1 = \int_1^2 \frac{dq}{T} (\mathrm{kJ/kg\ K}) \tag{4.37}$$

완전가스의 상태변화에 대한 엔트로피 변화량은 정압, 정적, 등온, 단열, 폴리트로픽 변화에 대하여 다음과 같이 구할 수 있다.

4.9.1 정압변화

정압변화를 $T-S$선도에 표시하면 그림 4.9의 곡선 1-2가 된다. 엔트로피의 정압변화에서는 $dq = C_p dT$이므로 식 (4.26)으로부터

$$ds = \frac{dq}{T} = C_p \frac{dT}{T}$$

$$\therefore \quad \Delta S = S_2 - S_1 = \int_1^2 C_p \frac{dT}{T} = C_p \ln\left(\frac{T_2}{T_1}\right) = C_p \ln\left(\frac{v_2}{v_1}\right) \tag{4.38}$$

질량 $m$kg의 가스에 대해서는

$$\Delta S = S_2 - S_1 = m\int_1^2 C_p \frac{dT}{T} = mC_p \ln\left(\frac{T_2}{T_1}\right) = mC_p \ln\left(\frac{v_2}{v_1}\right) \tag{4.39}$$

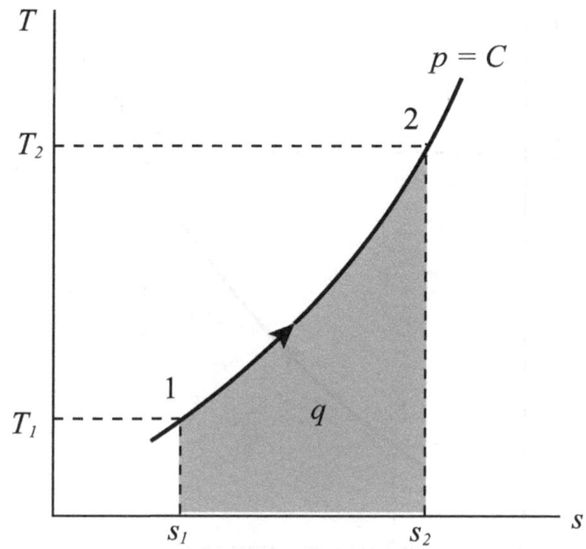

그림 4.9 정압변화의 $T-S$선도

4.9.2 정적변화

정적변화도 정압변화와 같이 $T-S$선도에서는 곡선이 된다. 그림 4.10과 같이 상태 1에서 상태 2로 변화할 때 엔트로피의 변화량은 정적변화에서는 가열량이 내부에너지로 내부에 저장되므로 $dq = C_v dT$이므로 식 (4.26)으로부터

$$ds = \frac{dq}{T} = C_v \frac{dT}{T}$$

$$\therefore \quad \Delta S = S_2 - S_1 = \int_1^2 C_v \frac{dT}{T} = C_v \ln\left(\frac{T_2}{T_1}\right) = C_v \ln\left(\frac{p_2}{p_1}\right) \qquad (4.40)$$

질량 $m$kg의 가스에 대해서는

$$\therefore \quad \Delta S = S_2 - S_1 = m\int_1^2 C_v \frac{dT}{T} = mC_v \ln\left(\frac{T_2}{T_1}\right) = mC_v \ln\left(\frac{p_2}{p_1}\right) \qquad 4.41)$$

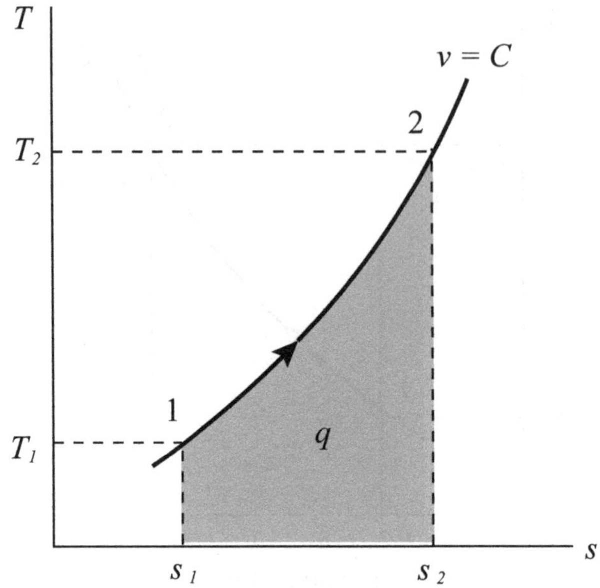

그림 4.10 정적변화의 $T-S$선도

4.9.3 등온변화

등온변화를 $T-S$선도상에 나타내면 그림 4.11과 같이 S축에 평행한 직선이 된다. 등온변화에서 $T=$const. 이므로 식 (4.26)으로부터

$$ds = \frac{dq}{T} = \frac{1}{T}\int_1^2 dq = \frac{{}_1q_2}{T}$$

여기서, ${}_1q_2$은 등온변화시 이동열을 나타내며. 식 (3.41)로부터

$$\Delta s = s_2 - s_1 = \int \frac{{}_1q_2}{T} = \frac{1}{T}(RT\ln\frac{p_1}{p_2}) = R\ln(\frac{p_1}{p_2}) = R\ln(\frac{v_2}{v_1}) \qquad (4.42)$$

질량 $m$kg의 가스에 대해서는

$$\Delta s = s_2 - s_1 = m\int \frac{{}_1q_2}{T} = m\frac{1}{T}(RT\ln\frac{p_1}{p_2}) = mR\ln(\frac{p_1}{p_2}) = mR\ln(\frac{v_2}{v_1}) \qquad (4.43)$$

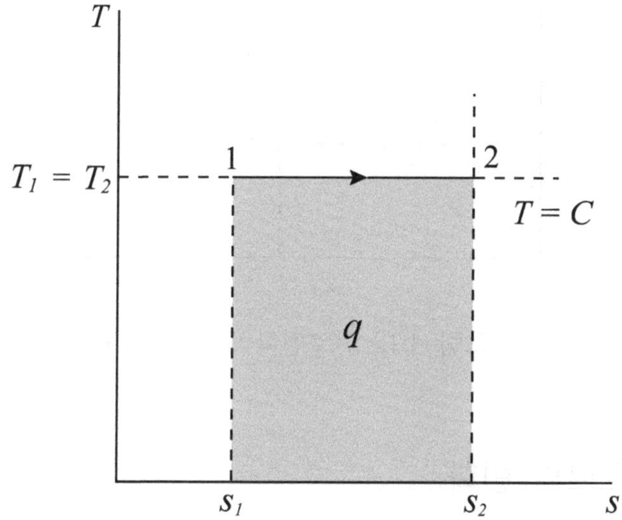

그림 4.11 등온변화의 $T-S$선도

4.9.4 단열변화

외부와의 열교환이 없고 변화 중 마찰이나 와류 등으로 인한 열손실이 전혀 없는 이상적인 단열변화를 할 경우 $dq = 0$이므로 $dq = Tds$에서 ds=0이다. 즉 등엔트로피 변화가 된다.

$$\Delta s = s_2 - s_1 = \int_1^2 \frac{dq}{T} = 0 \qquad \therefore\ s_2 = s_1 \qquad (4.44)$$

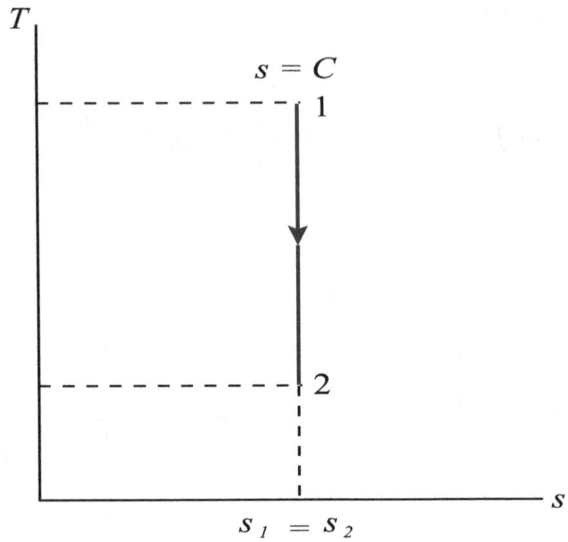

그림 4.12 단열변화의 $T-S$선도

4.9.5 폴리트로로픽 변화

폴리트로픽 변화에서는 이동열이 폴피트로픽 비열 C_n을 사용하여 $dq = C_n dT$을 표시되므로,

$$dq = C_n dT = \frac{n-k}{n-1} C_v dT$$

엔트로피 변화는

$$ds = \frac{dq}{T} = \frac{C_n dT}{T}$$

$$\therefore \quad \Delta s = s_2 - s_1 = C_n \ln\left(\frac{T_2}{T_1}\right) = C_v \frac{n-k}{n-1} \ln\left(\frac{T_2}{T_1}\right) \qquad (4.45)$$

질량 $m$kg의 가스에 대해서는

$$\Delta s = s_2 - s_1 = mC_n \ln\left(\frac{T_2}{T_1}\right) = mC_v \frac{n-k}{n-1} \ln\left(\frac{T_2}{T_1}\right) \qquad (4.46)$$

그림 4.13은 폴리트로픽 지수 n에 따른 각 상태 변화곡선을 $T-S$선도에 표시한 것이다.

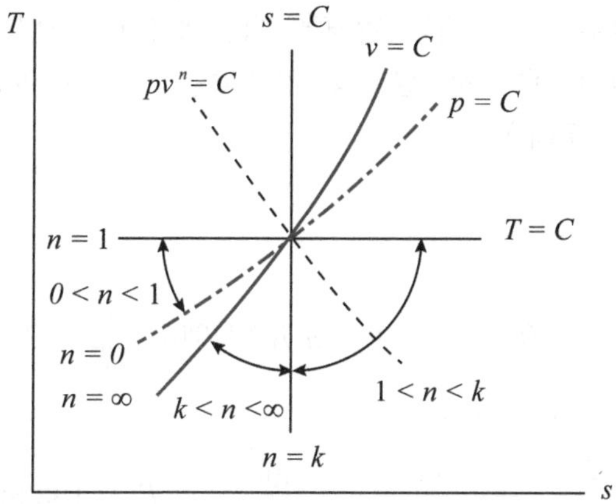

그림 4.13 폴리트로픽 지수 n에 따른 변화곡선

예제 4.14

온도 40℃, 10 kg의 공기를 정적하에서 가열하였더니 엔트로피의 변화령이 7.2 kJ/K 증가하였다. 가열후의 온도 및 공급열량을 구하라. (단, 공기의 정적비열 $C_v = 0.717$ kJ/kgK이다.)

풀이

정적변화이므로

$$ds = \frac{dq}{T} = C_v \frac{dT}{T}$$

$$\Delta S = S_2 - S_1 = m\int_1^2 C_v \frac{dT}{T} = mC_v \ln\left(\frac{T_2}{T_1}\right)$$

$$7.2 = 10 \times 0.717 \times \ln\frac{T_2}{40 + 273.15} \quad \therefore T_2 = 854.64 \text{ K} = 581.49℃$$

$$Q = mC_v(T_2 - T_1) = 10 \times 0.717 \times (854.64 - 313.15) = 3882.48 \text{ kJ}$$

예제 4.15

체적이 800 l인 압력탱크에 500 kPa, 50℃인 질소가스가 들어 있다. 탱크 내의 압력을 300 kPa로 낮추려면 얼마의 열량을 방출해야 하는가? 또 이때의 엔트로피 변화량은 얼마인가? (단, 여기서 질소의 기체상수 $R = 0.2969$ kJ/kgK, 정적비열 $C_v = 0.7421$ kJ/kgK로 둔다.)

풀이

$V = 0.8$ m^3=C, 정적변화이므로 $pV = mRT$식에서 $\frac{P}{T} = C$

$Q_v = mC_v \Delta T = mC_v(T_2 - T_1)$

T_2를 구하면 $\frac{P_1}{T_1} = \frac{P_2}{T_2}$, $\frac{500}{50 + 273.15} = \frac{300}{T_2}$ $\quad \therefore T_2 = 193.89$ K

$p_1 V_1 = mRT_1$에서 $m = \frac{p_1 V_1}{RT_1} = \frac{500 \times 0.8}{0.2969 \times (50 + 273.15)} = 4.169$ kg

$Q_v = mC_v(T_2 - T_1) = 4.169 \times 0.7421 \times ((193.89 - (50 + 273.15))$

$= -399.90$ kJ(답)

$ds = \frac{dq}{T}$, $dq = du + pdv$에서 정적변화이므로 $pdv = 0$,

$dq = du = mC_v dT$

$ds = \frac{dq}{T}$, $\Delta s = \int \frac{dq}{T} = mC_v \ln \frac{T_2}{T_1} = mC_v \ln \frac{p_2}{p_1}$

$= 4.169 \times 0.7421 \times \ln \frac{300}{500} = -1.580$ kJ/K(답)

예제 4.16

산소 2 kg이 30℃의 등온상태에서 300 kPa로부터 그 체적이 4 m^{3}으로 되었다면 엔트로피는 얼마나 증가하는가? (단, 산소 $R = 0.2598$ kJ/kgK)

풀이

$p_1 V_1 = mRT_1$에서 $V_1 = \dfrac{2 \times 0.2598 \times (30 + 273.15)}{300} = 0.525$ m^3

$ds = \dfrac{dq}{T}$, 등온과정이므로

$dq = du + pdV$에서 $du = C_v dT = 0$이므로 $dq = pdV$, $pV = mRT = C$

$\Delta s = \int \dfrac{dq}{T} = \dfrac{1}{T} \int dq$,

여기서 $\int dq = \int pdV = \int \dfrac{C}{V} dV = C\ln \dfrac{V_2}{V_1} = mRT\ln \dfrac{V_2}{V_1}$

$\Delta s = \dfrac{1}{T} \int dq = mR\ln \dfrac{V_2}{V_1} = 2 \times 0.2598 \times \ln \dfrac{4}{0.525} = 1.055$ kJ/K

예제 4.17

공기 2 kg가 $pv^{1.3} = const.$인 폴리트로픽 변화를 하여 체적이 3배로 평창하였을 때 엔트로피 변화량은 몇 kJ/K 인가? (단, 공기의 정적비열 및 비열은 $C_v = 0.717$ kJ/kgK, $k = 1.4$이다.)

풀이

$$ds = \frac{dq}{T} = \frac{C_n dT}{T}$$

$$\Delta s = s_2 - s_1 = mC_n \ln\left(\frac{T_2}{T_1}\right) = mC_v \frac{n-k}{n-1} \ln\left(\frac{T_2}{T_1}\right)$$

여기서 폴리트로픽 변화에서

$\dfrac{T_2}{T_1} = \left(\dfrac{V_1}{V_2}\right)^{n-1} = \left(\dfrac{p_2}{p_1}\right)^{\frac{n-1}{n}}$ 이므로

$$\Delta s = mC_n \ln\left(\frac{T_2}{T_1}\right) = mC_v \frac{n-k}{n-1} \ln\left(\frac{T_2}{T_1}\right) = mC_v \frac{n-k}{n-1} \ln\left(\frac{V_1}{V_2}\right)^{n-1}$$

$$= 2 \times 0.717 \times \frac{1.3 - 1.4}{1.3 - 1} \times \ln\left(\frac{1}{3}\right)^{1.3-1} = 0.157 \text{ kJ/K}$$

4.10 유효에너지와 무효에너지

열을 일로 변환하는 경우에는 작업물질의 상태 변화를 이용하며, 열을 받아 계속하여 일을 하는 계에서 열원으로부터 받은 열량의 일부는 일로 변환되고 그 나머지는 주위에 방열하여야 한다. 앞서 열역학 제2법칙에서도 열을 기계적인 일로 변환시키려면 공급열량의 일부를 저열원에 버려야만 가능하다는 것을 이해하였다.

따라서 열원이 가지고 있는 열에너지를 일로 변환되는 부분과 일로 바꿀 수 없는 부분으로 나눌 수 있다. 이때 일로 바꿀 수 있는 부분을 **유효에너지**(available energy)라 하고 일로 바꿀 수 없는 부분을 **무효에너지**(unavailable energy)**라** 한다.

열효율이 가장 좋다는 것은 공급열량 중 가장 많은 부분을 유효한 일로 바꿀 수 있다는 것을 의미한다. 앞서 열효율이 가장 좋은 사이클은 가역사이클의 카르노 사이클이라고 하였다.

(1) 유효에너지와 무효에너지

그림 4.14에서 카르노 사이클 기관에서 온도 T_1인 고열원에 열량 Q_1을 공급하여 온도 T_2인 저열원에 열량 Q_2를 방출하면서 유효하게 일을 생산하는 에너지를 유효에너지라 한다. 유효한 일로 변환된 열량 Q_a는

$$Q_a = Q_1 - Q_2 \qquad \text{------------------- ①}$$

여기서, 카르노 사이클의 열효율 η_c와 엔트로피ΔS의 관계식은 다음과 같다.

$$\eta_c = \frac{Q_1 - Q_2}{Q_1} = 1 - \frac{Q_2}{Q_1} = 1 - \frac{T_2}{T_1} \qquad \text{----------- ②}$$

$$\Delta S = \frac{Q}{T} = \frac{Q_1}{T_1} \qquad \text{------------------------ ③}$$

②식에서 $\dfrac{Q_2}{Q_1} = \dfrac{T_2}{T_1} \quad \therefore \quad Q_2 = Q_1 \dfrac{T_2}{T_1}$

위식을 대입하여 Q_a와 Q_2에 대하여 정리하면

$$\textbf{유효에너지 :}\quad Q_a = Q_1 - Q_2 = Q_1(1 - \frac{T_2}{T_1})$$

$$= Q_1 - T_2\frac{Q_1}{T_1} = Q_1 - T_2 \Delta S \tag{4.47}$$

$$\textbf{무효에너지 :}\quad Q_2 = Q_u = Q_1\frac{T_2}{T_1} = T_2\frac{Q_1}{T_1} = T_2 \Delta S \tag{4.48}$$

여기서 Q_a를 유효에너지, 방출열량 Q_2는 이용할 수 없는 에너지인 무효에너지 Q_u이다.

결국, 엔트로피의 변화 ΔS가 적어진다면 무효에너지도 적어지며, 이에 따른 **엔트로피는 무효에너지의 크기, 즉 에너지의 무효성**을 나타내는 척도로 생각할 수 있다.

위의 식에서 보는 바와 같이 고열원 온도 T_1이 클수록, 저열원 온도 T_2가 작을수록 기기계의 효율성은 좋아지고, 유효에너지 Q_a는 증가하고 무효에너지 Q_u는 감소한다.

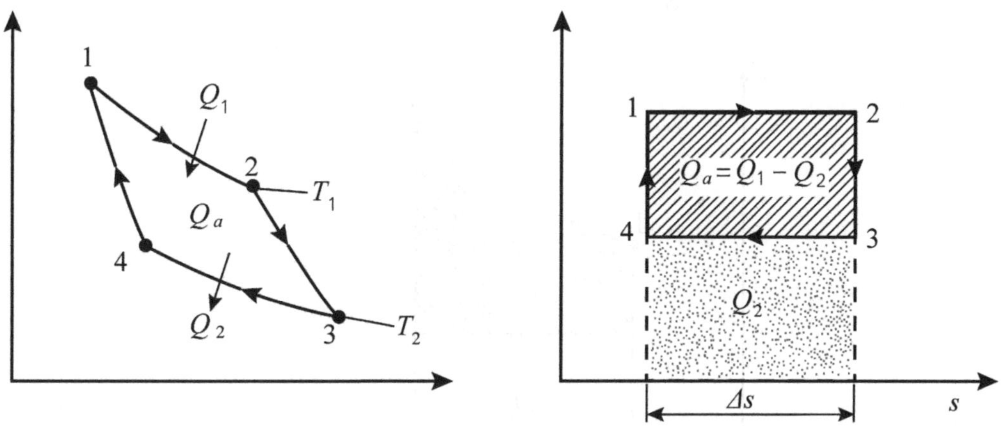

그림 4.14 유효에너지와 무효에너지

(2) 열원의 온도가 변하는 경우의 유효에너지 및 무효에너지

카르노 사이클에서 고열원과 저열원의 온도는 항상 일정하지만, 증기기관의 랭킨사이클처럼 고열원에 접하는 온도가 변하는 경우의 유효에너지를 살펴보자.

그림 4.15와 같이 동작유체가 열량Q_1을 공급받는 동안 고열원의 온도 T_1으로부터 T_2로 변화할 때 동작유체의 평균비열을 C_m이라 하고, 질량을 m이라 하면 공급열량Q_1은

$$Q_1 = mC_m(T_2 - T_1)$$

엔트로피변화 ΔS는

$$\Delta S = \int_1^2 \frac{dQ}{T} = mC_m \int_1^2 \frac{dT}{T} = mC_m \ln\left(\frac{T_2}{T_1}\right)$$

유효에너지 Q_a와 무효에너지 Q_u는 다음과 같다.

$$Q_a = Q_1 - T_0 \Delta S = mC_m\left((T_2 - T_1) - T_0 \ln\left(\frac{T_2}{T_1}\right)\right) \quad (4.49)$$

$$Q_u = T_0 \Delta S = T_0\, mC_m \ln\left(\frac{T_2}{T_1}\right) \quad (4.50)$$

여기서 T_0는 주위의 온도이다.

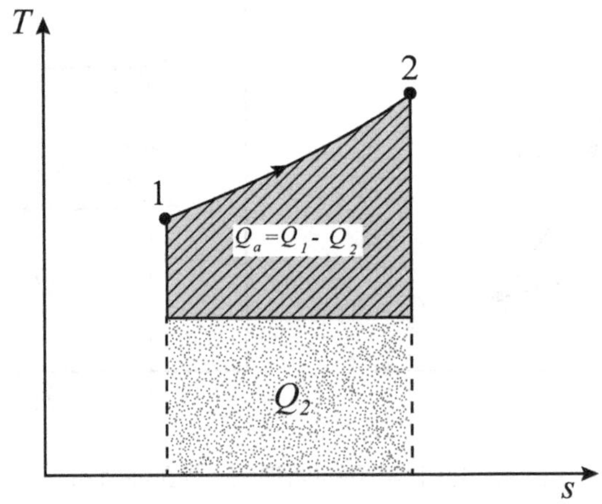

그림 4.15 고열원의 온도가 변화할 때의 유효에너지

위의 식에서도 알 수 있듯이 같은 양의 열량을 받고 취한 가역사이클에서 그 무효에너지 Q_u는 엔트로피 ΔS가 증가할수록 커지며, 고열원의 온도 T_1이 높을수록 작아지는 것을 알 수 있다.

예제 4.18

온도 40℃의 물 2 kg에 300 kcal의 열이 가해져 물의 엔트로피가 0.513 kcal/K만큼 증가하였다. 대기의 온도가 20℃일 때 물에 가해진 300 kcal의 열 중에서 유효에너지와 무효에너지는 얼마인가?

풀이

$Q_u = Q_2 = T_0 \Delta S = (20 + 273.15) \times 0.513 = 150.38$ kcal

$Q_a = Q_1 - Q_2 = Q_1 - T_0 \Delta S = 300 - 150.38 = 149.62$ kcal

예제 4.19

초기온도 100℃의 공기 0.2 kg에 정압하에서 300 kJ의 열량이 가역적으로 가해졌다. 주위의 온도가 18℃일 때 유효에너지와 무효에너지를 구하라. (단, 공기의 $C_p = 1.005$ kJ/kgK로 둔다.)

풀이

$Q_a = Q_1 - Q_2 = Q_1 - T_0 \Delta S$

$Q_u = Q_2 = T_0 \Delta S$

$\Delta S = \int_1^2 \frac{dQ}{T} = m C_p \int_1^2 \frac{dT}{T} = m C_p \ln\left(\frac{T_2}{T_1}\right)$

여기서 T_2 구하기

$Q_1 = m C_p (T_2 - T_1)$

$300 = 0.2 \times 1.005 \times ((T_2 - (100 + 273.15)) \quad \therefore T_2 = 1865.68$ K

$$\Delta S = mC_p \ln\left(\frac{T_2}{T_1}\right) = 0.2 \times 1.005 \times \ln\frac{1865.68}{100+273.15} = 0.3234 \text{ kJ/K}$$

$$Q_u = Q_2 = T_0 \Delta S = (18+273.15) \times 0.3234 = 94.15 \text{ kJ/K(답)}$$

$$Q_a = Q_1 - Q_2 = 300 - 94.15 = 205.85 \text{ kJ/K(답)}$$

예제 4.20

어느 가역기관에서 질량 3 kg의 공기가 60℃에서 열량 Q_1을 공급받아 온도가 900℃가 되었다. 이때 유효에너지, 무효에너지를 구하라. 주위온도는 20℃라 한다. 여기서 공기의 $C_p = 1.005$ kJ/kgK이다.

풀이

$$Q_a = Q_1 - Q_2 = Q_1 - T_0 \Delta S$$

$$Q_u = Q_2 = T_0 \Delta S$$

$$\Delta S = \int_1^2 \frac{dQ}{T} = mC_p \int_1^2 \frac{dT}{T} = mC_p \ln\left(\frac{T_2}{T_1}\right) = 3 \times 1.005 \times \ln\frac{900+273.15}{60+273.15}$$

$$= 3.795 \text{ kJ/K}$$

Q_1구하기

$$Q_1 = mC_p(T_2 - T_1) = 3 \times 1.005 \times (900-60) = 2532.6 \text{ kJ}$$

$$Q_u = Q_2 = T_0 \Delta S = (20+273.15) \times 3.795 = 1112.4 \text{ kJ(답)}$$

$$Q_a = Q_1 - Q_2 = 2532.6 - 1112.4 = 1420.2 \text{ kJ(답)}$$

4.11 열역학 제3법칙

가역 카르노사이클의 열효율에서

$$\eta_c = 1 - \frac{Q_2}{Q_1} = 1 - \frac{T_2}{T_1}$$

만약, 저열원의 온도가 절대영도라면 T_2가 0K가 되어 카르노사이클의 열효율은 100%가 된다. 하지만 절대영도의 열원은 있을 수가 없어서 열효율 100% 불가능하다. 절대영도에 도달하면 모든 물질의 원자와 분자의 운동은 정지 상태가 된다.

또한 저열원 $T_2 = 0\mathrm{K}$이면 $dQ = Tds = 0$로 되어 방출열량이 없으므로 T_1인 단일 고열원만으로 열 교환하는 결과가 되어 열역학 제2법칙에 위배된다.

열역학 제3법칙은 네른스트-플랑크의 정리(Nernst-Planck's theorem)하고도 하며 절대영도(0K)에서의 엔트로피에 관한 법칙이다. 1912년 독일의 플랑크(1858~1914)는 다음의 법칙을 발표하였다. **"모든 순수물질의 결정체의 엔트로피는 절대영도 부근에서는 영(zero)에 접근한다."** 즉 **"모든 물질이 열역학적 평행상태에 있을 때 절대온도가 영에 가까워지면 엔트로피는 영에 가까워진다."** 즉, T=0에 따라 $s = 0$이라고 주장했다.

한편, 독일의 네른스트(1864~1941)는 **"어떠한 방법에 의해서도 물질의 온도를 절대영도까지 내릴 수 없다."** 이상과 같은 두 가지 표현을 열역학 제3법칙 또는 네른스트-플랑크의 정리하고 한다.

이로써 절대온도 T가 영(zero)에 접근하면 비열이나 팽창률이 영(zero)이 된다는 결론이 나오므로 0K의 상태까지는 도달 할 수 없는 셈이 된다. 다시 말해 절대온도를 영도에 가깝게 할 경우 엔트로피는 극한인 0의 값을 갖는다는 것이다.

열역학 제3법칙에 의해서 모든 물질의 절대 엔트로피를 계산할 수 있다.

물체의 비열을 절대영도까지 알 수 있다면 온도 TK에서의 절대 엔트로피 S_{ab}는 다음과 같다.

$$S_{ab} = \int_0^T C_p \frac{dT}{T} \tag{4.51}$$

위의 식을 열역학 제3법칙의 식이라고도 한다.

4 장

열역학 제2법칙과 엔트로피

연 / 습 / 문 / 제

4.1 다음의 용어를 간단히 기술하라

① 제2종 영구기관 ②성적계수 ③엔트로피 ④유효에너지와 무효에너지

4.2 열역학 제1법칙과 제2법칙을 비교하여 그 특징을 설명하라

4.3 저열원으로부터 매시 20 MJ/h의 열을 흡수하여 고열원에 35 MJ/h의 열을 방출하는 냉동기가 있다. 이때 이 냉동기의 소요동력과 성적계수를 구하라.

답: W=4166.67 J/s, ϵ_R=1.333

4.4 매시 500 kg의 연료를 소비하는 발전기의 열효율이 20%하고 하면, 이 발전기의 출력은 몇 kW가 되겠는가? (단, 연료의 발열량은 33000 kJ/kg이다.)

답: $W = 916.67$ kW

4.5 저열원의 온도 30℃에서 작동하는 카르노사이클 기관의 열효율이 60%일 때 공급된 열량이 90 kwh라 하면 고열원의 온도 및 출력은 각각 얼마인가?

답: $T_1 = 757.875$ K=484.725℃, $W = 54$ kwh

4.6 고온 열원의 온도 500℃인 카르노사이클에서 1사이클당 1.3 kJ의 열량을 공급하여 0.93 kJ의 일을 얻는다면, 저온열원의 온도는 얼마인가?

답: $T_2 = 220 = -53$℃

4.7 100℃의 수증기 5 kg이 100℃ 물로 응결되었다. 수증기의 엔트로피 변화량은 얼마인가? (단, 수증기의 잠열은 2256 kJ/kg이다.)

답 : 30.23 kJ/K

4.8 20 kw의 모터를 1시간 동안 제동하였더니 그 마찰열이 30℃의 주위에 전달하였다. 엔트로피의 증가는 몇 kJ/K 인가?

답:$\Delta S = 237.5$ kJ/K

4.9 20℃의 주위 물체로부터 열을 받아서 -10℃의 얼음 50 kg이 융해하여 20℃의 물이 되었다고 한다. 비가역 변화에 의한 엔트로피 증가를 구하라.[kJ/K] (단, 얼음의 비열은 2.1 kJ/kgK, 융해열은 333.6 kJ/kg, 물의 비열 4.18 kJ/kgK로 둔다.)

답: 5.01 kJ/K

4.10 초온 $t_1 = 1900$℃, 초압 3.5 MPa, 체적 0.03 m^3인 공기가 $t_2 = 250$℃로 될 때까지 폴리트로프 팽창(n=1.3)을 한다. 이 과정에서 가해진 열량을 구하여라. (단, 공기 R=0.287 kJ/kgK, $C_v = 0.717$ kJkg, $k = 1.4$이다.)

답: $Q = 67$ kJ

4.11 역카르노 사이클로 작동되는 어느 냉동기가 저열원에서 -15℃이고 고열원에서 30℃, 소요동력이 5 kW라면 ① 저열원에서 흡수하는 열량은 시간당 얼마인가? ② 성적계수는 얼마인가?

답: $Q_2 = 103,248$ kJ/h, $\epsilon_R = 5.736$

4.12 공기가 체적 일정하게 온도를 30℃로부터 -5℃로 강하시켰을 때 엔트로피의 변화를 구하라. 단 공기의 정적비열은 0.7171 kJ/kgK이다.

답: $\Delta S = -0.0879$ kJ/K

4.13 공기 3 kg을 온도 27℃로부터 527℃까지 가열하는 경우 압력이 0.1 MPa에서 0.5 MPa로 변화하였다. 이 폴리트로픽 변화에 따른 엔트로피의 변화는 얼마인가? (단, 공기의 정적비열은 0.717 kJ/kgK, k=1.4 이다.)

답:1.57 kJ/K

4.14 가솔린기관이 15℃, 5 kg 공기를 흡입하여 $pv^{1.3} = const.$식을 만족하며 압축하였다. 압축 후 온도가 400℃가 되었을 때 엔탈피의 변화량을 구하라. (단, 공기의 정적비열 및 비열은 $C_v = 0.717$ kJ/kgK, $k = 1.4$이다.)

답: -1.0139 kJ/K

4.15 5 kg의 물을 일정 압력하에서 25℃~90℃까지 가열되었을 때 -10℃를 기준온도로 했다면 공급열량중에 무효에너지는 얼마인가? 여기서 물의 $C_p = 4.18$ kJ/kg K로 둔다.

답: $Q_u = 1086.80$ kJ/K

CHAPTER 05

가스 동력 사이클

5.1 가스동력 사이클의 개요

열기관(heat engine)은 열에너지를 이용하여 동력을 얻는 기관으로서, 고온체로부터 열을 받아 저온체로 열을 전달하면서 일정량의 일을 하는 열역학적 사이클로서 작동되는 기구라고 정의할 수 있다. 열기관은 작동유체의 연소과정에 따라 내연기관(internal combustion engine)과 외연기관(external combustion engine)으로 분류한다. 내연기관은 기관 실린더 내에서 연료를 연소시켜 동력을 얻는 기관으로 자동차용 가솔린엔진, 디젤엔진, 개방사이클의 가스터빈, 제트기관 등이 있다. 외연기관은 증기터빈과 같이 작업물질을 외부로부터 가열하고 이 에너지로 동력을 얻는 기관을 말한다.

본 장에서는 피스톤의 왕복운동에 의한 왕복형 내연기관의 사이클인 Otto사이클, Diesel사이클, Sabathe사이클과 개방형 회전식 내연기관인 가스터빈의 Brayton사이클을 다루고, 실용가치는 적으나 가스기관의 사이클로 취급되는 기타 사이클을 다루고자 한다.

한편, 실제 내연기관의 동작물질은 연소 전에는 공기와 연료의 혼합물 및 실린더 내에 남아 있는 잔류가스 등의 혼합가스이고 연소한 후에는 연소가스이다. 이들은 복잡한 화학반응을 일으키지만, 여기서는 열역학적인 기본 특성을 파악하는 것이 주목적이므로 동작물질인 연소가스를 이상기체인 공기로 가정하여 단순화된 사이클로 취급한다. 이런 사이클을 **이론 공기표준사이클**이라고 하며, 다음과 같은 가정 하에서 해석한다.

① 동작유체는 이상기체이고, 그 물성치는 표준상태의 공기의 값과 같다,

② 연소과정은 동작유체가 공기로 가정했기 때문에 연소과정이라는 것이 없고, 외부로부터 열을 공급받는 것으로 대치한다.

③ 사이클을 이루는 과정들은 모두 가역과정이다.

④ 압축 및 팽창과정은 단열과정이다.

⑤ 열해리 등 열 손실은 없다.

5.2 왕복식 내연기관의 용어 정리

왕복식 내연기관의 열역학적 작동을 이해하기 위해서는 몇 가지 용어의 정의를 알아둘 필요가 있다. 그림 5.1은 왕복형 피스톤-실린더 엔진에 대한 개요도를 나타내고 있다. 왕복형 내연기관은 그림에서 나타낸 것과 같이 실린더 내에서 피스톤이 왕복운동하고 출력은 커넥팅로더에 의해 크랭크축에 전달된다. 실린더 내에서 피스톤은 흡입, 압축, 폭발, 배기행정 순으로 왕복운동을 반복한다.

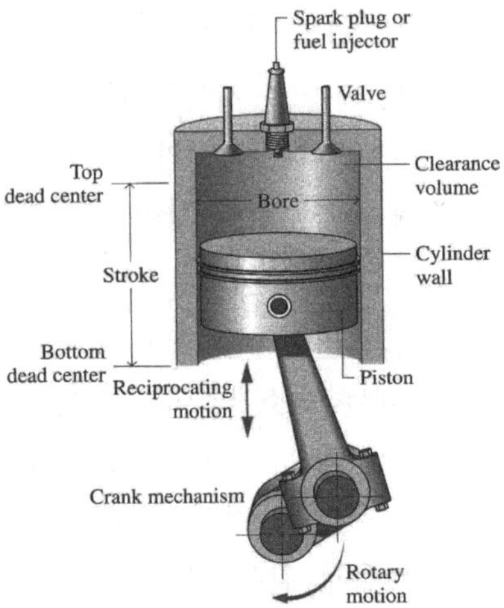

a) 실린더 내부 구조

(b) 엔진 내부 구조

그림 5.1　　왕복형 피스톤-실린더 엔진에 대한 개요도

피스톤이 왕복운동 중 실린더체적이 최소가 되는 피스톤의 위치 즉, 최상위점을 **상사점**(Top dead center)이라 하며, 최대가 되는 피스톤의 위치 즉, 최하위점을 **하사점**(Bottom dead center)이라 한다. 상사점과 하사점 사이의 거리를 **행정**(stroke)이라고 하고, 행정은 크랭크 핀의 회전원의 지름과 같다.

그리고, 피스톤이 상사점에 있을 때의 실린더 상부에 남겨진 체적을 **연소실체적**(V_c) 또는 간극체적(clearance volume), 극간체적, 통극체적이라고도 한다. **행정체적**(stroke volume, V_h)은 상사점과 하사점사이의 체적인데 우리가 흔히 이야기하는 배기량은 이 체적의 합을 말한다. 총배기량은 총행정체적의 합과 같다.

왕복형기관에 있어서 하나의 사이클을 4행정, 즉 크랭크축의 2회전으로 완료하는 것을 4행정 사이클 기관이라고 하며 흡입, 압축, 폭발, 배기행정의 4행정으로 되어 있다. 이 행정 중 폭발행정만이 크랭크축의 회전방향의 토크가 가해지는 정(正)의 일을 하고, 나머지 행정은 부(負)의 일을 하고 있으며 플라이휠의 관성력으로 기관은 회전을 계속한다.

압축비(compression ratio, γ)란 엔진의 압축행정에서 연소실의 압축 전 최대용적과 압축후의 최소 용적비를 말한다. 압축비는 피스톤의 상사점과 하사점사이의 체적인 행정체적(V_h)과 피스톤이 상사점에 있을 때 연소실의 체적인 (V_c)과의 비를 말한다.

$$\gamma = \frac{V_c + V_h}{V_c} \tag{5.1}$$

여기서, γ : 압축비

V_c : 연소실체적(cm^3)

V_h : 행정체적(cm^3)

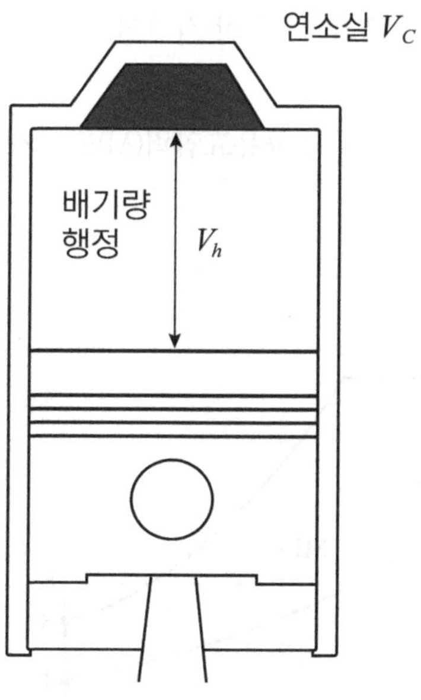

그림 5.2 압축비

여기서, V_c와 V_h의 비, 즉 $\frac{V_c}{V_h}$를 간극체적비(clearance volume ratio, λ)로 표현한다.

$$\gamma = 1 + \frac{1}{\lambda} \tag{5.2}$$

여기서, λ : 간극체적비, $\lambda = \frac{V_c}{V_h}$

평균유효압력(mean effective pressure, P_{me} 혹은 MEP)은 1사이클의 일량을 그 기관의 행정체적으로 나눈 값이며, 배기량과 회전속도가 서로 다른 기관의 성능 비교시에 사용한다. 일반적으로 엔진의 배기량을 증가시키면 공급 가능한 연료량이 증가하여 출력이 증가하기 때문에 출력만으로 엔진의 능력을 나타내는 지표로서는 충분하지 않다. 이 때문에 배기량에 관계없이 엔진 성능을 나타낸 것으로서 평균유효압력(P_{me} 혹은 MEP)을 사용한다.

그림 5.3에서 $P-V$ 선도에 나타낸 사이클의 내부면적은 일을 나타내며, 이 면적이 크면 클수록 일이 큰 것을 의미한다. 면적12345는 동일한 면적으로 직사각형을 만들 때 면적 abcd와 같다. 이때 그의 높이 ab직선이 평균유효압력 MEP가 된다. 즉,

$$\text{한 사이클당의 일 } (W_{cycle}) = \text{평균유효압력(MEP)} \times \text{행정체적}(V_d) \tag{5.3}$$

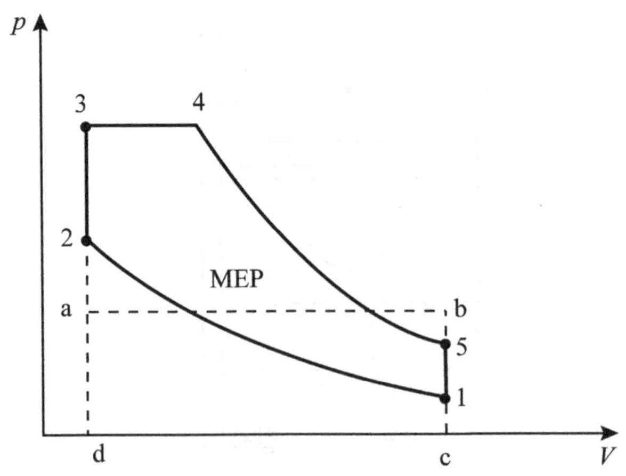

그림 5.3 평균유효압력

5.3 오토(otto)사이클 – 정적연소사이클

오토사이클(otto cycle)은 전기점화식 왕복기관의 이상 사이클이다. 이는 독일의 Nikolaus A. Otto의 이름을 딴 것인데 1876년 가솔린기관의 원리를 적용하여 4행정 사이클기관을 제작한데서 유래하였다. 오토사이클은 전기점화기관의 기본이 되는 이상적인 공기표준사이클로서 정적하에서 연소가 이루어지므로 정적사이클(constant volume cycle)이라고도 한다. 오토사이클은 2개의 정적과정과 2개의 단열과정으로 이루어지고 4행정 사이클 가솔린기관, 가스기관과 같은 고속기관의 기본 사이클이다.

그림 5.4는 오토사이클의 $P-V$선도, $T-S$선도이며 다음과 같은 4개의 과정으로 구성되어 있다.

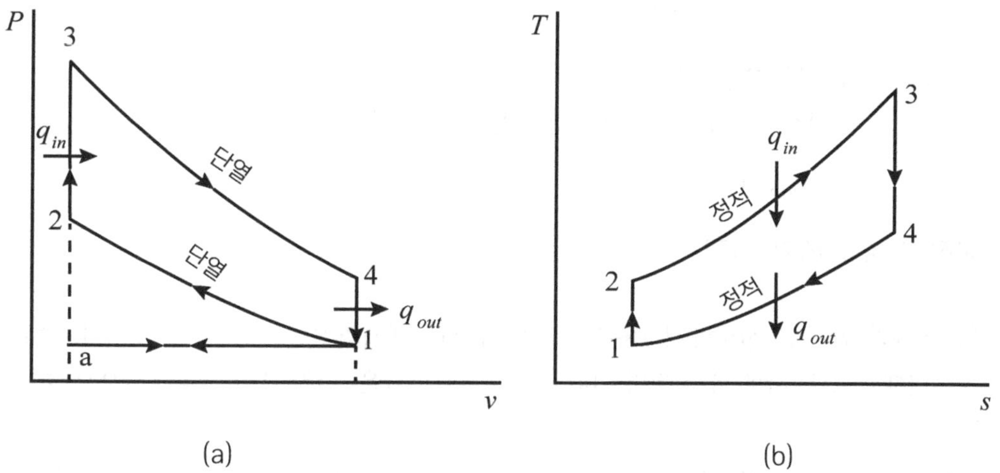

그림 5.4 공기표준 오토사이클의 $P-V$, $T-S$ 선도

① 과정 a-1 : 흡입 과정

② 과정 1-2 : 단열압축 과정

흡입된 가스를 상태 1에서 2까지 가역단열(등엔트로피)압축하는 과정이다.

$PV^k = C,\ \ TV^{k-1} = C,\ \ {}_1Q_2 = 0$가 적용

③ 과정 2-3 : 정적가열 과정

정적하에서 열량 Q_{in}을 공급받는다.

$Q_{in},\ \ V = C$

④ 과정 3-4 : 단열팽창과정

정적가열된 상태 3인 가스를 4까지 가역단열(등엔트로피)팽창하는 과정이다.

$PV^k = C,\ \ TV^{k-1} = C,\ \ {}_3Q_4 = 0$가 적용

⑤ 과정 4-1 : 정적방열 과정

정적하에서 열량 Q_{out}를 방열하는 과정이다.

$Q_{out},\ \ V = C$

⑥ 과정 1-a : 배기 과정

그림 5.4의 $P-V$ 선도에서 0↔1과정은 흡기와 배기과정이므로 일의 크기가 같고, 방향이 반대이므로 서로 상쇄된다. 따라서 오토사이클은 면적 1-2-3-4-1만으로 해석된다.

공기가 밀폐계에서 작용하므로 에너지보존의 법칙을 이용하여 여러 가지 과정으로 적용시켜 보면 다음의 식의 형태로 나타낼 수 있다.

지금 동작가스의 공급열량과 방열량 Q_{in}과 Q_{out} 이라고 하면, 정적하에서 작용하므로, 열역학 제1법칙에서

$$dq = du + pdV$$

정적하에서 $dV = 0$

$$\therefore \quad dq = du \quad \text{즉,}\ Q = \Delta U$$

사이클 중 공급된 열량과 방출열량은 다음과 같다.

$$Q_{in} = {}_2Q_3 = U_3 - U_2 = mC_v(T_3 - T_2)$$

$$Q_{out} = -{}_4Q_1 = -(U_1 - U_4) = mC_v(T_4 - T_1)$$

따라서 이상 공기표준 오토사이클의 열효율 η_O는

$$\eta_{th,O} = \frac{W_{net}}{Q_{in}} = \frac{Q_{in} - Q_{out}}{Q_{in}} = 1 - \frac{Q_{out}}{Q_{in}} = 1 - \frac{T_4 - T_1}{T_3 - T_2}$$

$$= 1 - \frac{T_1(\frac{T_4}{T_1} - 1)}{T_2(\frac{T_3}{T_2} - 1)} \tag{5.4}$$

과정 2→3,4→1은 정적과정이므로

$$V_2 = V_3, \qquad V_1 = V_4$$

과정 1→2, 3→4은 단열과정이므로

$$1 \rightarrow 2 : \ \frac{T_2}{T_1} = (\frac{V_1}{V_2})^{k-1}$$

$$3 \rightarrow 4 : \ \frac{T_3}{T_4} = (\frac{V_4}{V_3})^{k-1}$$

이상의 관계로부터 비례배분에 의해 다음과 같이 된다.

$$\frac{T_2}{T_1} = (\frac{V_1}{V_2})^{k-1} = (\frac{V_4}{V_3})^{k-1} = \frac{T_3}{T_4} \qquad \therefore \frac{T_4}{T_1} = \frac{T_3}{T_2}$$

따라서 오토사이클의 열효율은

$$\eta_{th,O} = 1 - \frac{T_1}{T_2} = 1 - (\frac{V_2}{V_1})^{k-1} = 1 - (\frac{1}{\gamma})^{k-1} \tag{5.5}$$

여가서 γ은 기관압축비로서 다음과 같이 정의된다.

$$\gamma = \frac{V_1}{V_2} = \frac{V_4}{V_3}$$

식 (5.5)에서 보는 바와 같이 오토사이클의 열효율은 공급열량에는 관계없고, 단지 압축비γ와 비열비k 만의 함수로서 이들의 값이 클수록 이론 열효율은 증가한다.

그림 5.5는 오토사이클의 압축비와 비열비 및 열효율과의 관계를 나타낸 것이다.

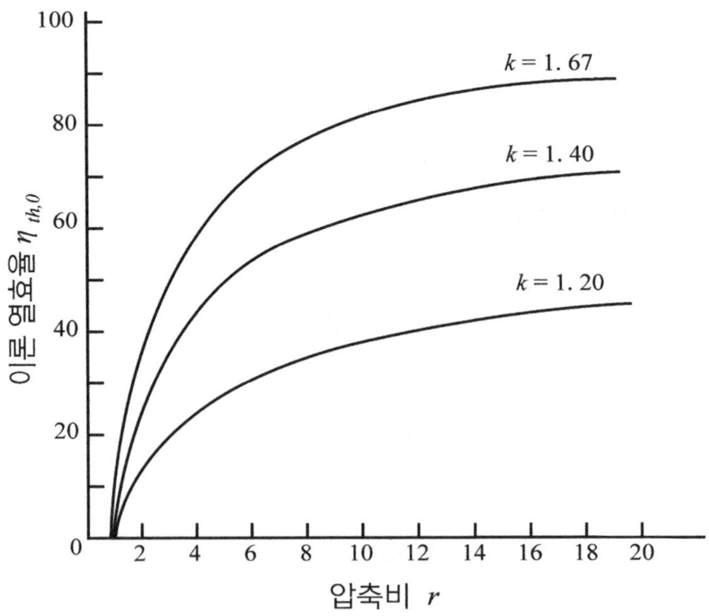

그림 5.5 공기표준 오토사이클의 열효율

이들의 식과 도표에서 알 수 있는 바와 같이 압축비가 큰 기관일수록 이론 열효율의 값은 증가하나, 실제로는 압축비 γ가 지나치게 크면 노킹(knocking)이라는 이상 폭발현상이 일어나므로 압축비는 제한을 받게 된다. 현재 사용되고 있는 가솔린기관의 압축비는 대략 6~14정도이다.

다음으로는 오토사이클의 과정으로부터 일과 평균유효압력을 구해보자

오토사이클의 일은

$$W = Q_{in} - Q_{out} = mC_v[(T_3 - T_2) - (T_4 - T_1)] \tag{5.6}$$

과정 2→3이 정적과정이므로 $pV = mRT$에서

$$\frac{P_2}{T_2} = \frac{P_3}{T_3}$$

$$T_3 = \frac{P_3}{P_2}T_2 = \gamma_p T_1 \gamma^{k-1} \tag{5.7}$$

여기서 γ_p는 압력상승비로서

$$\gamma_p = \frac{P_3}{P_2}$$

과정 3→4 : 단열변화이므로

$$\frac{T_3}{T_4} = (\frac{V_4}{V_3})^{k-1} \quad \text{에서}$$

$$T_4 = T_3(\frac{V_3}{V_4})^{k-1} = (\frac{1}{\gamma})^{k-1} T_1 \gamma_p \gamma^{k-1} = T_1 \gamma_p \tag{5.8}$$

식 (5.7), (5.8)을 식 (5.5)에 대입하여 정리하고, m을 단위질량이라고 하면

$$
\begin{aligned}
W &= C_v[T_1\gamma^{k-1}(\gamma_p - 1) - T_1(\gamma_p - 1)] \\
&= C_v(T_1(\gamma^{k-1} - 1)(\gamma_p - 1)] \\
&= \frac{RT_1}{k-1}(\gamma^{k-1} - 1)(\gamma_p - 1) \qquad (5.9)
\end{aligned}
$$

여기서 $C_v = \dfrac{R}{k-1}$ 이다.

다음으로는 평균유효압력(MEP)을 구하면 다음과 같다.

$$
\begin{aligned}
MEP = P_m &= \frac{w}{v_1 - v_2} \\
&= \frac{RT_1}{k-1}\frac{(\gamma^{k-1} - 1)(\gamma_p - 1)}{V_1(1 - \dfrac{V_2}{V_1})} \\
&= \frac{P_1(\gamma^k - \gamma)(\gamma_p - 1)}{(k-1)(\gamma - 1)} \qquad (5.10)
\end{aligned}
$$

여기서 $PV = RT$식을 이용한다.

또는

$$
\begin{aligned}
MEP &= \frac{w}{v_1 - v_2} = \frac{Q_{in}\eta_{th,o}}{v_1(1 - \dfrac{v_2}{v_1})} \\
&= \frac{P_1 Q_{in}}{RT_1}(\frac{\gamma}{\gamma - 1})(1 - (\frac{1}{\gamma})^{k-1}) \qquad (5.11)
\end{aligned}
$$

예제 5.1

공기표준 오토사이클에서 이 기관의 압축비는 6이고, 압축 초의 압력이 0.2 MPa, 온도 300 K이다. 공급 열량이 1000 kJ/kg일 때 열효율과 평균유효압력을 구하여라.

풀이

$$\eta_o = 1 - (\frac{1}{\gamma})^{k-1} = 1 - (\frac{1}{6})^{1.4-1} = 0.5116 = 51.16\% \text{ (답)}$$

$$MEP = P_m = \frac{w}{v_1 - v_2} \text{ , 여기서 } \eta_o = \frac{W}{Q_1} \quad \therefore W = 511.6 \text{ kJ/kg}$$

여기서 평균유효압력은

$$P_m = \frac{w}{v_1 - v_2} = \frac{w}{v_1(1 - \frac{v_2}{v_1})}$$

v_1을 구하면

$$v_1 = \frac{RT_1}{p_1} = \frac{0.287 \times 10^3 \times 300}{0.2 \times 10^6} = 0.4305 \text{ m}^3$$

$$P_m = \frac{w}{v_1(1 - \frac{v_2}{v_1})} = \frac{511.6}{0.4305(1 - \frac{1}{6})} = 1426.06 \text{ kPa (답)}$$

예제 5.2

오토사이클로 작동하는 행정체적 2000 cm^3, 압축비 7.5인 기관이 있다. 압축 초의 온도와 압력이 각각 20℃, 0.1 MPa이고, 최고 온도가 2080℃일 경우의 일과 이론열효율을 구하라. (단, $C_p = 1.170$ kJ/kgK, $R = 0.287$ kJ/kgK이다.)

풀이

$T_1 = 20℃$, $p_1 = 0.1$ MPa, $T_3 = 2080℃$,

$V_1 - V_2 = V_s = 2000\ \text{cm}^3$, $\gamma = \dfrac{V_1}{V_2} = 7.5$, $V_1 = 7.5\ V_2$ 식을 정리하면

$V_2 = 307.69\ \text{cm}^3$, $V_1 = 2307.69\ \text{cm}^3$

사이클의 일은

$$W = mC_v(T_1(\gamma^{k-1} - 1)(\gamma_p - 1)]$$
$$= m\frac{RT_1}{k-1}(\gamma^{k-1} - 1)(\gamma_p - 1)$$

이므로, 여기서 C_v, k, m, γ_p를 구하면

$$C_v = C_p - R = 1.170 - 0.287 = 0.883\ \text{kJ/kgK}$$

$$k = \frac{C_p}{C_v} = \frac{1.170}{0.883} = 1.3250$$

$$m = \frac{p_1 V_1}{RT_1} = \frac{0.1 \times 10^6 \times 2307.69 \times 10^{-6}}{0.287 \times 10^3 \times (20 + 273.15)} = 0.002743\ \text{kg}$$

$$\gamma_p = \frac{p_3}{p_2} = \frac{T_3}{T_2} = \frac{T_3}{T_1\gamma^{k-1}} = \frac{2080 + 273.15}{(20 + 273.15)7.5^{0.325}} = 4.1703$$

$\therefore\ W = mC_v(T_1(\gamma^{k-1} - 1)(\gamma_p - 1)] = 2.0818\ \text{kJ}$ (답)

$\eta_{th,O} = 1 - (\dfrac{1}{\gamma})^{k-1} = 1 - (\dfrac{1}{7.5})^{1.325-1} = 0.4805 = 48.05\%$(답)

5.4 디젤사이클 – 정압연소사이클

디젤사이클은 공기분사식 저속디젤기관의 기본 사이클이다. 1890년대 Rudolph Diesel (1858~1913)에 의해 제안된 디젤엔진 (CI엔진, Compression Injection)은 동작유체(공기)를 실린더 내에 밀폐하여 단열 압축시키면 공기가 연료의 자동 착화온도 이상까지 압축되어 고온, 고압의 상태가 된다. 이때 연료를 분사하면 다른 에너지를 이용하여 점화하지 않아도 자연 착화된다. 그리고 피스톤의 하강으로 인해 체적이 증가 되면서 일정 압력하에 연소가 되어 정압사이클 또는 디젤사이클이라고 한다.

가솔린엔진에서는 공기와 연료 혼합물은 압축행정 동안 압축되며, 압축비는 자동착화 또는 엔진노크에 의해 제한되지만, 디젤엔진에서는 공기만을 압축함으로 자동착화의 가능성은 무시된다. 따라서 디젤엔진은 통상 12~24 사이의 훨씬 더 높은 압축비에서 작동하도록 설계되어 있다. 따라서 이러한 점 때문에 디젤엔진은 가솔린엔진에 비하여 열효율이 높게 나타난다.

디젤사이클은 그림 5.6와 같이 2개의 단열과정과 1개의 정압과정, 1개의 정적과정으로 이루어진다.

이 사이클의 동작과정을 요약하면 다음과 같다.

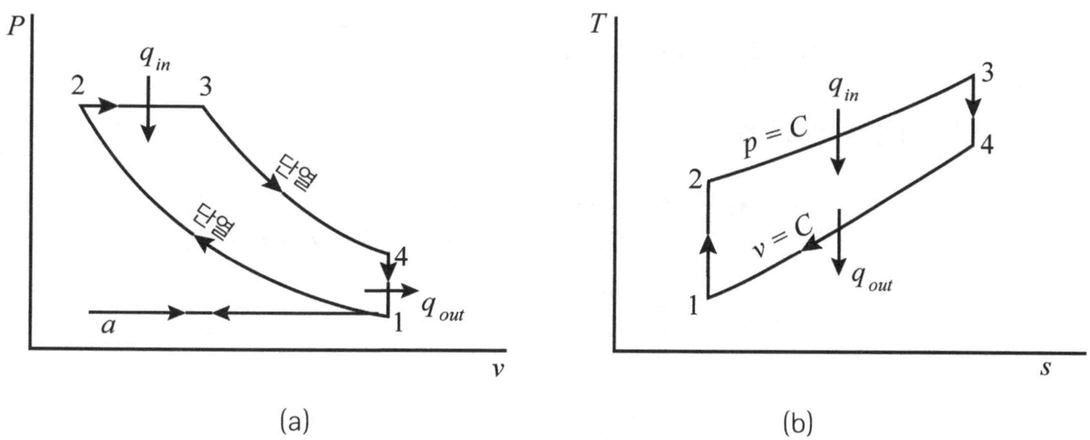

그림 5.6 공기표준 디젤사이클의 $P-V$, $T-S$ 선도

① 과정 a-1 : 흡입 과정(공기)

② 과정 1-2 : 단열압축 과정(공기)
흡입한 공기를 단열 압축한다.

③ 과정 2-3 : 정압가열 과정(연소분사, 연소)
압축된 공기 중에 외부로부터 열량 Q_{in}을 공급받는 과정이다. 실제 엔진에서는 연료를 분사하여 압축 착화하는 과정이다.

④ 과정 3-4 : 단열팽창과정(연소가스)
실린더 내 가스가 단열 팽창하여 동력을 얻는 과정이다.

⑤ 과정 4-1 : 정적방열 과정(연소가스)
정적하에서 열량 Q_{out}를 방열하는 과정이다.

⑥ 과정 1-a : 배기 과정(연소가스)

과정 2→3, 4→1에 대하여 열역학 제1법칙을 적용하면

$$Q_{in} = {}_2Q_3 = mC_p(T_3 - T_2)$$

$$Q_{out} = -{}_4Q_1 = mC_v(T_4 - T_1)$$

또한 사이클 간의 일은

$$W = Q_{in} - Q_{out} = mC_p(T_3 - T_2) - mC_v(T_4 - T_1)$$

디젤사이클의 열효율은

$$\eta_D = \frac{W}{Q_{in}} = \frac{Q_{in} - Q_{out}}{Q_{in}} = 1 - \frac{Q_{out}}{Q_{in}} = 1 - \frac{C_v(T_4 - T_1)}{C_p(T_3 - T_2)}$$

$$= 1 - \frac{(T_4 - T_1)}{k(T_3 - T_2)}$$

$$= 1 - \frac{1}{k}\frac{T_1(\frac{T_4}{T_1} - 1)}{T_2(\frac{T_3}{T_2} - 1)} \qquad (5.12)$$

여기서 정압과정에서의 체절비 $\frac{V_3}{V_2}$를 **분사단절비** 혹은 **체절비** γ_c라 하고, 압축비 $\gamma=\frac{V_1}{V_2}$이므로 η_D을 정리하면 다음과 같다.

$$\text{단절비}\ \ \gamma_c=\frac{V_3}{V_2},\qquad \text{압축비}\ \ \gamma=\frac{V_1}{V_2}$$

과정 2→3 : $p=\text{const.}$

$$\frac{V_2}{T_2}=\frac{V_3}{T_3},\quad T_3=\frac{V_3}{V_2}T_2=\gamma_c T_1\gamma^{k-1}$$

과정 1→2, 3→4과정은 단열과정 : $\frac{T_2}{T_1}=(\frac{V_1}{V_2})^{k-1}$, $\frac{T_3}{T_4}=(\frac{V_4}{V_3})^{k-1}$

$$\begin{aligned} T_4 &= (\frac{V_3}{V_4})^{k-1}T_3=(\frac{V_2}{V_4}\frac{V_3}{V_2})^{k-1}T_3 \\ &= (\frac{\gamma_c}{\gamma})^{k-1}\gamma_c T_1\gamma^{k-1} \\ &= T_1\gamma_c^k \end{aligned}$$

따라서

$$\frac{T_4}{T_1}=\gamma_c^k\ ,\ \frac{T_3}{T_2}=\frac{V_3}{V_2}=\gamma_c$$

디젤사이클의 열효율은

$$\eta_{th,D}=1-(\frac{1}{\gamma})^{k-1}[\frac{\gamma_c^k-1}{k(\gamma_c-1)}] \tag{5.13}$$

식 (5.13)에서 γ와 γ_c는 1보다 크므로 괄호 안의 값은 항상 1보다 크다. 따라서 디젤사이클의 이론 열효율은 동일한 압축비의 오토사이클의 열효율보다 항상 작다는 것을 알 수 있다.

하지만 실제 기관에서는 압축비가 디젤기관이 더 크므로 오토사이클의 열효율보다 크다고 할 수 있다.

$$\eta_{th,O} > \eta_{th,D} \quad \text{(압축비가 동일한 경우)}$$

$$\eta_{th,O} < \eta_{th,D} \quad \text{(실제기관에서 디젤기관이 압축비가 높다)}$$

그림 5.7는 특정한 압축비하에서 체절비 γ_c에 대한 열효율을 나타낸다. 그림에서와 같이 체절비 γ_c를 작게 설계하는 것이 열효율을 증진시킬 수 있다는 것을 알 수 있다. 즉, 실제기관에서 급속 연소시키는 것이 열효율 향상에 유리하다고 볼 수 있다.

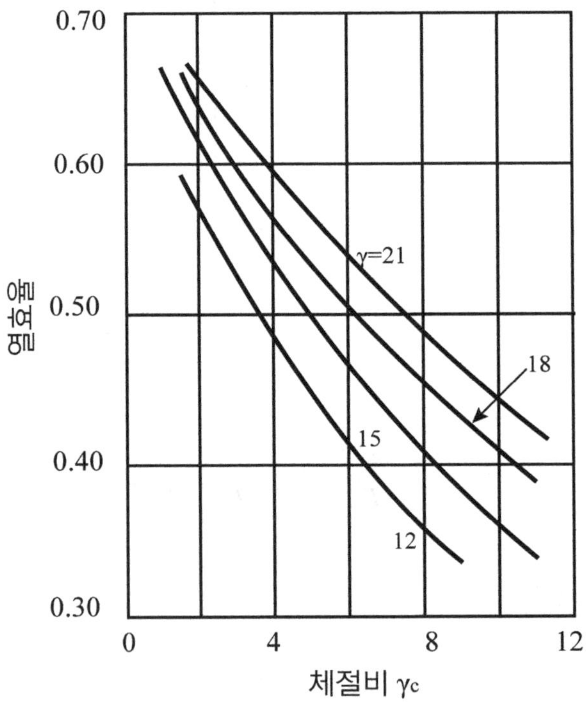

그림 5.7 공기표준 디젤사이클의 체절비와 압축비에 대한 열효율

한편 γ_c값이 1에 근접할 경우, 오토사이클의 효율에 접근하며 이론 열효율의 값은 커지게 된다.

한편 사이클의 일은

$$W = Q_{in} - Q_{out} = mC_v[k(T_3 - T_2) - (T_4 - T_1)] \tag{5.14a}$$

여기서

$$T_2 = T_1\gamma^{k-1}, \qquad T_3 = T_1\gamma_c\gamma^{k-1}, \qquad T_4 = T_1\gamma_c^k$$

$$\begin{aligned} W &= mC_vT_1[k\gamma^{k-1}(\gamma_c - 1) - (\gamma_c{}^k - 1)] \\ &= \frac{mRT_1}{k-1}[k\gamma^{k-1}(\gamma_c - 1) - (\gamma_c^k - 1)] \end{aligned} \tag{5.14b}$$

평균유효압력을 구하면 다음과 같다.

$$\begin{aligned} P_m &= \frac{W}{V_1 - V_2} = \frac{\frac{mRT_1}{k-1}[k\gamma^{k-1}(\gamma_c - 1) - (\gamma_c^k - 1)]}{V_1(1 - \frac{V_2}{V_1})} \\ &= \frac{P_1[k\gamma^k(\gamma_c - 1) - \gamma(\gamma_c^k - 1)]}{(k-1)(\gamma - 1)} \end{aligned} \tag{5.15}$$

예제 5.3

디젤사이클에서 압축 초의 온도가 200 K, 단절비가 3, 압축비가 16일 경우 최고 온도는 몇 도인가? (단, $k = 1.4$이다.)

풀이

$$T_1 = 200\text{ K},\ \gamma_c = \frac{V_3}{V_2} = \frac{T_3}{T_2} = 3,\ \gamma = \frac{V_1}{V_2} = 16, \qquad T_3 = ?$$

T_2구하기

$\frac{T_2}{T_1} = (\frac{V_1}{V_2})^{k-1}$ 에서 $T_2 = 200 \times (16)^{0.4} = 606.286\text{ K}$

$\gamma_c = 3 = \frac{T_3}{606.286} \qquad \therefore\ T_3 = 1818.85\text{ K}$ (답)

예제 5.4

공기표준 디젤사이클에서 압축비 15, 단절비 2, 최저온도가 20℃일 때 이 기관의 이론열효율은 얼마인가? 또한 같은 조건하에서 카르노사이클 설계한다면 열효율은 얼마인지 비교하라

풀이

디젤사이클의 열효율은

$$\eta_D = 1 - (\frac{1}{\gamma})^{k-1}[\frac{\gamma_c^k - 1}{k(\gamma_c - 1)}]$$

$$= 1 - (\frac{1}{15})^{1.4-1}[\frac{2^{1.4} - 1}{1.4(2-1)}] = 0.681 = 68.1\%\text{(답)}$$

카르노사이클의 열효율은

$$\eta_C = 1 - \frac{T_{II}}{T_I} = \frac{T_1}{T_3}$$

여기서 최고온도 T_3을 구하면

2-3과정은 등압과정이므로 $pV = mRT$식에서 $\frac{V}{T} = C,\ \gamma_c = \frac{V_3}{V_2} = \frac{T_3}{T_2} = 2$

T_2를 구하면, 1-2과정은 단열과정이므로

$\frac{T_2}{T_1} = (\frac{V_1}{V_2})^{k-1},\ T_2 = (20 + 273.15) \times 15^{0.4} = 866.01\text{ K}$

$\therefore\ T_3 = 2 \times T_2 = 2 \times 866.01 = 1732.02\text{ K}$

$$\therefore\ \eta_C = 1 - \frac{T_{II}}{T_I} = \frac{T_1}{T_3} = \frac{293.15}{1732.02} = 0.831 = 83.1\%\text{(답)}$$

따라서 $\dfrac{\eta_D}{\eta_C} = \dfrac{0.681}{0.831} = 0.819 = 81.9\%$(답)

예제 5.5

공기표준 디젤사이클의 최고온도와 압력이 2700℃, 40 bar, 최저온도와 압력이 30℃, 1 bar일 때

① 압축비, 단절비, 열효율을 구하라

② 만약, 같은 압축비의 오토사이클로 설계한다면 열효율은 어떻게 되는가?

풀이

$T_3 = 2700$℃, $T_1 = 30$℃, $p_2 = p_3 = 40$ bar, $p_1 = 1$ bar

① ■ 압축비 $\gamma = \dfrac{V_1}{V_2}$

1-2과정은 단열과정이므로 $\dfrac{T_2}{T_1} = (\dfrac{V_1}{V_2})^{k-1} = (\dfrac{p_2}{p_1})^{\frac{k-1}{k}}$ 이므로

$$\gamma = \frac{V_1}{V_2} = (\frac{p_2}{p_1})^{\frac{1}{k}} = (\frac{40}{1})^{\frac{1}{1.4}} = 13.94\ \text{(답)}$$

■ 단절비 $\gamma_c = \dfrac{V_3}{V_2}$

과정 2-3은 정압과정이므로 $pV = mRT$에서 $\dfrac{V}{T} = C$이므로 $\dfrac{V_2}{T_2} = \dfrac{V_3}{T_3}$,

즉, $\dfrac{T_3}{T_2} = \dfrac{V_3}{V_2}$

T_2구하기

$\dfrac{T_2}{T_1} = (\dfrac{V_1}{V_2})^{k-1}$에서 $T_2 = (30 + 273.15) \times (13.94)^{1.4-1} = 869.7$ K

$$\therefore\ \gamma_c = \frac{V_3}{V_2} = \frac{T_3}{T_2} = \frac{2700 + 273.15}{869.7} = 3.418\ \text{(답)}$$

■ 열효율

$$\eta_{th,D} = 1 - (\frac{1}{\gamma})^{k-1}[\frac{\gamma_c^k - 1}{k(\gamma_c - 1)}] = 0.5275 = 52.75\%(\text{답})$$

② $\gamma = 13.94$일 경우 오토사이클의 열효율은?

$$\eta_{th,O} = 1 - (\frac{1}{\gamma})^{k-1} = 1 - (\frac{1}{13.94})^{1.4-1} = 0.6514 = 65.14\%(\text{답})$$

위의 풀이에서도 알 수 있듯이 동일한 압축비라면 오토사이클이 디젤사이클보다 열효율이 더 좋다. 하지만 실제기관에서는 디젤사이클의 압축비가 더 크므로 디젤사이클이 오토사이클보다 열효율이 더 높다고 할 수 있다.

5.5 사바테사이클 – 정적·정압 연소사이클

내연기관에 있어서 연소과정을 정적 또는 정압하의 가열과정으로 가정하는 것은 지나치게 간단하고 사실상 실제적이지 못한다. 그래서 실제 디젤기관 사이클의 과정에 가깝도록 정적과정과 정압과정에서 가열과정이 이루어진다고 생각한 사이클을 복합사이클 또는 고안자의 이름을 따서 사바테사이클(Sabathe cycle)이라고 한다.

사바테사이클은 앞서 설명한 오토사이클(정적)과 디젤사이클(정압)사이클의 합성 사이클이라고 할 수 있다. 사바테사이클은 실제의 디젤기관에 가까운 중, 고속디젤기관의 기본 사이클이다. 이 사이클에서 연소의 일부는 처음 급격히 정적연소되고 나머지는 정압연소된다.

그림 5.8는 사바테사이클의 $P-V$선도, $T-S$선도이다.

사이클의 각 과정은 다음과 같다.

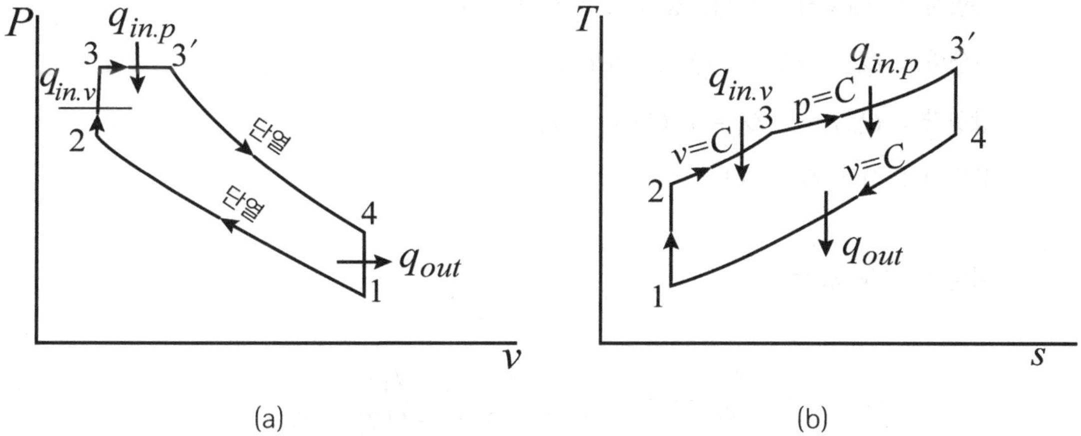

그림 5.8 공기표준 복합사이클의 $P-V$, $T-S$ 선도

① 과정 1-2 : 단열압축 과정

흡입된 가스를 상태 1에서 2까지 가역단열(등엔트로피)압축하는 과정이다.

② 과정 2-3 : 정적가열 과정

정적하에서 열량 $Q_{in,v}$을 공급받는다.

③ 과정 3-3´: 정압가열 과정

정압하에서 열량 $Q_{in,p}$를 공급받는다.

④ 과정 3´-4 : 단열팽창과정

정적가열과 정압가열된 상태 3´인 가스를 4까지 가역단열(등엔트로피)팽창하는 과정이다.

⑤ 과정 4-1 : 정적방열 과정

정적하에서 열량 Q_{out}를 방열하는 과정이다.

실제의 기관에서는 상사점 부근에서 분사된 연료는 그 일부가 정적연소하고, 나머지는 정압연소한다. 따라서 정적과정 2→3에서 $Q_{in,v}$가, 정압과정 3→3´에서 $Q_{in,p}$가 공급되어 총 공급열량은 $Q_{in}=Q_{in,v}+Q_{in,p}$가 된다.

복합사이클에서의 가열량, 방열량, 유효일을 구하면

가열량 : $Q_{in} = Q_{in,v} + Q_{in,p} = mC_v(T_3 - T_2) + mC_p(T_3' - T_3)$

방열량 : $Q_{out} = -{}_4Q_1 = mC_v(T_4 - T_1)$

유효일 : $W = Q_{in} - Q_{out}$

이론 열효율 η_S는

$$\eta_{th,S} = 1 - \frac{Q_{out}}{Q_{in}} = 1 - \frac{C_v(T_4 - T_1)}{C_v(T_3 - T_2) + C_p(T_3' - T_3)} \tag{5.16}$$

여기서,

$$T_2 = T_1\gamma^{k-1}, \ T_3 = \frac{P_3}{P_2}T_2 = \gamma_p T_1 \gamma^{k-1}$$

$$T_3' = \frac{V_3'}{V_3}T_3 = T_1\gamma_c\gamma_p\gamma^{k-1}$$

$$T_4 = (\frac{V_3'}{V_4})^{k-1}T_3' = (\frac{V_3}{V_4}\frac{V_3'}{V_3})^{k-1}T_1\gamma_p\gamma_c\gamma^{k-1} = T_1\gamma_p\gamma_c^k$$

$\gamma_p = \frac{P_3}{P_2} = \frac{T_3}{T_2}$를 **압력비** 또는 **압력상승비**라 한다. 따라서 열효율 η_S은 다음의 식으로 표현된다.

$$\begin{aligned}\eta_{th,S} &= 1 - \frac{Q_{out}}{Q_{in}} = 1 - \frac{C_v(T_4 - T_1)}{C_v(T_3 - T_2) + C_p(T_3' - T_3)} \\ &= 1 - \frac{(T_4 - T_1)}{(T_3 - T_2) + k(T_3' - T_3)} \\ &= 1 - (\frac{1}{\gamma})^{k-1}[\frac{\gamma_p\gamma_c^k - 1}{\gamma_p - 1 + k\gamma_p(\gamma_c - 1)}]\end{aligned} \tag{5.17}$$

식 (5.17)에서 $\gamma_c = 1$이면 오토사이클, $\gamma_p = 1$이면 디젤사이클의 열효율식에 대응한다. 사이클당의 일은

$$W = Q_{in} - Q_{out} = C_v(T_3 - T_2) + C_p(T_3' - T_3) - C_v(T_4 - T_1) \tag{5.18}$$

평균유효압력은 다음과 같다.

$$P_m = \frac{P_1[\gamma^k[(\gamma_p - 1) + k\gamma_p(\gamma_c - 1)] - \gamma(\gamma_c^k\gamma_p - 1)]}{(k-1)(\gamma - 1)} \tag{5.19}$$

예제 5.6

공기를 작업유체로 하는 사바테사이클의 최고온도가 2500 K, 최저온도가 300 K이다. 최고압력을 40 bar, 최저압력을 1 bar, 압축비를 9, $k = 1.4$라 하면
① 단절비, 압력비 ② 이론열효율 ③ 이론평균유효압력을 구하라

풀이

$T_{3'} = 2500$ K, $T_1 = 300$ K, $p_3 = p_{3'} = 40$ bar, $p_1 = 1$ bar, $\gamma = 9$, $k = 1.4$

① $\gamma_c = \dfrac{v_{3'}}{v_3} = \dfrac{T_{3'}}{T_3}$

여기서 T_3구하기

1-2과정은 단열과정이므로 $\dfrac{T_2}{T_1} = (\dfrac{V_1}{V_2})^{k-1} = (\dfrac{p_2}{p_1})^{\frac{k-1}{k}}$ 에서

$p_2 = p_1(\dfrac{V_1}{V_2})^k = 1 \times (9)^{1.4} = 21.674$ bar

압력비 $\gamma_p = \dfrac{p_3}{p_2} = \dfrac{T_3}{T_2}$ 이므로

$\therefore \quad \gamma_p = \dfrac{p_3}{p_2} = \dfrac{40}{21.674} = 1.85$ (답)

여기서 T_3를 구하면 $T_3 = T_2 \times \dfrac{p_3}{p_2} = 722.47 \times \dfrac{40}{21.674} = 1333.33$ K

$$\therefore \quad \gamma_c = \frac{T_3'}{T_3} = \frac{2500}{1333.33} = 1.875 (\text{답})$$

② 이론열효율

$$= 1 - \left(\frac{1}{\gamma}\right)^{k-1} \left[\frac{\gamma_p \gamma_c^k - 1}{\gamma_p - 1 + k\gamma_p (\gamma_c - 1)}\right] = 0.5392 = 53.92\% \ (\text{답})$$

③ 이론평균유효압력

$$P_m = \frac{P_1 [\gamma^k [(\gamma_p - 1) + k\gamma_p (\gamma_c - 1)] - \gamma(\gamma_c^k \gamma_p - 1)]}{(k-1)(\gamma - 1)} = 11.33 \text{ bar} \ (\text{답})$$

5.6 오토사이클, 디젤사이클, 복합사이클의 열효율 비교

오토사이클, 디젤사이클 및 복합사이클의 열효율을 정리하면 아래와 같다.

$$\eta_{th,otto} = 1 - \left(\frac{1}{\gamma}\right)^{k-1}$$

$$\eta_{th,Diesel} = 1 - \frac{1}{\gamma^{k-1}} \left[\frac{{\gamma_c}^k - 1}{k(\gamma_c - 1)}\right]$$

$$\eta_{th,Sabathe} = 1 - \left(\frac{1}{\gamma}\right)^{k-1} \left[\frac{\gamma_p \gamma_c^k - 1}{\gamma_p - 1 + k\gamma_p (\gamma_c - 1)}\right]$$

위의 이론 사이클은 어느 것이나 압축비를 크게 함으로써 오토, 디젤, 복합사이클의 이론열효율은 모두 증가한다. 오토(정적)사이클은 공급 열량에는 관계없이 압축비의 증가만으로 $\eta_{th,O}$는 높아진다.

디젤사이클은 압축비 증가와 더불어 $\eta_{th,D}$은 높아지지만 차단비(γ_c)의 증가와 더불어 $\eta_{th,D}$은 감소하므로 공급열량에 관계된다.

복합사이클은 압축비(γ)와 압력비(γ_p)의 증가와 더불어 $\eta_{\mathrm{th,S}}$은 높아지고 또한 차단비(γ_c)의 증가와 더불어 $\eta_{\mathrm{th,S}}$가 감소하므로 역시 디젤사이클과 마찬가지로 공급열량에 관계된다.

(1) 처음온도, 압축비, 및 공급열량이 같을 경우

이론적으로 압축비를 높일수록 열효율은 증대하지만 그중에서도 공급열량과 무관한 오토사이클의 열효율이 최대임을 알 수 있다. 이론열효율은 다음과 같다.

$\eta_{th,\,O}$**(정적사이클)**$>\eta_{th,\,S}$**(복합사이클)**$>\eta_{th,\,D}$**(정압 사이클) (압축비가 동일할 경우)**

의 순서가 된다. 그 이유는 복합사이클의 식 (5.17)의 제2항 중 다음의 값이 1보다 크기 때문이다.

$$\left[\frac{\gamma_p\gamma_c^k-1}{\gamma_p-1+k\gamma_p(\gamma_c-1)}\right]>1$$

조건 : $P_1 = 1\ kg_f/cm^2$, $T = 27℃$, $Q = 710\ \ kcal/kg_f$

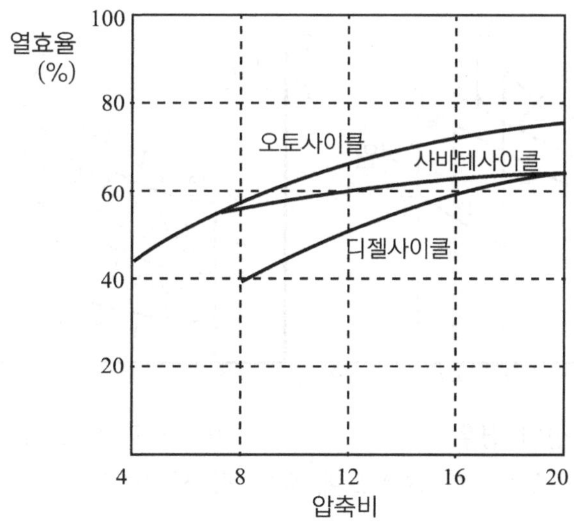

그림 5.9 압축비에 따른 사이클의 열효율 비교

그림 5.9는 압축비에 따른 사이클의 열효율 비교 선도를 나타내고 있다.

또한, 그림 5.10(a)에 표시된 것과 같이 공급 열량 Q_{in}이 동일하고, 압축비 γ및 처음온도 T_1이 같으므로 각 사이클의 2-3선, 2-3″선, 2-3′선 아래의 면적은 모두 같아야 한다.

$$\text{면적}(52365) = \text{면적}(523''6''5) = \text{면적}(523'6'5)$$

또한 $T-S$선도의 정압선은 정적선의 기울기보다 기울기가 완만하므로 팽창 말의 상태점 4′, 4″, 4는 그림과 같은 순서로 된다. 따라서 방열량 Q_{out} 는

$$Q_{out,\,O}\ (\text{면적}1465)\ <\ Q_{out,\,S}\ (\text{면적}14''6''5)\ <\ Q_{out,\,D}\ (\text{면적}14'6'5)$$

의 순서로 크고, 열효율은 이와 반대로 된다.

$$\eta_{th,\,O}(\textbf{정적사이클}) > \eta_{th,\,S}(\textbf{복합사이클}) > \eta_{th,\,D}(\textbf{정압 사이클})$$

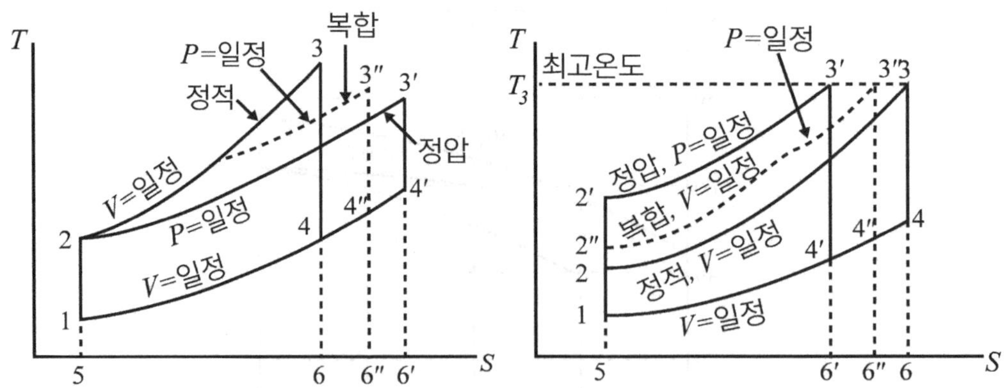

(a) 압축비 일정의 경우　　　　　　(b) 최고 온도 일정의 경우

그림 5.10 $T-S$ 선도에 의한 각 사이클의 비교

(2) 처음온도, 공급열량 및 최고온도가 같은 경우

그림 5.10(b)에서 보는 바와 같이 처음온도 T_1, 공급열량 Q_{in}, 최고온도 T_{max} ($T_3^{'} = T_3^{''} = T_3$)이 같을 경우에는 방열량 Q_{out}이

$$Q_{out,O} > Q_{out,S} > Q_{out,D}$$

의 순으로 크므로 열효율은 다음과 같은 순서가 된다.

$$\eta_{th,D} > \eta_{th,S} > \eta_{th,O}$$

(3) 실제 사이클의 경우

실제 사이클의 경우에는

$\eta_{th,S}$**(복합사이클)**> $\eta_{th,D}$**(정압사이클)**> $\eta_{th,O}$**(정적사이클) (실제기관에서)**

이라 할 수 있다. 디젤기관은 오토사이클의 압축비보다는 훨씬 높은 것을 취할 수 있다. 또한, 이론적으로나 실제적으로 정적연소와 정압연소를 나누어서 하는 복합사이클의 열효율이 더 좋아지게 된다. 그리고 실제상의 문제에 있어서도 열량의 공급, 기관의 수명 및 강도에 관계되는 최고압력을 억제하여 비교하더라도 "복합사이클 〉 정압사이클 〉 정적사이클"로 된다. 일반적으로 $\eta_{th,O}$=20~25%, $\eta_{th,D}$=28~32%, $\eta_{th,S}$=29~37%, 정도로 된다.

5.7 공기표준 브레이턴 사이클(Brayton cycle)

공기표준 브레이턴 사이클은 가스 터빈의 이상적인 사이클이다. 지금까지 설명한 3 종류의 사이클은 모두 피스톤기관의 기본 사이클이었다. 하지만 가스 터빈 사이클은 왕복식 피스톤기관과 다른 방식으로 동력을 얻는다. 그림 5.11, 그림 5.12은 가스 터빈 기관의 구조를 나타내고 있다. 가스터빈 기관은 기관의 내부에서 연소된 고온·고압의 가스를 터빈 날개에 직접 분사하여 회전력을 얻는 기관이다.

가스 터빈 기관의 작동원리는 다음과 같다. 가스 터빈의 압축기에서 외부로부터 들어오는 공기를 압축하여 연소실로 보내면, 연소실에서는 압축된 공기에 계속해서 연료를 분사하여 고온·고압의 연소 가스를 발생시킨다. 이때 발생된 연소 가스를 터빈 날개에 직접 분사하여 동력을 얻는다.

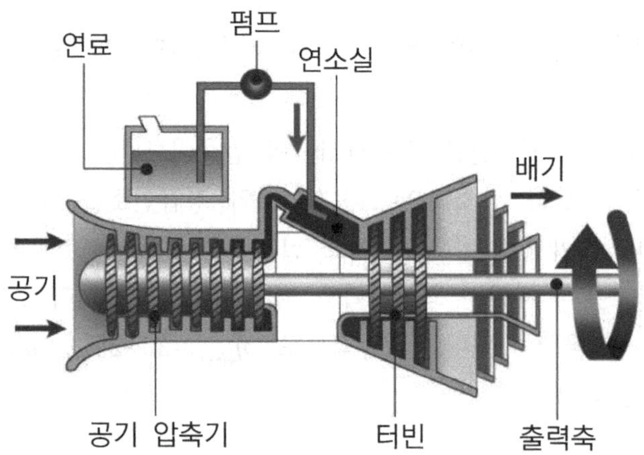

그림 5.11 가스터빈의 구조

가스 터빈의 구조은 압축기와 터빈 그리고 연소실로 구성되어 있다. 압축기에서 압축된 공기가 연료와 혼합되어 연소함으로써 고온 고압의 기체가 팽창하고 이 힘을 이용하여 터빈을 구동한다. 에너지는 샤프트를 통해 토크(Torque)로 전달되거나 추력이나 압축 공기 형태로 얻는다. 이렇게 얻은 에너지로 주로 비행기 엔진과 발전용으로 쓰인다.

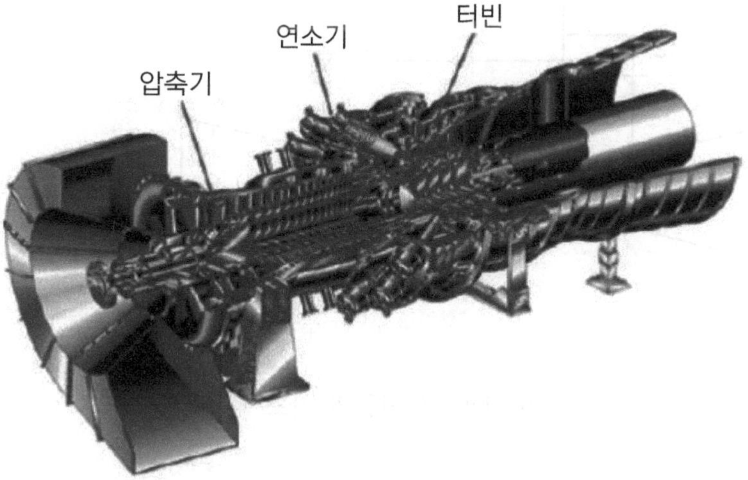

그림 5.12 가스터빈(MHI M501G가스터빈)

브레이턴 사이클(Brayton cycle)은 1870년 미국의 브레이턴에 의해 고안되었다. 이 사이클은 가스터빈의 기본 사이클로 개방 사이클과 밀폐 사이클의 두 가지가 있다.

개방 사이클(open cycle)은 그림 5.13(a)와 같이 대기로부터 흡입된 공기를 압축기로 압축하여 연소기로 보내고 여기서 연료가 분사되어 정압하에 연속적으로 연소시킨다. 연소실에서 연소된 고온, 고압의 연소 가스는 터빈에서 팽창하여 일을 하고, 이 발생일의 일부는 압축기를 구동하기 위하여 사용되고 나머지는 유효일로 사용된다.

개방 사이클은 터빈을 나온 연소가스를 그대로 대기 중에 버리는 방식이며, 열효율을 개선시키기 위하여 배출 가스의 열을 회수하는 방식도 있다. 이와 같이 터빈에서 팽창일을 한 배기 가스를 외부로 배출하고 새로운 연료, 공기를 이용하여 열에너지를 얻는 사이클이 개방 사이클이다.

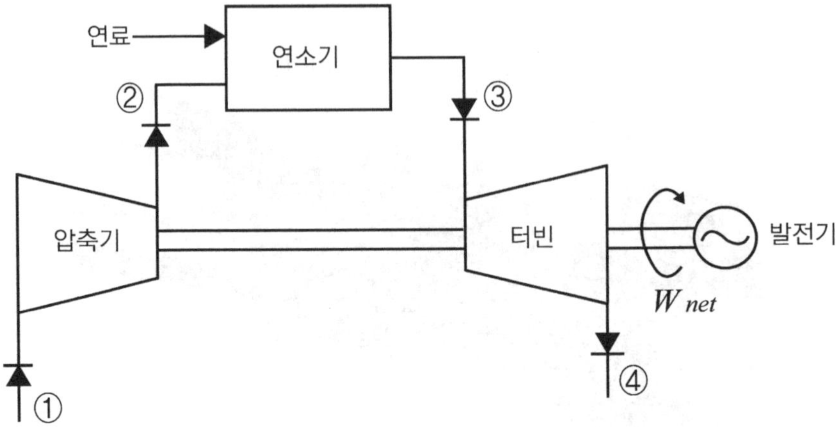

(a) 개방 사이클의 가스 터빈

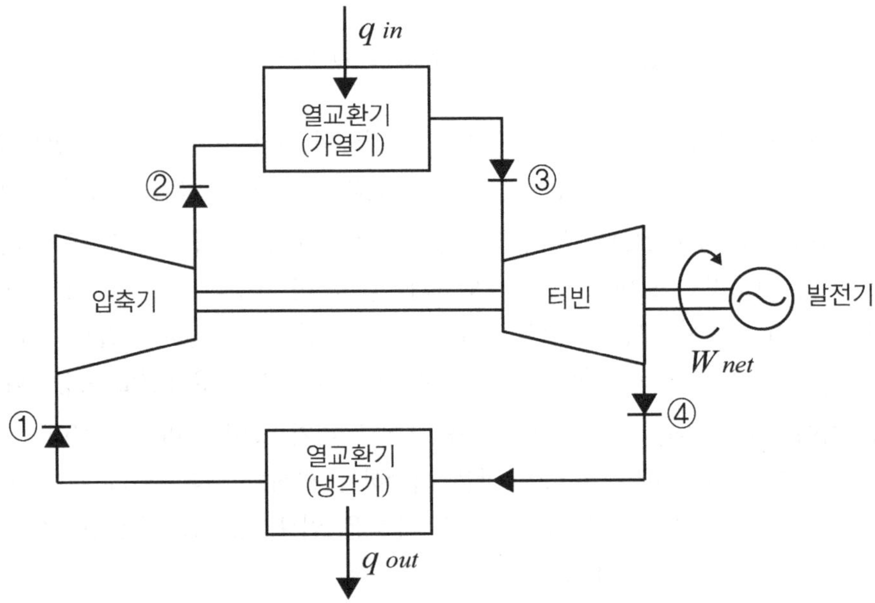

(b) 밀폐 사이클의 가스 터빈

그림 5.13 가스 터빈의 사이클

밀폐 사이클(closed cycle)은 그림 5.13(b)와 같이 동작유체가 밀폐된 상태에서 열교환기인 가열기와 냉각기에 의하여 열의 수수가 이루어지는 사이클로서 동작가스는 순환하여 사용한다.

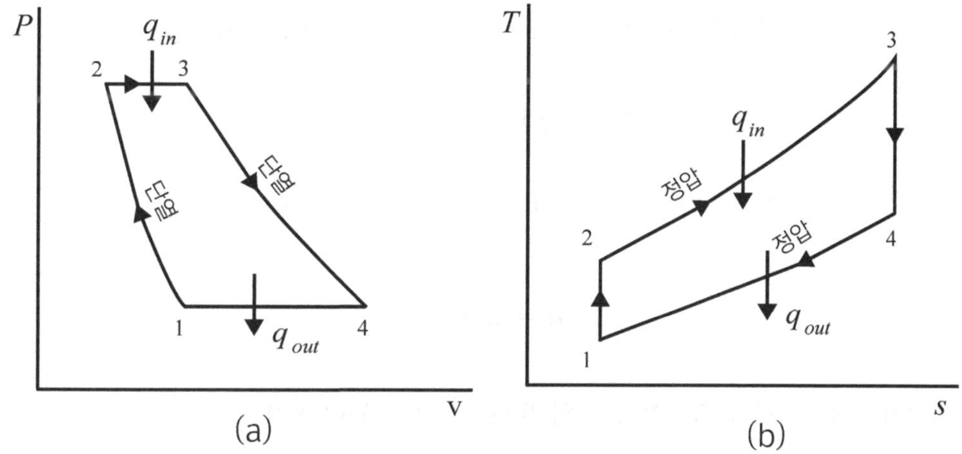

그림 5.14 브레이턴 사이클의 $P-v$, $T-s$선도

그림 5.14은 브레이턴 사이클의$P-v$, $T-S$선도이다. 이 선도는 2개의 정압과정과 2개의 단열과정으로 이루어진다.

① 과정 1→2 : **단열 압축**(isentropic compression)
압축기에서 공기를 흡입하여 압력P_2로 가압하는 과정이다.

② 과정 2→3 : **정압 가열**(constant pressure heat addition)
연소기 내에서 일정 압력하에 연소시키는 과정이다

③ 과정 3→4 : **단열 팽창**(isentropic expansion)
터빈 내에서 연소 가스가 단열 팽창하여 일을 하는 과정이다.

④ 과정 4→1 : **정압 방열**(constant pressure heat rejection)
정압하에 방열하여 처음 상태로 되는 과정이다.

여기서 압축과 팽창과정은 등엔트로피 과정이고, 실제 연소과정은 열공급 과정으로 대체한다.

브레이턴 사이클의 각 과정을 정상 유동 과정으로 보고 에너지보존의 법칙을 적용하면, **과정 1-2, 3-4 과정**에서 단열과정 이므로 $\dot{Q}=0$, 위치에너지를 무시하면,

$$\dot{m}(u_1 + \frac{1}{2}V_1^2 + gz_1 + p_1v_1) + \dot{Q} = \dot{m}(u_2 + \frac{1}{2}V_2^2 + gz_2 + p_2v_2) + \dot{W}$$

$$\dot{m}(h_1 + \frac{1}{2}V_1^2) = \dot{m}(h_2 + \frac{1}{2}V_2^2) + \dot{W}$$

$$\dot{W} = \dot{m}[(h_1 - h_2) + \frac{1}{2}(V_1^2 - V_2^2)]$$

$$\therefore \; W = \Delta H + \Delta KE$$

여기서 유동 유체의 속도차가 거의 없다고 하면 $\Delta KE = 0$이면

$$\therefore \; W = \Delta H \tag{5.20}$$

과정 2-3, 4-1 과정에서 열교환기에 정상류에너지 방정식을 적용시키면 $\dot{W} = 0$, 위치에너지를 무시하면,

$$\dot{m}(u_1 + \frac{1}{2}V_1^2 + gz_1 + p_1v_1) + \dot{Q} = \dot{m}(u_2 + \frac{1}{2}V_2^2 + gz_2 + p_2v_2) + \dot{W}$$

$$\dot{Q} = \dot{m}[(h_2 - h_1) + \frac{1}{2}(V_2^2 - V_1^2)]$$

$$\therefore \; Q = \Delta H + \Delta KE$$

여기서 유동 유체의 속도차가 거의 없다고 하면 $\Delta KE = 0$이면

$$\therefore \; Q = \Delta H \tag{5.21}$$

가스터빈 사이클의 공급열량 Q_{in}과 방출열량 Q_{out}은 다음과 같이 표시된다.

$$Q_{in} = {}_2Q_3 = C_p(T_3 - T_2)$$

$$Q_{out} = -{}_4Q_1 = C_p(T_4 - T_1)$$

따라서 브레이턴 사이클의 열효율은

$$\eta_{th,\,Brayton} = \frac{W_{net}}{Q_{in}} = 1 - \frac{Q_{out}}{Q_{in}}$$

$$= 1 - \frac{C_p(T_4 - T_1)}{C_p(T_3 - T_2)} = 1 - \frac{T_1(\frac{T_4}{T_1} - 1)}{T_2(\frac{T_3}{T_2} - 1)}$$

과정 1-2와 3-4는 단열과정이고 $P_2 = P_3$, $P_4 = P_1$이므로

$$\frac{T_2}{T_1} = (\frac{v_1}{v_2})^{k-1} = (\frac{P_2}{P_1})^{\frac{k-1}{k}} = (\frac{P_3}{P_4})^{\frac{k-1}{k}} = \frac{T_3}{T_4}$$

$$\therefore \quad \frac{T_4}{T_1} = \frac{T_3}{T_2}$$

따라서 구하고자 하는 이론열효율은

$$\eta_{th,\,Brayton} = 1 - \frac{1}{\gamma^{k-1}} = 1 - \frac{1}{\gamma_p^{\frac{k-1}{k}}} = 1 - (\frac{1}{\gamma_p})^{\frac{k-1}{k}} \tag{5.22}$$

여기서, 압축비 $\gamma = \frac{v_1}{v_2}$,　압력비 $\gamma_p = \frac{P_2}{P_1}$

압력비의 범위는 소형의 경우 $\gamma_p = 5$정도이고, 고성능 제트엔진의 경우에는 $\gamma_p = 20$ 정도이다. 한편 공연비는 대체로 60:1 정도이다.

식 (5.22)에서 알 수 있듯이 브레이턴 사이클의 열효율은 가스터빈의 압력비γ_p와 동작유체의 비열비 k에 의존함을 알 수 있다. 따라서 실제 가스 터빈에서의 열효율은 이들 두 값에 의하여 크게 변하게 된다.

그림 5.15 브레이턴 사이클의 열효율과 압력비와의 관계를 나타낸다.

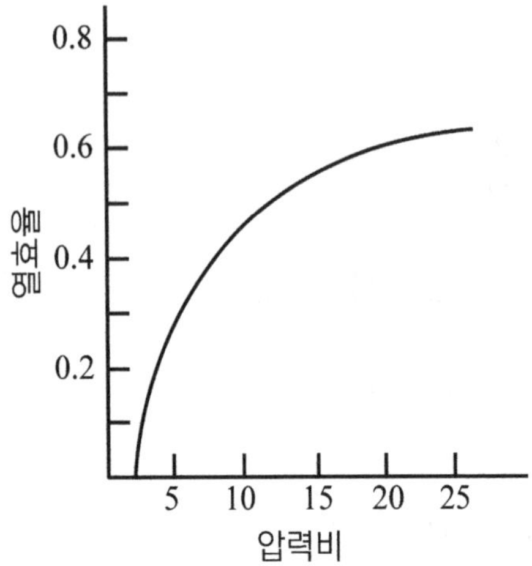

그림 5.15 브레이턴 사이클의 열효율과 압력비와의 관계

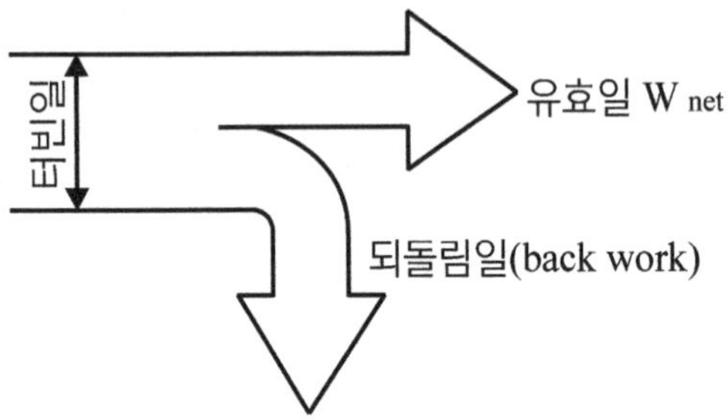

그림 5.16 유효일과 되돌림일

가스터빈의 원동소에서 터빈일에 대한 압축기의 비를 압축기-터빈일의 비(back work ratio)라고 하고 bwr로 표시한다.

$$bwr = \frac{w_c}{w_t} = \frac{-{}_1w_2}{{}_3w_4} = \frac{h_2 - h_1}{h_3 - h_4} = \frac{C_p(T_2 - T_1)}{C_p(T_3 - T_4)} \tag{5.23}$$

여기서 첨자 c, t는 각각 압축기와 터빈을 나타낸다. 가스터빈에서 발생한 일은 유효일에 사용된 부분과 압축기를 구동하는데 사용되는 일이 되돌림일(back work)에 상당하며, 터빈일의 약 40~80%이상이 압축기 구동에 소요된다.

예제 5.7

공기를 동작물질로 하는 브레이턴 사이클에서 최고압력 80 bar, 최저압력 10 bar, 최고온도가 600℃, 최저온도가 20℃일 경우 이론 열효율을 구하라.

풀이

$$\eta_B = 1 - \frac{1}{\gamma^{k-1}} = 1 - (\frac{1}{\gamma_p})^{\frac{k-1}{k}} \qquad \text{여기서, 압력비 } \gamma_p = \frac{p_2}{p_1}$$

$$= 1 - (\frac{10}{80})^{\frac{0.4}{1.4}} = 0.448 = 44.8\%$$

예제 5.8

공기표준 브레이턴 사이클에서 최고압력이 500 kPa, 최저압력이 100 kPa, 최고온도가 700℃, 최저온도 30℃이면 열효율은 얼마인가? 그리고 같은 온도범위에서 작동하는 카르노 사이클과의 열효율을 구하고 비교하라.

풀이

$p_2 = p_3 = 500$ kPa, $p_1 = p_4 = 100$ kPa, $T_3 = 700$℃, $T_1 = 30$℃

열효율은

$$\eta_B = 1 - \frac{1}{\gamma^{k-1}} = 1 - (\frac{1}{\gamma_p})^{\frac{k-1}{k}} \qquad \text{여기서, 압력비 } \gamma_p = \frac{p_2}{p_1}$$

$$= 1 - (\frac{1}{5})^{\frac{0.4}{1.4}} = 0.368 = 36.8\% \text{(답)}$$

$$\eta_C = 1 - \frac{T_{II}}{T_I} = 1 - \frac{30 + 273.15}{(700 + 273.15)} = 0.688 = 68.8\% \text{(답)}$$

$$\frac{\eta_B}{\eta_c} = \frac{0.368}{0.688} = 0.534 = 53.4\%$$

즉, 같은 온도범위에서 η_B는 η_C의 53.4% 정도이다.

예제 5.9

압력이 1bar인 공기가 27℃에서 압축기에 들어가 압력비 7이고 터빈의 입구 온도가 827℃인 브레이턴 사이클이 있다. 운동에너지를 무시한다면 ① 압축일 ② 터빈일 ③ 흡입열량 ④ 방출열량 ⑤ 열효율을 구하여라.

풀이

$p_1 = 1$ bar, $T_1 = 27℃ = 300.15$ K, $\gamma_p = \dfrac{p_2}{p_1} = \dfrac{p_3}{p_4} = 7$, $T_3 = 827℃ = 1100.15$ K

① 압축일

1-2과정은 단열과정의 압축일

$W = \Delta H + \Delta KE$에서 $\Delta KE = 0$

$W = \Delta H = C_p(T_2 - T_1)$

여기서 T_2를 구하면

$\dfrac{T_2}{T_1} = (\dfrac{p_2}{p_1})^{\frac{k-1}{k}}$에서 $T_2 = 300.15 \times (7)^{\frac{0.4}{1.4}} = 523.35$ K

$\therefore\ W_C = C_p(T_2 - T_1) = 1.005(523.35 - 300.15) = 224.319$ kJ/kg

② 터빈일

3-4과정은 단열과정의 터빈일

$W = \Delta H = C_p(T_3 - T_4)$

여기서 T_4를 구하면

$\dfrac{T_4}{T_3} = (\dfrac{p_4}{p_3})^{\frac{k-1}{k}}$에서 $T_4 = 1100.15 \times (\dfrac{1}{7})^{\frac{0.4}{1.4}} = 630.95$ K

$\therefore W_T = C_p(T_3 - T_4) = 1.005(1100.15 - 630.95) = 471.54$ kJ/kg

③ 흡입열량

$Q_{in} = {}_2Q_3 = mC_p(T_3 - T_2) = 1.005(1100.15 - 523.35) = 579.68$ kJ/kg

④ 방출열량

$Q_{out} = {}_4Q_1 = mC_p(T_1 - T_4) = 1.005(300.15 - 630.95) = -332.454$ kJ/kg

⑤ 열효율

$$\eta_B = \frac{W_{net}}{Q_{in}} = \frac{Q_{in} - Q_{out}}{Q_{in}} = 1 - \frac{Q_{out}}{Q_{in}}$$

$$= 1 - \frac{332.454}{579.68} = 0.426 = 42.6\%$$

5.8 재생식 가스터빈 사이클

가스터빈 사이클의 효율은 **재생기**(regenerator)를 이용하여 증가시킬 수 있다. 가스터빈 사이클에서는 일반적으로 터빈 출구의 배기온도가 압축기 입구의 공기온도보다도 높다. 이처럼 대기 중에 버리지는 열량을 이용하여 배기에 열교환기를 넣어서 연소하기 전에 공기를 예열하면 열효율이 좋아진다. 이와 같이 배기가스의 폐열로 연소기에 들어가는 공기를 가열하도록 재생용 열교환기를 설치한 사이클을 **재생사이클**(regenerative cycle)이라고 한다.

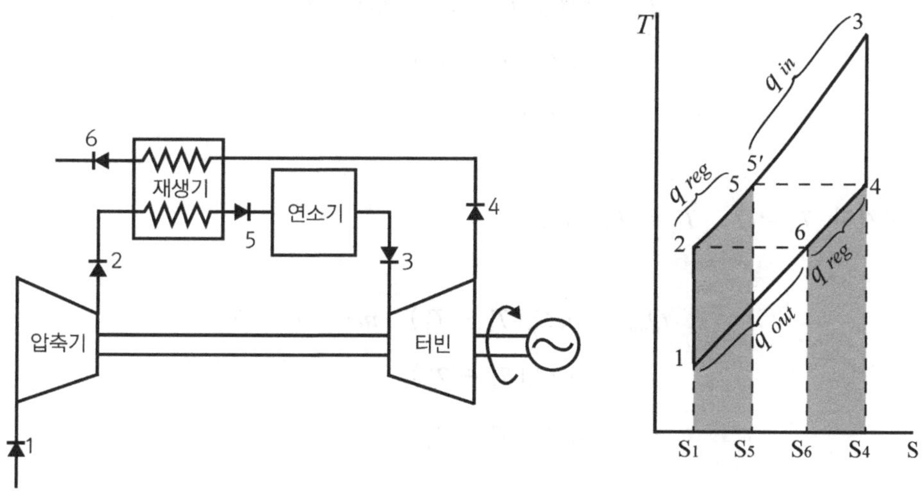

(a) 계통도 (b) $T-S$선도

그림 5.17 재생 가스터빈 사이클의 개략도와 $T-S$선도

그림 5.17은 재생 가스터빈 사이클의 개략도와 $T-S$선도를 나타낸 것이다. 재생식 가스터빈 사이클의 각 과정을 살펴보면 다음과 같다.

① 과정 1→2 : 압축기의 단열 압축 과정

② 과정 2→5 : 재생기의 재생 과정(정압 재생 열량, 열량 q_{reg}를 받음)

③ 과정 5→3 : 연소기의 정압 연소 과정(공급 열량 q_{in})

④ 과정 3→4 : 터빈의 단열 팽창 과정

⑤ 과정 4→6 : 재생기로 회수되는 재생 과정 (재생 열량 q_{reg})

⑥ 과정 6→1 : 배출 가스로 나가는 정압 방열 과정 (방열량 q_{out})

그림 5.17(b)에서 터빈출구의 열의 흐름의 상태와 압축 출구의 흐름의 상태가 같고, 빗금 친 면적은 서로 같다. 즉 ${}_2Q_5 = -{}_4Q_6$ 이어야 한다.

그림 5.17에서 배기할 때 가지고 있는 열량 중 $-{}_4Q_6$가 압축기로부터 나오는 공기에 전달되어 ${}_2Q_5$에 해당하는 것만큼 가열하게 된다. 따라서 공급열량 Q_{in}과 방출열량 Q_{out}는 다음과 같다.

$$\begin{aligned} Q_{in} &= mC_p(T_3 - T_2) - mC_p(T_4 - T_6) \\ &= mC_p(T_3 - T_4) \\ &= mC_p(T_3 - T_5) \end{aligned}$$

여기서 $T_5 = T_4$, $T_2 = T_6$ 이다.

$$\begin{aligned} Q_{out} &= mC_p(T_4 - T_1) - mC_p(T_4 - T_6) \\ &= mC_p(T_6 - T_1) \\ &= mC_p(T_2 - T_1) \end{aligned}$$

그러므로 재생사이클의 열효율은

$$\eta_{B,reg} = \frac{\Sigma Q}{Q_{in}} = \frac{Q_{in} - Q_{out}}{Q_{in}} = 1 - \frac{Q_{out}}{Q_{in}} = 1 - \frac{mC_p(T_2 - T_1)}{mC_p(T_3 - T_4)}$$

$$= 1 - \frac{T_2 - T_1}{T_3 - T_4} = 1 - \frac{T_1}{T_3}\left(\frac{\frac{T_2}{T_1} - 1}{1 - \frac{T_4}{T_3}}\right)$$

과정 1→2, 3→4는 단열변화이므로

$$\frac{T_2}{T_1} = \left(\frac{P_2}{P_1}\right)^{\frac{k-1}{k}}, \qquad \frac{T_4}{T_3} = \left(\frac{P_4}{P_3}\right)^{\frac{k-1}{k}} = \left(\frac{P_1}{P_2}\right)^{\frac{k-1}{k}}$$

$$\gamma_p = \frac{P_2}{P_1} = \frac{P_3}{P_4} : \text{압력비(pressure ration)}$$

따라서

$$\eta_{th} = 1 - \frac{T_1}{T_3}\left(\frac{\frac{T_2}{T_1} - 1}{1 - \frac{T_4}{T_3}}\right) = 1 - \frac{T_1}{T_3}\gamma_p^{\frac{k-1}{k}} = 1 - \frac{1}{\tau}\gamma_p^{\frac{k-1}{k}} \tag{5.24}$$

로 표시된다. 여기서 $\tau = \frac{T_3}{T_1}$ 로서 **온도비**(temperature ratio)를 나타낸다.

윗 식에서 알 수 있듯이 재생사이클의 열효율은 압력비만의 함수가 아니라, 최고·최저온도비의 함수이기도 한다. 최고온도 T_3가 증가하면 열효율은 증가하지만, 압력비γ_p가 증가하면 열효율은 감소한다.

예제 5.10

재생식 브레이턴 사이클에서 압축기 입구 압력이 100 kPa, 온도가 300 K, 터빈 입구 압력이 1.2 MPa, 온도가 1300 K일 경우 사이클의 유효일, 압축기-터빈일의 비 bwr,열효율을 구하여라. (단, 공기의 비 $k=1.4$, $R=0.287$ kJ/kg K이다.)

풀이

$p_1 = p_4 = 100$ kPa, $T_1 = 300$ K, $p_2 = p_3 = 1.2$ MPa, $T_3 = 1300$ K

과정 1→2, 3→4는 단열변화이므로

압축기 입구 온도 $T_1 = 300$ K

압축기 출구 온도 T_2는

$$\frac{T_2}{T_1} = \left(\frac{p_2}{p_1}\right)^{\frac{k-1}{k}} \text{에서 구하면 } T_2 = T_1\left(\frac{p_2}{p_1}\right)^{\frac{k-1}{k}} = 300 \times \left(\frac{1200}{100}\right)^{\frac{0.4}{1.4}} = 610.18 \text{ K}$$

터빈출구의 온도 T_4

$$\frac{T_4}{T_3} = \left(\frac{p_4}{p_3}\right)^{\frac{k-1}{k}} = \left(\frac{p_1}{p_2}\right)^{\frac{k-1}{k}} \text{에서 } T_4 = T_3\left(\frac{p_4}{p_3}\right)^{\frac{k-1}{k}} = 1300\left(\frac{100}{1200}\right)^{\frac{0.4}{1.4}} = 639.15 \text{ K}$$

유효일 $w = w_t - w_c$

$$w = (h_3 - h_4) - (h_2 - h_1)$$
$$= C_p[(T_3 - T_4) - (T_2 - T_1)]$$
$$= 1.005[(1300 - 639.15) - (610.18 - 300)] = 352.41 \text{ kJ/kg}$$

압축기-터빈일의 비 bwr

$$bwr = \frac{w_c}{w_t} = \frac{(T_2 - T_1)}{(T_3 - T_4)} = \frac{(610.18 - 300)}{(1300 - 639.15)} = 0.4694$$

재생식 브레이턴 사이클의 열효율

$$\eta_{B,reg} = \frac{W_{net}}{Q_{in}} = 1 - \frac{T_2 - T_1}{T_3 - T_4} = 1 - \frac{610.18 - 300}{1300 - 639.15} = 0.5306 = 53.06\%$$

5.9 중간 냉각, 재열 및 재생 가스터빈 사이클

가스터빈 사이클에서는 압축기에 소요되는 동력의 비율이 매우 크다. 따라서 압축에 소요되는 동력을 경감시킬 목적으로 중간냉각(intercooler)을 한다. 이때 중간 냉각 단수를 증가시키면 압축과정은 압축기 입구 온도와 같은 온도의 등온과정이 되어 압축일은 감소한다. 또한 두 압력 사이에서 작동한 터빈의 출력은 재열에 의하여 팽창일을 증가시킬 수 있다.

그림 5.18, 그림 5.19은 중간 냉각, 재열 및 재생 가스터빈 사이클 개략도와 $P-v$, $T-S$선도를 나타낸 것이다.

그림 5.18은 중간 냉각기(intercooler)가 부착된 재열재생장치인데, 이러한 장치를 이용하여 압축기에서 중간 냉각기를 가진 다단 압축을 하면 일을 절약할 수 있고, 재열장치를 사용하여 다단팽창을 하면 터빈일을 증가시킬 수 있다. 그림에서 2단압축과 1회의 중간냉각기, 1단의 재열(reheating)을 하고 있다.

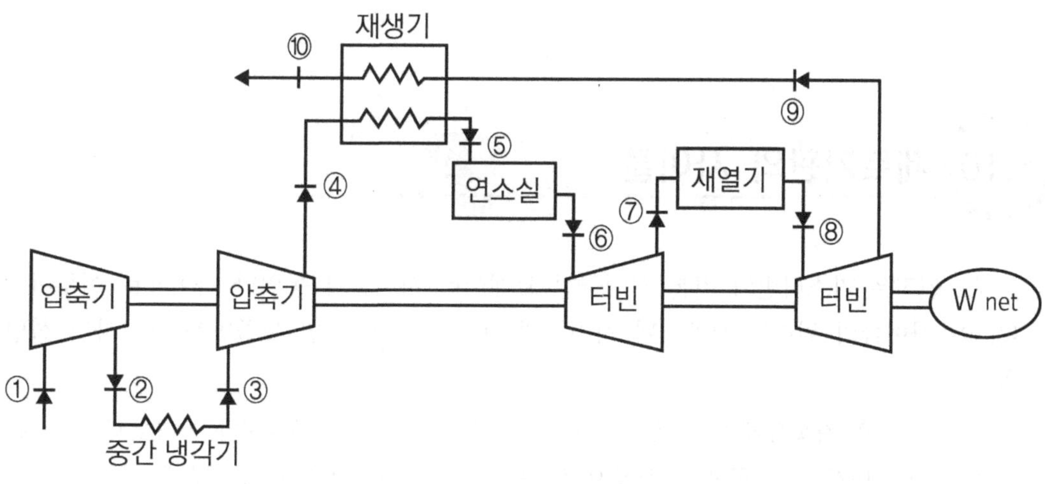

그림 5.18 중간 냉각, 재열 및 재생 가스터빈 사이클 개략도

그림 5.19는 각 점의 상태를 $P-v$, $T-S$선도로 표시한 것으로서, 압축기와 터빈에서의 비가역성, 각 유동과정에서의 압력강하 등을 고려하여 나타내었다.

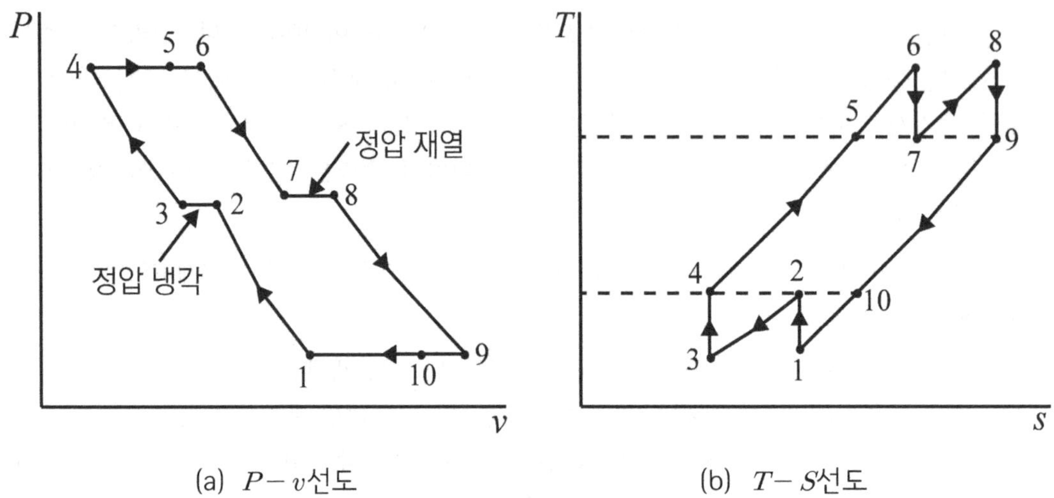

그림 5.19 중간 냉각, 재열 및 재생 가스터빈 사이클

5.10 제트기관의 사이클

제트엔진은 가스터빈의 기본 사이클인 브레이턴 사이클과 동일한 사이클로 이루어진다. 이 사이클의 원리는 브레이턴 사이클의 해석에 가역 단열 노즐만을 추가하면 설명할 수 있다.

그림 5.20은 작동유체가 흐르는 터보제트 기관의 구조를 나타낸다. 터보제트기관은 디퓨저, 가스발생부, 노즐의 세부분으로 구성되어 있다. 압축기 앞부분에 설치된 디퓨저는 기관으로 들어가는 속도를 감속하여 압력 상승에 따른 램 효과(ram effect)를 얻도록 한다. 가스 발생부는 압축기, 연소기와 터빈으로 구성된다. 터빈 출구의 가스는 대기 압력보다 높으므로 주위로 방출되기 전에 팽창되면서 고속으로 노즐을 통과한다. 따라서 기관을 떠나는 공기의 속도 변화는 추진력 또는 추력을 증가시켜 준다.

공중을 나는 항공기나 수상의 배는 유체를 뒤로 가속시킴으로써 추진력을 발생시켜 전진한다. 유체가 항공기에 크기가 같고 방향이 반대인 힘을 가하여 항공기를 추진시킨다. 배에서 프로펠러(propeller)는 많은 양의 유체에 비교적 작은 가속을 시키지만, 제트기관은 비교적 소량의 유체에 큰 속도변화를 일으키게 한다.

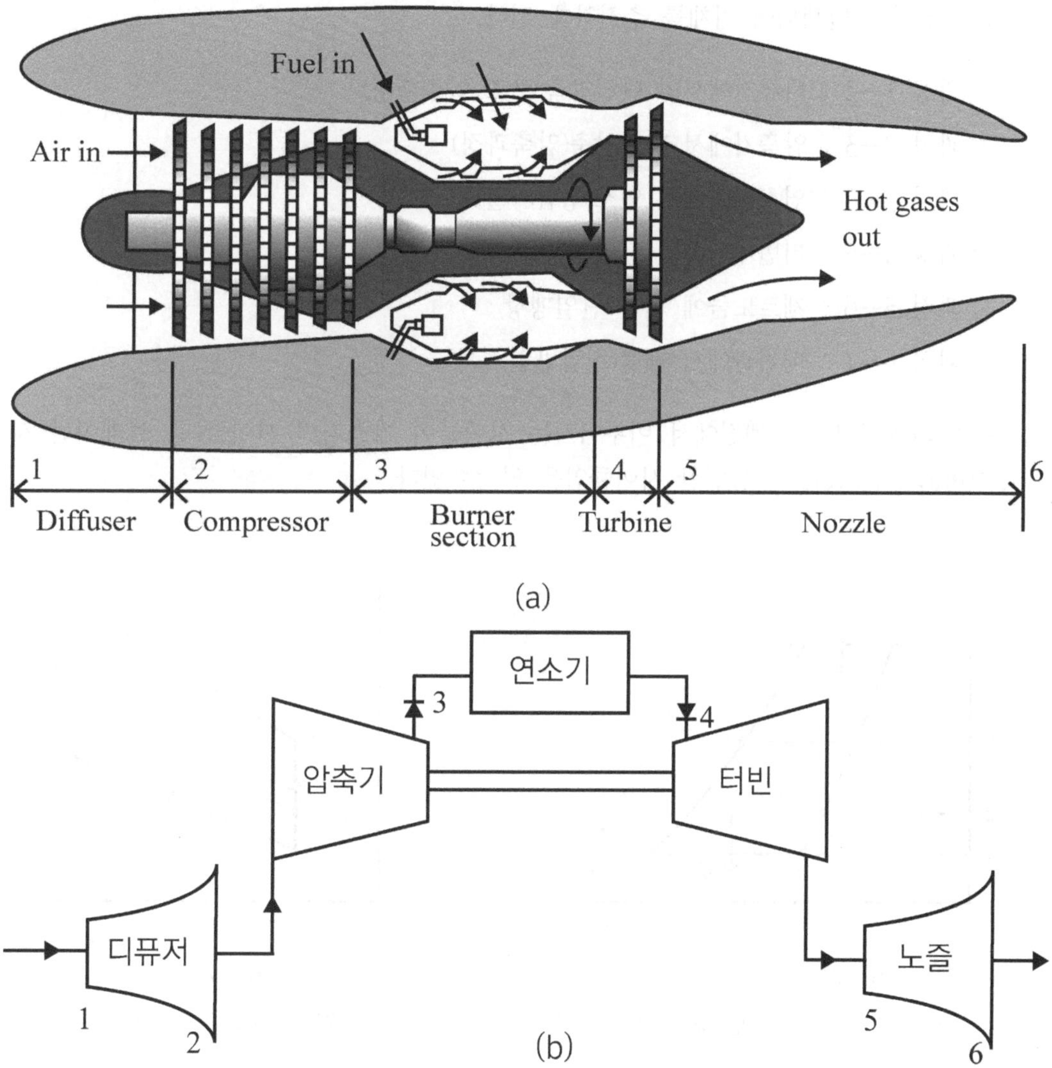

그림 5.20 터보제트 기관의 구조

그림 5.20에서 상태1의 공기는 디퓨저로부터 상태2까지 단열압축하고 압축기에 의해서 상태3까지 계속 단열압축이 이루어진다. 이와 같이 고온고압이 된 공기를 연소실로 보내면 제트엔진의 연료가 분사되어 정압연소로 이루어진 연소가스는 고온이 된다. 이때 상태4의 연소가스는 터빈의 회전깃에 보내져서 단열팽창을 하므로 터빈축의 회전일이 주어져 상태 5가 된다. 다음에는 노즐내에 더욱 단열팽창이 일어나 저압저온의 상태 6에서 대기로 분출하게 된다. 따라서 6의 출구속도는 1의 입구속도보다 훨씬 크므로 추진력이 발생되어 기체를 추진하게 된다.

① 과정 1→2 : 디퓨저에서의 단열압축(보조 압축행정)

② 과정 2→3 : 압축기에서 단열압축(압축과정)

③ 과정 3→4 : 연소실내에서 연소(정압가열)

④ 과정 4→5 : 터빈내에서의 단열팽창

⑤ 과정 5→6 : 제트노즐에 의한 단열팽창

⑥ 과정 6→1 : 배기관에서 배출(정압방열)

위의 과정처럼 제트엔진에서 이루어지는 사이클이 가스터빈 사이클 중 브레이턴 사이클(Brayton cycle)과 동일한 사이클임을 알 수 있다.

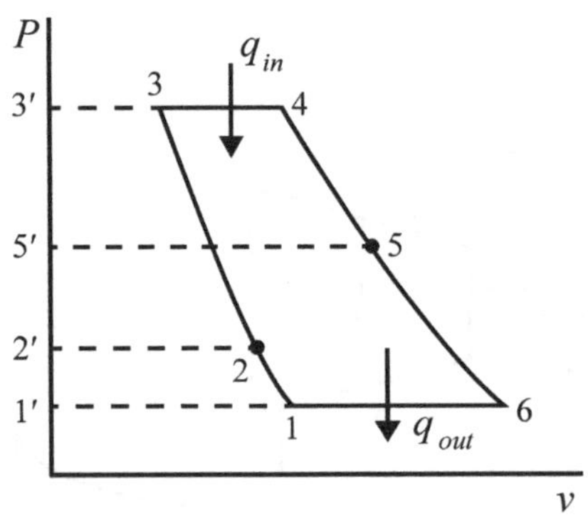

(a) $P-v$선도

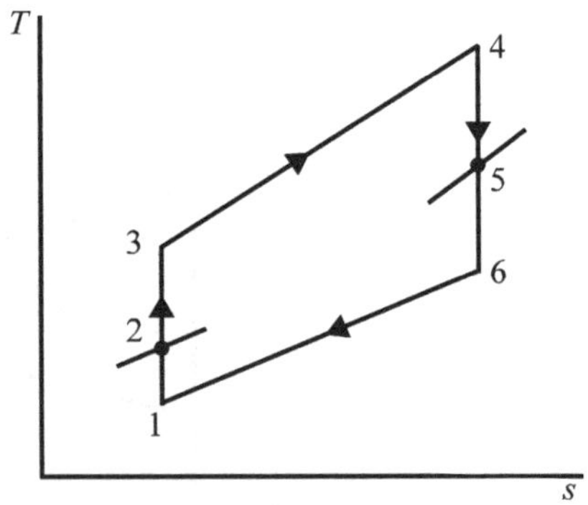

(b) $T-S$선도

그림 5.21 터보제트 기관의 $P-v$, $T-s$선도

그림 5.22은 제트기관의 종류를 나타내고 있다. 제트 추진 장치는 공기를 흡입하여 압축한 다음 연료를 분사시켜 고온으로 된 공기로 연소시키고 이 연소가스를 노즐로부터 분출시켜 비행체를 추진시키는 것으로서 터보제트(trubojet), 터보팬(turbofan)기관, 터보프롭(truboprop)기관 등이 있다.

터보프롭(truboprop)기관은 터빈이 프로펠러를 구동하는 것으로서 속도가 600 km/h 이하일 때 적용된다. 터보팬(turbofan)기관은 압축기 앞에 회전익과 고정 베인으로 구성된 축류팬이 있어 터보트롭 기관의 프로펠러와 흡사한 방식이다. 터보팬 기관은 터보제트와 터보프롭 기관 양쪽을 절충한 방식인데, 디퓨저는 공기를 팬으로 보내고 팬은 공기를 더 압축시켜 압축기, 연소실, 터빈을 통과하게 한다. 팬의 배기는 기관 총 추력의 상당부분을 차지한다. 주로 군용이나 상용제트기의 엔진에 사용되고, 특히 마하수 0.7~0.9정도의 대형 여객기에도 사용된다.

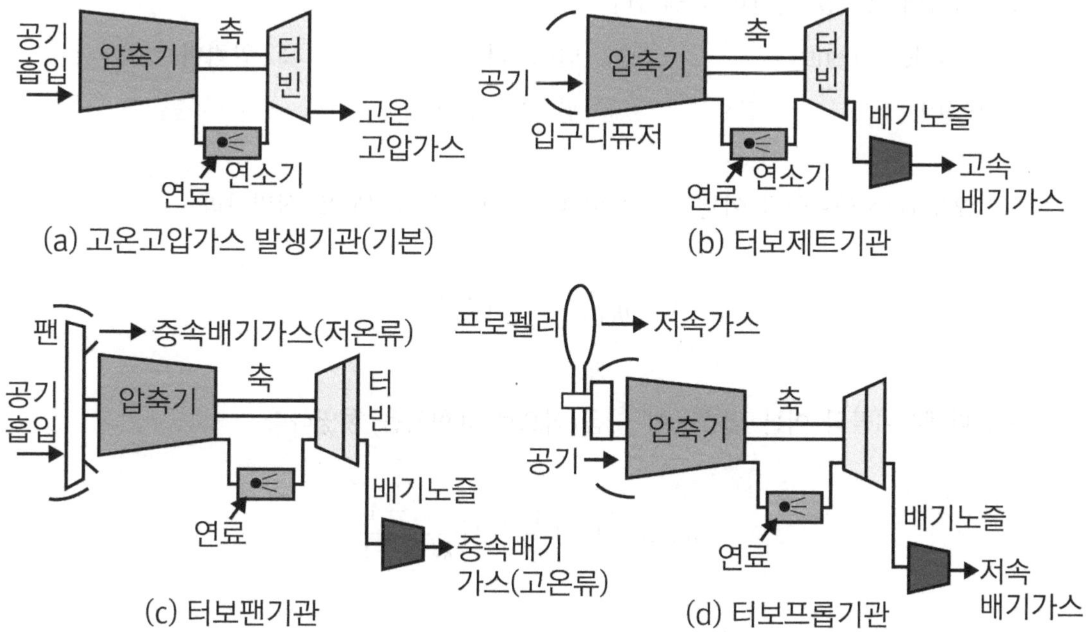

그림 5.22 제트기관의 종류

5장

연/습/문/제

5.1 다음의 용어를 간단히 기술하라

① 사점(dead center) ② 연소실체적 ③ 압력비

④ 단절비 ⑤ 평균유효압력

5.2 오토(otto)사이클의 이론 열효율이 다음 식으로 표현됨을 설명하라

$$\eta_{th,O} = 1 - (\frac{1}{\gamma})^{k-1}$$

5.3 디젤사이클의 이론 열효율이 다음 식으로 표현됨을 설명하라

$$\eta_{th,D} = 1 - (\frac{1}{\gamma})^{k-1}[\frac{\gamma_c^k - 1}{k(\gamma_c - 1)}]$$

5.4 공기표준 오토사이클 기관에서 열효율을 25%로 유지하려면 압축비는 얼마가 되어야 하는가? (단, 공기의 $k = 1.4$둔다.)

답 : $\gamma = 2.052$

5.5 가솔린기관의 간극체적이 행적체적의 5%일 때 열효율을 구하라. (단 $k = 1.4$이다)

답: 70.4%

5.6 오토사이클에서 압축비가 9이고, 초기상태가 100 kPa, 17℃, 압축 초의 체적이 650 cm^3일 경우 사이클의 최고온도와 최고압력, 공급열량, 열효율을 구하라. (단, 등엔트로피 팽창 말의 온도는 800 K이다.)

답: $T_3 = 1926.57$ K, $p_3 = 5979.04$ kPa , $Q_{in} = 0.6357$ kJ, $\eta_o = 58.48\%$

5.7 디젤기관에서 압축비가 18일 때 압축 전 공기의 온도가 25℃라면 압축 후의 공기의 온도는 얼마인가? (단, 공기의 $k = 1.4$이다.)

답 : 947.42 K

5.8 압축비가 15인 공기표준 디젤사이클에서 압축행정 초의 압력이 100 kPa, 온도가 300 K이고, 사이클 최고 온도가 2875 K일 경우 (1)이론열효율, (2)평균유효압력을 구하여라. (단, $k = 1.4$로 한다.)

답: $\eta_D = 54.81\%$, $P_m = 1362.51$ kPa

5.9 공기표준 사바테사이클에서 체절비 2.0, 압력비 1.2이다. 압축비 16일 때의 열효율을 구하라.

답: $\eta_s = 61.98\%$

5.10 공기표준 사바테 사이클에서 압축 초의 압력은 100 kPa, 온도는 20℃이고, 압력비가 2, 체절비 1.7, 압축비 18인 경우 이 사이클의 열효율과 공급열량 및 방열량을 구하여라. (단, 공기의 $C_p = 1.005$ kJ/kgK로 계산한다.)

답: $\eta_S = 65.93\%$, $Q_{in} = 1979.41$ kJ/kg, $Q_{out} = 674.28$ kJ/kg

5.11 압력비가 7인 브레이튼 사이클의 열효율은 얼마인가? 동작물질은 공기로 간주한다.

답: 42.6%

5.12 공기 1 kg으로 작동하는 브레이턴 사이클에서 최저온도 127℃, 최저압력 104 kPa, 최고압력이 400 kPa로 작동하고 있다. 최고온도와 중간온도의 비가 2.0일 때 ① 열효율 ② 최고온도 ③ 터빈일, 압축일 ④ 사이클 일 및 공급열량을 구하라. (단, 공기 $R = 0.287$ kJ/kgK)

답: 1)열효율=32% 2)최고온도=1176 K

3)터빈일=269.78 kJ/kg, 압축일=-134.67 kJ/kg

4)사이클 일=135.10 kJ/kg, 공급열량=590.6 kJ/kg

5.13 브레이턴 사이클의 압축기에서의 압력비는 5이다. 압축기로 유입하는 공기의 압력은 1 bar, 온도는 20℃이다. 사이클의 최고온도는 900℃, 공기유량은 15 kg/s이다. 비열이 일정하다고 하고 압축기의 일, 터빈의 일 및 사이클의 열효율을 구하라. (단, 공기 $C_p = 1.005$ kJ/kgK)

답: $W_c = 2591.4$ kW, $W_T = 6518.4$ kW, $\eta_B = 36.8\%$

5.14 압력비가 9인 공기표준 브레이턴 사이클과 압축비 9인 오토사이클의 열효율을 비교하라.

답: $\eta_B = 0.4662$, $\eta_O = 0.5847$

CHAPTER 06

증기(실제가스)

6.1 증기의 성질

일반적으로 기체는 **가스(gas)와 증기(vapour)**로 구분할 수 있지만 그 경계가 명확하지는 않다. 다만 통례상 증기는 응축이나 증발이 일어나는 쉬운 상태, 즉 액화점 부근의 기체를 말하고, 가스는 응축이나 증발에서 동떨어진 고도로 가열된 증기를 말한다. 기체는 그 상태가 액화 영역에서 멀리 벗어날수록, 즉 상당한 고온 또는 저압일수록 액화가 쉽게 일어나지 않는 완전가스의 특성에 접근한다. 따라서 임의의 기체를 그 온도 및 압력을 변화시키면 가스나 증기로도 된다.

예를 들어 상온에서 물은 액체이지만 가열해서 고온이면 증기가 되며, 더욱 가열하면 가스의 상태가 된다. 이처럼 증기와 가스는 엄밀히 구별할 수는 없지만 편의상 열역학적 해석상에서는 증기와 가스로 나누어서 취급한다.

완전가스(perfect gas)는 분자의 크기가 분자간의 거리에 비해 무시할 정도로 작아서 분자들 상호간에 어떠한 힘도 작용하지 않으며, 그 특성이 정확히 기체상태방정식 $pv = RT$를 따르는 가스로서 이상기체(ideal gas)라고도 한다.

반면, 증기는 분자의 체적과 분자력이 완전가스에 비해 매우 크고 상온에서 액화가 용이하여 불완전가스(imperfect gas), 또는 실제가스(real gas)라고 한다. 따라서 증기의 성질은 완전가스의 기체상태방정식을 따르지 못하고 실험결과를 기초하여 만든 증기표나 증기선도 혹은 분자의 체적과 분자력이 고려된 경험식을 사용한다.

공업상에서 사용하고 있는 증기에는 수증기, 암모니아, 프레온가스, 탄산가스 등의 여러 종류가 있지만, 이 장에서는 증기 원동소에서 작업유체로 주로 사용되는 수증기(H_2O)를 중심으로 증기의 성질을 살펴보기로 한다.

액체의 증발과정을 쉽게 이해하기 위하여 그림 6.1과 같이 실린더 속에 0℃의 순수한 물 1 kg을 넣은 다음, 피스톤에 질량 m kg이 작용하여 0.1 MPa하에서 등압가열을 유지하면서 가열할 때의 상태변화를 살펴보자

(1) 압축수

그림 6.1(a)에서 물을 처음의 상태에서 외부로부터 열을 가하면 물의 온도가 상승되며 체적도 약간 증가하여 피스톤과 추를 위로 약간 밀어 올리므로 일을 한다. 그러나 물의 체적 증가에 따른 일량은 매우 작으므로 가열량이 모두 물의 온도상승을 위한 내부에너지로 저장된다고 생각하여도 무방하다. 이때의 열, 즉 임의 온도의 액체를 포화상태, 즉 포화액이 될 때까지 가열하는데 소요되는 열량을 **액체열**(liquid heat) 또는 **감열**(sensible heat)이라고 한다.

특히 대기압 하에서 포화온도를 **비등점**(boiling point)이라고 하며 물의 비등점은 100℃이다. 또한 포화온도에 있는 물을 **포화수**(saturated water) 혹은 **포화액**(saturated liquid)이라고 한다.

액체로서 내부에너지가 포화상태에 도달하지 못한 물을 **불포화수**라하며 **압축수**(compressed water)라고도 한다. 압축수는 내부에너지가 포화상태에 도달할 때까지는 온도가 계속 증가하며 체적은 미소하게 증가하지만 보통 무시할 정도이다.

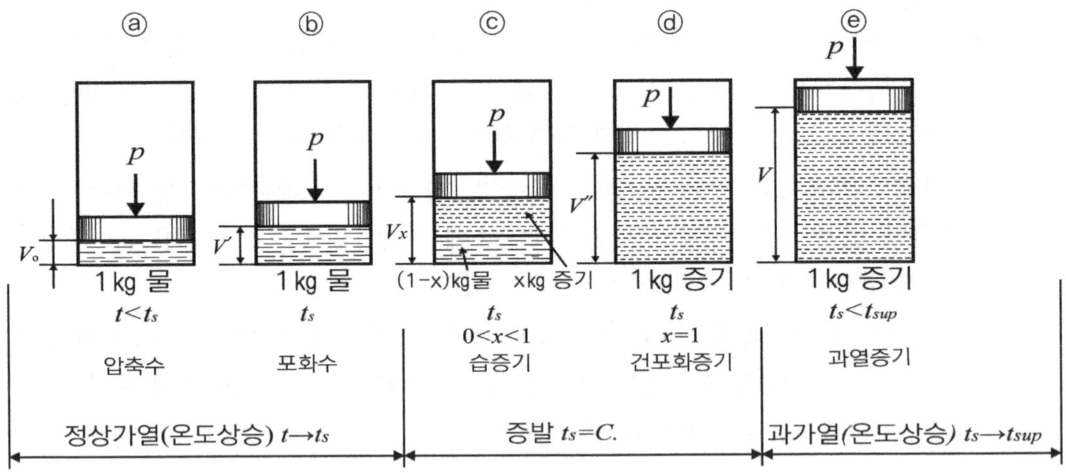

그림 6.1 일정한 압력하에서 액체의 증발과정

(2) 포화수

액체의 온도가 계속 상승하여 포화온도(0.1 MPa인 물의 포화온도는 99.6℃)가 되면 액체의 내부에너지는 액체로서 저장할 수 있는 최대한도, 즉 포화상태에 도달하게 된다. 그림 6.1(b)는 액체로서 내부에너지가 포화상태에 도달한 물로서 증발 직전의 상태이며 **포화수**(saturated water)라 한다. 이때의 포화수의 압력과 온도를 각각 **포화압력**, **포화온도**라 한다. 예를 들어 0.1 MPa인 물의 포화온도는 99.6℃이며, 99.6℃인 물의 포화압력은 0.1 MPa이 된다. 포화온도하의 물을 포화수 “ ′”로 표시하고, 또 이때의 증기를 포화증기 “ ″”로 표시한다.

(3) 습포화증기(습증기)

그림 6.1(c)에서 처럼 포화수를 재차 가열하면 그의 일부가 동일한 온도와 압력의 기체로 변화여 체적이 급격히 증대하게 된다. 이와 같은 액체가 기체로 변화는 것을 **증발**(evaporation)이라고 하며 그 발생 기체가 **증기**이다. 급속도로 가열이 이루어질 때는 물의 표면에서 증발하는 것뿐만 아니라 물의 내부에너지도 증발하여 기포가 발생하며 그것이 물의 내부를 상승하기 때문에 물의 표면을 요동하게 된다. 이런 증발 현상을 **비등**(boiling) 이라고 부른다.

증기의 온도는 전부가 증발하여 종료할 때까지는 포화온도가 유지되지만, 물과 증기는 밀도가 다르기 때문에 상하로 나누어지며 그림 6.1(c)와 같이 경계면이 가능하다. 이처럼 포화수와 공존하며 이것과 평형상태에 있는 증기를 **포화증기**(saturated vapour)라 한다. 물의 전부가 증발하여 마침내 수분이 조금이라도 포함되어 있지 않는 포화증기를 **건포화증기**(dry saturated vapour)라 하고, 수분을 포함하고 있는 것을 **습포화증기**(wet saturated vapour), 혹은 **습증기**라 한다. 습증기는 포화수와 건포화증기가 동시에 존재하는 상태이다.

한편 습포화증기의 상태를 표시하기 위해서는 그의 온도와 압력 이외에 건포화증기와 포화액의 혼합비를 표시할 필요가 있다.

지금 습포화증기 1 kg중에 건포화증기의 양이 $x$kg이라고 하면 포화액의 양은 $(1-x)$kg이다. 이때 x를 **건도**(dryness) 또는 질(quality)이라고 하며 $(1-x)$를 **습도**(wetness)라고 한다. 따라서 포화수의 건도는 0이고, 건포화증기의 건도는 1이다. 또한 1 kg의 습포화증기속에 0.8 kg의 건포화증기라고 하면 건도는 0.8 혹은 80%이고, 습도는 0.2 혹은 20%이다.

(4) 건포화증기(건증기)

그림 6.1(d)에서 같이 액체가 증발이 끝나고 전부 증기가 되는 순간이 존재한다. 물의 전부가 증발하여 마침내 수분이 조금이라도 포함되어 있지 않는 포화증기를 **건포화증기**(dry saturated vapour) 혹은 **건증기**(dry vapour)라 한다. 이때 건도가 1인 포화증기를 말한다. 1kg의 포화수가 모두 건포화증기로 증발하는데 소요된 열량을 **증발잠열**(latent heat of evaporation) 또는 **증발열**(heat of evaporation)이라 한다.

(5) 과열증기

그림 6.1(e)에서 같이 증발이 완료된 건포화증기를 계속 가열하면 증기의 온도가 상승하여 포화온도보다 높아지며 체적도 증가한다. 이와 같이 포화온도 이상으로 가열된 증기를 **과열증기**(superheated vapour)라 하며, 과열증기의 온도와 포화온도의 차를 **과열도**(degree of superheat)라 한다. 건포화증기를 포화온도에서 임의의 온도까지 과열하는데 필요한 열량을 **과열량**(heat of superheating)이라고 한다. 이 과열증기의 과열도가 증가함에 따라 증기는 완전가스의 성질에 점점 가까워진다.

이 과열도가 높은 과열증기는 근사적으로 이상기체의 성질($pv = RT$)에 따르지만, 포화상태에 가까이에서는 점차적으로 이상기체의 성질과 서로 다르기 때문에 일반적인 증기의 상태에 기술할 Van der Waals의 식 등이 적용되고 있다.

이상의 상태변화 과정을 $T-v$선도를 나타내면 그림 6.2의 등압선 A→B→C→D와 같다. 이제 압력을 높여 1 MPa하에서 실린더의 물을 가열하면 포화온도 또한 증가하나, 상태변화는 0.1 MPa 때와 같은 과정을 거쳐 등압선 E→F→G→H를 따라 나타난다. 이상과 같은 실험을 압력을 점증시키면서 22.09 MPa까지 반복할 때 나타내는 포화액체만의 상태 B,F,J,N을 연결한 곡선을 **포화액체선**(saturated liquid line), 그리고 건포화증기 상태인 C,G,K,N을 연결한 곡선을 **포화증기선**(saturated vapour line)이라고 한다.

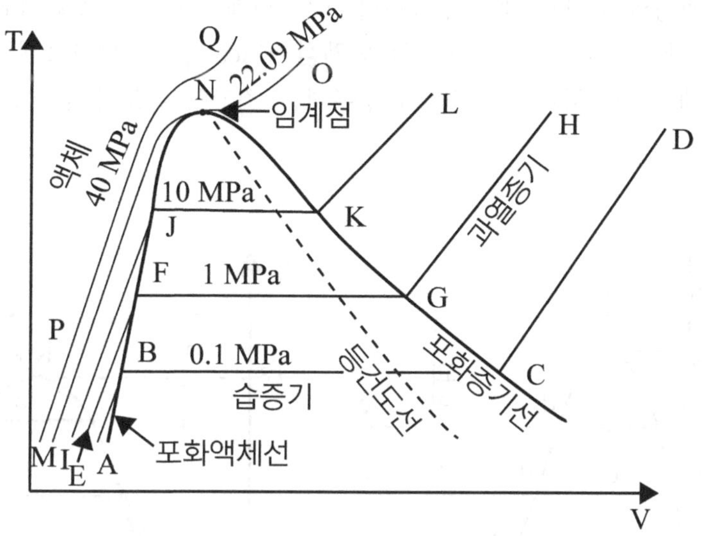

그림 6.2 물의 상태변화 과정 $T-v$선도

6.2 증기의 상태선도

(1) 증기의 $p-v$ 선도 및 $T-s$선도

이상기체의 경우에는 $pv = RT$의 상태식을 만족하지만 동작유체가 액체 또는 증기의 경우에는 그림 6.3에서와 같이 $p-v$선도와 $T-s$선도와 같이 그 상태가 압력과 온도에 따라 복잡한 상태로 된다. 그림 6.3은 어떤 액체의 정압 증발과정을 나타내고 있다. 그림에서 abcde는 정압과정을 표시하고 있고, a상태는 압축수(불포화액)의 상태를, b는 포화액, c는 습증기, d는 건포화증기, e는 과열증기를 나타내고 있다. 압력을 점증시키면 증발과정은 $a_1b_1c_1d_1e_1$, $a_2b_2c_2d_2e_2$, $a_3b_3c_3d_3e_3$ 와 같이 되고 $bb_1b_2b_3$은 **포화액체선**이고, $dd_1d_2d_3$은 **건포화증기선**이 된다. 포화액체선과 건포화증기선을 합쳐 **포화한계선**이라고 한다. 특히 bd사이의 구간은 **증발과정**이 이루어는 과정이고, 이 bd선은 정압선인 동시에 등온선이 된다.

이 증발과정의 압력을 계속 점증시켜 어느 한계에 이르면 포화액체선과 건포화증기선이 서로 만나게 되는데 이 점 K를 **임계점**(critical point)이라고 한다. 이 점이 증발과정을 통해 포화액체와 포화증기가 공존하는 최고의 온도와 압력을 갖는 상태가 된다.

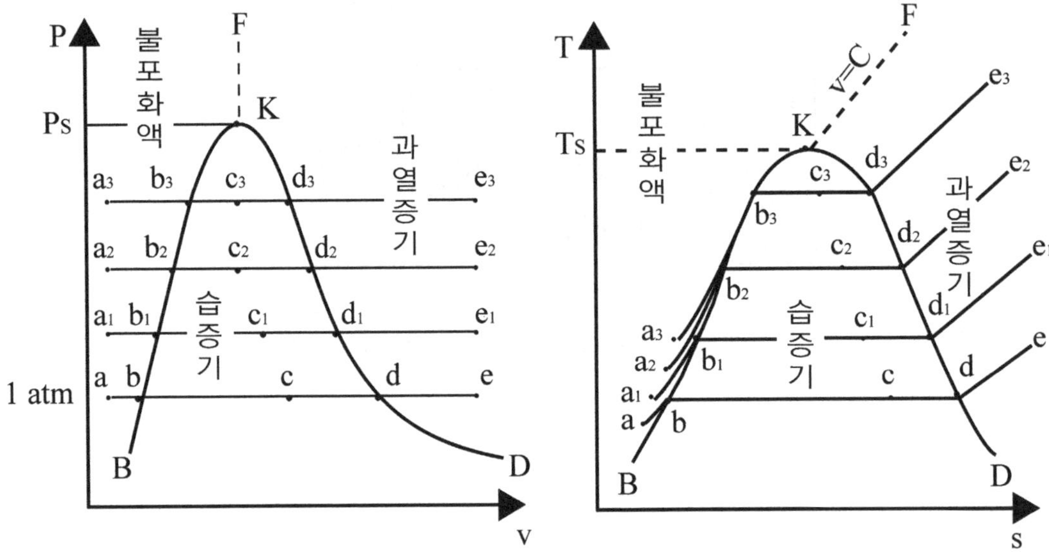

(a) $p-v$선도 (b) $T-s$선도

그림 6.3 증발과정에 대한 $p-v$선도 및 $T-s$선도

임계점에서는 포화액점과 건포화증기점이 겹치므로 증발과정 없이 포화액, 습포화증기, 건포화증기 및 과열증기의 구분이 없는 임계상태가 된다. 임계압력과 임계온도보다 높은 상태에서는 액체와 기체의 공존상태는 존재하지 않는다.

그림 6.4에서도 보면 증발곡선의 임계점 이상의 압력하에서 증발과정 없이 액체상에서 기체상으로 변한다.

그림 6.2과 그림 6.3의 $T-v$선도, $p-v$선도 및 $T-s$선도에서 보면 임계점을 지날 때 등압선과 등온선 모두 기울기가 0인 변곡점이 된다. 임계점에서의 압력, 온도 및 비체적을 각각 **임계압력, 임계온도, 임계비체적**이라고 하며 p_c, T_c, v_c로 표기한다. 이들을 총칭하여 **임계상수**(critical properties)라고 한다.

(2) 물질의 3중점

일반물질에서 상(phase)의 평형에 관해서 고찰하면 다음과 같다. 그림 6.4에서 같이 물의 고체, 액체, 기체사이의 평행관계를 나타내는 $p-t$선도이다. -20℃ 얼음 1 kg을 0.1 MPa하에서 등압 가열한다고 생각해보자. 열이 얼음에 전달되면 얼음의 비체적이 약간 증가하며 온도가 0℃까지 상승한다. 0℃에 도달한 후에도 열을 계속 가하면 얼음은 이 온도를 유지한 상태에서 물과 상평형을 이루며 융해되기 시작한다. 융해과정이 모두 끝나면 물의 온도가 다시 상승하여 99.6℃에 이를 때 포화수가 되어 증발이 일어나기 시작한다. 포화수가 모두 건포화증기로 증발될 때까지 온도는 일정하게 유지되나, 건포화증기를 가열하면 증기의 온도는 다시 상승하여 고온의 과열증기가 된다. 이 상태변화의 전과정을 $p-t$선도에서 보면 등압선 EF와 같다.

이제는 -20℃ 얼음 1 kg을 0.6113 kPa하에서 등압 가열한다고 생각해보자. 가열하여 얼음의 온도가 0.01℃에 도달하면 더 열을 가할 때 얼음은 이 온도를 유지한 상태에서 일부는 증기, 또 다른 일부는 액체가 되어 고체·액체·기체의 3상이 평형 $(T, P = const)$ 이루며 공존하는 상태가 된다. $p-t$선도에서 이 점을 **3중점**(triple point)이라고 한다.

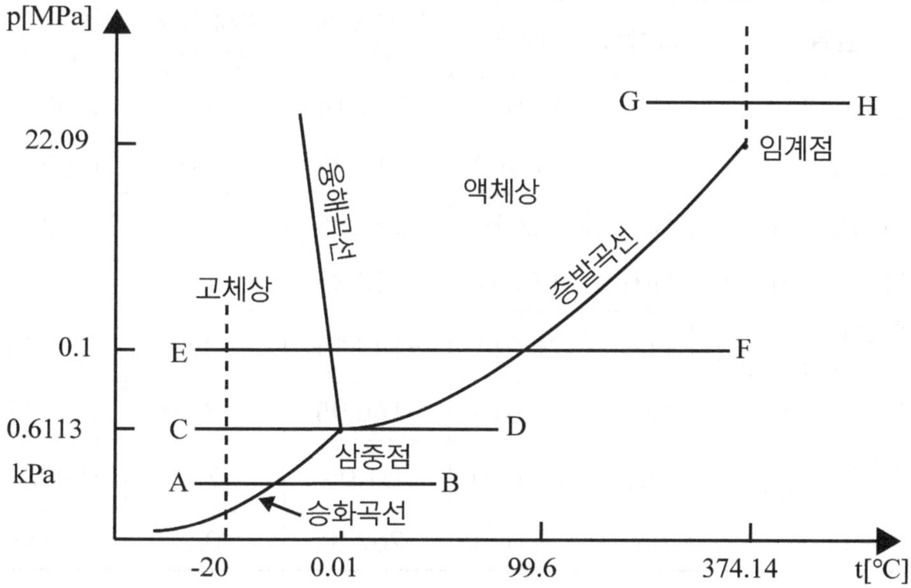

그림 6.4 물의 3중점

3중점이하의 상태에서는 고체와 증기만이 공존해서 평행을 유지하며, 이 상태에서 열을 가하면 고체의 일부는 액체의 상을 거치지 않고 바로 증기로 변하는데 이를 **승화**(sublimation)라고 한다. $p-t$선도에서 AB와 같이 고체에서 곧장 증기로 변화한다. 이때 승화의 압력은 대개 많은 물질에서 극히 낮음을 알 수 있다.

그림 6.4에서 3중점 이외에도 **증발곡선**(vaporization line), **융해곡선**(fusion line) 및 **승화곡선**(sublimation line)이 표시되어 있는데, 증발곡선상에서는 액체와 증기, 융해곡선상에서는 고체와 액체, 승화곡선상에서는 고체와 증기가 2상 평형을 이루며 공존한다.

또한, 그림에서 보면 물의 경우 임계압력은 22.09 MPa이며, 임계온도는 374.14℃이다. 임계압력 이상의 압력을 **초임계압력**(supercritical pressure)이라고 한다. 초임계압력에서는 $p-t$선도상의 GH와 같이 물을 가열하면 액상과 기상의 뚜렷한 구별 없이 액체로부터 증기로 연속적으로 변한다.

표 6.1은 주요 물질의 임계상태량을 나타내고 있고, 표 6.2는 주요물질의 3중점 압력과 온도를 나타내고 있다.

[표 6.1 주요물질의 임계 상태량]

물질	화학식	분자량	임계 온도 (℃)	임계 압력 (MPa)	임계 비체적 (㎥/kg)
물(water)	H_2O	18.015	374.14	22.09	0.003155
산소(oxygen)	O_2	31.999	-118.35	5.08	0.002438
수소(hydrogen)	H_2	2.016	-239.85	1.3	0.032192
암모니아(ammonia)	NH_3	17.031	132.35	11.28	0.004251
일산화탄소 (carbon monoxide)	CO	28.011	-140.15	3.5	0.003320
질소(nitrogen)	N_2	28.013	-146.95	3.39	0.003209
이산화탄소 (caron dioxide)	CO_2	44.010	31.05	7.39	0.002143
헬륨(helium)	He	4.003	-267.85	0.229	0.014439

[표 6.2 주요물질의 3중점 압력과 온도]

물질	압력(kPa)	온도(℃)
물(water)	0.6113	0.01
산소(oxygen)	0.15	-219
수소(hydrogen)	7.194	-259
암모니아(ammonia)	6.1	-78
질소(nitrogen)	12.5	-210
이산화탄소 (caron dioxide)	517.0	-57
헬륨(helium)	5.1	-271
수은(mercury)	0.00000013	-39
아연(zinc)	5.066	419
은(silver)	0.01	961
구리(copper)	0.000079	1083

6.3 증기(실제가스)의 상태식

실제가스로 취급되는 증기이더라도 특별히 증기의 온도가 매우 높거나 압력이 아주 낮으면 완전가스에 접근하므로 완전가스의 상태식 $pv = RT$를 적용할 수 있다. 이 상태는 분자의 크기가 거의 없고, 또 분자 사이의 상호작용이 없다는 가정하에 유도된 p, v, T 사이의 관계식이다. 그러나 실제 기체의 경우, 분자는 그 크기를 가지고 있으며 또한 분자 사이에 당기는 인력이나 배척하려는 분자사이의 힘이 작용하고 있다. 이와 같은 사실을 고려하여 실제 가스를 위해 수많은 상태식들이 제안되었다. 그 중에서도 가장 잘 알려진 것으로 분자의 크기와 힘을 고려하여 네덜란드의 물리학자 Van der Waals(1837~1923)는 $pv = RT$내의 압력과 체적에 적당한 수정사항을 덧붙여서 다음과 같이 제안하였다. 이것을 **Van der Waals 상태식**(Van der Waals equation of state)이라고 한다.

$$(P + \frac{a}{v^2})(v - b) = RT \tag{6.1}$$

이 식에서 a, b는 기체의 종류에 따라 정해지는 상수이다. 윗식의 $\frac{a}{v^2}$에서 a는 그 물질 특유의 정수로서 분자사이의 인력이 압력에 미치는 영향을 표시하며 p의 보정항이다. b는 분자의 크기를 나타내는 보정정수이다. 따라서 실제로 기체분자가 자유로이 운동할 수 있는 체적은 $(v-b)$가 된다.

식(6.1)의 상태식은 과열증기나 포화증기 뿐만 아니라 액체에 이르기까지 정석적으로는 일반경향을 잘 나타내고 있지만 정량적으로 수치를 구하는데 불충분하다. 따라서 실제로는 각각의 물질에 대한 실측 결과를 기초로 하여 실제적인 측정결과로 하는 것과, 또는 그 가스 특유의 성질을 근거해서 도입한 상태식에 의해서 얻은 특성값의 표 및 선도에서 상태변화를 고찰하는 것이 편리하다.

6.4 습증기의 상태량과 건도

습증기 하에서는 포화액체와 포화증기가 함께 공존하는 상태이며, 증발과정 동안에 이루어지는 상태는 습증기 상태이다. 습증기의 비체적, 비내부에너지, 비엔탈피 및 비엔트로피를 구하려면 증기가 어느 정도 발생하는지, 즉 습증기 중에 함유된 증기의 질량비율을 의미하는 건도(degree of dryness) x의 값을 알아야 한다.

m을 습증기 전체의 질량, m'을 습증기 중 포화액체의 질량, m''을 습증기 중 포화증기의 질량이라고 할 때 다음과 같이 정의한다.

$$m = m' + m'' \tag{6.2}$$

$$x = \frac{m''}{m} = \frac{m''}{m' + m''} = \frac{\text{포화증기 질량}[kg]}{\text{포화액체 질량} + \text{포화증기 질량}[kg]} \tag{6.3}$$

그림 6.1(c)에서 보는 바와 같이 습증기 1 kg이 x kg의 증기와 (1-x)kg의 액체를 함유한 경우 x는 증기의 비율인 **건도**(degree of dryness)가 되며, (1-x)는 액체의 비율인 **습도**(degree of wetness)가 된다. 포화액에서는 $x=0$, 건포화증기는 $x=1$이 되고, $0<x<1$은 습증기 상태를 의미한다.

건도가 x인 습증기의 비체적 v_x는 포화액체의 비체적 v', **포화증기의 비체적** v''라고 할 때 다음과 같이 표시 할 수 있다.

$$V=m \cdot v_x = V' + V'' = m'v' + m''v'' \quad [\mathrm{m^3}] \tag{6.4}$$

(습증기의 체적= 포화액체의 체적 + 포화증기의 체적)

$$v_x = (1-x)v' + x v'' \quad [\mathrm{m^3/kg}] \tag{6.5}$$

이 식을 변형하면 다음과 같다.

$$v_x = v' + x(v'' - v')$$

$$x = \frac{v_x - v'}{v'' - v'} \tag{6.6}$$

습증기의 내부에너지 u_x, 비엔탈피 h_x 및 비엔트로피 s_x도 비체적과 마찬가지로 건도 x와 포화액체와 포화증기의 성질로서 구할 수 있다.

$$u_x = (1-x)u' + x u'' = u' + x(u'' - u') \quad [\mathrm{kJ/kg}] \tag{6.7}$$

$$h_x = (1-x)h' + x h'' = h' + x(h'' - h') \quad [\mathrm{kJ/kg}] \tag{6.8}$$

$$s_x = (1-x)s' + x s'' = s' + x(s'' - s') \quad [\mathrm{kJ/kg\ K}] \tag{6.9}$$

예제 6.1

체적이 300 l인 탱크 속에 습포화증기 50 kg이 들어있다. 온도가 300℃인 증기의 건도는 얼마인가?

풀이

온도가 300℃일 때 부록3.의 H_2O 포화증기에서
$v' = 0.001404$ m^3/kg , $v'' = 0.021663$ m^3/kg

건도 $x = \dfrac{v_x - v'}{v'' - v'}$ 식에서

$$v_x = \frac{V}{m} = \frac{0.3}{50} = 0.006 \text{ m}^3/\text{kg}$$

$$x = \frac{v_x - v'}{v'' - v'} = \frac{0.006 - 0.001404}{0.021663 - 0.001404} = 0.227 = 22.7\%$$

예제 6.2

게이지압력 5.4 MPa, 건도 $x = 0.8$, 체적 50 m^{3}인 습증기가 있다. 대기압이 0.1 MPa라 할 때 습증기의 질량(m)과 습증기가 함유한 포화증기(m'') 및 포화수의 질량(m')과 체적을 구하라.

풀이

습증기의 절대압력(Pa)=측정압력(Pg)+대기압(P0)이므로
$p_a = 5.4 + 0.1 = 5.5$ MPa

부록3.의 H_2O 포화증기에서
$p = 5.5$ MPa : $t_s = 269.97$℃, $v' = 0.001303$ m^3/kg, $v'' = 0.035642$ m^3/kg

습증기의 체적 $v_x = (1-x)v' + x\,v''$

$$= (1-0.8)0.001303 + 0.8 \times 0.035642 = 0.0287742 \text{ m}^3/\text{kg}$$

$$m = \frac{V}{v_x} = \frac{50}{0.0287742} = 1737.67 \text{ kg} \text{ (답)}$$

$$m'' = x \times m = 0.8 \times 1737.67 = 1390.1 \text{ kg} \text{ (답)}$$

$$m' = m - m'' = 1737.67 - 1390.1 = 347.57 \text{ kg} \text{ (답)}$$

포화증기의 체적 $V'' = m'' \times v'' = 1390.1 \times 0.035642 = 49.54 \text{ m}^3$ (답)

포화수의 체적 $V' = m' \times v' = 347.57 \times 0.001303 = 0.453 \text{ m}^3$ (답)

예제 6.3

강제로 된 탱크에 습증기 10 kg이 90℃의 상태로 들어 있다. 이 증기의 질량이 10 kg이고 내부에너지가 20 MJ일 때 증기의 건도를 구하라.

풀이

$m = 10$ kg, $T = 90$℃에서 부록3.의 H_2O 포화증기에서

$u' = 376.90$ kJ/kg, $u'' = 2494.0$ kJ/kg

$$U = 20 \text{ MJ},\ u_x = \frac{U}{m} = \frac{20000}{10} = 2000 \text{ kJ/kg}$$

$$x = \frac{u_x - u'}{u'' - u'} = \frac{2000 - 376.90}{2494.0 - 376.90} = 0.7666$$

예제 6.4

압력이 4 MPa, 포화온도 250.36℃의 건포화증기는 포화수의 비체적이 0.001253 m³/kg, 건포화증기의 비체적이 0.049777 m³/kg이라면 건도 0.7인 습포화증기의 비체적은 얼마인가?

풀이

$v' = 0.001253 \text{ m}^3/\text{kg}$, $\quad v'' = 0.049777 \text{ m}^3/\text{kg}$

$$v_x = (1-x)v' + xv'' = (1-0.7)0.001253 + 0.7 \times 0.049777 = 0.0352 \text{ m}^3/\text{kg}$$

예제 6.5

압력 3 MPa, 건도 0.7인 습증기의 엔트로피는 얼마인가? (단, 포화수의 엔트로피는 2.6456 kJ/kg K, 건포화 증기의 엔트로피는 6.1858 kJ/kgK이다.

풀이

$$\begin{aligned} s_x &= (1-x)s' + xs'' = s' + x(s'' - s') \\ &= 2.6456 + 0.7(6.1858 - 2.6456) \\ &= 5.12374 \end{aligned}$$

6.5 증기의 열적 상태량

증기의 열량적 상태량이란 증기가 갖는 열에너지와 관계되는 내부에너지, 엔탈피, 엔트로피를 말하며, 공업상의 응용에서는 내부에너지는 그다지 중요하지 않고 엔탈피와 엔트로피가 중요하다. 또한 일반적으로 엔탈피 및 엔트로피의 절대값은 별로 문제가 없으나 물체가 상태변화하는 사이에 얼마만큼 증감되었는지가 더 중요하다.

증기의 성질은 매우 복잡하여 간단히 상태식으로 표현하는 것이 어렵다. 따라서 증기의 여러 가지 성질을 실제로 측정한 결과나 이를 기초로 해서 만든 증기표나 증기선도를 사용하여 값을 구하기도 한다. 여기에서는 물을 기준으로 간단히 설명하고자 한다.

증기의 열역학적 상태량은 포화수(saturated water)와 건포화증기(dry saturated steam)의 비체적, 비내부에너지, 비엔탈피, 비엔트로피를 각각 v', u', h', s'및 v'', u'', h'', s''으로 표기한다. 아래첨자 0은 기준상태를 의미한다.

물의 경우 3중점인 0.01℃의 포화수(포화압력 0.6113 kPa)를 기준으로 정하여 엔탈피와 엔트로피를 0으로 한다. 그러나 0.01℃와 0℃는 거의 차이가 없으므로 0℃를 기준으로 하여도 지장은 없다.

6.5.1 포화수

포화온도보다 낮은 온도의 액체를 **압축액체**(compressed liquid)라고 한다. 이것은 그림 6.2와 그림 6.3의 $T-v$, $p-v$ 및 $T-s$ 선도상에서 포화액체선의 좌측, 그림 6.4의 $p-t$선도에서의 증발곡선 좌측에 있는 상태이다. 압축액체를 포화온도까지 가열하면 **포화수**의 상태가 되는데, 일정 압력하에서 기준상태의 물을 포화온도까지 가열하는데 소요되는 열량을 **액체열**(heat of liquid)q_L 이라고 한다.

0℃의 포화수의 엔탈피와 엔트로피를 0이라고 하였으므로

$$h_0' = 0, \quad s'_0 = 0$$

이므로 이때의 엔탈피 $h = u + pv$로부터 p_0=0.6113 kPa, v_0'= 0.001 m^3/kg이므로

$$\begin{aligned} u_0' &= h_0' - p_0 v_0' = 0 - 0.6113 \times 0.001 \\ &= -0.0006113\text{kJ/kg} \end{aligned}$$

이 되므로 $u_0' = 0$으로 보아도 무방하다. 즉,

$$h_0' = 0, \quad s_0' = 0, \ u_0' = 0 \tag{6.10}$$

액체열q_L은 비열을 C라고 할 때 다음과 같이 구할 수 있다.

$$q_L = \int_0^{t_s} C dt \tag{6.11}$$

또한 0℃의 물은 등온상태에서 임의의 압력 p로 가압하여도 저온인 물의 압축성이 아주 작으므로 100 at정도까지는 0℃ 물의 내부에너지 u_0는 0으로 보아도 무방하다 할 수 있다. 여기서 압력 p에서 0℃ 물의 비체적과 내부에너지를 v_0, u_0라 하고, 동일한 압력에 상당하는 포화수의 비체적과 내부에너지를 v', u' 이라 하면, 열역학 제1법칙의 에너지 기초식 $dq = du + pdv$로부터 액체열 q_L은

$$q_L = \int_0^{t_s} du + p\int_0^{t_s} dv$$

이므로

$$q_L = (u' - u_0) + p(v' - v_0)$$
$$= (u' + pv') - (u_0{}' + pv_0)$$
$$= h' - h_0 (6.12)$$

$$\therefore \; q_L = h' - h_0 (6.12a)$$

여기서 $h' = u' + pv'$, $h_0 = u_0 + pv_0$의 관계에 있다.

물의 경우 3중점(0.01℃, 0.6113kPa)을 기준상태로 정하고, 이 점에서의 비내부에너지와 비엔트로피를 각각 $u_0 \approx u_0{}' = 0$, $s_0 \approx s_0{}' = 0$ 으로 정하였다. 실제의 경우 종래에 기준으로 삼았던 0.01℃의 값이 0℃와 거의 차이가 없으므로 0℃를 기준으로 하여도 지장이 없다.

기준상태에서의 비엔탈피도 계산해보면

$h_0 = u_0 + pv_0 = 0 + 0.6113 \times 0.001 = 0.0006113 \cong 0$ [kJ/kg]

따라서 위의 사항들을 정리해보면 다음과 같이 정해도 된다.

$$u_0 \approx u_0{}' = 0,\; s_0 \approx s_0{}' = 0,\; h_0 \approx h_0{}' = 0 \qquad (6.13)$$

압축수는 가열하여도 비체적의 증가가 무시할 정도로 작아서 식 (6.12)의 $(v' - v_0) \approx 0$이라 할 수 있으므로 식 (6.12)와 식 (6.12a)의 액체열은 다음과 같이 표현된다.

$$q_L \fallingdotseq u' \fallingdotseq h' = \int_0^{t_s} C_p dt = \int_{273.15}^{T_s} C_p dt \quad \text{[kJ/kg] 또는 [kcal/kg]} \qquad (6.14)$$

또 C_p =const. 이라 할 경우

$$q_L \fallingdotseq u' \fallingdotseq h' = C_p(T_s - 273.15) \quad \text{[kJ/kg] 또는 [kcal/kg]} \tag{6.15}$$

물의 경우 액체열 q_L은 실제로 100℃까지는 포화수의 엔탈피와 내부에너지의 값과 거의 일치하므로 100℃이하에서는 $q_L = u' = h'$으로 해도 된다.

다음으로는 포화수의 비엔트로피를 구하여 보자. 0℃인 포화수의 엔트로피를 기준으로 하므로 $s_0' = 0$을 하면 압력 p인 포화수의 엔트로피 s'는 엔트로피 정의식 $ds = \dfrac{dq_L}{T}$에서

$$s' - s_0 = \int_0^{'} \frac{dq_L}{T} = \int_0^{t_s} \frac{C_p dt}{T} = \int_{273.15}^{T_s} \frac{C_p dT}{T} \tag{6.16}$$

$$s' = \int_{273.15}^{T_s} C_p \frac{dT}{T} \tag{6.16a}$$

와 같이 나타낼 수 있으므로 이 식을 다시 $C_p = const.$ 라 할 때

$$s' = C_p \cdot \ln \frac{T_s}{273.15} \quad \text{[kJ/kg K]} \tag{6.16b}$$

로 표현된다.

따라서 포화수의 q_L, u', h', s'은 윗식에 의하여 다음과 같이 정리할 수 있다.

$$q_L \fallingdotseq u' \fallingdotseq h' = C_p(T_s - 273.15) \quad \text{[kJ/kg]}$$
$$s' = C_p \cdot \ln \frac{T_s}{273.15} \quad \text{[kJ/kg K]} \tag{6.17}$$

포화수의 u', h', s'값들은 위의 계산식뿐만 아니라 부록의 포화증기표나 선도를 이용하여 구할 수 있다. 증기표와 선도를 이용하는 방법은 6.6절에서 자세히 언급하고 있다. 위의 식들을 이용하면 포화온도보다 낮은 상태인 압축수의 u, h, s도 구할 수 있다. 다만 이 경우는 윗 식의 적분구간만 T_s에서 T로 변경시키면 된다. 온도가 T[K]인 압축수의 엔탈피는 식 (6.14)또는 식 (6.15)에 따라 다음과 같이 표현된다.

$$h=\int_{273.15}^{T} C_p dt = C_p(T-273.15)\ \text{[kJ/kg K]} \tag{6.18}$$

이 식을 사용하여 직접 계산하거나 또는 계산 결과를 수록한 부록4의 압축수표를 이용하여 구한다. 그러나 사용하려는 압축수표 또는 정압비열 C_p의 값이 없는 경우에는 근사적인 방법으로 실제 압축수에 미치는 압력의 영향은 온도에 비하여 매우 작기 때문에 무시하고, 다음과 같이 주어진 온도 T를 포화온도 T_s라 생각하고 포화온도만의 함수로 구한 포화수의 값을 압축수의 값으로 본다.

$$\begin{aligned} h &\approx h'(T=T_s) \\ u &\approx u'(T=T_s) \\ s &\approx s'(T=T_s) \end{aligned} \tag{6.19}$$

6.5.2 포화증기

포화수는 포화온도에 도달해 있으므로 가열을 계속하면 증기가 발생하고, 건포화증기가 될 때까지 압력 및 온도는 포화온도와 포화압력으로 일정하게 유지한다. 1 kg의 포화수를 일정한 압력하에서 전부 건포화증기가 될 때까지 가열하는 데 필요한 열량을 **증발열** r **또는 증발잠열**(latent heat of vaporization)이라고 한다. 이 값은 열역학 제1기초식($dq=du+pdv$)을 이용하여 다음과 같이 유도할 수 있다.

$$\begin{aligned} r &= \int_{'}^{''} dq = \int_{'}^{''} du + \int_{'}^{''} pdv = (u''-u')+p(v''-v') \\ &= (u''+pv'')-(u'+pv') = h''-h'\ \text{[kJ/kg]} \end{aligned} \tag{6.20}$$

즉, 증발열 r의 크기는 포화수로부터 건포화증기가 될 때까지의 엔탈피의 증가량으로 나타낼 수 있다. 그러나 고압이 될수록 비엔탈피의 차($h''-h'$)가 작아지므로 증발열 r도 작아지며, 임계압에서는 $h''=h'$가 되어 증발열이 0이 된다.

그림 6.5은 물의 등압가열시 소요되는 열량을 $T-s$선도상에 나타낸 것이다.

증발열 r은 액체 상태인 물의 분자결합을 기체 상태로 만드는데 필요한 내부증발열(ρ)와 주어진 압력하에서 팽창하는데 필요한 일의 열당량인 외부증발열(φ)로 구성되어 있다. 따라서

$$r = \rho + \varphi \tag{6.21}$$

ρ와 φ는 식 (6.20)과 비교하면 다음과 같다.

$$\rho = u'' - u'$$
$$\varphi = p(v'' - v') \tag{6.22}$$

내부증발열(ρ)은 전체 증발열 중 90%를 차지하여, 증발열의 대부분은 분자들의 결합을 느슨하게 만드는데 사용하는 셈이다.

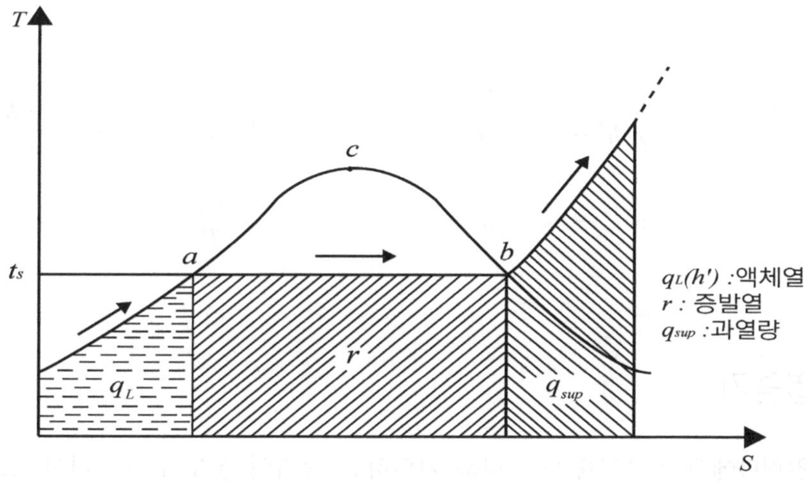

그림 6.5 물의 등압가열시 소요되는 열량

증발과정 동안의 엔트로피 증가량 $(s'' - s')$은 엔트로피의 정의 $ds = (\frac{dq}{T})rev$ 와 식 (6.20)으로부터 다음과 같이 구할 수 있다.'

$$s'' - s' = \int_{'}^{''} (\frac{dq}{T_s})_{rev} = \frac{1}{T_s}\int_{'}^{''} dq = \frac{r}{T_s} \quad [\mathrm{kJ/kg\ K}] \tag{6.23}$$

여기서 T_s는 증발압력에 대한 포화온도이다. 따라서 증발열 r는

$$r = T_s(s'' - s') \quad \text{[kJ/kg]} \tag{6.24}$$

위 식과 같이 건포화증기와 포화수의 엔트로피 차로 나타낼 수 있다.

그림 6.5의 $T-s$선도에 보는 바와 같이 선분 a-b를 따라 적분하여 구한 사선으로 표시된 면적과 같다.

식 (6.24)에서 건포화증기의 비엔트로피를 구하면

$$s'' = s' + \frac{r}{T_s} \tag{6.25}$$

식 (6.8)과 (6.9)에서 습증기의 비엔탈피와 비엔트로피를 증발열 r와 함께 다음과 같이 구할 수 있다.

$$h_x = (1-x)h' + x h'' = h' + x(h'' - h') = h' + xr \quad \therefore x = \frac{h_x - h'}{r} \tag{6.26}$$

$$s_x = (1-x)s' + xs'' = s' + x(s'' - s') = s' + \frac{x\,r}{T_s} \tag{6.27}$$

6.5.3 과열증기

일정 압력하에서 건포화증기를 더욱 가열하면 증기의 온도가 상승하여 포화온도 이상이 된다. 이와 같이 포화온도 이상으로 가열한 증기를 **과열증기**(superheated vapour)라 한다. 건포화증기 1 kg을 등압하에서 가열증기로 가열하는데 필요한 열량을 **과열량** q_s라 하며 다음과 같다.

$$q_s = h - h'' = \int_{''}^{sup} dh = \int_{T_s}^{T} C_p dT \simeq C_{p,av}(T - T_s) \tag{6.28}$$

따라서 과열증기의 비엔탈피 h는

$$h = h'' + q_s = h'' + \int_{T_s}^{T} C_p dT \simeq h'' + C_{p,av}(T - T_s) \quad \text{[kJ/kg]} \tag{6.29}$$

여기서 $C_{p,av}$는 과열증기에 대한 정압비열의 평균값이다.

또한, 비엔트로피 s는 등압하에서 비엔트로피의 변화가 $ds = \dfrac{dq}{T} = \dfrac{dh}{T}$이므로(여기서, $dq = dh - vdp$에서 $dp = 0 \ \therefore \ dq = dh$)

$$s = s'' + \int_{T_s}^{T} C_p \frac{dT}{T} \simeq s'' + C_{p,av} \ \ln \frac{T}{T_s} \quad \text{[kJ/kg K]} \tag{6.30}$$

과열증기의 h, s는 식 (6.29), (6.30)에 의하여 직접 계산하거나, 부록3의 과열증기표를 사용하여 구할 수 있다.

6.5.4 총열량

일정 압력하에서 기준상태의 물 1 kg을 가열하여 T K의 과열증기로 만드는데 필요한 총열량 q_T는 물이 각 상의 영역을 통과할 때 필요한 열량의 합과 같다. 따라서 q_T는

$$q_T = q_L + r + q_s = h' + (h'' - h') + (h - h'') = h \quad \text{[kJ/kg]} \tag{6.31}$$

혹은

$$q_T = q_L + r + q_s = h' + (h'' - h') + \int_{T_s}^{T} C_p \, dT \simeq h'' + C_{p,av}(T - T_s) \tag{6.32}$$

로 나타낼 수 있다.

그림 6.5는 물을 과열증기 상태까지 등압가열하는 동안 액체열(q_L), 증발열(r), 과열량($q_{s\,up}$)등의 열량을 나타내고 있는데, $T-s$선도의 빗금 친 면적의 크기가 총열량 q_T이다.

예제 6.6

1.5 MPa의 일정압력에서 포화수를 증발시켜 건포화증기를 만드는 경우 증기 1 kg당 가해야 할 열량, 팽창일, 내부에너지의 증가는 얼마인가?

풀이

부록3. H_2O 포화증기 및 과열증기표에서 $p=1.5$ MPa에서

$h''=2791.0$ kJ/kg, $h'=844.72$ kJ/kg,

$v''=0.13170$ m^3/kg, $v'=0.001154$ m^3/kg

$q_{12}=r=h''-h'=2791.0-844.72=1946.28$ kJ/kg

$w_{12}=p(v''-v')=1.5\times10^3(0.13170-0.001154)=195.82$ kJ/kg

$u_2-u_1=q_{12}-w_{12}=1946.28-195.82=1750.46$ kJ/kg

예제 6.7

120℃인 포화수 1 kg이 증발할 때 증발열, 외부증발열, 내부증발열을 구하라

풀이

부록3. H2O 포화증기 및 과열증기표에서 $t=120$℃

$v'=0.001060$ m^3/kg, $v''=0.8913$ m^3/kg,

$u'=503.57$ kJ/kg, $u''=2528.9$ kJ/kg

$h'=503.78$ kJ/kg, $h''=2705.9$ kJ/kg

증발열 $r=h''-h'=2705.9-503.78=2202.12$ kJ/kg

$r=\rho+\varphi$ 에서

내부증발열 $\rho=u''-u'=2528.9-503.57=2025.33$ kJ/kg

외부증발열$\varphi=r-\rho=2202.12-2025.33=176.79$ kJ/kg

예제 6.8

0.01℃의 물 2 kg을 등압하에서 가열하여 40 bar, 350℃의 과열증기를 생산하려고 한다. 소요되는 총열량과 증발열 중 외부증발열의 비율을 구하라.
(단, $C_{p,av} = 2.89$ kJ/kg K)

풀이

① 부록3. H_2O 포화증기 및 과열증기표에서 $p = 40$ bar = 4 MPa에서 $t_s = 250.36$℃

$h' = 1087.4$ kJ/kg $\qquad h'' = 2800.9$ kJ/kg

$v' = 0.001253\,v' = 0.001253$ m^3/kg $\qquad v'' = 0.049777$ m^3/kg

0.01℃ 물 1 kg을 과열증기를 생산하는데 소요되는 총열량 q_T 는

$$q_T = q_L + r + q_s = h' + (h'' - h') + \int_{T_s}^{T} C_p\, dT \simeq h'' + C_{p,av}(T - T_s)$$

$$= 2800.9 + 2.89(350 - 250.36) = 3088.86 \text{ kJ/kg}$$

또한, q_T는 식 (6.31)에 의해 과열증기표에서 직접 구할 있다.

$q_T = h \quad (p = 4$ MPa, $t = 350$℃$) = 3092.5$ kJ/kg

∴ 물 2 kg을 과열증기를 생산하는데 소요되는 총열량 Q_T는

$Q_T = 2 \times 3088.86 = 6177.72$ kJ/kg (답)

② 증발열r 중 외부증발열의 비율 $\dfrac{\varphi}{r}$은

$\varphi = p(v'' - v') = 4000$ kPa$(0.049777 - 0.001253) = 194.1$ kJ/kg

$r = h'' - h' = 2800.9 - 1087.4 = 1713.5$ kJ/kg

$\dfrac{\varphi}{r} = \dfrac{194.1}{1713.5} = 0.113 = 11.3\%$ (답)

예제 6.9

압력 0.2 MPa하에서 단위 [kg]의 물이 증발하면서 체적이 0.9 m^3로 증가할 때 증발열이 2177 kJ이면 증발에 의한 엔트로피 변화는 얼마인가? (단, 0.2 MP일 때, 포화온도는 120℃이다)

풀이

$$\Delta S = \frac{r}{T_s} = \frac{2177}{120 + 273.15} = 5.54 \text{ kJ/kgK}$$

예제 6.10

일정압력 3 MPa하에서 포화수를 증발시켜서 건포화증기를 만들 때 증기 1 kg 당 내부 에너지의 증가는 얼마인가?
(단, 증발열은2500 kJ/kg라 두고, 비체적은 $v' = 0.001217$ m^3/kg $v'' = 0.066664$ m^3/kg)

풀이

$$\Delta H = \Delta U + \Delta PV$$

$$\Delta U = \Delta H - \Delta PV = (h'' - h') - p(v'' - v')$$

$$= r - p(v'' - v') = 2500 - 3000(0.066664 - 0.001217) = 2303.66 \text{ kJ/kg}$$

예제 6.11

20℃의 물을 가열하여 0.8 MPa의 건포화증기 10 kg을 발생시키려면 얼마의 열량이 필요한가? (단, 20℃의 엔탈피는 83.92 kJ/kg, 압력 0.8 MPa일 때 건포화증기의 엔탈피는 2768.3 kJkg이다.)

풀이

$h' = 83.92$ kJ/kg, $h'' = 2768.3$ kJ/kg

$Q = r \times m = (h'' - h') \times m = (2768.3 - 83.92) \times 10$

$= 26843.8$ kJ

6.6 증기표 및 증기선도

증기의 성질은 대단히 복잡해서 이상기체처럼 간단한 상태식($pv = RT$)으로 나타낼 수가 없다. 증기와 같은 실제기체의 열역학적 성질을 나타내기 위한 Van der Waals의 상태식 등이 작성되지만 이들 어떤 식도 실용상 충분한 계산결과를 얻을 수가 없다. 따라서 각각의 물질에 대한 고유한 열적상태식을 사용하여 이것은 근거로 증기표(steam table) 및 선도(steam chart)를 만들어 사용하고 있다.

6.6.1 증기표

증기표는 국제증기성질회의로부터 정밀한 실험치에 의해서 결정된 국제증기표를 근거하여 작성한 것이며, 또한 실용국제상태식에서 계산한 것이다.

증기표는 포화증기표와 압축수 및 과열증기의 표로 되어 있다. 부록3~부록4을 참조 바란다.

포화증기표는 포화수와 건포화증기의 포화온도, 압력, 비체적, 비엔탈피, 증발열, 비엔트로피 등의 여러 가지 성질을 나타내며, 온도를 기준으로 한 **온도기준 포화증기표**와 압력을 기준으로 한 **압력기준 포화증기표**가 있다.

습증기의 상태값은 2상을 이루어지고 있기 때문에 수치값을 나타내기가 힘들지만, 건도 x를 알면 식 (6.5)~식 (6.9)을 이용하여 포화수와 건포화증기의 성질로서 습증기에 대한 여러 가지 성질을 계산으로 구할 수 있다.

압축수와 과열증기의 표는 각각의 압력에 대한 온도를 기준으로 할 경우 압축수와 과열증기의 비체적, 비엔탈피, 비엔트로피가 주어져야 한다.

증기표상에 나타나 있지 않는 사이값은 그 온도와 압력에 비례배분법칙(내삽법)에 따라 구한다.

6.6.2 증기선도

증기공학 및 냉동공학 등에서 설계나 계산을 할 때 정확한 증기의 성질을 알 필요가 있때에는 증기표를 사용하지만, 열역학적 상태변화를 한눈에 알아보거나 개략적인 계산이 필요할 때는 **증기선도**(steam diagram)를 이용하기도 한다. 따라서 증기의 성질 p, v, T, h, s 중에서 임의의 두가지를 좌표로 삼아 각 성질의 변화를 표시한 것이 증기선도이다.

증기선도에서는 일반적으로 $T-s$ 선도와 $h-s$ 선도가 가장 많이 활용되고 있다.

참고로 수증기의 $h-s$ 선도는 창시자인 독일의 Mollier에 의해 작성되었기 때문에 Mollier선도라고도 한다.

(1) 증기의 $T-s$ 선도

이 선도는 그림 6.6과 같이 세로축에 절대온도 T[K], 가로축에 비엔트로피 s를 취하고 열량은 면적으로 표시된다. 그림 6.6에서 굵은 선은 정압변화의 예로서 면적 $011'0'$은 액체열 q_L, 면적 $122'1'$은 증발열 r, 면적 $233'2'$은 과열량 q_s를 나타낸다.

$T-s$ 선도는 정압선($p=$ 일정), 등적선($v=$ 일정), 등엔탈피선($h=$ 일정), 등건도선($x=$ 일정) 등이 표시되어 있다. 등온선($T=$ 일정)은 수평으로 등엔트로피선($s=$ 일정)은 수직으로 나타난다.

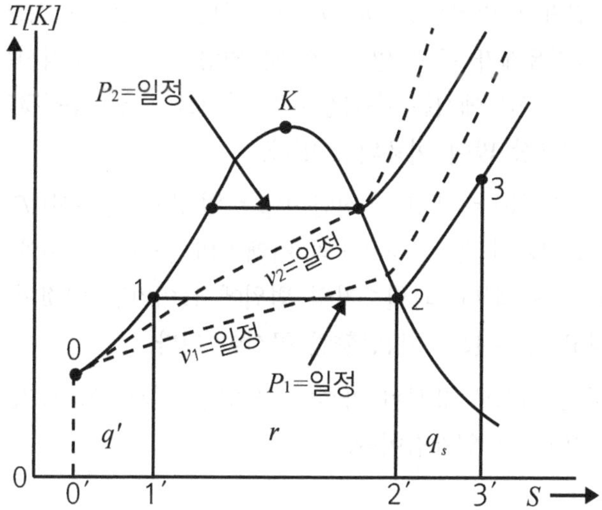

그림 6.6 증기의 $T-s$선도

(2) 증기의 $h-s$선도

$h-s$선도는 몰리에르(Mollier)선도라고도 하며 세로축에 비엔탈피 h를, 가로축에 비엔트로피 s를 취한 선도로서 수증기에 대하여 그림 6.7또는 부록7과 같다.

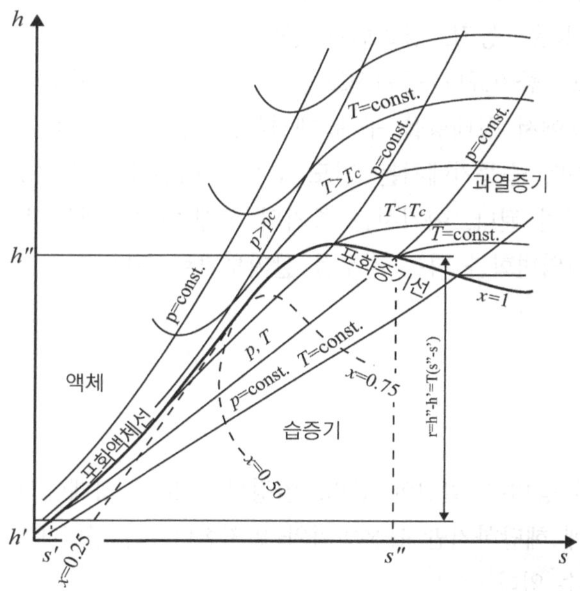

그림 6.7 증기의 $h-s$(Mollier) 선도

$T-s$선도에서 열량이 면적으로, $p-v$선도에서는 일량이 면적으로 표시되는 반면, $h-s$선도에서는 작업유체가 주고 받는 열 및 일량을 모두 수직선분의 길이로 표시할 수 있다. 따라서 $h-s$선도에서는 수직선분의 길이를 측정하는 것만으로도 열과 일량을 측정할수 있어 실용상 많이 이용되고 있다.

그림 6.7에서 등적선($v=$ 일정), 정압선($p=$ 일정), 등온선($T=$ 일정), 등건도선($x=$ 일정) 등이 표시되어 있고, $x=1$의 아래쪽의 습증기 범위에서는 정압선과 등온선이 일치되어 직선으로 되나, 과열증기의 범위에 들어가면 이것이 분리되어 정압선은 위쪽으로 기울어지고 등온선은 수평방향인 곡선이 된다.

그림 6.7에서 굵은 선으로 표시된 곡선이 포화액체선과 포화증기선으로 이루어진 포화곡선이며 그 점점인 c가 임계점이다.

6.7 증기의 상태변화

증기의 일반적인 상태변화에 대하여 해석하려면 계가 밀폐계인지 개방계인지, 또한 상태변화가 등압, 등온, 등적, 단열변화 등인지 구별하여야 한다. 증기의 상태변화를 조사하는 데는 주로 증기표나 증기선도를 이용하는 것이 편리하다. 특히 과열증기인 경우에는 $h-s$선도에서 상태량을 구해 해결하는 것이 보통이다. 포화증기의 경우에는 증기표를 사용하지만, 습증기에서는 건도 x가 주어진다면 식 (6.5)~(6.9)를 이용하여 상태량의 값을 구하면 된다. 여기서는 증기의 상태변화에 대해 설명하기로 하고, 단위 질량당의 증기가 가역변화를 하는 경우를 살펴보기로 한다.

6.7.1 정압변화

습증기 영역에서 증발은 일정한 압력, 일정한 온도의 상태에서 일어나며, 그림 6.8와 같이 정압변화에 해당하지만 등온변화와 일치한다. 이 구역에서 건도 x를 사용하여 가열량 q를 구할 수 있다.

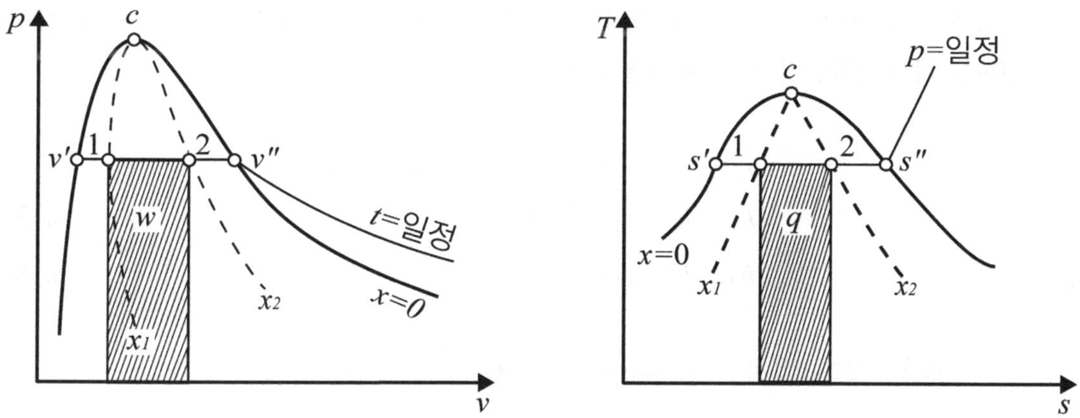

그림 6.8 증기의 정압변화

그림 6.8와 같이 1kg의 증기가 가열하여 건도 x_1에서 x_2로 변화한 1→2구간에서 등압팽창에 대한 외부열량 $_1W_2$와 공급열량(가열에 필요한 열량) q를 구하면 다음과 같다.

등압변화를 하므로 열역학 제1법칙의 제2기초식에서

$$dq = dh - vdp, \text{ 여기서 } dp = 0$$

$$\therefore \quad {}_1q_2 = h_2 - h_1 \text{ [kJ/kg]} \tag{6.33}$$

절대일 $_1W_2$과 공업일 W_t은 다음과 같다

$${}_1W_2 = \int_1^2 pdv = p(v_2 - v_1) \text{ [kJ/kg]} \tag{6.34}$$

$$W_t = -\int_1^2 vdp = 0 \tag{6.35}$$

열역학 제1법칙에서 $dq = du + pdv$에서

$$\begin{aligned} {}_1q_2 &= \int_1^2 du + p\int_1^2 dv \\ &= (u_2 - u_1) + p(v_2 - v_1) \\ &= h_2 - h_1 \end{aligned} \tag{6.36}$$

식 (6.36)은 식 (6.33)과 결과가 같아진다.

습증기 영역에서 그림 6.9와 같이 상태1과 상태2에서의 건도를 x_1, x_2라 하고 등압 변화를 하는 경우, 식 (6.8)을 이용하면

$$h_x = (1-x)h' + x\,h'' = h' + x(h'' - h')$$

$$h_1 = h' + x_1(h'' - h') \tag{6.37}$$

$$h_2 = h' + x_2(h'' - h') \tag{6.38}$$

이므로 이 식들로부터 식 (6.36)을 다시 정리하면

$$_1q_2 = h_2 - h_1 = (x_2 - x_1)(h'' - h') = (x_2 - x_1)r \tag{6.39}$$

가 된다. 같은 방법으로 식 (6.5), 식 (6.7)을 이용하면 내부에너지와 비체적의 변화는 다음과 같다.

$$u_2 - u_1 = (x_2 - x_1)(u'' - u') \tag{6.40}$$

$$v_2 - v_1 = (x_2 - x_1)(v'' - v') \tag{6.41}$$

습증기로 이루어진 계에 가한 열량은 식 (6.36)을 이용하여 식 (6.40), 식 (6.41)을 대입하여 구해도 결과는 같게 나온다. 즉,

$$\begin{aligned} _1q_2 &= \int_1^2 du + p\int_1^2 dv = (u_2 - u_1) + p(v_2 - v_1) \\ &= (x_2 - x_1)(u'' - u') + p(x_2 - x_1)(v'' - v') \\ &= (x_2 - x_1)[(u'' - u') + p(v'' - v')] \\ &= (x_2 - x_1)(h'' - h') \\ &= (x_2 - x_1)r \end{aligned} \tag{6.42}$$

그리고 외부에서 한 절대일 ${}_1W_2$도 다음과 같이 구할 수 있다.

$$
\begin{aligned}
{}_1W_2 &= \int_1^2 pdv = p(v_2 - v_1) \\
&= p(x_2 - x_1)(v'' - v')
\end{aligned}
\tag{6.43}
$$

예제 6.12

압력이 3 MPa, 건도가 $x_1 = 0.8$인 습증기를 매초 2 kg씩 등압하에서 건포화증기 $(x_2 = 1)$로 건조시키는데 필요한 열량을 구하라

풀이

부록3. H_2O 포화증기 및 과열증기표에서 $p = 3$ MPa에서
$h' = 1008.4$ kJ/kg, $h'' = 2803.3$ kJ/kg

$$
\begin{aligned}
{}_1q_2 = \int_1^2 du + p\int_1^2 dv &= (u_2 - u_1) + p(v_2 - v_1) \\
&= (x_2 - x_1)[(u'' - u') + p(v'' - v')] \\
&= (x_2 - x_1)(h'' - h') = (x_2 - x_1)r \\
&= (1 - 0.8) \times (2803.3 - 1008.4) = 358.98 \text{ kJ/kg}
\end{aligned}
$$

$\therefore\ Q = mq = 2 \times 358.98 = 717.97$ kJ/s (답)

예제 6.13

일정한 압력 1 MPa하에서 건도 $x_1 = 0.4$인 포화증기 5 kg이 가열되어 건도 $x_2 = 0.75$가 되었다. 이때의 상태변화에 대한 습증기의 정압변화를 $p-v$선도로 나타내면 다음 그림과 같다.

여기서 $p = 1$ MPa 일 때 다음과 같다.

$v' = 0.001127$ m^3/kg, $v'' = 0.19435$ m^3/kg,

$h' = 762.68$ kJ/kg,, $h'' = 2777.1$ kJ/kg

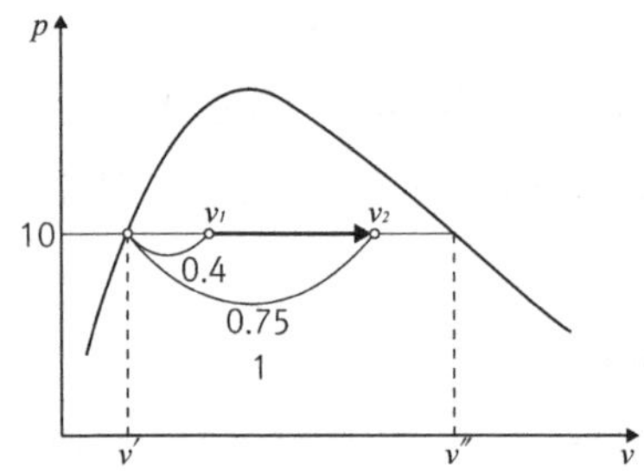

① 체적(v_2)는 체적(v_1)의 몇 배 인가?

② 팽창에 소요되는 일량 (W)

③ 가열에 소요되는 열량 (Q)

④ 내부에너지의 증가량 (ΔU)

풀이

$x_1 = 0.4,\quad x_2 = 0.75,\ m = 5$ kg

① $v_1 = v' + x_1(v'' - v')$

$= 0.001127 + 0.4(0.19435 - 0.001127)$

$= 0.07839$ m^3/kg

$v_2 = v' + x_2(v'' - v')$

$= 0.001127 + 0.75(0.19435 - 0.001127)$

$= 0.1460$ m^3/kg

$$\therefore\ \frac{v_2}{v_1} = \frac{0.1460}{0.07839} = 1.86$$

② 팽창에 소요되는 일량 (W)

${}_1W_2 = mp(v_2 - v_1) = 5 \times 1000 \times (0.1460 - 0.07839) = 338.05$ kJ

③ 가열에 소요되는 열량 (Q)

$${}_1Q_2 = mq = m(h_2 - h_1)$$

여기서

$$h_1 = h' + x_1(h'' - h') = 762.68 + 0.4(2777.1 - 762.68) = 1568.448 \text{ kJ/kg}$$

$$h_2 = h' + x_2(h'' - h') = 762.68 + 0.75(2777.1 - 762.68) = 2273.49 \text{ kJ/kg}$$

$$\therefore \ {}_1Q_2 = mq = m(h_2 - h_1) = 5 \times (2273.49 - 1568.448) = 3525.21 \text{ kJ}$$

④ 내부에너지의 증가량 (ΔU)

$$\Delta U = {}_1Q_2 - {}_1W_2 = 3525.21 - 338.05 = 3187.16 \text{ kJ}$$

6.7.2 정적변화

보일러와 같은 밀폐용기에 물을 넣어 가열하면 그림 6.9과 같이 건도가 큰 경우에는 1→2→3의 상태변화에 따라 포화증기가 되고, 더욱 가열하면 과열증기가 된다. 건도(x)가 0에 가까우면 용기내에 증기가 존재하지 않고 전부 포화수만 있는 경우에는 1′→2′→3′으로 상태 변화를 하여 전부 포화수로 된다.

1kg의 습증기를 체적이 일정한 밀폐용기에 넣어서 가열시키면 그림 6.9와 같이 정적변화를 하여 압력과 온도가 모두 증가한다. 그때 증발량이 증가하므로 건도가 x_1에서 x_2로 증가하여 상태변화가 1→2를 이룬다.

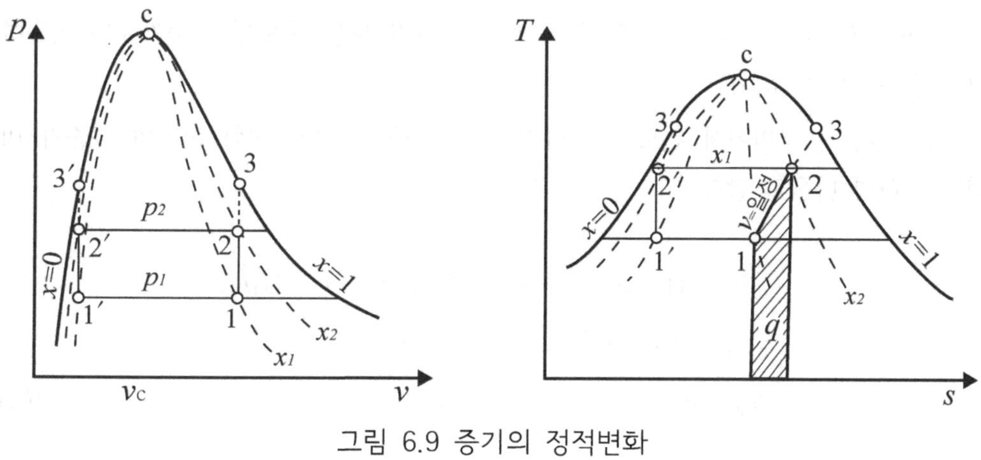

그림 6.9 증기의 정적변화

이 때 계에 가한 열량을 열역학 제1법칙을 적용하여 구하면

$$dq = du + pdv = dh - vdp$$

여기서 용기내의 정적변화이므로 $(v = const.,\ dv = 0)$

$$q = u_2 - u_1 = (h_2 - h_1) - v(p_2 - p_1)\ \ [\text{kJ/kg}] \tag{6.44}$$

습증기 구역에서 등적변화($v_{x1} = v_{x2}$)가 일어나는 경우, 습증기의 1 kg에 가하는 열량은 식 (6.44)를 이용하여 다음과 같이 구할 수 있다.

$$q = u_{x2} - u_{x1} = (h_{x2} - h_{x1}) - v_x(p_2 - p_1) \tag{6.45}$$

여기서 h_{x1}, h_{x2}는 상태1과 상태2에서의 습증기의 비엔탈피로서 식(6.8)을 이용하면 다음과 같다

$$h_x = (1-x)h' + x\,h'' = h' + x(h'' - h')\ \ [\text{kJ/kg}]$$

$$h_{x1} = h_1{}' + x_1(h_1{}'' - h_1{}')$$

$$h_{x2} = h_2{}' + x_2(h_2{}'' - h_2{}') \tag{6.46}$$

$h_1{}', h_1{}'', h_2{}', h_2{}''$는 각각 상태1과 상태 2의 압력 또는 온도에서 증기표를 이용하여 그 값을 구할 수 있다.

또한, 습증기 구역에서 건도가 x_1에서 x_2로 변하는 경우 변화 전후의 습증기 비체적을 구하면 다음과 같다.

$$v_x = (1-x)v' + x\,v'' = v' + x(v'' - v')\ \ [\text{kJ/kg}]$$

$$v_1 = v_{x1} = v_1{}' + x_1(v_1{}'' - v_1{}')$$

$$v_2 = v_{x2} = v_2{}' + x_2(v_2{}'' - v_2{}') \tag{6.47}$$

정적변화에서는 $v_1 = v_2$ 이므로 변화 후의 건도x_2는 다음과 같다.

$$x_2 = \frac{v_2 - v_2'}{v_2'' - v_2'} = \frac{v_1 - v_2'}{v_2'' - v_2'} \tag{6.48a}$$

일반적으로 포화액의 비체적은 압력이 변화하여도 그다지 변화지 않으므로 $v_1' \cong v_2'$이기 때문에 윗 식은 다음과 같이 쓸 수 있다.

$$v_1 = v_2, \quad v_1' + x_1(v_1'' - v_1') = v_2' + x_2(v_2'' - v_2')$$

$$x_2 \cong x_1 \frac{v_1'' - v_1'}{v_2'' - v_2'} \tag{6.48b}$$

여기서, v_1', v_1'', v_2', v_2''는 각각 상태1과 상태 2의 압력 또는 온도에서 증기표를 이용하여 그 값을 구할 수 있다.

그리고 습증기 구역에서 정적변화일 때 절대일 w와 공업일 w_t를 구하면 다음과 같다.

$$w = \int_1^2 pdv = 0 \tag{6.49}$$

$$w_t = -\int_1^2 vdp = v(p_1 - p_2) \text{ [kJ/kg]} \tag{6.50}$$

예제 6.14

압력이 0.2 MPa, 건도가 0.2인 습증기가 탱크속에 들어 있다. 이 탱크를 가열하여 압력이 0.7 MPa로 되었다면 ①변화 전후의 엔탈피 ②가열량 ③변화후의 건도를 구하라

풀이 $x_1 = 0.4$,

부록3. H_2O 포화증기 및 과열증기표에서

$p_1 = 0.2$ MPa일 때 $v_1' = 0.001061\ \text{m}^3/\text{kg}$, $v_1'' = 0.88574\ \text{m}^3/\text{kg}$

$h_1' = 504.68\ \text{kJ/kg}$, $h_1'' = 2706.2\ \text{kJ/kg}$

$p_2 = 0.7$ MPa일 때 $v_2' = 0.001108\ \text{m}^3/\text{kg}$, $v_2'' = 0.27276\ \text{m}^3/\text{kg}$

$h_2' = 697.14\ \text{kJ/kg}$, $h_2'' = 2762.7\ \text{kJ/kg}$

① $h_1 = h_1' + x_1(h_1'' - h_1') = 504.68 + 0.2(2706.2 - 504.68) = 944.98\ \text{kJ/kg}$

$h_2 = h_2' + x_2(h_2'' - h_2') = 697.14 + 0.65(2762.7 - 697.14) = 2039.75\ \text{kJ/kg}$

여기서 건도 x_2를 구하면

식 (6.48b)에서 $x_2 \cong x_1 \dfrac{v_1'' - v_1'}{v_2'' - v_2'} = 0.2\dfrac{0.88574 - 0.001061}{0.27276 - 0.001108} = 0.65$

② 가열량 $q = u_2 - u_1 = (h_2 - h_1) - v(p_2 - p_1)$

여기서 v를 구하면

$v = v_1' + x_1(v_1'' - v_1') = 0.001061 + 0.2(0.88574 - 0.001061) = 0.17799\ \text{m}^3/\text{kg}$

$\therefore\ q = u_2 - u_1 = (h_2 - h_1) - v(p_2 - p_1)$

$= (2039.75 - 944.98) - 0.17799(700 - 200) = 1005.775\ \text{kJ/kg}$

③ 식 (6.48b)에서 $x_2 \cong x_1 \dfrac{v_1'' - v_1'}{v_2'' - v_2'} = 0.2\dfrac{0.88574 - 0.001061}{0.27276 - 0.001108} = 0.65$

6.7.3 등온변화

등온변화에서는 그림 6.10과 같이 나타난다. 열역학 법칙에 의하면 상태1에서 상태2까지 등온변화를 하는 계에 가하는 열량 q는 증기 1 kg당

$$dq = du + pdv = dh - vdp = Tds$$

$$q = (u_2 - u_1) + \int_1^2 pdv = (h_2 - h_1) - \int_1^2 vdp = T(s_2 - s_1) \qquad (6.51)$$

이때 절대일 w와 공업일 w_t는 다음과 같다.

$$w = \int_1^2 pdv = q - (u_2 - u_1)$$
$$= T(s_2 - s_1) - [(h_2 - p_2 v_2) - (h_1 - p_1 v_1)] \qquad (6.52)$$

$$w_t = -\int_1^2 vdp = q - (h_2 - h_1)$$
$$= T(s_2 - s_1) - (h_2 - h_1) \qquad (6.53)$$

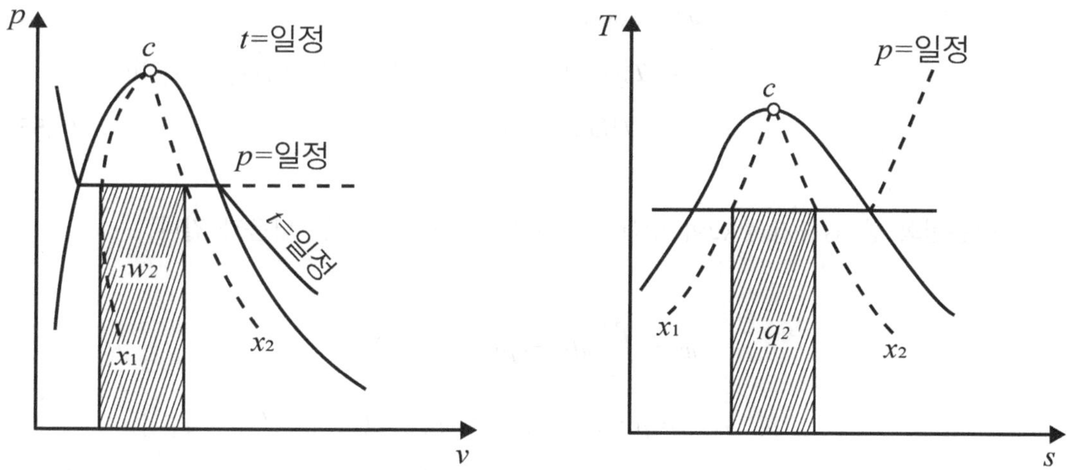

그림 6.10 증기의 등온변화

습증기 구역에서는 등온변화중에서도 등압변화도 같이 이루어진다. 따라서 습증기 1 kg에 대한 등온 가열량은 다음과 같이 구한다. 식(6.51)에서

$$q = (u_{x2} - u_{x1}) + p(v_{x2} - v_{x1})$$

$$(\text{여기서, } u_{x2} + pv_{x2} = h_{x2}, \quad u_{x1} + pv_{x1} = h_{x1})$$

$$\begin{aligned} q &= h_{x2} - h_{x1} \\ &= [h_2' + x_2(h_2'' - h_2')] - [h_1' + x_1(h_1'' - h_1')] \\ &= (x_2 - x_1)(h_1'' - h_1') \\ &= (x_2 - x_1)r \end{aligned} \tag{6.54}$$

여기서 등온과정일 경우

$h_1'' = h_2''$, $h_1' = h_2'$, $s_1'' = s_2''$, $s_1' = s_2'$

$$\begin{aligned} q &= T(s_{x2} - s_{x1}) \\ &= T[[s_2' + x_2(s_2'' - s_2')] - [s_1' + x_1(s_1'' - s_1')]] \\ &= T[(x_2 - x_1)(s_1'' - s_1')] \end{aligned} \tag{6.55}$$

등온변화 중 습증기 1 kg이 행하는 절대일w과 공업일w_t는 다음과 같다.

$$\begin{aligned} w &= \int_1^2 pdv = p(v_{x2} - v_{x1}) \\ &= p[(v_2' + x_2(v_2'' - v_2') - (v_1' + x_1(v_1'' - v_1')] \\ &= p(x_2 - x_1)(v'' - v') \end{aligned} \tag{6.56}$$

등온과정에서는 $v_1'' = v_2''$, $v_1' = v_2'$ $dp = 0$

$$w_t = -\int_1^2 vdp = 0 \tag{6.57}$$

예제 6.15

압력이 0.2 MPa일 때 $x_1 = 0.1$인 습증기 1 kg이 등온가열되어 $x_2 = 0.9$가 되었다. 이때의 가열량q와 절대일w 및 엔트로피의 증가량ΔS를 구하라

풀이

$x_1 = 0.1,\ x_2 = 0.9$

부록3. H_2O 포화증기표에서

$p_1 = 0.2$ MPa일 때 : $t_s = 120.21$℃, $v' = 0.001061$ m^3/kg, $v'' = 0.88574$ m^3/kg

$h' = 504.68$ kJ/kg, $h'' = 2706.2$ kJ/kg, $s' = 1.5301$ kJ/kgK, $s'' = 7.1269$ kJ/kgK,

가열량q은 식 (6.54)에서

$$q = (x_2 - x_1)r = (x_2 - x_1)(h_1'' - h_1')$$
$$= (0.9 - 0.1)(2706.2 - 504.68) = 1761.21 \text{ kJ/kg}$$

절대일w 식 (6.56)에서

$$w = \int_1^2 pdv = p(v_{x2} - v_{x1})$$
$$= p[(v_2' + x_2(v_2'' - v_2') - (v_1' + x_1(v_1'' - v_1')]$$
$$= p(x_2 - x_1)(v'' - v') = 200(0.9 - 0.1)(0.88574 - 0.001061) = 141.55 \text{ kJ/kg}$$

엔트로피의 증가량ΔS

$$\Delta S = \frac{Q}{T} = \frac{1761.21}{120.21 + 273.15} = 4.477 \text{ kJ/kgK}$$

혹은

$$\Delta s = s_2 - s_1 = (x_2 - x_1)(s'' - s') = (0.9 - 0.1)(7.1269 - 1.5301) = 4.477 \text{ kJ/kgK}$$

예제 6.16

온도 300℃, 체적 0.1 m^{3}인 증기 1 kg이 등온하에 팽창하여 체적이 0.2 m^{3}로 되었다. 공급된 열량은 얼마인가?

(단, $x_1 = 0.4$, $x_2 = 0.8$, 300℃일 때 $s' = 3.3292$ kJ/kgK, $s'' = 7.4303$ kJ/kgK이다.)

풀이

$Q = T\Delta S$에서 (즉, $\Delta S = \frac{Q}{T}$)

$$\Delta S = (x_2 - x_1)(s'' - s') = (0.8 - 0.4)(7.4303 - 3.3292) = 1.6404 \text{ kJ/kgK}$$

$$\therefore\ Q = T\Delta S = (300 + 273.15) \times 1.6404 = 940.22 \text{ kJ/kg}$$

예제 6.17

0.7 MPa, 300℃의 과열증기를 등온가열하면서 0.2 MPa의 증기로 팽창시키려 한다. 가열량, 절대일, 공업일을 구하라

풀이

부록3. 과열증기표에서

$p_1 = 0.7$ MPa, $t = 300$℃ : $v_1 = 0.37141$ m^3/kg,

$u_1 = 2799.5$ kJ/kg, $h_1 = 3059.5$

$s_1 = 7.2995$ kJ/kgK

$p_2 = 0.2$ MPa, $t = 300$℃: $v_2 = 1.3162$ m^3/kg,

$u_2 = 2808.8$ kJ/kg, $h_2 = 3072.1$ kJ/kg

$s_2 = 7.8940$ kJ/kgK

가열량q은 식(6.51)에서

$$q = T(s_2 - s_1) = (300 + 273.15)(7.8940 - 7.2995) = 340.74 \text{ kJ/kg}$$

절대일w은 식(6.52)에서

$$w = \int_1^2 pdv = q - (u_2 - u_1) = 340.74 - (2808.8 - 2799.5) = 331.44 \text{ kJ/kg}$$

공업일w_t은 식(6.53)에서

$$w_t = -\int_1^2 vdp = q - (h_2 - h_1) = 340.74 - (3072.1 - 3059.5) = 328.14 \text{ kJ/kg}$$

6.7.4 단열변화

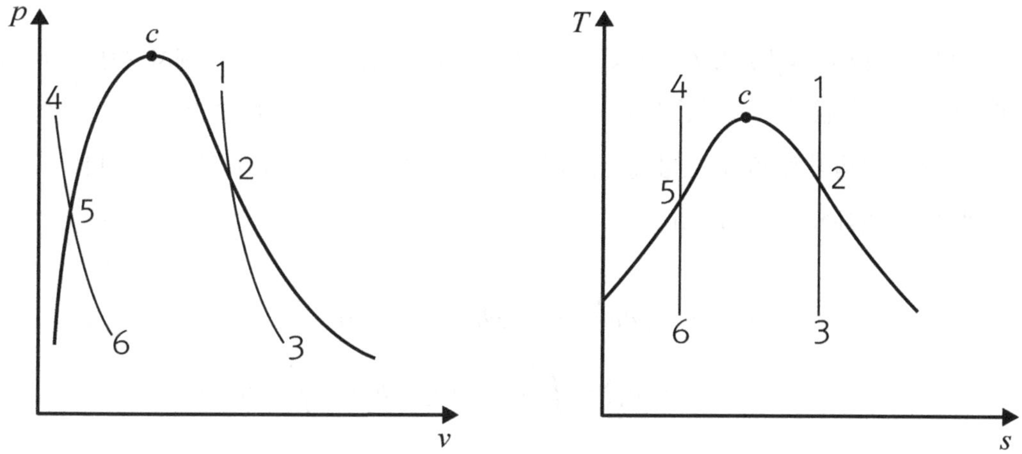

그림 6.11 증기의 단열변화

단열변화는 열의 출입이 없는 과정이며 등엔트로피 변화이므로 그림 6.11과 같이 $T-s$선도 상에서 수직선으로 나타난다. 그림에서 보면 상태 1에 있는 과열증기를 단열팽창 시키면 상태 2의 건포화증기로 되고 팽창을 계속하면 상태 3의 습증기로 된다. 또한 포화수를 단열팽창(5→6) 시키면 습증기가 되고, 압력이 저하하면 건도 x가 증가한다.

습증기 범위내에서 단열변화에 대한 건도 x의 변화는

$$s_1 = s_1' + x_1(s_1'' - s_1') = s_1' + x_1 \frac{r_1}{T_1} \ \text{[kJ/kg K]} \tag{6.56}$$

$$s_2 = s_2' + x_2(s_2'' - s_2') = s_2' + x_2 \frac{r_2}{T_2} \ \text{[kJ/kg K]} \tag{6.57}$$

여기서,

$$ds = \frac{dq}{T} \text{에서} \quad s'' - s' = \int_{'}^{''} \frac{dq}{T_s} = \frac{1}{T_s}\int_{'}^{''} dq = \frac{r}{T_s}$$

이며, 구한 습증기의 비엔트로피는 등엔트로피 과정이므로 $s_1 = s_2$라 둘 때 변화 후의 건도x_2는 식 (6.57)에서

$$x_2 = \frac{s_1 - s_2{}'}{s_2{}'' - s_2{}'} = \frac{(s_1 - s_2{}')\,T_2}{r_2} \tag{6.58}$$

가 된다. 여기서 $s_1{}', s_1{}'', T_1$ 및 $s_2{}', s_2{}'', T_2$ 의 값은 압력p_1 및 p_2하에서 엔트로피 값과 포화온도의 값이며 포화증기표나 과열증기표를 사용하여 구할 수 있다.

열역학 제1법칙에 따라 열량 q, 절대일 w, 공업일 w_t를 구하면 다음과 같다.

가역단열변화이므로 $dq = 0$,

$$dq = du + pdv = dh - vdp = Tds = 0$$

$$q = (u_2 - u_1) + \int_1^2 pdv = (h_2 - h_1) - \int_1^2 vdp = 0$$

$$w = \int_1^2 pdv = u_1 - u_2 = (h_1 - p_1v_1) - (h_2 - p_2v_2) \tag{6.59}$$

$$w_t = -\int_1^2 vdp = h_1 - h_2 \tag{6.60}$$

예제 6.18

압력이 5 MPa, 온도 500℃인 증기가 가역 단일변화하여 압력 0.005 MPa까지 팽창할 때 변화 후의 건도(x_2)와 절대일(w)과 공업일(w_t)을 구하여라.

풀이

부록3. 과열증기표에서

$p_1 = 5$ MPa, $t = 500$℃ : $v_1 = 0.06858$ m^3/kg, $u_1 = 3091.6$ kJ/kg, $h_1 = 3434.5$kJ/kg

$s_1 = 6.9778$ kJ/kgK

부록3. H_2O 포화증기표에서

$p_2 = 0.005$ MPa일 때 단열과정이므로 $s_1 = s_2$이고

$v_2{}' = 0.0010053$ m³/kg, $v_2{}'' = 28.186$ m³/kg, $h_2{}' = 137.77$ kJ/kg, $h_2{}'' = 2560.8$ kJ/kg,

$s_2{}' = 0.4763$ kJ/kgK, $s_2{}'' = 8.3939$ kJ/kgK,

건도x_2는 식 (6.58)에서

$$x_2 = \frac{s_1 - s_2{}'}{s_2{}'' - s_2{}'} = \frac{6.9778 - 0.4763}{8.3939 - 0.4763} = 0.821$$

절대일(w)은 식 (6.59)에서

$$w = \int_1^2 pdv = u_1 - u_2 = (h_1 - p_1 v_1) - (h_2 - p_2 v_2)$$

여기서 h_2를 구하면

$$h_2 = h_2{}' + x_2(h_2{}'' - h_2{}') = h_2{}' + x_2\, r = 137.77 + 0.821 \times (2560.8 - 137.77)$$
$$= 2125.29 \text{ kJ/kg}$$

여기서 v_2를 구하면

$$v_2 = v_2{}' + x_2(v_2{}'' - v_2{}') = 0.0010053 + 0.821 \times (28.186 - 0.0010053)$$
$$= 23.14 \text{ m}^3\text{/kg}$$

$$\therefore\ w = (h_1 - p_1 v_1) - (h_2 - p_2 v_2)$$
$$= (3434.5 - 5000 \times 0.06858) - (2125.29 - 5 \times 23.14)$$
$$= 1082.01 \text{ kJ/kg}$$

공업일(w_t)은 식 (6.60)에서

$$w_t = -\int_1^2 vdp = h_1 - h_2 = 3434.5 - 2125.29 = 1309.21 \text{ kJ/kg}$$

6.7.5 증기의 교축변화

증기가 밸브나 오리피스 등의 작은 단면을 통과할 때, 외부에 대하여 하는 일이 없이 압력강하만 일어나는 현상을 **교축과정**(throttling process)이라고 한다. 교축현상은 교축부분에서 유체의 속도(유속)는 증가하지만 이때의 마찰이나 와류가 발생하기 때문에 교축부분을 지나서도 속도에너지의 일부만큼이 압력에너지로 환원되지 않기 때문에 교축현상 후의 압력은 항상 낮아진다.

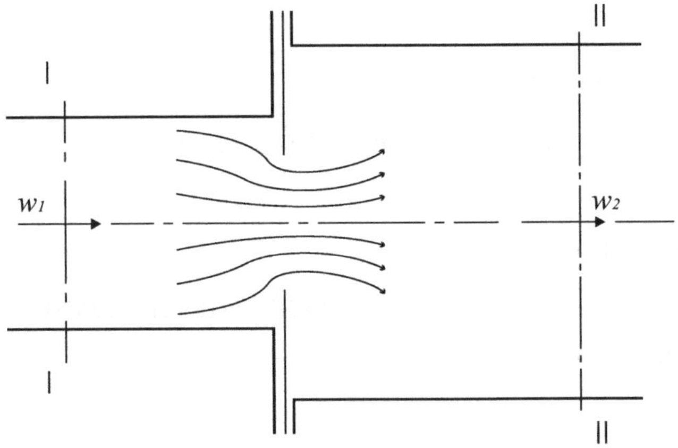

그림 6.12 교축현상

그림 6.12은 교축현상을 나타낸 그림이다. 이 교축과정은 비가역 정상류 과정으로서 주위로의 열전달이 없고 일을 하지 않는 과정이며 엔탈피가 일정한 과정이다. 즉 **교축과정은 등엔탈피 과정**이라고 할 수 있다.

교축변화를 해석하기 위하여 우선 유동계에 대한 열역학 제1법칙의 일반식을 적용해보면,

$$\dot{m}(u_1 + \frac{1}{2}\mathrm{v}_1^{\,2} + gZ_1 + p_1v_1) + \dot{Q} = \dot{m}(u_2 + \frac{1}{2}\mathrm{v}_2^{\,2} + gZ_2 + p_2v_2) + \dot{W}$$

여기서 엔탈피 $h = u + pv$,

교축밸브에서는 $q = 0, w = 0,\ \Delta KE = 0\ ,\ \Delta PE = 0$이므로

$$\therefore \quad h_1 = h_2 \tag{6.61}$$

가 되어 교축변화를 하는 동안 계는 등엔탈피($h = const.$)상태로 비가역팽창을 한다.

한편, 습증기를 교축하면 건도가 증가하고, 결국에는 건도가 1이 된다. 그리고 이 건증기를 또 교축하면 과열증기가 된다. 그림 6.13(b)의 $h-s$ 선도에서의 1→2과정을 살펴보면

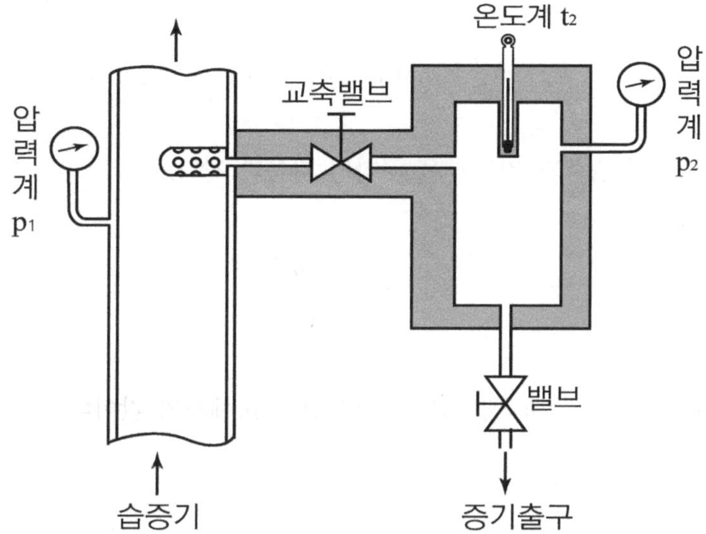

(a)

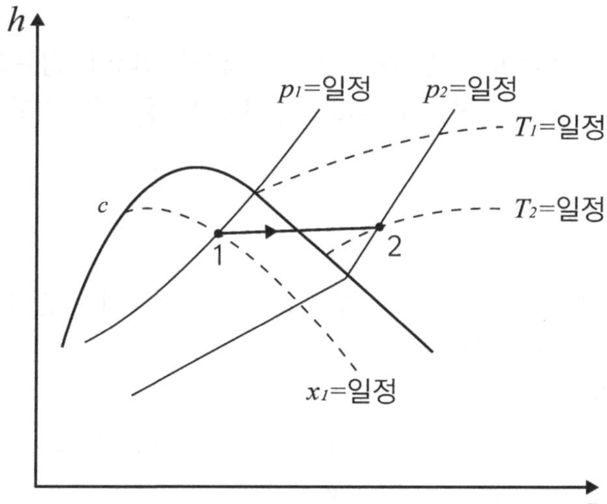

(b)

그림 6.13 교축열량계의 구조와 원리

된다. 이러한 현상을 이용하여 습포화증기의 건도를 측정하는 기구를 교축열량계(throttling calorimeter)라고 한다. 그림 6.13(a)는 교축열량계의 기본구조와 원리를 나타낸 것이다.

교축 전후의 상태를 각각 h_1, h_2라 하면, 등엔탈피 변화를 하는 교축과정에서는

$$h_1 = h_1{}' + x_1(h_1{}'' - h_1{}') = h_1{}' + x_1 r_1 = h_2 \tag{6.62}$$

따라서 교축전의 습증기 건도x_1을 구하면 다음과 같다.

$$x_1 = \frac{h_2 - h_1{}'}{r_1} \tag{6.63}$$

여기서,$h_1{}'$와 $r_1 (= h_1{}'' - h_1{}')$은 교축 전의 압력 p_1에서의 값이다.

예제 6.19

교축열량계를 사용하여 습증기의 건도를 측정하였더니 입구의 압력이 5 MPa, 출구의 압력이 0.1 MPa, 온도가 100℃이었다. 이 증기의 건도 및 변화후의 엔트로피를 구하라

풀이

교축과정은 등엔탈피 과정이므로 입구와 출구는 엔탈피는 같다.

부록3. H_2O 포화증기표에서

$p_1 = 5$ MPa일 때

$h_1{}' = 1154.5$ kJ/kg, $h_1{}'' = 2794.2$ kJ/kg, $r = 1639.7$ kJ/kg

$s_1{}' = 2.9207$ kJ/kgK, $s_1{}'' = 5.9737$ kJ/kgK

$p_2 = 0.1$ MPa, 온도가 100℃인 과열증기는 과열증기표에서 $h_2 = 2675.8$ kJ/kg

입구에서 습증기의 엔탈피는 건도를 x_1라 할때

$h_1 = h_1' + x_1(h_1'' - h_1') = h_1' + x_1 r_1 = h_2$, (여기서 $r = h'' - h'$)

$$x_1 = \frac{h_2 - h_1'}{r_1} = \frac{2675.8 - 1154.5}{2794.2 - 1154.5} = 0.927 \quad \text{(답)}$$

엔트로피는 다음과 같다.

$s_1 = s_1' + x_1(s_1'' - s_1') = 2.9207 + 0.927(5.9737 - 2.9207)$

$= 5.7508$ kJ/kgK (답)

예제 6.20

관내에 압력이 3 MPa의 증기가 흐르고 있다. 이 증기의 일부를 교축 시켜 압력 0.2 MPa, 온도 200℃의 증기를 얻었다. 이 증기의 건도는 얼마인가?

여기서 $p_1 = 3$ MPa 일 때 $h_1' = 1008.4$ kJ/kg, $h_1'' = 2803.3$ kJ/kg

$p_2 = 0.2$ M, 온도 200℃일 때의 과열증기표에서 $h_2 = 2706.2$ kJ/kg라 둔다.

풀이

증기의 건도x_1은 식(6.62)에서

$h_1 = h_1' + x_1(h_1'' - h_1') = h_1' + x_1 r_1 = h_2$

$$x_1 = \frac{h_2 - h_1'}{r_1} = \frac{2706.2 - 1008.4}{2803.3 - 1008.4} = 0.945$$

6장

증기 (실제가스)

연 / 습 / 문 / 제

6.1 다음 용어를 간단히 기술하시오.

① 포화온도, 포화압력	② 습증기, 과열증기	③ 증발열, 과열도
④ 임계압, 임계온도, 임계점	⑤ 포화한계선	⑥ 증발열
⑦ 증기표	⑧ 3중점	

6.2 물의 증발과정을 $P-v$ 및 $T-v$선도를 그리고 설명하라.

6.3 증기의 건도에 대하여 설명하고 습증기의 건도를 구하는 방법을 설명하라.

6.4 압력이 3.0 MPa인 상태에서 건도가 0.9인 습증기의 체적이 5 m^{3}일 때 증기의 질량을 구하라.

답: $m = 83.19$ kg

6.5 습증기의 비체적이 3.0 m^3/kg이고, 포화액 및 포화증기의 비체적이 각각 0.0022 m^3/kg 및 3.8450 m^3/kg 일 때 증기의 건도 x는 얼마인가?

답: $x = 0.7801$

6.6 체적 3 m^3인 탱크에 습포화증기 10 kg이 80℃의 상태로 들어 있다. 이 물질의 건도 x는 얼마인가?

답: $x = 0.087$

6.7 5 MPa, 263.94℃인 포화수의 엔탈피가 1154.5 kJ/kg, 건포화증기의 엔탈피가 2794.2 kJ/kg, 건도 0.8인 습증기의 엔탈피는 얼마인가?

답: $h_x = 2466.26$ kJ/kg

6.8 30℃ 건도 0.8인 수증기의 비체적, 압력, 내부에너지를 구하라

답: $p = 4.247$ kPa, $v_x = 26.3058$ m^3/kg, $u_x = 1957.87$ kJ/kg

6.9 압력이 5.0 MPa, 건도 0.8인 습증기 20 m^3의 질량은 얼마인가? 단, 포화액체의 비체적은 0.001286 m^3/kg, 건포화증기의 비체적은 0.039446 m^3/kg이다.

답: $m = 628.73$ kg

6.10 압력 0.1 MPa, 건도 0.3인 포화수증기 10 kg을 가열하여 건도를 0.85되게 하려면 가열에 필요한 열량은 얼마인가? (단, 압력 3 MPa일 때 증발열은 1794.9 kJ/kg이다.)

답: $Q = 9871.95$ kJ

6.11 일정한 압력 0.5 MPa하에서 포화수를 증발시켜 건포화증기를 만들 때 증기 1 kg 당 내부에너지의 증가는 얼마인가? (단, 증발열은 2000 kJ/kg, 포화액의 비체적은 0.001093 m^3/kg, 건포화증기의 비체적은 0.37480 m^3/kg이다.)

답: $\Delta U = 1813.15$ kJ/kg

6.12 압력이 2 MPa, 건도가 0.8인 습증기 5 kg을 건도가 0.95로 되기까지 정압가열을 하였다. 가열에 필요한 열량 및 외부에 대한 일을 구하라

답: $Q = 1417.335$ kJ (답), $W = 147.606$ kJ

6.13 압력이 2 MPa이고 건도(x_1)가 0.3인 습증기가 탱크 속에 들어 있다. 이 탱크를 가열하여 압력이 5 MPa로 되었다면 변화후의 증기의 건도 (x_2)는 얼마인가?

답: $x_2 = 0.77$

6.14 압력이 500 kPa인 포화수($x_1 = 0$) 1 kg이 등온가열에 의하여 건도 $x_2 = 0.8$의 습증기가 되었다. 가열량 q와 절대일 w를 구하라

여기서 $p = 500$ kPa일 때, $T_s = 151.54℃$

$v_1' = 0.001093\ \mathrm{m^3/kg}$, $v_1'' = 0.37480\ \mathrm{m^3/kg}$,

$h_1' = 640.19$ kJ/kg, $h_1'' = 2748.1$ kJ/kg

답: $q = 1686.328$ kJ/kg, $w = 149.48$ kJ/kg

6.15 어떤 교축 열량계로 증기의 건도를 측정하려고 하는데 그 열량계로 읽을 수 있는 엔탈피의 최저값이 2735 kJ/kg이라면, 이 열량계는 증기 주관내의 압력이 0.50 MPa일 때 건도는 최저 몇 %까지 사용할 수 있는가? (여기서, 압력0.50 MPa일 때 $h' = 640.19$ kJ/kg, $h'' = 2748.1$ kJ/kg 이다.)

답: 99.3%

6.16 입구압력 0.65 MPa, 출구압력 0.1 MPa, 출구온도 393 K인 과열증기의 건도를 교축 열량계로 이용하여 구하면 몇 %인가? (단, 압력 0.65 MPa에서 $t_s = 161.99℃$, $h' = 684.22$ kJ/kg, $h'' = 2759.6$ kJ/kg, 출구온도 393 K일 때 $h = 2723.89$ kJ/kg)

답: 98.2%

CHAPTER 07

증기 동력 사이클

7.1 증기운동소

화석연료나 핵연료와 같은 에너지원으로부터 동력을 얻는 설비를 **열원동소**(heat power plant) 혹은 **발전소**라고 한다. 열원동소는 다시 작업유체가 증기인지 가스인지에 따라 **증기 원동소**(steam power plant)와 **가스 원동소**(gas power plant)로 구분된다.

증기동력사이클은 증기원동소내에서 작업유체가 열을 받으면 상변화(액상→기상)가 발생하여 유체가 팽창하게 되는데 이 팽창력을 이용하여 동력기를 구동하고 유효한 일을 발생시키는 사이클이다. 증기원동소는 그림 7.1에서 보는 바와 같이 증기보일러, 과열기, 증기터빈, 복수기, 급수펌프 및 그 밖의 보조설비로 구성된다. 이 증기원동소는 화력발전소이나 원자력발전소, 대형 선박기관 등에 널리 사용된다.

그림 7.1은 증기원동소의 기본 계통도를 보여주고 있다. 그림 7.1(a)에서 보는 바와 같이 증기원동소에서는 보일러(boiler)에서 생성된 고온, 고압의 증기가 증기터빈에서 팽창하여 기계적인 에너지인 동력으로 변환되며 이 동력이 발전기를 돌려 전력을 생산한다. **화력발전**에서는 이러한 보일러에 가스, 중유, 경유, 석탄 및 재생연료 등을 연소시켜 발생한 열을 받아서 수증기(과열증기)를 만든다.

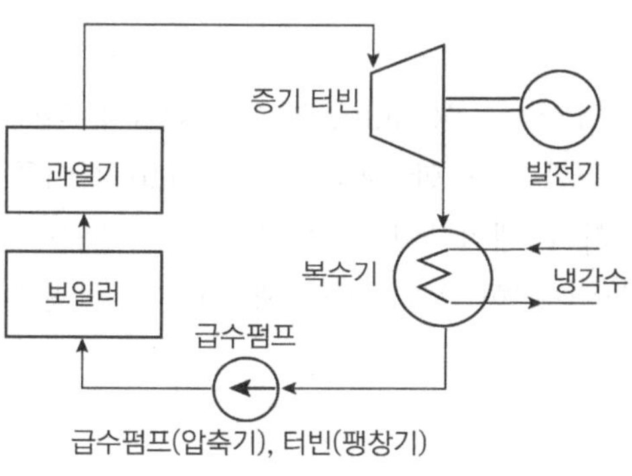

(a) 화력발전

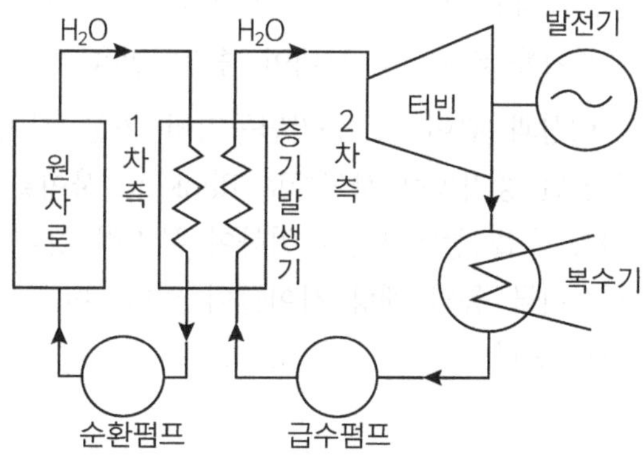

(b)원자력발전(가압수형 원자로)

그림 7.1 증기원동소의 기본 계통도

증기원동소의 계통도를 좀 더 자세히 설명하면 다음과 같다

우선 복수(응축)된 물은 급수펌프에 의해서 **증기보일러**로 압송된다. 물이 보일러에 급수되면 소요 압력에서 증발하여`포화증기가 된다. 포화증기는 다시 **과열기**에 들어가 보일러의 압력과 같은 압력에서 필요한 상태로 과열되며, 고온 고압의 과열증기가 **터빈**으로 들어가 팽창하여 일을 한다. 이때 발생한 일이 발전기를 구동하게 된다. 한편 터빈에서 배출된 폐증기는 **복수기**(응축기,condenser)에 유입되어 방열함으로서 복수된다. 복수기 내에서 증기를 냉각, 응축하기 위한 냉각장치에 의해 증발열이 제거되어 복수된다. 복수된 물은 다시 위의 과정을 되풀이 한다.

복수기는 응축기라고도 하는데 증기의 응축을 위한 냉각장치로서 일종의 열교환기이며 다수의 관으로 되어 있고, 관내에는 저온의 냉각수가 흐르고, 관 외부에는 증기가 복수되므로 증기와 냉각수는 혼합되지 않는다.

한편, **원자력발전**에서는 증기발생은 사용하는 원자로의 형식에 따라 약간 다르다. **가스냉각형 원자로**의 경우에는 원자로의 냉각재는 물(H_20)이며, 원자로 내에서 냉각제가 비등하는 경우에는 핵연료의 핵분열에 의해서 발생한 열이 물에 전해져 수증기가 발생하게 되며 그 수증기로 증기터빈을 구동하게 된다. 이때의 원자로는 보일러에 해당된다.

그림 7.1(b)는 **가압수형 원자로**인데 원자로 내에서 비등이 일어나지 않도록 1차 사이클의 냉각재(물)을 가압한 상태에서 핵분열에 의해 발생한 열로 고온, 고압수를 만든다. 그리고 이것을 증기 발생기로 보내어 2차 사이클의 물과 열교환을 시켜서 생성된 수증기를 터빈으로 보내어 증기터빈을 유도한다.

이상과 같이 이 증기원동기의 기본 사이클은 1854년 Rankine과 Clausius에 의해 고안된 증기동력 사이클로 **Rankine 사이클**이라고 한다. 또한, 이러한 Rankine 사이클의 효율을 증대시키기 위하여 부가적 장치를 부착한 재열사이클, 재생사이클, 재열·재생사이클 등의 개량 사이클이 있다. 이 장에서는 이러한 증기사이클에 대하여 설명하기로 한다.

7.2 랭킨 사이클 (Rankine cycle)

랭킨 사이클은 영국의 물리학자이며 공학자인 랭킨(Rankine, 1820~1872)이 1854년에 창안한 것으로 증기원동기의 기본 사이클이다. 그림 7.2와 같이 증기를 동작유체로 사용하고 기본적으로 보일러, 터빈, 복수기, 급수펌프로 구성되어 있으며, 보일러를 고열원으로 하고 복수기를 저열원으로 하는 열기관이다.

랭킨 사이클은 **2개의 단열변화와 2개의 등압변화**로 구성되는 사이클로 작동 유체가 증기와 액체의 상변화(相變化)를 수반한다. 랭킨 사이클은 급수펌프(단열압축), 보일러 및 과열기(등압가열), 터빈(단열팽창) 및 복수기(등압방열)의 각 요소에 의해 사이클이 실현되고 있다.

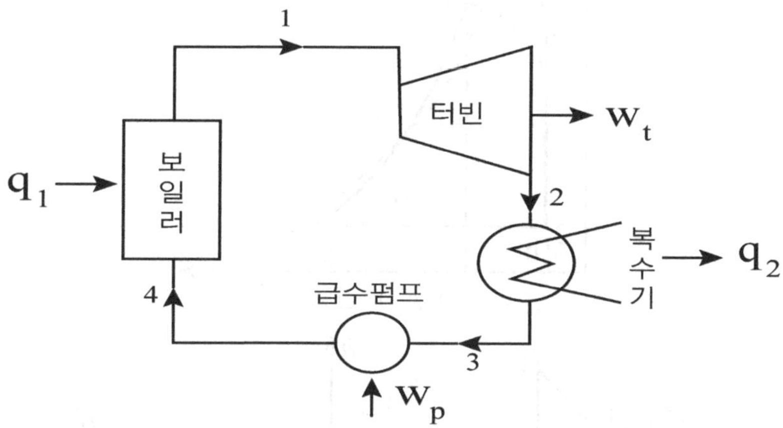

그림 7.2 Rankine 사이클의 계통도

그림 7.2는 랭킨 사이클의 계통도와 그림 7.3은 랭킨사이클의 $p-v$, $T-s$및 $h-s$ 선도를 나타내고 있다. 그림 7.2의 Rankine 사이클의 계통도를 보면

급수펌프에서 3→4과정으로 가압된 물은 보일러로 공급되고 보일러 과정 4→1에서 발생된 증기는 고온 고압의 과열증기로 상태 1이 된다. 이 고온 고압의 증기가 터빈으로 들어가 과정 1→2를 거치면서 복수기 압력까지 단열팽창하여 일을 하고 저압 증기로 바뀌어 복수기로 들어간다. 복수기에서는 2→3 과정을 거치면서 등압방열하여 상태 3으로 된다.

랭킨 사이클을 구성하는 부분 과정들은 다음과 같다.

① **1-2과정** : 증기터빈 내에서의 **가역 단열팽창 과정**(등엔트로피 팽창, $s = const.$)
증기터빈에서 발생한 팽창일(터빈일) w_T은

열역학 제2 기초식 $dq = dh - vdp = Tds$에서 단열과정이므로 $ds = 0$이므로
$w_T = -vdp = -dh$에서 $w_T = h_1 - h_2$가 된다.

$$\therefore\ w_T = h_1 - h_2 \tag{7.1}$$

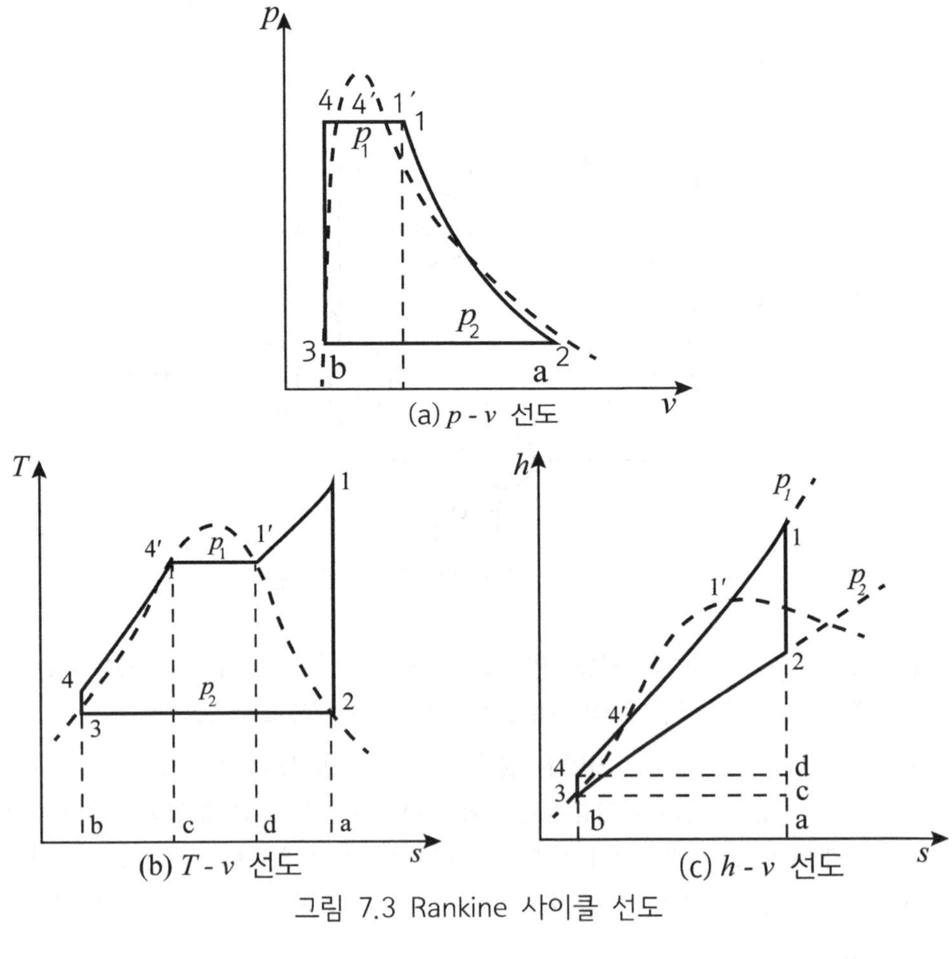

그림 7.3 Rankine 사이클 선도

② **2-3과정** : 복수기내에서의 **등압방열 과정**, 복수기에서 팽창을 끝낸 저온, 저압의 증기를 포화수로 등온, 등압 냉각하여 복수 $(p = const.)$

복수기에서 방출열량 q_2

$dq = dh - vdp$에서 $dp = 0$이므로 $dq = dh$, 그리고 방출열량이므로 (-)부호

$$\therefore \quad q_2 = h_2 - h_3 \tag{7.2}$$

③ **3-4과정** : 펌프 내에서의 **가역 단열압축 과정**(등엔트로피 압축, $s = const.$)

보일러로 급수하기 위하여 펌프에서 소요한 펌프일 w_P

$$\therefore \ w_P = h_4 - h_3 = v'(p_1 - p_2) \tag{7.3}$$

여기서, p_1은 보일러의 압력, p_2는 복수기의 압력으로 복수는 급수펌프에 의해 p_2에서 p_1으로 압축된다. 이 때 물의 비체적은 압력의 영향을 거의 받지 않으므로, 펌프일 w_P는 복수기 압력하의 포화수 비체적 v'와 압력변화의 곱으로 구하기도 한다.

④ **4-1과정** : 보일러에서 급수된 고압의 물을 고온의 과열증기로 **등압가열** $(p = const.)$

보일러에 공급한 열량을 q_1,

$dq = dh - vdp$에서 $dp = 0$이므로 $dq = dh$, 그리고 공급열량이므로 (+)부호

$$\therefore \quad q_1 = h_1 - h_4 \tag{7.4}$$

한 사이클당 발생한 유용일은

$$w = w_T - w_P \tag{7.5}$$

랭킨 사이클의 열효율 η_R은 다음과 같이 구할 수 있다.

$$\eta_R = \frac{w}{q_1} = \frac{w_T - w_P}{q_1} = \frac{(h_1 - h_2) - (h_4 - h_3)}{h_1 - h_4} = \frac{(h_1 - h_2) - w_P}{h_1 - h_4} \tag{7.6}$$

포화수의 비체적 v'은 포화증기의 비체적 v''에 비해 매우 작다($v' \langle\langle v''$). 따라서 급수를 압축할 때 소요되는 펌프일 $w_P = \int v'dp$는 증기를 팽창할 때 얻게 되는 터빈일 $w_T = -\int v''dp$보다 상당히 작으므로 많은 경우 급수 펌프일을 무시하기도 한다. 이 경우 압축후의 상태 h_4는 근사적으로 복수기를 나올 때의 포화수 상태 h_3와 같다고 볼 수 있으므로 식 (7.6)의 열효율 η_R는 근사적으로 다음과 같이 표현될 수 있다.

$$\eta_R = \frac{w}{q_1} = \frac{w_T}{q_1} = \frac{h_1 - h_2}{h_1 - h_4} = \frac{h_1 - h_2}{h_1 - h_3} \tag{7.7}$$

랭킨 사이클 열효율 η_R을 향상시키기 위해서는 식 (7.7)에서와 같이 h_1이 크고 h_2는 작아야 한다. 그런데 엔탈피 h가 온도와 압력의 함수이므로, 즉 $h = f(t,\ p)$으로 표현할 수 있다. h_1을 증대시키기 위해서는 증기터빈으로 들어가는 증기의 초온 t_1, 초압 p_1을 높게 하고, h_2를 작게 하려면 터빈을 나오는 배기의 압력, 즉 배압 p_2, 다시 말해 복수기의 압력 p_2를 낮추어야 한다. 따라서 랭킨사이클의 이론 열효율 η_R을 향상시키려면 가능한 한 증기의 초온 및 초압을 높게 하고 배압은 낮을수록 커진다는 것을 알 수 있다.

하지만, 실제의 경우에 있어서는 이론 열효율 η_R을 향상시키기 위해서 위와 같이 하면 재료의 내열성에 의한 가열 한계, 방출량 q_2의 증가 및 배기의 건도 x_2가 감소하게 되는 문제점이 발생할 수 있다. 따라서 실제의 대용량 증기원동소에 있어서는 랭킨 사이클의 이런 점들을 보강해주는 개선 사이클이 채용되고 있다.

예제 7.1

랭킨사이클로 작동하는 증기원동소에서 4.5 MPa의 600℃의 증기가 증기터빈에 공급되고, 복수기의 압력이 3.0 kPa이라 할 때 다음을 구하라

① 배기의 건도

② 이론열효율

풀이

부록3.의 과열증기표에서

$p_1 = 4.5$ MPa, $t_1 = 600$℃일 때

$h_1 = 3670.8$ kJ/kg, $s_1 = 7.3126$ kJ/kgK, $s_1 = s_2$ (1-2과정은 등엔트로피과정)

부록3.의 포화증기표에서 $p_2 = 3.0$ kPa일 때

$s'' = 8.5766$ kJ/kgK

$s' = 0.3543$ kJ/kgK

$h'' = 2544.9$ kJ/kg

$h' = h_3 = 100.99$ kJ/kg

① 배기의 건도 x

$s_x = s' + x(s'' - s')$식에서

$$x = \frac{s_2 - s'}{s'' - s'} = \frac{7.3126 - 0.3543}{8.5766 - 0.3543} = 0.846$$

② 이론열효율

$$\eta_R = \frac{w}{q_1} = \frac{w_T}{q_1} = \frac{h_1 - h_2}{h_1 - h_4} = \frac{h_1 - h_2}{h_1 - h_3}$$

여기서 h_2를 구하면, h_2는 습증기 상태이므로

$$h_2 = h' + x_2(h'' - h') = 100.99 + 0.846(2544.9 - 100.99)$$
$$= 2168.53$$

$$\therefore \eta_R = \frac{h_1 - h_2}{h_1 - h_3} = \frac{3670.8 - 2168.53}{3670.8 - 100.99} = 0.420 = 42\%$$

예제 7.2

랭킨사이클에 있어서 터빈입구에서 0.8 MPa, 엔탈피 3600 kJ/kg로부터 복수기 압력 0.002 MPa까지 단열팽창한다. 펌프일을 고려하여 펌프일을 구하고 이론열효율을 구하라. (단, 복수기 압력하의 포화수의 엔탈피는 150 kJ/kg, 비체적은 0.001 m^3/kg이고, 터빈출구에서의 증기의 엔탈피는 2100 kJ/kg이다.)

풀이

$p_1 = 0.8$ MPa, $h_1 = 3600$ kJ/kg, $p_2 = 0.002$ MPa,
$h_3 = 150$ kJ/kg, $v' = 0.001$ m^3/kg, $h_2 = 2100$ kJ/kg

① 펌프일w_p

$$w_P = \int v' dp = v'(p_1 - p_2) = 0.001(0.8 - 0.002) \times 10^3 = 0.798 \text{ kJ/kg}$$

② 이론열효율η_R

$$\eta_R = \frac{w}{q_1} = \frac{w_T - w_P}{q_1} = \frac{(h_1 - h_2) - w_P}{h_1 - h_4} = \frac{(h_1 - h_2) - w_P}{h_1 - h_3}$$

$$= \frac{3600 - 2100 - 0.798}{3600 - 150} = 0.434 = 43.4\%$$

7.3 재열 사이클 (Reheat cycle)

랭킨 사이클의 열효율은 앞서 터빈입구의 수증기에 대한 초온 및 초압을 높게 하고 배압은 낮을수록 커진다는 것을 알 수 있었다. 그러나 초온은 주로 보일러에서 과열기 재료의 내열성에 의하여, 배압은 복수기의 냉각수 온도에 따라서 제한을 받는다.

열효율을 높이기 위하여 초압을 높이면 터빈 속에서 증기가 단열팽창할 때 터빈의 출구에 가까워질수록 습분이 증가하여 배기의 건도가 감소하고 이로 인해 터빈날개의 마모 및 침식 등의 장애를 가져온다. 이러한 문제를 해결하기 위해서 팽창하는 증기를 도중에 전부 뽑아내어 가열장치 즉, **재열기(reheater)**로 보내어 또 가열한 후 다시 다음 단락의 터빈으로 보내는 **재열사이클**을 채용한다. 이 사이클의 채택은 통상 효율도 증대되지만 주목적은 효율성 증대보다는 터빈의 복수장해(復水障害)를 방지하기 위한 것으로 터빈의 수명을 길게 하는데 주안점을 두고 있다.

그림 7.4 재열 사이클의 계통도와 $T-s$ 선도를 나타낸다. 재열 사이클은 그림 7.4와 같이 급수펌프(P), 보일러(B), 과열기(S), 재열기(R), 고압터빈(T_1), 저압터빈(T_2), 복수기(C) 등으로 구성된다. 참고로 절탄기(E, economizer, 節炭器)는 보일러 전열면(傳熱面)을 가열하고 난 연도(煙道)가스에 의하여 보일러 급수를 가열하는 장치를 말한다. 이것의 장점은 열 이용률의 증가로 인한 연료 소비량의 감소, 증발량의 증가, 보일러 몸체에 일어나는 열응력(熱應力)의 경감, 스케일의 감소 등이 있다.

이 사이클에서는 랭킨 사이클과 같이 증기를 한 번에 복수기의 압력까지 팽창시키지 않고, 터빈에서 팽창 도중의 증기를 다시 모두 끌어내어 재열기에서 재가열(6→7)시킨 후 팽창을 속행시킨다.

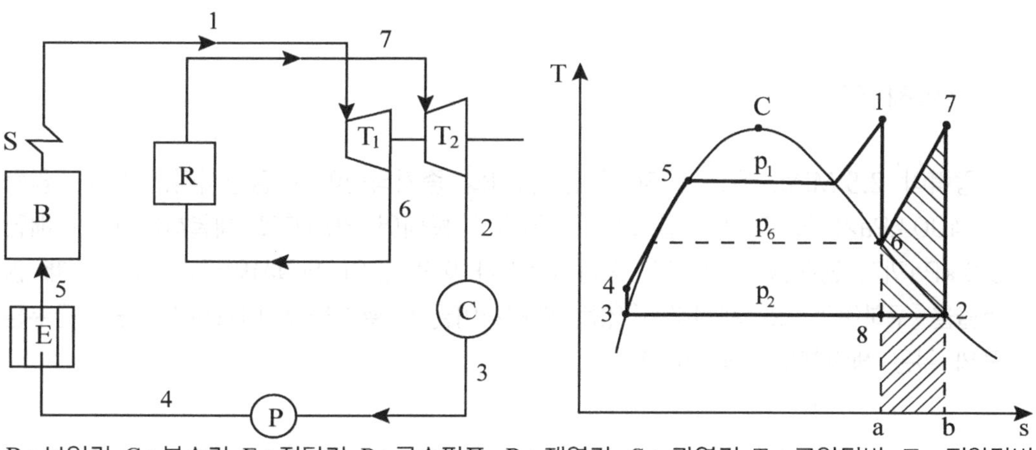

B : 보일러, C : 복수기, E : 절탄기, P : 급수펌프, R : 재열기, S : 과열기, T_1 : 고압터빈, T_2 : 저압터빈

그림 7.4 1단 재열 사이클의 계통도와 $T-s$ 선도

따라서 팽창 중의 증기를 재가열함으로써 배기의 건도와 평균 가열온도를 증가시켜 열효율 향상과 터빈의 복수장해를 방지하는 효과를 가지게 된다.

재열사이클은 재열시키는 회수에 따라 **1단 재열사이클**과 2단 재열 이상의 **다단 재열사이클**로 나누며 재열장치가 복잡하므로 보통 1단 또는 2단 재열이 많이 사용된다. 터빈은 재열기(reheater)보다 하나 더 많이 설치하여 고압터빈, 저압터빈으로 부르며, 2단 재열 이상에서는 순차적으로 제1터빈, 제2터빈, … 등으로 부른다.

실제에서는 재열사이클은 소출력의 증기원동소에서는 경제적으로 다소 불리하다고 볼 수 있다. 왜냐하면 재가열을 위해 추가로 공급되는 열량과 비용에 비해 얻게 되는 유용일 w가 적기 때문이다. 따라서 대용량 증기원동소에 적합하다고 볼 수 있다.

재열사이클의 열효율은 식 (7.6)의 정의로부터 다음과 같이 구한다.

$$\eta_{RH} = \frac{w}{q_1} = \frac{w_T - w_P}{q_1} = \frac{(h_1 - h_6) + (h_7 - h_2) - (h_4 - h_3)}{(h_1 - h_4) + (h_7 - h_6)} = \frac{h_1 - h_2 + q_{RH} - w_P}{h_1 - h_3 + q_{RH} - w_P} \quad (7.8)$$

여기서, 재열량 $q_{RH} = h_7 - h_6$, 펌프일 $w_P = h_4 - h_3$

예제 7.3

압력이 2.5 MPa, 온도가 300℃인 증기를 증기터빈에서 팽창시키는 도중, 압력이 400 kPa가 될 때 증기를 모두 재열기로 보내어 300℃로 재열하여 다시 배압 5.0 kPa까지 팽창을 계속한다. 증기원동소가 이와 같이 재열사이클로 작동할 때 열효율을 구하여라. 또 재열하지 않는 랭킨사이클의 열효율과 비교하라. (단, 급수펌프의 일은 생략해도 무방하다.)

풀이

그림 7.4 참조하면

재열사이클의 열효율은 식 (7.8)에서

$$\eta_{RH} = \frac{(h_1 - h_6) + (h_7 - h_2)}{(h_1 - h_4) + (h_7 - h_6)}$$

부록3.의 과열증기표에서

$p_1 = 2.5$ MPa, $t_1 = 300$℃일 때 $h_1 = 3009.6$ kJ/kg, $s_1 = 6.6460$ kJ/kgK

$p_7 = 400$ kPa, $t_7 = 300$℃일 때 $h_7 = 3067.1$ kJ/kg, $s_7 = 7.5677$ kJ/kgK

부록3.의 포화증기표에서 $p_6 = 400$ kPa일 때

$s' = 1.7766$ kJ/kgK, $s'' = 6.8954$ kJ/kgK, $s'' - s' = 5.1188$ kJ/kgK

$h' = 604.72$ kJ/kg, $h'' = 2738.1$ kJ/kg, $h'' - h' = 2133.3$ kJ/kg

$s_6 = s_1 = 6.6460$ kJ/kgK : 습증기 상태

이것은 6의 상태를 결정하기 위하여 건도가 필요함.

$$x_6 = \frac{s_6 - s'}{s'' - s'} = \frac{6.6460 - 1.7766}{5.1188} = 0.951$$

$h_6 = h' + x_6(h'' - h') = 604.72 + 0.951(2133.3) = 2633.6$ kJ/kg

$p_2 = 5.0$ kPa일 때 $s_2 = s_7 = 7.5677$ kJ/kgK ; 습증기상태

$s' = 0.4673$ kJ/kgK, $s'' = 8.3939$ kJ/kgK, $s'' - s' = 7.9177$ kJ/kgK

$h' = 137.77$ kJ/kg, $h'' = 2560.8$ kJ/kg, $h'' - h' = 2423.0$ kJ/kg

$$x_2 = \frac{s_2 - s'}{s'' - s'} = \frac{7.5677 - 0.4673}{7.9177} = 0.895$$

$h_2 = h' + x_2(h'' - h') = 137.77 + 0.895(2423.0) = 2306.35$ kJ/kg

$h_3 = h_4 = h' = 137.77$ kJ/kg (펌프일을 무시할 때)

$s_8 = s_1 = 6.6460$ kJ/kgK : 습증기 상태

$$x_8 = \frac{s_8 - s'}{s'' - s'} = \frac{6.6460 - 0.4673}{7.9177} = 0.780$$

$h_8 = h' + x_8(h'' - h') = 137.77 + 0.780(2423.0) = 2027.71$ kJ/kg

재열사이클의 열효율은 식 (7.8)에서

$$\eta_{RH} = \frac{(h_1 - h_6) + (h_7 - h_2)}{(h_1 - h_4) + (h_7 - h_6)} = \frac{(3009.6 - 2633.6) + (3067.1 - 2306.35)}{(3009.6 - 137.77) + (3067.1 - 2633.6)} = 0.3439$$

$$= 34.39\%$$

랭킨사이클의 열효율은 식 (7.8)에서

$$\eta_R = \frac{h_1 - h_8}{h_1 - h_4} = \frac{3009.6 - 2027.71}{3009.6 - 137.77} = 0.3419 = 34.19\%$$

재열사이클은 랭킨사이클과 비교할 때 열효율이 큰 차이가 없는 것을 볼 수 있다. 이것은 상당히 높은 초온이나 초압 이외에는 재열사이클의 주목적이 열효율 증가보다는 배기의 건도증가에 있음을 알 수 있다.

7.4 재생 사이클 (Regenerative cycle)

랭킨사이클 및 재열사이클에서는 증기가 복수기에 복수할 때 냉각수에 버린 열량이 상당히 많다. 이것은 주로 증기가 갖는 증발열이 팽창에 의한 일에 비해 크기 때문이다. 그래서 복수기의 냉각수에 무익하게 버려지는 방열량(Q_2)의 일부를 사이클 내로 회수하는 **재생사이클**(regenerative cycle)이 사용된다.

재생사이클은 그림 7.5와 같이 복수기에 버려지는 열량(Q_2)를 줄이기 위해 터빈에서 팽창 도중 증기를 밖으로 추출하여 급수가열기를 통하게 되면 급수의 가열을 외부의 열원에 의하지 않고 할 수 있다. 이때 터빈에서 증기 추기(extraction)로 인하여 감소하는 일량은 얼마 안 되며 복수기에 버려지는 열량이 작아져 열효율이 상승된다. 이와 같이 팽창 도중의 증기를 터빈에서 추기하여 급수를 가열하는 사이클을 **재생사이클**이라고 한다. 또한 이와 같은 사이클로 작동되는 터빈을 **재생터빈**

(regenerative turbine)이라고 한다. 터빈의 팽창 도중에 증기를 뽑아내는 추기는 추기하는 단(stage)수가 많을수록 재생효과는 좋지만, 구성품의 증가로 제약을 받아 보통 1~4단으로 하고 있다.

터빈에서 추기된 증기가 급수를 가열하는 급수가열기는 **개방형 급수가열기**(open bleeder heater) 또는 혼합식 급수가열기와 **밀폐형 급수가열기**(closed bleeder heater) 또는 표면식 급수가열기가 있다.

(1) 개방형 급수가열기를 갖는 재생사이클

개방형 급수가열기는 급수가열기 내부에서 추기증기와 급수를 혼합시켜 열교환을 하고 모두 포화수로 되어 펌프에 의해 보일러에 압송되는 것이다. 그림 7.5는 개방형 급수가열기를 갖는 2단 재생 사이클의 계통도와 $T-s$선도를 나타낸 것이다.

그림 7.5에서 보면 보일러에 발생된 고온·고압의 증기 Mkg이 터빈에서 등엔트로피 팽창을 하는 도중에 상태 7과 10에서 각각 M_1, M_2kg 만큼 추기되어 각기 고압 급수가열기 H_1과 저압 급수가열기 H_2로 들어간다. 그곳에서 추기는 급수펌프에 의하여 4와 6의 상태로 가압된 급수와 혼합하여 각각 5와 8의 포화수 상태로 가열하고 자신은 복수된다. $T-s$선도에서 면적 2-13-d-f-2는 추기에 의한 방열량의 감소, 면적 7-9-11-12-13-2-7은 유용일의 감소, 또 면적 8-6-5-4-a-c-8은 공급열의 감소를 나타낸 것이다.

여기서 구간 7-9와 11-12는 추기에 의한 작업 증기열의 감소($-dq_{p,T}$)를 편의상 증기의 비엔탈피 감소($-ds$)에 비례하여 표시한 것이다. 이는 p, T 가 일정한 습증기 구역에서는 $dQ_{p,T} = M_n \cdot dq_{p,T} = M_n \cdot dh_{p,T} = M_n \cdot T \cdot ds$라는 열역학적 관계식을 따르기 때문이다. 여기서 $dq_{p,T}$와 M_n은 각각 추기의 단위질량당 증발잠열 및 추기 질량이다.

실제로 보일러에서 1kg의 증기 발생을 위해 외부로부터 공급되는 열량 q_1은 절탄기가 없는 경우 $T-s$선도상의 면적 14-15-1-f-c-14와 같다.

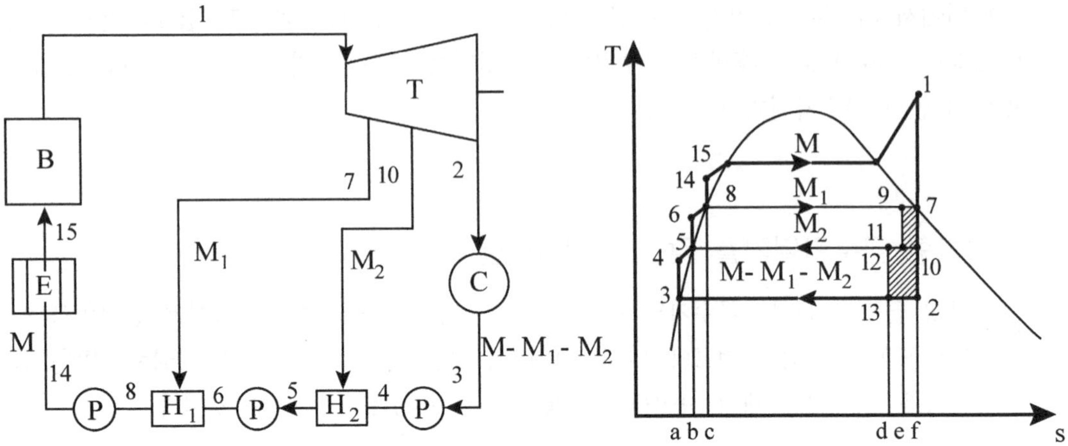

그림 7.5 개방형 급수가열기를 갖는 2단 재생 사이클의 계통도와 $T-s$선도

2단 추기를 행하는 재생사이클의 열효율을 구하면 다음과 같다.

$$\eta_{Reg} = \frac{(h_1 - h_2) - [m_1 \bullet (h_7 - h_2) + m_2 \bullet (h_{10} - h_2)] - w_p}{h_1 - h_{15}} \tag{7.9}$$

여기서 [ ]안은 추기에 의한 터빈일의 감소량을 나타낸다. 윗식에서 m_1, m_2는 추기량비, h_{15}(=h_e)는 보일러로 들어갈 때의 비엔탈피, 즉 급수의 최종 비엔탈피를 나타낸다.

추기량비 m_1, m_2는 각각 총 작업증기 질량 M에 대한 추기질량M_1, M_2의 비로 다음과 같이 정의된다.

$$m_1 = \frac{M_1}{M} \qquad m_2 = \frac{M_2}{M} \tag{7.10}$$

만약 [ ]로 표시된 추기에 의한 터빈일의 감소와 펌프일 w_P를 무시하면 식 (7.9)의 열효율의 근사식은 다음과 같다.

$$\eta_{Reg} = \frac{h_1 - h_2}{h_1 - h_e} \tag{7.11}$$

(2) 밀폐형 급수가열기를 갖는 재생사이클

밀폐형 급수가열기는 가열기 내부에 급수관이 설치되어 있으며, 추기(습증기)의 방열량을 급수가 흡수하여 급수의 온도가 상승되어 포화수가 된다. 추기는 방열에 의해 포화수가 되고 교축밸브를 지나 복수기로 간다.

그림 7.6 밀폐형 급수가열기를 갖는 2단 재생 사이클의 계통도와 $T-s$선도를 나타낸 것이다. 밀폐형이 개방형과 다른 점은 급수가열기에서 열교환을 마친 추기는 포화수가 되어 교축밸브를 거쳐 복수기로 유입된다는 점이다. 따라서 개방형보다 복수기에서의 방열량이 크고 펌프의 소요동력이 증가하므로 열효율이 약간 낮아지며, 추기량은 약간 커진다.

2단 추기를 행하는 밀폐형 급수가열기의 열효율은 개방형과 마찬가지로 다음과 같다.

$$\eta_{Reg} = \frac{(h_1 - h_2) - [m_1 \cdot (h_7 - h_2) + m_2 \cdot (h_{10} - h_2)] - w_p}{h_1 - h_{15}} \quad (7.12)$$

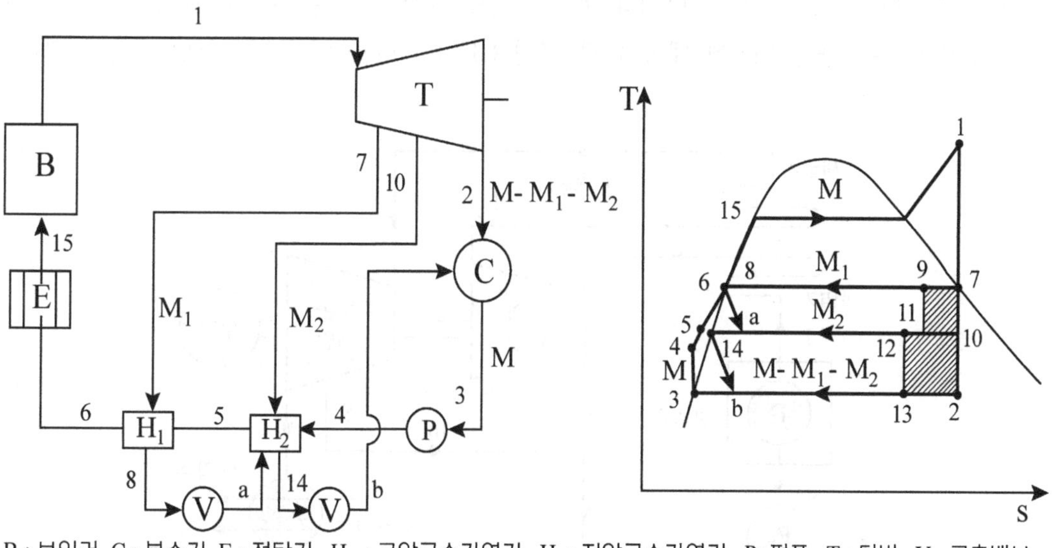

B : 보일러, C : 복수기, E : 절탄기, H_1 : 고압급수가열기, H_2: 저압급수가열기, P: 펌프, T : 터빈, V : 교축밸브

그림 7.6 밀폐형 급수가열기를 갖는 2단 재생 사이클의 계통도와 $T-s$선도

7.5 재열 - 재생사이클(Reheat and Regenerative cycle)

재열사이클은 재열 후의 증기온도를 높여서 열효율을 증대시키고, 동시에 팽창 후 증기의 건도를 크게 하여 터빈과 증기와의 마찰을 경감시키고 또한 부식을 방지하여 효율을 높이고자 한 것이며, 재생사이클은 배기가 가진 열량을 되도록 복수기에 버려지지 않고 급수의 예열에 이용함으로써 열효율을 개선하고자 한 것이다. 즉, 재열사이클은 재열 후의 증기의 온도를 높여 주로 증기의 건도를 높임으로써 터빈사이에서 일어나는 기계적인 손실을 감소시키는데 주목적이 있고, 재생사이클은 터빈에서 팽창 도중 증기를 추기하여 급수를 예열함으로써 열역학적으로 열효율을 증가시키는데 주목적이 있다 할 수 있다. 따라서 이 양자를 를 조합하여 한 층 더 선을 도모하고자 한 것이 재열-재생사이클(Reheat and Regene rative cycle)이다.

그림 7.7는 개방형 급수가열기를 갖는 1단재열-재생사이클의 계통도를 그림 7-8은 $T-s$선도와 $h-s$선도를 나타낸다. 이 사이클의 이론 열효율을 구하기 위하여 보일러에서 발생하는 증기 1 kg에 대하여 각 구성요소의 열량과 일량을 구하면 다음과 같다.

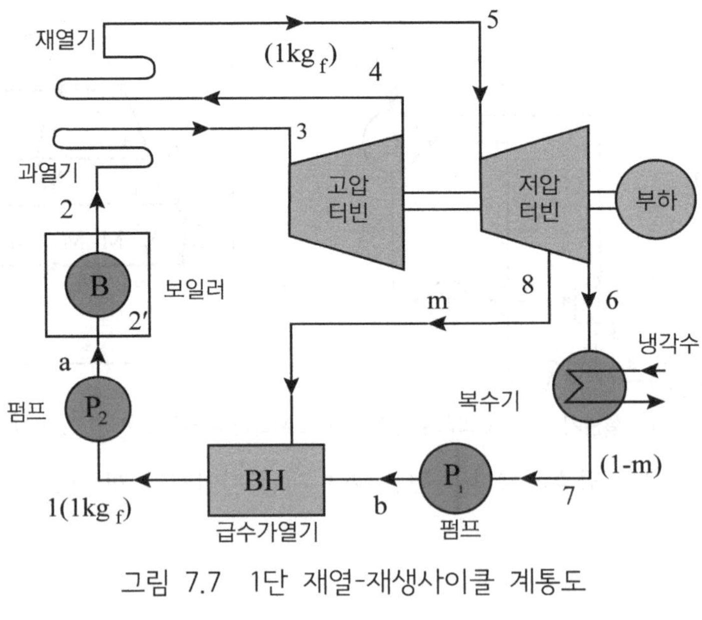

그림 7.7 1단 재열-재생사이클 계통도

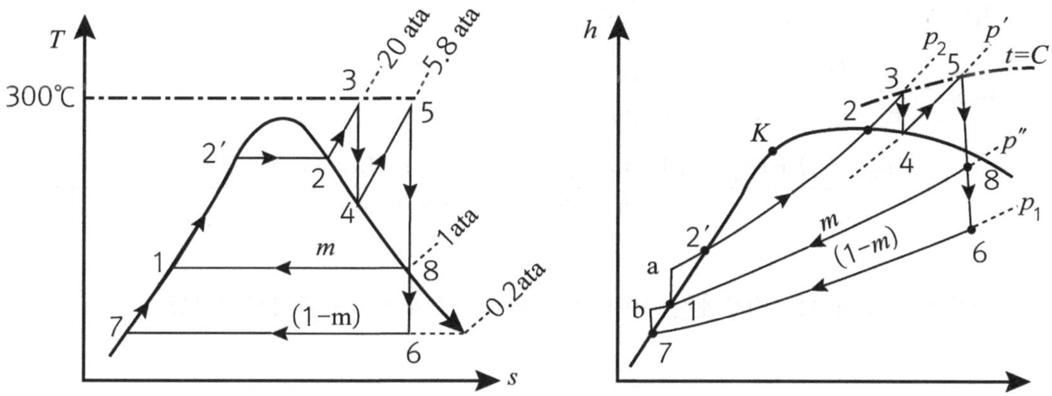

(a) $T-s$선도 (b) $h-s$선도

그림 7.8 재열-재생사이클 선도

- 보일러의 가열량 : $q_B = h_2 - h_a$
- 과열기의 가열량 : $q_S = h_3 - h_2$
- 재열기에서의 가열량 : $q_{RH} = h_5 - h_4$
- 고압터빈의 일 : $w_{T1} = h_3 - h_4$
- 저압터빈의 일 : $w_{T2} = (h_5 - h_6) - m(h_8 - h_6)$ (7.13)
- 복수기의 방열량 : $q_2 = (1-m)(h_6 - h_7)$
- 제1 급수펌프의 소요일 : $w_{P1} = (1-m)(h_b - h_7)$
- 제2 급수펌프의 소요일 : $w_{P2} = h_a - h_1$

급수가열기에서 열평형을 고려하여 추기량을 구하며 다음과 같다.

$$m(h_8 - h_1) = (1-m)(h_1 - h_b)$$

$$\therefore m = \frac{h_1 - h_b}{h_8 - h_b} \tag{7.14}$$

따라서 이론 열효율 η_{GH}는 다음과 같다.

$$\eta_{GH} = \frac{w}{q_1} = \frac{(w_{T1} + w_{T2}) - (w_{P1} - w_{P2})}{q_B + q_S + q_{RH}}$$

$$= \frac{(h_3 - h_4) + (h_5 - h_6) - m(h_8 - h_6) - (1-m)(h_b - h_7) - (h_a - h_1)}{(h_3 - h_b) + (h_5 - h_4)} \tag{7.15}$$

펌프일을 무시하는 경우에는 사이클이 1-2'-2-3-4-5-8-6-7-1로 되므로

$$q_B = h_2 - h_1$$

$$m = \frac{h_1 - h_7}{h_8 - h_7} \tag{7.16}$$

따라서 이론 열효율 η'_{GH}는 다음과 같다.

$$\eta'_{GH} = \frac{w_T}{q_1} = \frac{w_{T1} + w_{T2}}{q_B + q_S + q_{RH}} = \frac{(h_3 - h_4) + [(h_5 - h_6) - m(h_8 - h_6)]}{(h_3 - h_1) + (h_5 - h_4)} \tag{7.17}$$

7.6 2유체 사이클

증기원동기 사이클의 열효율을 높이기 위해서는 고열원의 온도를 상승시키고 저열원의 온도는 낮게 하는 것이 바람직하다. 그러나 현실적으로 최저온도는 냉각수 온도에 의해서 제한되며, 최고온도는 재료의 내열온도에 의해 제한을 받는다.

또, 증기의 경우는 압력의 상승과 더불어 증발열이 감소하므로 동일 온도차에서 작동하는 카르노 사이클과 랭킨 사이클의 열효율의 차는 증기 압력의 상승과 더불어 증대한다. 이것은 사이클 그 자체보다 오히려 작동물질인 증기의 특성에 의한 영향이 크기 때문이다.

그림 7.9는 카르노 사이클과 랭킨 사이클을 비교한 $T-s$선도이다. 카르노 사이클은 앞에서 배웠듯이 가장 열효율이 좋은 이상적인 사이클이다. 카르노 사이클은 사각형 1-a-4-5이지만, 랭킨 사이클은 1-2-3-4-5이므로 같은 온도범위에 작동한다고 할 때 그 차이는 매우 크다.

그의 원인은 랭킨 사이클의 특성에도 있지만 그것보다는 동작물질인 증기의 특성에 의한 것이다. 즉, $T-s$ 선도에서 포화액선 1-2는 비열이 0인 수직선 1-a에 비하여 매우 경사가 완만하고 물의 임계온도가 비교적 낮기 때문에 온도의 상한에 도달하면 과열이라는 비가역과정을 행하지 않으면 안되는 등의 문제가 기인된다. 따라서 포화액선의 경사가 비교적 크고, 또 임계온도가 높은 유체를 사용한다면 이 유체에 의한 랭킨사이클은 물의 경우보다 효율을 높일 수 있을 것이다.

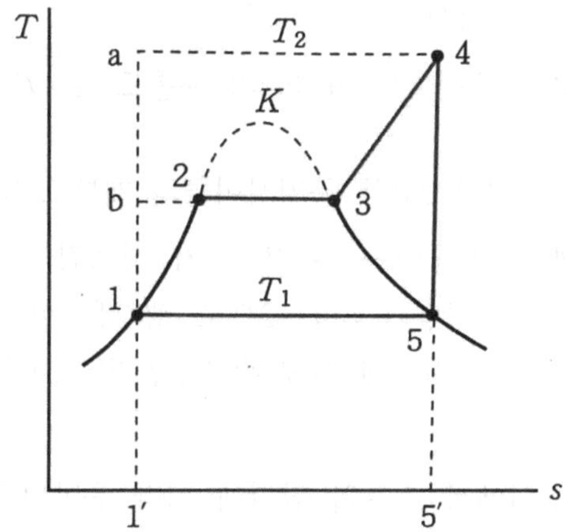

그림 7.9 카르노 사이클과 랭킨 사이클의 비교

따라서 이러한 점을 보완하기 위해서 고온에서는 포화압력이 수증기보다 낮은 유체인 수은(Hg)을 수증기와 조합하여 사용하는 것을 **2유체 사이클**(binary vapour cycle)이라 한다. 2유체 사이클의 목적은 작동물질의 물(water)의 결점을 보완하기 위해 다른 동작물질을 혼합하여 열효율을 올리는 것이다.

즉, 고온부에서는 수은(Hg)을 사용하고, 저온부에는 수증기를 사용한다. 먼저 수은 사이클에서는 팽창일을 얻은 후에 수은이 응축하는 잠열(latent heat)에 의하여 수증기를 증발함으로 또 다른 팽창일을 얻어서 열효율을 증가시키는 것이다.

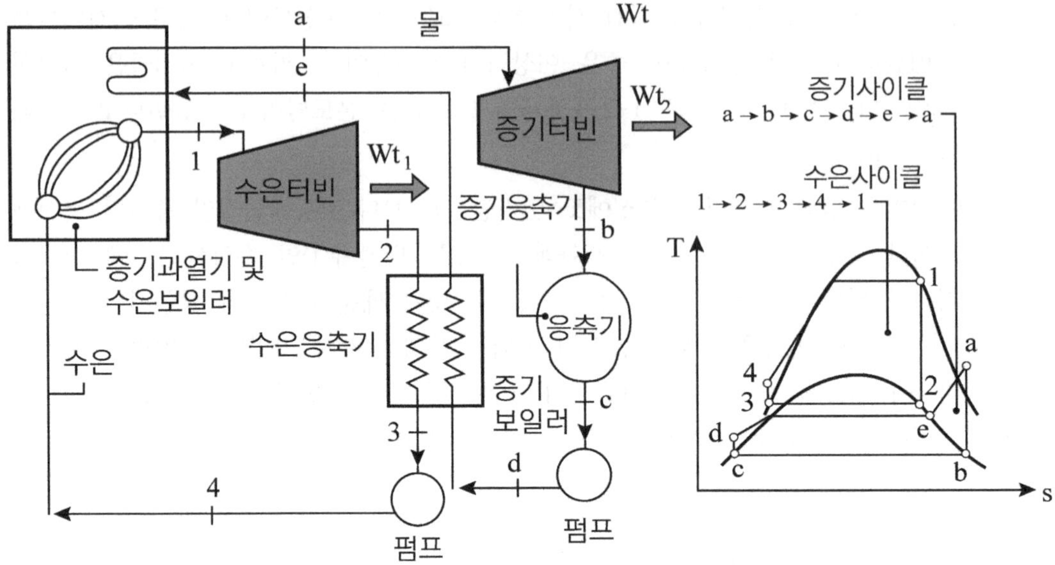

그림 7.10 2유체 증기사이클의 계통도 및 $T-s$선도

그림 7.10은 수은과 수증기의 2유체 증기사이클의 계통도 및 $T-s$선도이다.

수은사이클에서 수은액은 과정 3→4→1을 거쳐 상태점 1까지 가열증발을 시킨다. 이 증기는 수은터빈에서 가역단열과정 1→2으로 팽창을 한 후에 응축기로부터 물과 열교환을 하여 액화가 된 후에 펌프에 의해 수은보일러에 보내면서 사이클을 완료하게 한다.

한편, 물(water)은 열교환에서 수은의 잠열에 따라 증발되고 과열기를 통해 비교적 낮은 압력의 과열증기인 상태 a가 된다. 여기서 수은의 응축기는 동시에 수증기 보일러 역할을 하는 것이다. 이때 수증기는 사이클 a→b→c→d→e→a을 이루면서 고압을 피하고 작업온도의 범위를 넓히면서 일(work)을 하므로 사이클의 효율을 개선할 수 있다.

이러한 동작물질의 사용은 수은(Hg)-물(H_2O)의 조합뿐만 아니라 연소가스-물, 물-프레온, 등이 사용되고, 이들을 정해진 온도범위 내에서 2단뿐만 아니라 3단으로 하여 동작물질을 사용하는 3유체 사이클(tripple vapour cycle)도 생각할 수 있다.

고온측 유체사이클에 대한 열효율η_1, 저온측 단독의 열효율을 η_2라고 할 때, 고온측의 배열이 저온측의 가열에 완전히 이용될 경우의 열효율은 다음과 같이 정의할 수 있다.

$$\eta = \eta_1 + (1 - \eta_1)\eta_2 \tag{7.18}$$

이상에서 수은-물을 사용하는 2유체 사이클에 대하여 설명하였다. 하지만 수은증기는 인체에 해롭고 다른 금속과 접착이 불량하고 가격도 비싸 실용성 면에서는 좋지 못하다. 이러한 결점을 보완할 수 있는 동작유체로는 diphenyl oxide [$(C_6H_5)_2O$]를 사용한다. 이것은 금속면과의 접착성이 좋아 열전달이 좋고 값이 저렴해서 대량생산이 가능하다. 하지만 고온고압에서 분해되는 결점이 있다.

7장

증기 동력 사이클

연/습/문/제

7.1 증기원동기 사이클의 구성을 설명하시오

7.2 다음 사이클의 $p-v$, $T-s$, $h-s$를 그리고 사이클의 효율을 구하여라

① 랭킨사이클 ② 재열사이클

③ 재생사이클 ④ 재열-재생사이클

7.3 증기의 터빈 입구상태와 복수기 압력이 증기 동력 사이클에 미치는 영향에 대하여 설명하라

7.4 재열사이클에서 재열하는 이유는 무엇인가?

7.5 랭킨사이클에서 열효율이 30%이고 터빈일이 520.6 kJ/kg이라고 하면 1 kWh의 일을 얻기 위하여 공급되어할 할 열량은 얼마인가?

답: $q_1 = 1735.33$ kJ/kg

7.6 랭킨사이클에서 급수펌프의 입구 및 출구의 엔탈피가 각각 78.4 kJ/kg, 77.9 kJ/kg 이고, 터빈의 입구 및 출구의 엔탈피가 각각 940.5 kJ/kg, 735.3 kJ/kg일 때 이 사이클의 열효율은 얼마인가?

답: $\eta_R = 23.8\%$

7.7 복수기(응축기)에서 10 kPa, 건도 $x = 0.96$인 증기를 매시간 1000 kg 응축시키는데 필요한 냉각수의 유량은 몇 kg/h 인가? (단, 냉각수는 15℃에서 들어오고 25℃에서 나간다. 그리고 10 kPa의 포화액과 포화증기의 엔탈피는 각각 $h' = 191.83$ kJ/kg, $h'' = 2584.7$ kJ/kg이며 물의 비열은 4.2 kJ/kgK이다.)

답 : $m = 54694.17$ kg/h

7.8 그림과 같은 랭킨 사이클에서 100 MPa, 700℃의 증기가 터빈에서 공급되었다. 이때 복수기의 압력이 0.08 MPa일 때 이론 열효율은 얼마인가? (단, 펌프일은 무시하시오.)

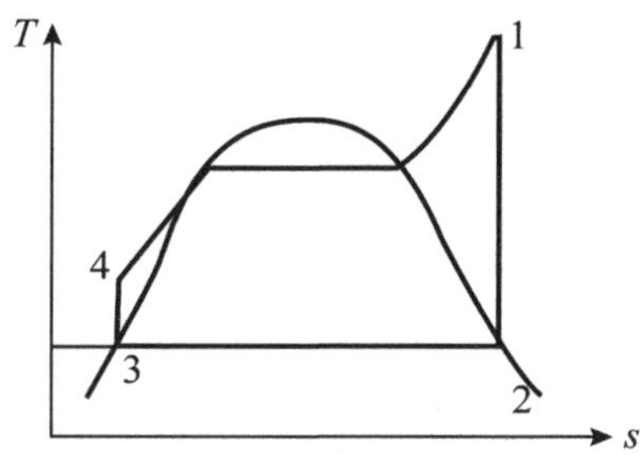

$h_1 = 3200$ kJ/kg

$h_2 = 2400$ kJ/kg

$h_3 = 350.3$ kJ/kg

답: $\eta_R = 28.07\%$

7.9 압력 10 MPa, 온도 600℃의 증기를 공급하여 압력 2 MPa까지 팽창시킨 중 그 압력하로 초기온도까지 재열하고, 재차 복수기 압력이 0.005 MPa까지 팽창시킨 재열사이클이 있다. 이 사이클의 열효율을 구하라. (단, 급수펌프의 일은 생략해도 무방하다.)

답: $\eta_{RH} = 45.68\%$

7.10 보일러에서 201 atal, 540℃의 증기를 발생하여 터빈에서 25 ata까지 단열팽창한 곳에서 초온까지 재열하여 복수기 압력 0.05 ata까지 팽창시키는 증기원동소의 h-s 선도이다. 이 원동소의 이론열효율은 얼마인가?

답: $\eta_{RH} = 46.3\%$

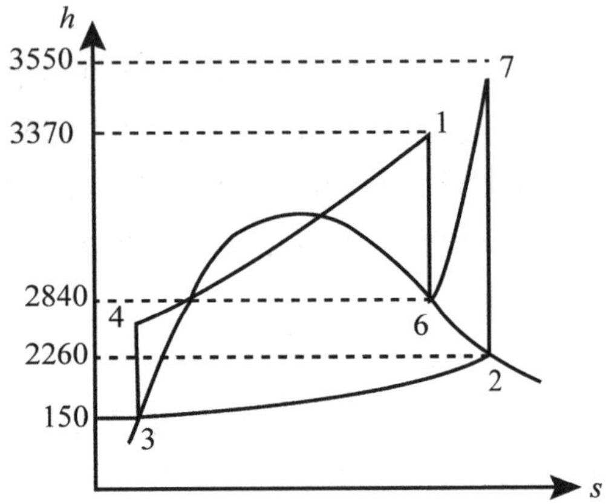

CHAPTER 08

냉동 사이클

8.1 냉동 및 냉동기

냉동(refrigeration)이란 어떤 물체나 계(system)로부터 열을 빼앗아서 주위(surround)의 온도보다 낮게 하는 기술을 말한다. 냉동의 이용 범위는 냉장고, 에어컨 등 일상생활과 직접 관련이 있는 것에서부터 산업, 제빙 및 공기조화 등의 각 방면에 이용되고 있다.

얼음이 녹으면서 주위의 열을 흡수하는 경우 즉, 얼음의 융해열이나 고형(固形) 이산화탄소와 같은 드라이아이스의 승화열 또는 액체질소의 증발열 등을 이용함으로써 주위의 온도를 떨어뜨릴 수 있다. 그러나 이러한 현상은 그 물질이 없어지면 목적을 달성할 수 없게 된다.

이것에 반하여 동작유체인 **냉매**(refrigerant)를 순환시켜서 열을 저온쪽에서부터 고온쪽으로 운반하는 냉동장치는 냉동을 계속할 수 있다. 이와 같은 조작을 되풀이 하는 열역학적 사이클을 냉동사이클(refrigeration cycle)이라 한다.

열역학 제2법칙에 의하면 "열은 스스로 저온계에서 고온계로 이동할 수 없다"고 하였으므로, 저온을 얻고자 하는 계에 기계적인 일 또는 에너지를 가해야만이 열을 저온계에서 고온계로 이동시킬 수 있다.

앞서 배운 동력사이클에는 고열원에서 작동유체로 열을 전달하여 저열원에 열을 방출함으로써 일을 발생시키는 것에 반하여, 이 과정을 역으로 하면 **냉동 사이클**로 작동하게 된다.

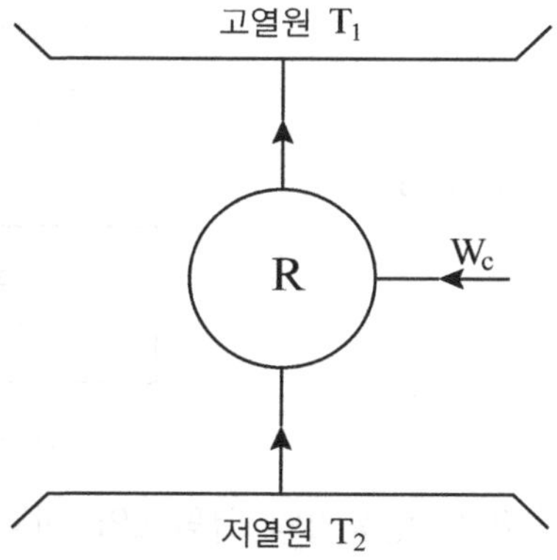

그림 8.1 역 열기관 사이클 (역 카르노사이클 냉동기)

그림 8.1은 역 열기관 사이클을 나타내고 있다. 외부에서 일(w_c)을 받아, 저열원(T_2)에서 열(q_L)을 흡수하여 고열원(T_1)으로 방출(q_H)하는, 즉 역방향으로 작동하는 역 열기관 사이클(R)을 나타내었다. 그림에서 역 열기관 R에 의해 저열원의 온도를 낮출 수 있으며, 이것을 **냉동기**(refrigerator) 혹은 **열펌프**(heat pump)라고 한다. 냉동기와 열펌프는 근본적으로 같은 장치이나 그들의 사용목적이 다를 뿐이다. 즉, 냉동기는 저온계로부터 고온계로 열을 이동시켜 저열원의 온도를 낮추기 위해 사용하는 장치이고, 그와는 반대로 열펌프는 저열원의 열을 흡수하여 고열원을 가열하기 위해 사용하는 장치로서 난방장치 등에 응용 되고 있다.

냉동기와 열펌프는 열효율 대신 냉동기의 성능을 나타내는 성적계수(coefficient of performance) COP 또는 ϵ 로 나타낸다. 여기서 냉동기와 열펌프의 성적계수를 각각 첨가 R, H로 붙여 다음과 같이 정의한다.

$$\epsilon_R = \frac{\text{냉동효과}}{\text{압축기 일}} = \frac{q_L}{w} \tag{8.1}$$

$$\epsilon_H = \frac{\text{가열효과}}{\text{압축기 일}} = \frac{q_H}{w} \tag{8.2}$$

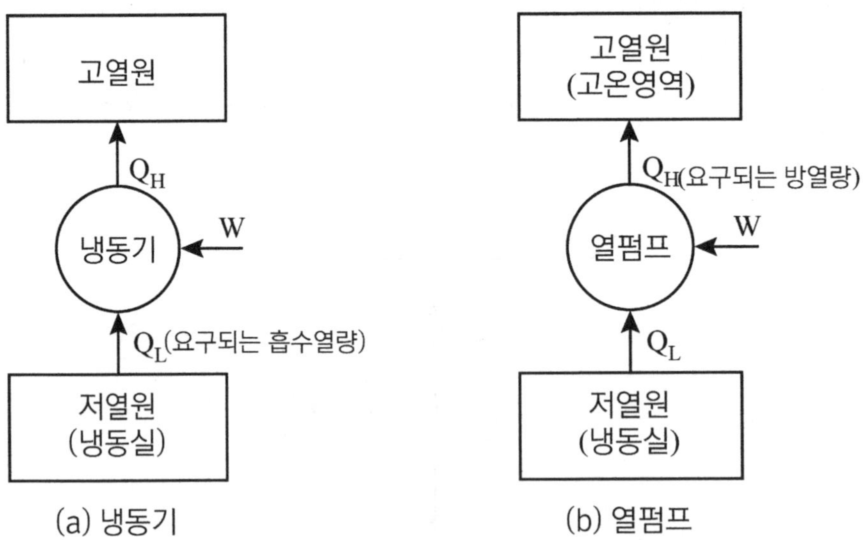

그림 8.2 냉동기와 열펌프의 계통도

그림 8.2는 냉동기와 열펌프의 계통도를 보여준다. 저온체의 열원에서 흡수하는 열량을 흡입열량q_L, 고온체의 열원으로 방출하는 열량을 q_H라 하면, 열역학 제2법칙에 의하여 냉동기가 저온계에서 q_L의 열량을 흡수하여 고온계로 q_H의 열량을 방출하기 위해서는 압축기 일 w가 필요하며, 이와 같은 관계를 식으로 나타내면 다음과 같다.

$$q_H = q_L + w \tag{8.3}$$

여기서 q_H: 방출량, q_L: 흡입열량(냉동효과), w : 압축기의 일이다.

식 (8.1)~식 (8.3)에서 다음의 관계식이 성립한다.

$$\epsilon_H = \frac{w + q_L}{w} = 1 + \epsilon_R \tag{8.4}$$

이상의 관계로부터 열펌프의 성적계수는 $\epsilon_H > 1$의 관계가 있다.

8.2 역 카르노 사이클 (이상 냉동 사이클)

열기관의 이상 사이클인 카르노 사이클(Carnot cycle)을 역방향으로 하면 냉동기의 이상 사이클이 된다. 카르노 사이클은 가역 사이클이므로 각 과정은 역방향으로 작동시킬 수 있다. 즉, 저열원으로부터 열을 흡수하여 고열원으로 방출하는 사이클로 이와 같은 사이클을 **역 카르노 사이클**(reversed Carnot cycle)이라고 한다. 역 카르노 사이클로 작동되는 냉동기 또는 열펌프를 **카르노 냉동기**(Carnot refrigerator)또는 **카르노 열펌프**(Carnot heat pump)라 한다.

그림 8.3은 역 카르노 사이클의 계통도와 $p-v$및 $T-s$선도이다.

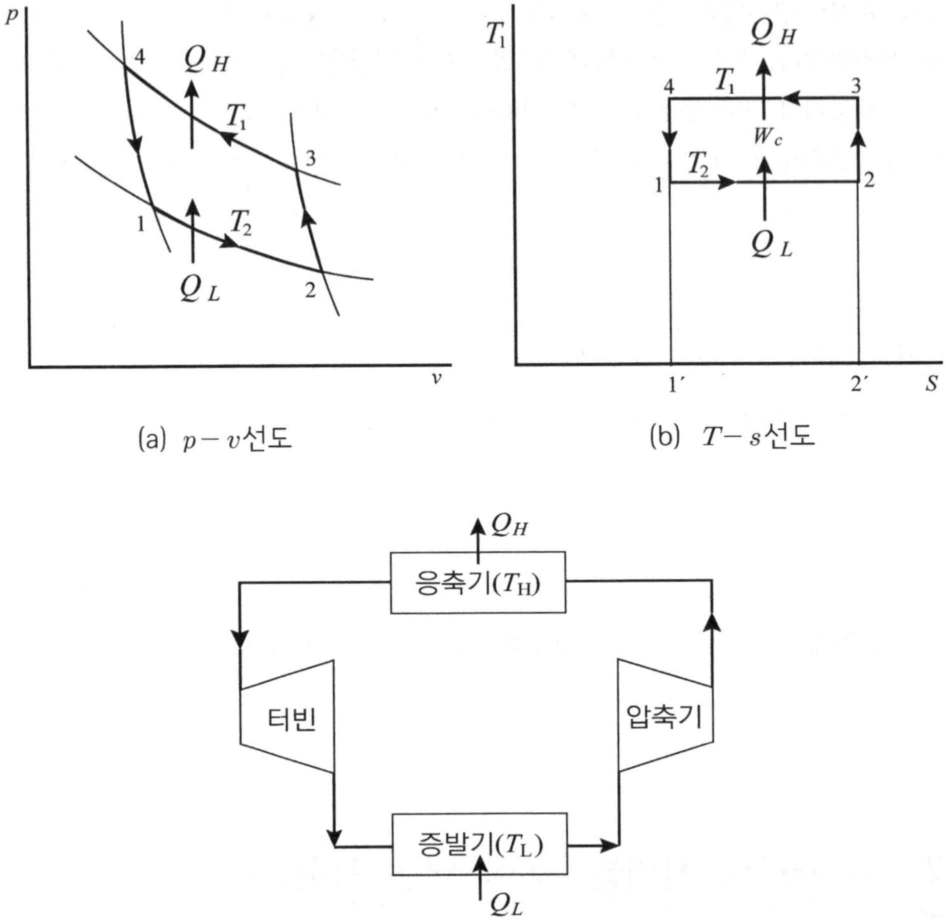

(a) $p-v$선도

(b) $T-s$선도

(c) 계통도

그림 8.3 역 카르노 사이클의 $p-v$및 $T-s$선도와 계통도

① 과정 1→2 : 등온팽창 과정으로 q_L의 열을 흡수한다.

② 과정 2→3 : 단열압축 과정으로 동작유체의 온도가 T_1으로 상승한다.

③ 과정 3→4 : 등온압축 과정으로 q_H를 방출한다.

④ 과정 4→1 : 단열팽창 과정으로 동작유체의 온도가 T_2로 된다.

역 카르노 사이클을 $T-s$ 선도에 표시하면 그림 8.3(b)와 같이 사각형이 된다. $T-s$선도에서와 같이 한 사이클당 저열원에서 흡수한 열량을 q_L, 고열원에 방출열량을 q_H, 이때의 소요 일을 w라 하면

$$q_L = \text{면적}\, 1-2-2'-1'-1 = T_2(s_2 - s_1)$$

$$q_H = \text{면적}\, 4-1'-2'-3-4 = T_1(s_2 - s_1)$$

$$\epsilon_R = \frac{q_L}{w} = \frac{q_L}{q_H - q_L} = \frac{T_2(s_2 - s_1)}{T_1(s_2 - s_1) - T_2(s_2 - s_1)} = \frac{T_2}{T_1 - T_2} \tag{8.5}$$

$$\epsilon_H = \frac{q_H}{w} = \frac{q_H}{q_H - q_L} = \frac{T_1(s_2 - s_1)}{T_1(s_2 - s_1) - T_2(s_2 - s_1)} = \frac{T_1}{T_1 - T_2} \tag{8.6}$$

따라서 냉동기와 열펌프의 성적계수는 작동유체와는 무관하고, 두 열원의 절대온도에만 관계한다.

식 (8.5), 식 (8.6)에서 보면 냉동기 및 열펌프의 성적계수는 온도차가 클수록 작아진다. 온도의 상한 값은 공랭식 응축기를 갖는 경우에는 대기 온도 이상, 온수를 만드는 열펌프에서는 온수 온도 이상이어야 한다. 열펌프의 대표적인 온도범위는 $T_L = 5℃$ 이상, $T_H = 55℃$ 정도이다. 역 카르노 사이클은 주어진 두 온도 범위에서 작동하는 가장 성능 좋은 냉동 사이클이라 할 수 있다.

예제 8.1

어떤 냉동장치가 3 kW의 동력을 사용하여 매시간 저열원에서 15,000 kJ의 열을 흡수한다. 이 냉동기의 성능계수(ϵ_R)와 고열원으로 방출하는 열량(q_H)은 얼마인가?

풀이

$$\epsilon_R = \frac{q_L}{w}$$ 여기서 $w = 3$ kW $= 3$ kJ/s, $q_L = 15000$ kJ/h $= 4.167$ kJ/s

$$\therefore\ \epsilon_R = \frac{q_L}{w} = \frac{4.167}{3} = 1.388 \text{ (답)}$$

$\epsilon_H = 1 + \epsilon_R$ 이므로 $\epsilon_H = 1 + \epsilon_R = 1 + 1.388 = 2.388$

$\epsilon_H = \frac{q_H}{w}$ 이므로 $2.388 = \frac{q_H}{3}$

$$\therefore\ q_H = 2.388 \times 3 \times 3600 = 25790.4 \text{ kW (답)}$$

예제 8.2

이상냉동 사이클에서 응축기 온도가 60℃이고 증발기 온도가 -10℃인 이상 냉동 사이클의 성능계수는 얼마인가?

풀이

$$\epsilon_R = \frac{q_L}{w} = \frac{Q_2}{Q_1 - Q_2} = \frac{T_2}{T_1 - T_2} = \frac{(-10 + 273.15)}{(60 + 273.15) - (-10 + 273.15)}$$
$$= 3.759$$

예제 8.3

냉장고가 저온체에서 1520 kJ/h의 열을 흡수하여 고온체에 2000 kJ/h의 열을 방출하면 이 냉장고의 성능계수는 얼마인가?

풀이

$$\epsilon_R = \frac{q_L}{w} = \frac{Q_2}{Q_1 - Q_2} = \frac{1520}{2000 - 1520} = 3.17$$

8.3 증기압축 냉동 사이클 (역 랭킨사이클)

8.3.1 냉동의 원리

일상적으로 땀 흘린후 바람을 맞으면 시원함을 느끼는데, 이것은 땀이 증발하면서 몸에서 열을 가져가기 때문이다. 혹은 뜨거운 아스팔트 위에 찬물을 부으면 수증기가 올라가면서 주위의 열을 빼앗아 주변이 시원해지는 것을 볼 수 있다. 증발할 때 빼앗아 가는 열을 **증발잠열**(latent heat of evaporation)이라고 한다. 에어컨이나 냉장고 등 냉동기는 이러한 증발잠열들을 이용하여 냉동효과를 내는 기계라 볼 수 있다.

주위의 물체로부터 열을 인위적으로 흡수하여 주위의 온도를 상온보다 낮게 조작하고 유지 하는 것을 냉동(냉각)이라 하며 열은 고온에서 저온으로 이동한다.

이런 현상은 모든 액체가 증발하여 기체로 될 때도 적용된다. 냉동기는 액체냉매를 냉각관내에서 증발시켜 관을 냉각시키고, 냉각된 관이 주위의 공기나 어떤 물질의 열을 흡수하게 하는 장치이다. 냉동장치에는 암모니아나 CFC, HFC, HCFC계 액체냉매를 사용한다. 이런 액체냉매는 상온에서는 기체이며 -30℃ 범위에서 증발한다.

냉동 사이클은 피냉각 물체로부터 열을 흡수하여 냉각시키며 이때 증발한 가스를 다시 액화하여 증발과 응축을 반복시키는 연속적인 냉각작용을 얻는 것을 말한다.

8.3.2 증기압축 냉동 사이클의 개요

증기압축 냉동 사이클은 냉동기 중에서 가장 널리 사용하는 사이클로 그 구성은 그림 8.4와 8.5에 나타난 것과 같이 기본적으로 압축기(compressor), 응축기(condensor), 팽창밸브(expansion valve), 증발기(evaporator)의 4가지로 구성된다.

(1) 압축기(compressor) -압축

고, 저압밸브가 있어 흡입 토출작용을 반복하며 증발기에서 증발한 저온, 저압의 기체냉매를 흡입, 압축하여 고온, 고압의 냉매가스로 만들어 응축기로 보내 냉동cycle의 냉매를 순환시키는 펌프 역할을 한다.

(2) 응축기(condenser) -방열과정

압축기에서 토출된 고온, 고압의 기체냉매를 상온하의 공기에 접촉시켜 열을 제거함으로서 냉매를 응축 액화시키는 장치이며, 수랭식과 공랭식이 있으며 에어컨에서는 공랭식만 이용한다.

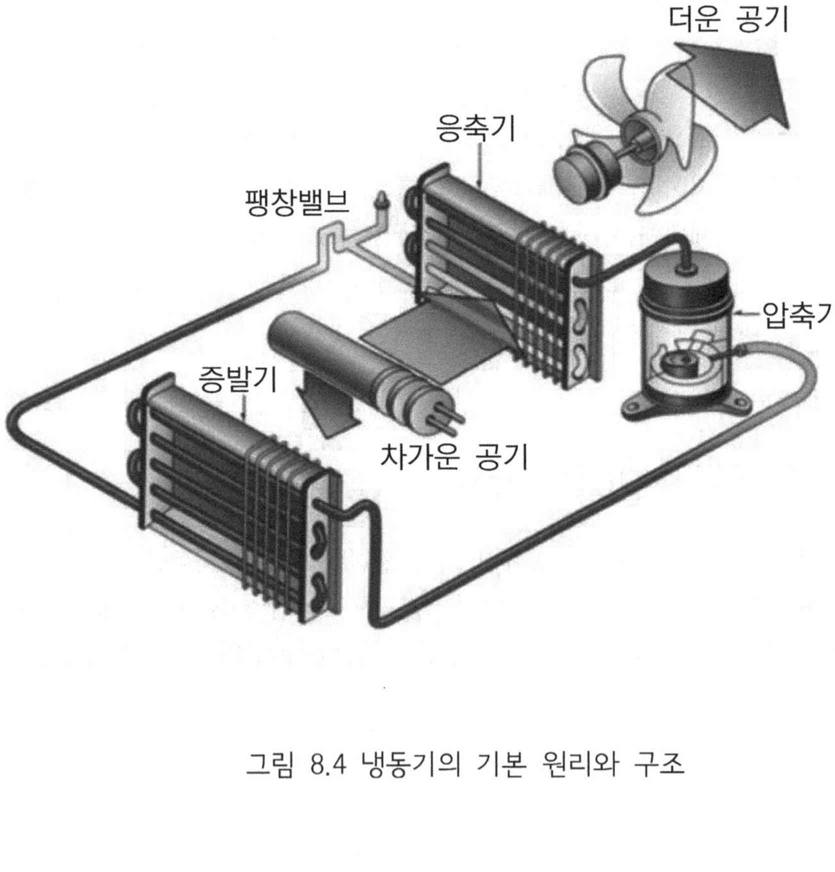

그림 8.4 냉동기의 기본 원리와 구조

(3) 팽창밸브(expansion valve) -팽창과정

응축기에서 넘어온 고온, 고압의 액체 냉매를 증발기에서 증발하기 쉽도록 교축하여 저온, 저압의 냉매가스(액체)로 변화시켜 주는 장치이며, 자판기에서는 모세관이 그 역할을 담당한다. 팽창밸브에서 팽창이 일어나면 교축이 되며 다른 말로 무화현상이 발생한다. **교축**(throttling) 현상은 쉽게 예를 들면 스프레이로 물을 뿌려주면 입구가 갑자기 작아져 안개모양으로 물이 분사되는 현상이라 할 수 있다. 냉동기에서 팽창, 즉 교축현상이 되면 p, T은 내려가고 $h = c$ 상태가 된다.

(4) 증발기(evaporator) -흡열과정

팽창밸브에서 넘어온 저온, 저압의 액체냉매가 저온, 저압의 기체냉매로 변화하면서 피냉각 물질로부터 열을 흡수하여 증발함으로써 냉동목적을 직접 달성하며, 간접냉각방식과 직접냉각방식으로 분류 되는데 에어컨, 자판기 등은 간접냉각방식이다.

에어컨의 예를 든다면 증발기는 실제 냉동효과를 얻는 **실내기** 역할을 하는 것이고, 응축기는 **실외기**에 해당한다. 압축기는 사람의 경우 심장 역할을 하며 냉매를 무한반복 순환시키는 역할을 한다. 냉매의 특징은 상온에서 쉽게 증발하고 쉽게 응축하는 성질을 가진다.

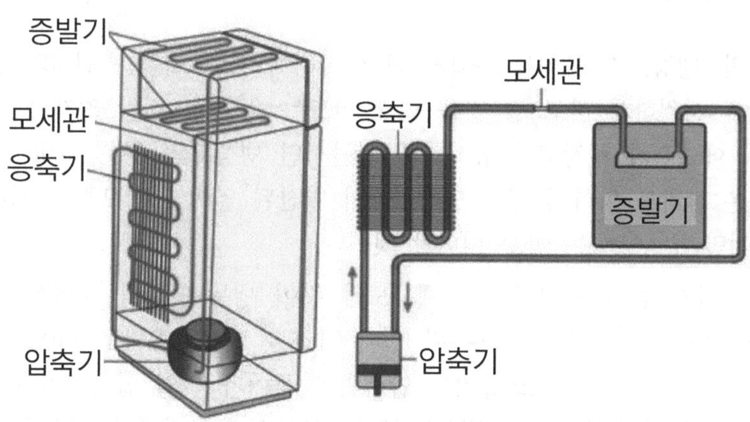

그림 8.5 가정용 냉장고

그림 8.5의 가정용 냉장고의 원리에 대하여 간단히 설명하면 다음과 같다.

먼저, 위의 그림처럼 냉장고 바닥에 있는 압축기에서 압축된 냉매 가스가 뒤쪽의 응축기를 통과하면서 냉각되고 다시 모세관(팽창밸브)을 지나면서 저온 저압 액화 가스가 되는데 이때의 액화 가스가 증발기에서 기체로 변할 때 열을 대량으로 빼앗아 냉장고의 내부 온도를 급격히 떨어뜨리게 된다. 이 냉매 가스는 또다시 압축기로 되돌아가서 같은 동작을 되풀이하면서 냉장고의 온도를 차갑게 유지시킬 수 있다.

참고로 냉장고 문을 열어 두면 실내가 시원해질까? 결론은 냉장고 문을 연 뒤, 시간이 갈수록 더 더워진다는 것이다. 냉장고와 에어컨원리를 비교해서 설명하겠다.

냉장고 말고 난로를 생각해보자. 난로는 주위로 열을 뿜는다. 하지만 냉장고는 냉기를 발산하는 것이 아니라 단지 열기를 **'이동시켜줄'** 뿐이다. 즉, 냉장고 안에 보관하는 음식은 내부의 열을 잃어 차가워지는 한편 그 열기는 실내로 빠져나오는 셈이다. 이런 시스템을 **열 동력 시스템**이라고 한다. 그런데 다른 모터들처럼 냉장고의 열 동력기를 작동시키는 데는 에너지가 필요하다. 이 에너지의 일부가 열로 발산된다. 그러면 냉장고문을 열어두면 열이 빠르게 빠져나가면서 실내는 점점 더 더워지게 된다.

에어컨은 냉장고와 다른 점이 무엇일까?

냉장고를 열였을 때만 실내가 뜨거워지는 걸까? 에어컨도 똑같이 내부온도를 차갑게 유지시켜주는 역할을 한다. 다만 그 대상이 집 내부 전체일 뿐이다. 냉장고가 냉장고 밖인 실내로 열을 발산한다면, 에어컨은 열을 발산하는 장치(실외기)를 집 밖에 설치한다. 그래서 실내를 시원하게 유지시킬 수 있다. 집안의 열을 집 밖으로 퍼낸다고 생각하면 된다.

다시 말하면, 냉장고가 음식을 차갑게 하고 실내에 열을 내뿜는 원리와 유사하게 에어컨은 집안을 시원하게 하고 집 밖을 덥게 만드는 것이다. 집안 전제가 냉장고 속인 셈이다. 굳이 에어컨과 냉장고를 유사하게 만들려면 냉장고의 문은 실내 안쪽으로, 냉장고의 뒤쪽은 창밖을 향하게 해서 냉장고에서 발산된 열이 창밖으로 빠져나가도록 하면 된다. 하지만 냉방효과는 아주 미미할 것이다.

열역학으로 다시 돌아와 그림 8.6 계통도와 같이 냉동·냉장실 내에서 공기나 냉장물품으로부터 열을 흡수하여 증기로 된 냉매 가스는 건포화증기로 되어 상태 2로 증발기를 나온다. 상태 2의 건포화증기는 압축기로 들어가 단열 압축되면서 상태 3으로 된다. 이때 과열된 냉매 증기는 냉장고 외부에 설치된 응축기에서 열교환에 의하여 방열 냉각되어 포화액인 상태 4로 된다. 다음에는 팽창밸브를 통과하면서 등엔탈피 팽창하여 포화 습증기인 상태 1로 된다.

이상의 증기압축 냉동 사이클의 각 과정을 요약하면 다음과 같다.

증기압축 냉동사이클에서 냉매의 상태 변화는 교축팽창과 2개의 정압변화(증발과 응축) 그리고 단열압축과정이 있다. 그런데 교축과정은 **등엔탈피 과정**이므로 그림 8.7에서와 같이 과정 4→1의 직선변화이다. 따라서 압축 냉동 사이클의 1→2→3→4가 된다.

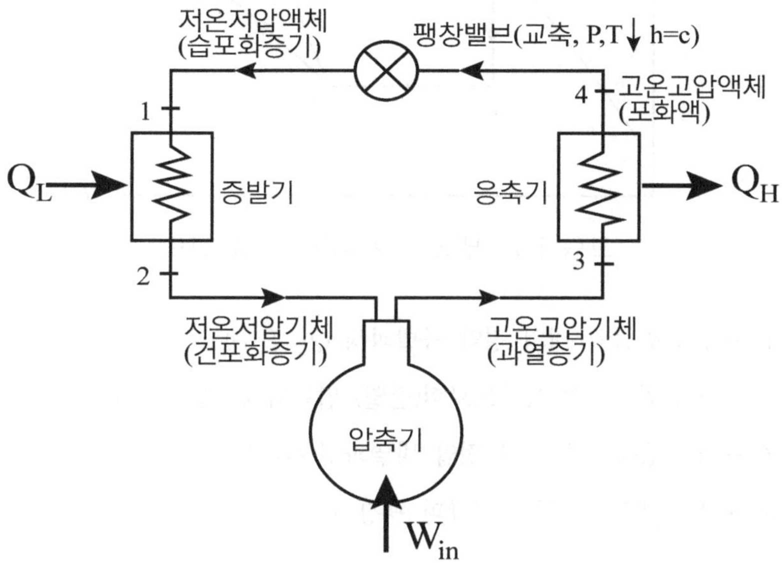

(a) 계통도

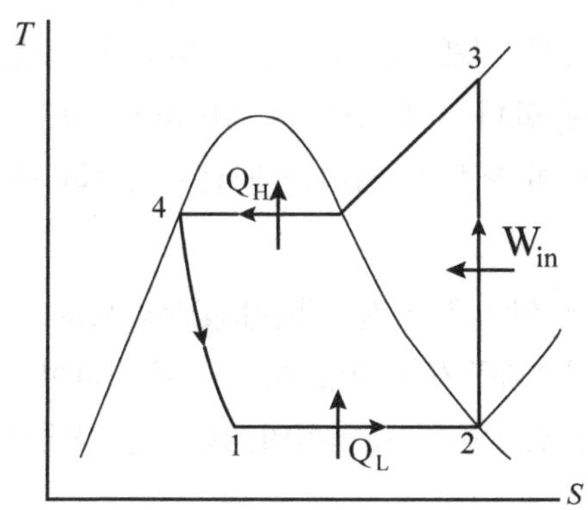

(b) $T-s$선도

그림 8.6 증기 압축 냉동 사이클

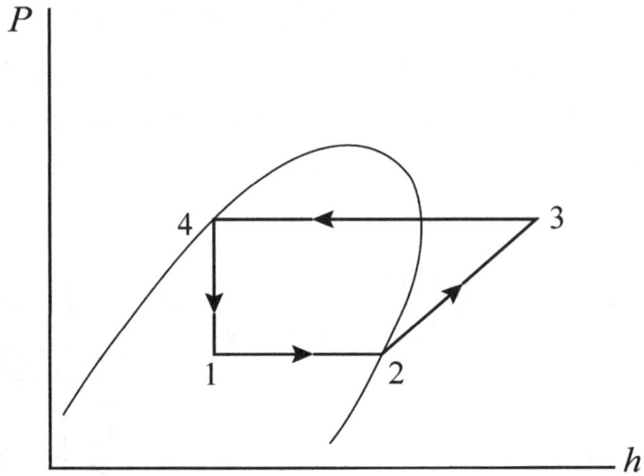

그림 8.7 냉동 사이클의 $P-h$ 선도

① 과정 1 → 2 : 증발기 내의 **정압 증발과정**(Q_L 흡수)

② 과정 2 → 3 : 압축기의 **등엔트로피(단열) 압축과정** (압축일 W_{in})

③ 과정 3 → 4 : 응축기에 의한 **정압 방열과정**(Q_H 방열)

④ 과정 4 → 1 : 팽창밸브의 **등엔탈피 팽창**($h_4 = h_1$)

그림 8.7은 이상의 과정을 $P-h$ 선도로 표시한 것이다. 앞서 냉동기 사이클을 $T-s$선도상에 표시한 것은 그 이론을 열역학적으로 따지는데 유용하지만 수치계산에는 적정하지 못하다. 따라서 실제 계산을 하는 부분에는 냉동기의 증기선도인 냉매선도, 즉 $P-h$선도를 사용한다. 이 선도는 Mollier 선도(Mollier diagram, Mollier ;1863~1935)라고도 하며 냉동기 사이클에서는 대단히 중요한 선도로서 특성곡선은 그림 8.8과 같다.

실제의 $P-h$ 선도에서 압력은 보통 대수(log)눈금으로 기입되며, 임계점 K의 좌측선은 포화액션, 우측은 건포화증기선이며, 이들을 총칭하여 포화한계선이라고 한다. 그리고 포화한계선 내는 습(포화)증기 구역이며, 좌측은 과냉각액이라 하고, 우측은 과열증기구역이다.

이 선도는 냉동사이클의 상태변화를 $P-h$선도 위에 나타내면 각 과정의 방열량, 냉동효과, 압축일 등을 수평선으로 표시할 수 있어서 매우 편리하다.

증기압축 냉동 사이클에서 냉매 1 kg 당 흡입열량(냉동효과), 방출열량, 압축일, 성적계수는 다음과 같다. 응축기나 증발기는 일을 포함하지 않으며 또한 압축기는 단열압축일을 하므로 냉동기 및 열펌프의 성적계수는 다음과 같이 표시된다.

- 증발기의 흡입 열량: $q_L = h_2 - h_1$ kJ/kg (8.7)
- 압축기의 압축일 : $w = h_3 - h_2$ kJ/kg (8.8)
- 응축기의 방열량 : $q_H = h_3 - h_4$ kJ/kg (8.9)
- 냉동기의 성적계수 : $COP_R = \dfrac{q_L}{w_{in}} = \dfrac{h_2 - h_1}{h_3 - h_2}$ (8.10)
- 열펌프의 성적계수 : $COP_{HP} = \dfrac{q_H}{w_{in}} = \dfrac{h_3 - h_4}{h_3 - h_2}$ (8.11)

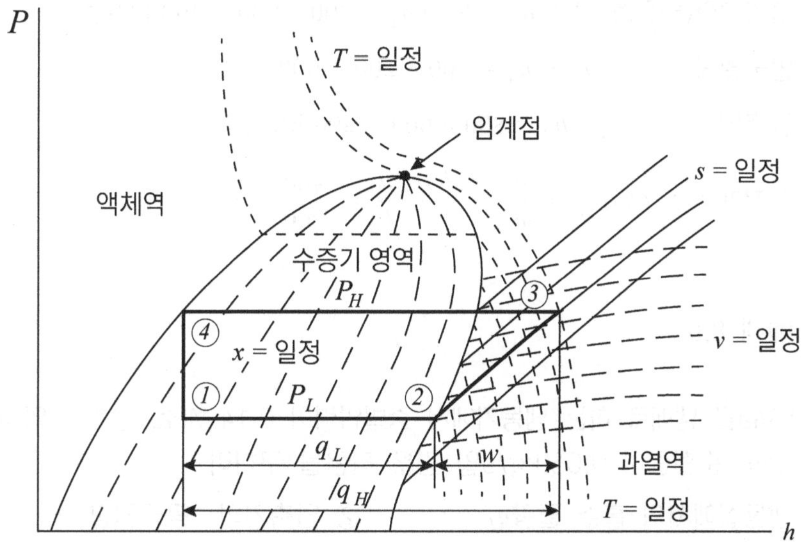

그림 8.8 Mollier 선도와 냉동 사이클

예제 8.4

프레온 가스를 냉매로 사용하는 증기압축 냉동사이클에서 압축기 출구의 엔탈피가 800 kcal/kg, 증발기 입구의 엔탈피가 200 kcal/kg, 증발기 출구의 엔탈피가 600 kcal/kg이다. 이와 같은 경우 다음을 구하라.

① 흡입열량(냉동효과)　② 방출열량
③ 압축일　④ 성적계수

풀이

그림 8.6~8.7을 참고하여 정리하면,

$h_3 = 800$ kcal/kg,　$h_1 = h_4 = 200$ kcal/kg,　$h_2 = 600$ kcal/kg,

① 흡입열량(냉동효과) : $q_L = h_2 - h_1 = 600 - 200 = 400$ kJ/kg

② 방출열량 : $q_H = h_3 - h_4 = 800 - 200 = 600$ kJ/kg

③ 압축일 : $w = h_3 - h_2 = 800 - 600 = 200$ kJ/kg

④ 성적계수 : $COP_R = \frac{q_L}{w_{in}} = \frac{h_2 - h_1}{h_3 - h_2} = \frac{400}{200} = 2$

예제 8.5

R-134a를 냉매로 하는 냉동기에서 증발압력이 0.14 MPa, 응축기 압력이 0.9 MPa이고, 냉매 순환량이 0.05 kg/s일 경우 다음을 구하라

① 냉동실에서의 흡수 열량q_L　② 압축기의 공급일량 w
③ 응축기의 방열량q_H　④성적계수 COP를 구하라

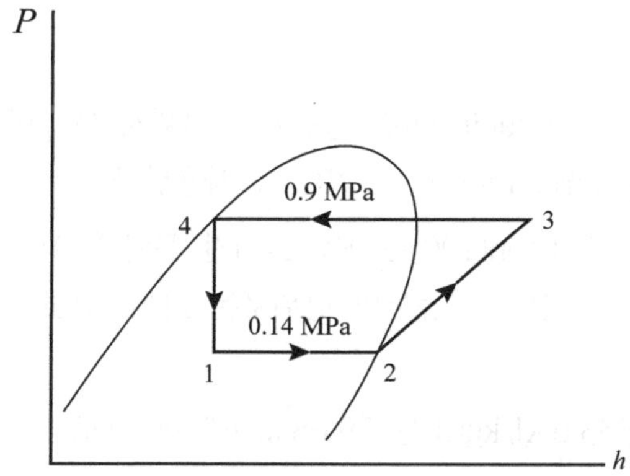

풀이

부록9의 R-134a 냉매증기표로부터

$P_2 = 0.14$ MPa, $h_2 = 236.04$ kJ/kg, $s_2 = 0.9322$ kJ/kg K

$P_3 = 0.9$ MPa, $s_2 = s_3 = 0.9322$ kJ/kg K → $h_3 = 274.587$ kJ/kg

$h_4 = 99.56$ kJ/kg, $h_4 = h_1 = 99.56$ kJ/kg

① 냉동실에서의 흡수 열량q_L

$$q_L = \dot{m}(h_2 - h_1) = 0.05(236.04 - 99.56) = 6.82 \text{ kW}$$

② 압축기의 공급일량 w

$$w = \dot{m}(h_3 - h_2) = 0.05(274.587 - 236.04) = 1.927 \text{ kW}$$

③ 응축기의 방열량q_H

$$q_H = \dot{m}(h_3 - h_4) = 0.05(274.587 - 99.56) = 8.752 \text{ kW}$$

④ 성적계수 COP

$$COP_R = \frac{q_L}{w_{in}} = \frac{h_2 - h_1}{h_3 - h_2} = \frac{6.82}{1.927} = 3.54$$

8.3.3 냉동능력

냉동능력(refrigeration capacity)이란 냉동기가 단위시간당 냉각할 수 있는 열량으로서 단위로서는 **냉동톤**(refrigeration ton, RT)을 사용한다.

1냉동톤이란 0℃의 물 1 ton(1000 kg)을 24시간 동안에 0℃의 얼음(ice)으로 만드는데 필요한 냉각용량을 말한다. 냉동톤의 단위로는 kJ/h, kcal/h, W 등의 단위로 표시한다.

물의 응고 잠열은 333.6 kJ/kg(또는 79.68 kcal/kg)이므로

$$1RT = \frac{333.6 \times 1000}{24} = 13,900\ kJ/h = 3.862\ kW$$

$$= \frac{79.68 \times 1000}{24} = 3,320\ kcal/h \tag{8.12}$$

즉 1 냉동톤(RT)은 1시간 동안에 13,900 kJ/h혹은 3,320 kcal/h의 열량을 흡수할 수 있는 능력이다.

예제 8.6

동작계수가 2.5인 냉동기가 30냉동톤의 냉동을 하기 위해서 공급해야 할 동력은 얼마인가?

풀이

$\epsilon_R = \dfrac{Q_2}{w}$ 이므로 $2.5 = \dfrac{30 \times 3.862}{w}$, $w = 46.34$ kW

예제 8.7

R-134a를 냉매로 작동하는 냉장고에 냉매가 60 kg/h의 율로 순환되는데 증발기에 들어갈 때 엔탈피가 82 kJ/kg이고 나올 때 엔탈피가 190 kJ/kg이라면 이 냉장고의 용량은 몇 냉각톤인가?

풀이

냉동실에서의 흡수 열량 q_L

$q_L = \dot{m}(h_2 - h_1) = 60(190 - 82) = 6480$ kJ/h $= 1.8$ kW

$\frac{1.8}{3.862} = 0.466$ 냉동톤(RT)

예제 8.8

어떤 냉동기에서 시간당 1 ton의 물을 25℃에서 -5℃의 얼음으로 만드는 냉동기의 냉동톤을 구하라. 단 물의 비열은 4.186 kJ/kg K, 물의 응고열은 334 kJ/kg이고, 얼음의 평균비열은 2.1 kJ/kg℃이다.

풀이

흡수해야할 열량 Q는

$Q = Q_{물} + Q_{물의 응고열} + Q_{얼음}$

$= 1000 \times 4.186 \times 25 + 1000 \times 334 + 1000 \times 2.1 \times 5 = 449150$ kJ/h$= 124.764$ kW

$1\ RT = \frac{334 \times 1000}{24} = 13,900\ kJ/h = 3.862$kW 이므로

$\therefore\ \frac{124.764}{3.862} = 32.305$ RT

8.3.4 다단압축 냉매사이클

압축비가 클 경우에는 **다단압축**(multi-stage compression)을 하여 중간냉각을 하면 압축말의 과열도를 줄임으로써 소요 동력을 절약할 수 있다. 증기압축 냉동 사이클의 압축비가 증가하게 되면 압축기 출구의 냉매온도가 올라가게 되고 과열도가 증가하여 체적효율이 저하되며, 압축기의 일이 증가하여 성적계수가 감소하게 된다. 그러므로 냉매인 포화증기의 압축과정을 2단 압축과정으로 나누게 되면 우선 저압 압축기로 중간압력까지 압축하고, 중간 냉각기로 냉각시킨 후에 다시 응축압력까지 고압 압축기로 압축시키는 사이클을 **다단압축 냉동사이클** 이라고 한다.

이와 같이 냉매를 2단 압축하게 되면 냉매의 과열도를 낮추는 것도 가능하고 냉동효과를 증가시키며, 압축 실린더의 과열을 방지하고 또한 압축기의 소요동력을 줄일 수 있는 효과가 있다.

그림 8.9는 2단 압축 1단 팽창 사이클의 계통도와 $T-s$, $P-h$선도를 나타낸 것이다. 이 선도에서 보는 바와 같이 2단 압축기를 사용하면 압축기 출구의 온도 및 과열도가 $5' \to 5$로 감소하는 것을 알 수 있다.

① 과정 1→2 : 증발기의 정압 증발 과정(q_L 흡열)

② 과정 2→3 : 저압 압축기의 단열 압축 과정(w_L 압축 소요일)

③ 과정 3→4 : 중간 냉각기의 냉각 과정(q_c 방열)

④ 과정 4→5 : 고압 압축기의 단열 압축 과정(w_H 압축 소요일)

⑤ 과정 5→6 : 응축기의 정압 방열 과정(q_H 방열)

⑥ 과정 6 1 : 팽창 밸브의 등엔탈피 과정($h_6 = h_1$)

냉동 효과 : $q_L = h_2 - h_1$ kJ/kg (8.13)

압축기의 소요일 : $w = w_L + w_H = (h_3 - h_2) + (h_5 - h_4)$ kJ/kg (8.14)

방열량 : $q_H = h_5 - h_6$ kJ/kg (8.15)

$$\text{성적 계수}: COP = \frac{q_L}{w} = \frac{h_2 - h_1}{(h_3 - h_2) + (h_5 - h_4)} \tag{8.16}$$

$$\text{중간 냉각기의 방열}: q_m = h_3 - h_4 \ \text{kJ/kg} \tag{8.17}$$

$$\text{중간 냉각 압력}: P_m = \sqrt{P_L P_H} \tag{8.18}$$

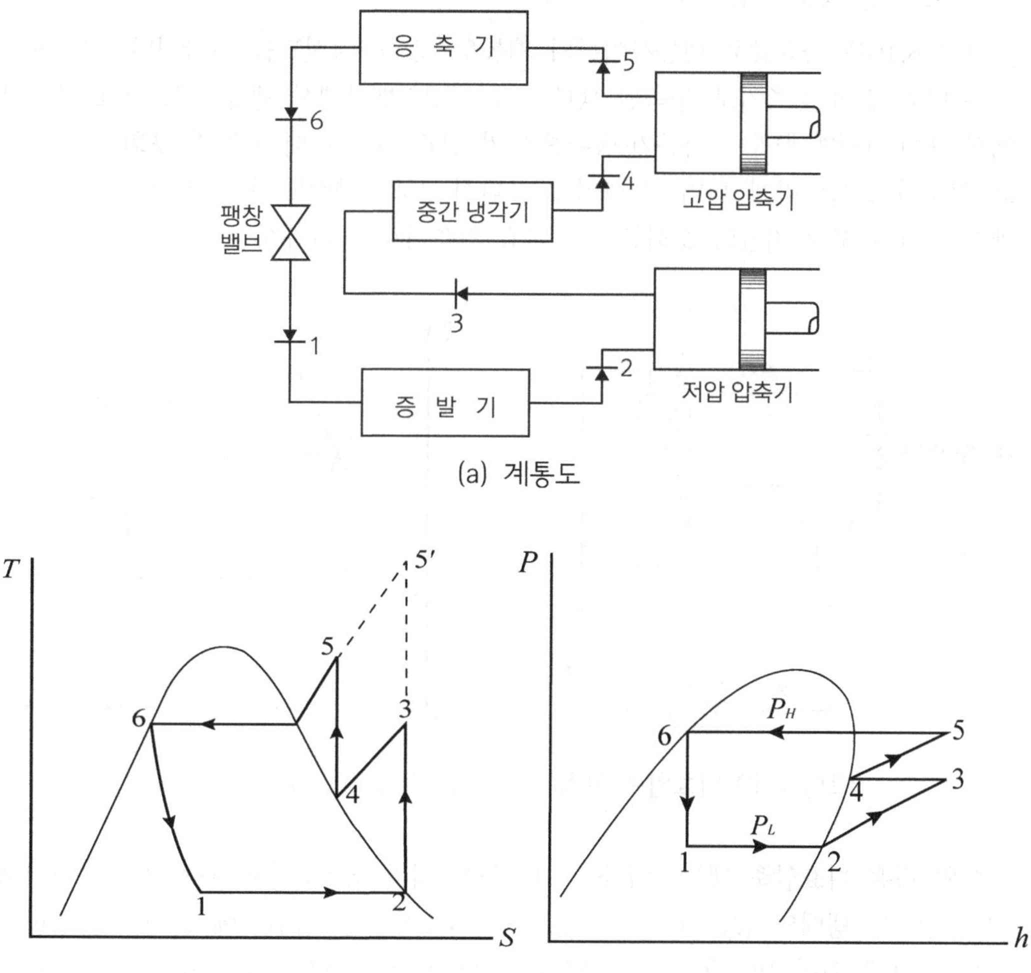

(a) 계통도

(b) $T-s$선도

(c) $P-h$ 선도

그림 8.9 2단 압축 1단 팽창 사이클의 계통도와 $T-s$, $P-h$선도

8.3.5 다효압축 냉동사이클

다효압축 냉동사이클(multi-effect compression cycle)은 Voorhees 사이클이라고도 한다. 이 사이클은 다효 압축기라고 불리는 저압용과 고압용인 2개의 압축기를 1대로 조립한 압축기를 사용하여, 1개의 실린더에 압력이 다른 각각의 증기를 흡입시켜 동시에 압축하도록 해서 1대의 압축기로 2단 압축과 같은 효과를 얻을 수 있도록 한 냉동사이클이다.

그림 8.10은 다효압축 냉동사이클의 계통도 및 $T-s$선도를 나타낸다. 그림에서 보는 바와 같이 응축기로 응축된 냉매는 1차 팽창밸브에서 팽창하고, 다효 분리기에서 포화액(냉매액)과 포화증기(냉매증기)가 분리된다. 이때 고압의 포화증기는 다효 압축기로 들어가게 되며, 포화액체는 다시 2차 팽창밸브에서 팽창하고 증발기에서 증발된 후에 저압의 포화증기는 다효 압축기로 들어가게 된다.

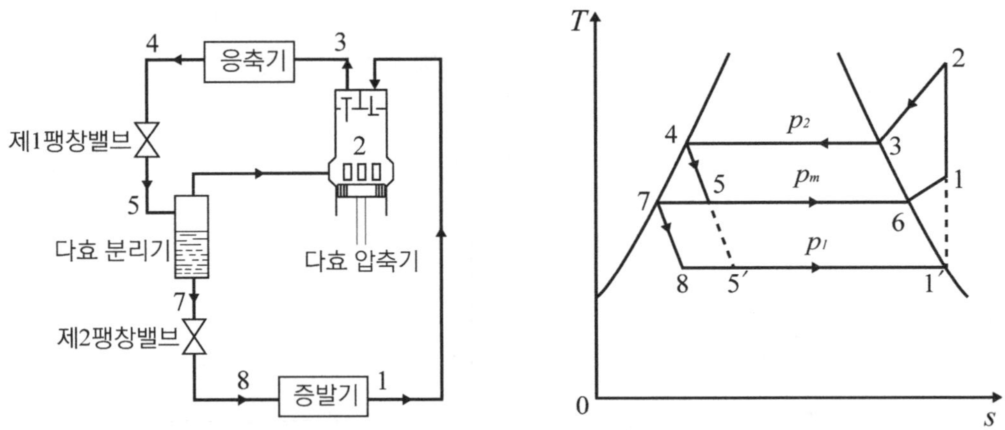

그림 8.10 다효압축 냉동사이클의 계통도 및 $T-s$선도

이와 같은 다효압축 냉동사이클을 사용하게 되면 냉동효과와 관계있는 증발기에서 증발하는 냉매의 양은 1 kg당 x kg만큼 감소하지만, 증발기에 들어오는 냉매의 건도가 작게 되어 냉동효과가 증대된다. 다효압축 냉동사이클은 증발온도와 응축온도와의 차이가 큰 냉매에서 유리하며 냉동효과가 증가한다.

실제로는 이 다효압축 사이클과 다단압축 사이클을 병용하여 냉각효과와 성적계수를 모두 증대시키도록 하고 있다.

8.3.6 다원압축 냉동사이클

산업용 저온 장치의 온도 범위는 -25~-75℃ 정도이다. -70℃ 이하의 저온에서는 증기압축 냉동 사이클이나 다단 압축방식으로는 효율적인 사이클 실현이 곤란하므로 다원 냉동사이클을 적용한다

다원 냉동사이클(cascade refrigerating system)이란 그림 8.11과 같이 저온측과 고온측에서 각각의 사이클을 행하는 2개의 냉동기를 하나로 조합한 것이다. 대체로 -70 ℃이하의 극저온을 얻는데 사용하는데 저온측과 고온측의 냉동사이클을 독립시키는 방법이다. 냉동효과는 저온측 증발기에 의해서 이루어지며, 저온측의 응축기는 고온측의 증발기에 의해서 냉각된다. 그림과 같이 저온용 냉동기의 응축기 냉각을 고온용 냉동기의 증발기로 하도록 만든 것으로서 두 사이클의 냉매는 서로 대향하여 열교환기 내를 흐르도록 되어 있다. 그림과 같은 냉동 사이클을 특히 **2원 냉동 사이클**(binary refrigeration cycle)이라고 한다.

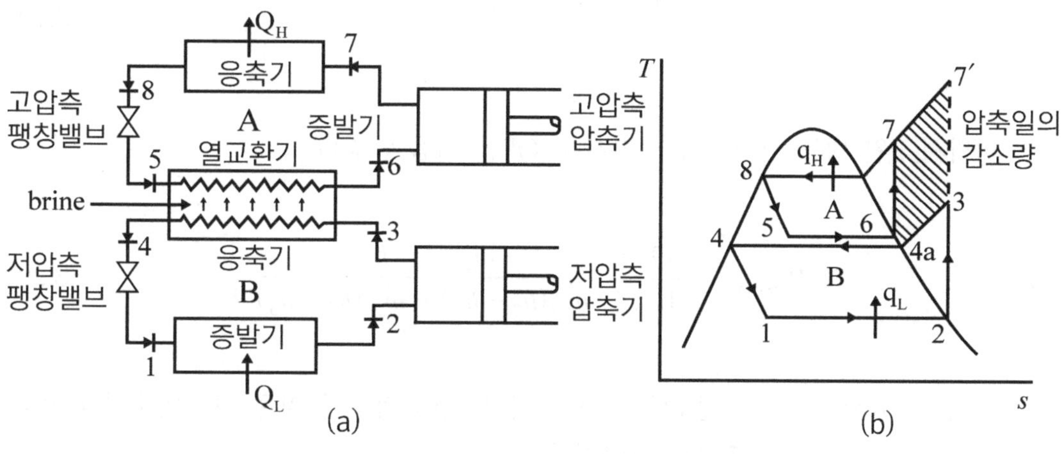

그림 8.11 2원 냉동사이클의 계통도 및 $T-s$선도

그림 8.11(a)에서 2대의 냉동기 사이에 열교환기를 두어 고온측 증발기에 의해 저온측 응축기를 냉각하기 위하여 브라인(brine)을 사용한다. 2원 냉동기의 냉매는 저온측과 고온측이 서로 같지는 않다. brine은 간접냉각식 냉동장치에 사용하는 2차 냉매로서, 물이나 염화칼슘($CaCl_2$), 염화나트륨(NaCl), 알코올, 염화메틸, R-11 등이 있으며, 동결온도를 영점 이하로 강하시켜 제빙이나 0℃ 이하의 냉장장치에 사용된다.

그림에서 보면 2원 냉동사이클에서는 고온측 사이클과 저온측 사이클은 각각 열교환기에 의하여 연결됨을 볼수 있다. 이 열교환기는 고온측 사이클에서는 증발기의 역할을, 저온측 사이클에서는 응축기의 역할을 하게 된다. 이 때 고온측의 흡수 열량은 저온측의 응축 열량과 같으며 고·저온측 사이클을 각각 A, B 사이클이라 하면 다음 관계가 성립한다.

$$\dot{m}_A(h_6 - h_5) = \dot{m}_B(h_3 - h_4)$$

$$\frac{\dot{m}_A}{\dot{m}_B} = \frac{(h_3 - h_4)}{(h_6 - h_5)} \tag{8.19}$$

따라서 2원 냉동 사이클의 성적계수COP는 다음과 같다.

$$COP_{cascade} = \frac{\dot{Q}_L}{\dot{W}_{in}} = \frac{\dot{m}_B(h_2 - h_1)}{\dot{m}_B(h_3 - h_2) + \dot{m}_A(h_7 - h_6)} \tag{8.20}$$

그림 8.11(b)의 $T-s$ 선도에서 보는 바와 같이 압축기 일은 1단 압축할 때보다 빗금 친 면적(4a 3 7’ 7)만큼 작아진다.

8.4 냉매

8.4.1 냉매의 개요

냉매(refrigerant)란 넓은 의미에서 냉각작용을 일으키는 모든 물질(예를 들어 아이스박스의 아이스팩 등)을 가리키며, 주로 냉동장치, 열펌프, 공기조화장치 및 소온도차 열에너지 이용기관 등의 사이클 내부를 순환하면서 저온부(증발기)에서 증발함으로써 주위로부터 열을 흡수하여 고온부(응축기)에서 열을 방출시키는 작동유체를 가리킨다.

즉, 냉동기 내를 순환하면서 냉동효과를 가져오는 냉동기의 동작유체로서 증발이나 팽창에 의하여 냉동효과를 거두는 물질을 말한다.

대표적인 냉매로는 암모니아, 프레온(다이클로로이플루오로메탄), 메틸클로라이드 등이 있으며 초저온으로 내리기 위해서는 액체헬륨, 액체 수소, 액체 질소를 사용한다.

8.4.2 원리

냉매를 이용하는 기계에는 압축기, 응축기, 증발기를 모두 포함하고 있고, 이들 셋은 사이클을 이루어 냉매가 순환하게 된다.

① 압축기
냉매가 사이클에서 계속해서 순환할 수 있도록 하는 펌프와 같은 역할을 하고, 기화된 냉매를 압축해 액화시킨다.

② 응축기
액화된 기체의 액화열을 방출하는 부분이다. 에어컨의 실외기 같은 부분이 바로 응축기이다.

③ 증발기

냉매가 액체에서 기체로 변하는 부분이다. 이때 기화되면서 기화열을 흡수한다. 이 과정에서 주변의 공기가 열을 빼앗겨 온도가 낮아진다. 우리가 에어컨이라고 생각하는 실내기가 이것이다.

기본적인 원리는 다음과 같다.

❖ 상온에서 기체 상태인 냉매를 압축기로 액화를 시킨다.

❖ 냉매는 액화되면서 액화열을 주변으로 방출한다.

❖ 보다 효율적으로 열을 방출하기 위해 라디에이터 모양의 응축기로 냉매를 이동 시킨다.

❖ 냉각 시키고자 하는 곳 외부에 설치된 라디에이터(=응축기)를 통해 열이 방출 된다.

❖ 온도가 떨어진 액화 냉매를 실내에 있는 증발기로 이동 시킨 후 기화 시켜 기화열을 흡수 시킨다.

❖ 1번으로

8.4.3 냉매의 구비조건

현재 쓰이고 있는 냉매(refrigerant)의 열역학적 특성은 표 8.1과 같으며, 냉매가 갖추어야 할 성질로서는 다음과 같다.

① 상온에서 비교적 저압으로도 액화할 수 있을 것.(응축압력이 낮을 것)

응축압력이 낮아 일반적으로 얻을 수 있는 냉각매체(물, 공기)로도 액화가 가능해야 한다.

② 증발압력이 대기압보다 조금 높고 지나치게 낮지 않을 것

증발온도가 낮을 때, 냉매의 압력이 대기압 이하가 되면 공기가 냉동장치 내에 침입한다.

③ 증발열r 또는 냉동효과 q_L이 클 것

④ 응고 온도가 낮을 것.

저온에서 냉매가 쉽게 응고하여 버리면 냉매로서의 기능을 못한다. 암모니아의 응고온도는 -78℃이므로 -70℃ 정도가 사용할 수 있는 최저온도이다.

⑤ 증발잠열이 크고, 액체 비열이 적을 것

증발잠열이 크면 냉동효과가 크다.

증발잠열 : 암모니아 → 313 kcal/kg, 프레온계 냉매 → 38~52 kcal/kg정도

액체 비열이 크면 팽창밸브 통과시 프레쉬 가스 발생이 많아 냉동효과가 적어진다.

⑥ 점도가 적고, 전열작용이 양호하며, 표면장력이 적을 것

점도가 크면 배관 통과시 저항 증대 → 압축기 체적효율이 감소 → 냉동능력 감소

표면장력도 적은 쪽이 액냉매가 증발할 때 관표면이 잘 적셔져 전열 작용이 양호하다.

⑦ 환경 친화성이 있을 것

누설시 발견이 쉽고, 누설되어도 환경에 대한 악영향을 미치지 않을 것

오존층 파괴지수(ODP), 지구온난화 지수(GWP)가 낮을 것.

⑧ 비열비 작을 것

비열비가 작으면 압축하여도 가스의 온도상승이 적어 압축비를 크게 할 수 있다. 암모니아는 비열비가 커서(k=1.31) 토출가스 온도가 높고, R-22는 비열비가 작아(k=1.18) 토출가스 온도가 낮다.

⑨ 절연내력이 크고, 절연물을 침식하지 않을 것.

암모니아는 전기 절연물을 침식하므로 밀폐형 냉동기를 사용할 수 없지만 프레온계 냉매는 절연내력이 커서 밀폐형 냉동기에 많이 사용된다.

냉매명 분자식	증발 온도 ℃	응축 온도 ℃	증발 압력 kg_f/cm^2 abs	응축 압력 kg_f/cm^2 abs	압축비	냉동 능력 $kcal/kg_f$	톤당 냉매순환 $kg_f//h/t$	액비 체적 l/kg_f	톤당 냉매순환량 l/ht	가스 비체적 m^3/kg_f	피스턴의 배제량 m^3/ht	압축일 $kcal/kg_f$	성적 계수	소요 마력 P/St	배출 온도 ℃	34℃에서 포화증기의 음속 m/s
CO_2	-15	-30	23.34	73.34	3.14	37.90	87.6	1.680	147.2	0.0166	1.45	12.0	3.2	1.66	66	
R-13 CF_2Cl	-100	-50	0.339	4.29	12.63	28.01	1118.1	0.717	84.7	0.402	48.2	10.8	2.6	2.02	-55	
R-22 CH_2CL	-40 -15 5	10 30 45	1.076 3.04 6.00	6.99 12.26 17.71	6.56 4.03 2.98	43.66 40.15 37.14	76.0 82.7 89.4	0.800 0.850 0.901	60.8 70.3 80.5	0.205 0.0775 0.0403	15.6 6.4 3.6	11.1 8.3 6.7	3.9 4.8 5.6	1.37 1.09 0.94	47 55 67	
프로판 C_3H_3	-15	30	2.95	11.02	3.74	71.90	46.2	0.530	24.5	0.156	7.2	15.0	4.8	1.10	36	
암모니아 NH_3	-40 -15 5	10 30 45	0.73 2.41 5.26	6.27 11.90 18.17	8.57 4.94 3.45	282.6 269.0 257.3	11.7 12.3 12.9	1.601 1.689 1.750	18.7 20.7 22.6	1.550 0.509 0.244	18.1 6.3 3.1	77.0 55.0 43.0	3.7 4.9 5.9	1.43 1.075 0.895	113 99 94	411
R-500 CCL_2F 73.8% CH_3CJF 26_2.2%	-40 -15 5	10 30 45	0.76 2.13 4.36	5.10 8.73 13.15	6.70 4.10 3.10	37.86 35.48 33.47	87.7 93.6 99.2	0.825 0.868 0.918	72.4 81.2 91.1	0.254 0.095 0.049	22.2 8.9 4.9	10.0 7.2 5.8	3.8 4.7 5.8	1.38 1.12 0.91	30 41 53	
R-12 CF_2Cl_2	-40 -15 5	10 30 45	0.655 1.86 3.70	4.31 7.58 11.02	6.57 4.07 3.26	31.24 35.48 28.13	106.3 93.6 118.0	0.734 0.868 0.810	78.0 81.2 95.6	0.244 0.095 0.049	25.9 8.9 5.7	8.3 7.2 5.0	3.8 4.7 5.6	1.38 1.12 0.94	23 41 51	138.2
메틸 클로라이드 Ch_3Cl SO_2	-15 5 -15	30 45 30	1.49 3.10 0.823	6.66 9.86 4.17	4.47 3.18 5.72	85.43 82.05 81.31	39.0 40.5 40.8	1.110 1.149 0.738	43.3 46.5 30.1	0.179 0.410 0.406	10.9 5.7 16.6	17.0 13.2 16.7	5.0 6.2 4.9	1.04 0.85 1.08	81 82 99	
R-114 CF_2Cl-CF_2Cl	-15 5	30 45	0.475 0.109	2.60 4.07	5.47 3.73	24.97 24.12	133.0 137.6	0.694 0.718	92.3 98.7	0.263 0.121	35.6 16.6	5.9 4.9	4.2 4.9	1.24 1.07	30 45	116.5
R-21 $ChCl_2F$	-15 5	30 45	0.369 0.887	2.20 3.50	6.06 3.95	50.85 49.48	65.3 67.1	0.739 0.760	49.3 51.0	0.571 0.252	37.2 16.9	10.4 8.1	4.9 6.1	1.05 0.86	63 68	156
R-11 $CFCl_3$	-15 5	30 45	0.205 0.506	1.29 2.08	6.26 4.12	38.50 37.85	86.2 87.7	0.683 0.702	58.9 61.6	0.772 0.334	67.2 29.4	7.4 5.7	5.2 6.6	1.01 0.79	45 52	134.6
메틸렌 클로라이드 CH_2CL_2	-15 5	30 45	0.087 0.241	0.70 1.15	8.11 4.78	75.31 74.45	44.1 44.6	0.766 0.781	33.8 34.8	2.95 1.13	130.0 501.5	18.0 13.5	4.2 5.5	1.26 0.95	110 98	176.5
R-113 $CCl_2F-CClF_2$	-15 5	30 45	0.070 0.194	0.55 0.95	7.86 4.89	30.13 29.68	110.2 112.2	0.642 0.658	70.7 73.8	1.65 0.64	18.20 71.6	5.4 5.1	5.6 5.9	0.94 0.88	30 45	133.3
물 H_2O	5	45	0.009	0.10	11.10	554.30	5.94			147.1						
R-14 CF_4	-130	-100	0.90	5.10	5.67	20.0		0.608		0.13						

표 8.1 주요냉매의 열역학적 특성

8.4.4 냉매의 종류

① 이산화탄소(CO_2)

액체 상태로 만들어서 사용한다. 다만 고체로 쓰는 경우도 있다. 드라이아이스 참조.

② 암모니아(NH_3)

1세대 냉매. 냉매로써의 효과는 좋지만, 인체에 장시간 노출될 경우 피부염이나 호흡기 질환이 발생할 수 있는 위험 물질이다. 실제로 암모니아가 누출되어 사고가 발생한 적이 있다.

③ 염화플루오린화탄소(CFC, chloro-fluoro-carbon)

2세대 냉매. Chloro-Fluoro-Carbon는 염화불화탄소를 표시한다. 대표적인 화합물로는 CFC-11, CFC-12, CFC-113 등이 있다. 오존층 파괴의 주요인으로 알려져 있다. 흔히 프레온 가스라 알려진 그것으로 냉장고의 냉매로 주로 쓰였다가, 오존층 파괴를 일으킨다는 것이 알려져 2010년 이후로는 전 세계적으로 사용이 금지되었다. 또한 20세기 최악의 발명품 중 하나로 손꼽히고 있다.

- CFC-11 : 가장 널리 사용된 최초의 탄화수소 냉매. 높은 비등점으로 저압 시스템에서도 사용할 수 있다는 점이 주목받아 널리 사용되었으나 결과는 오존층 파괴로 끝났다. 미국 기준으론 1996년에 생산이 금지되었다.

④ 수소염화플루오린화탄소(HCFC, hydro-chloro-fluoro-carbon)

2.5세대 냉매. Hydro-Chloro-Fluoro-Carbon 수소가 함유된 CFC를 나타낸다. 대표적인 화합물로는 HCFC-22, HCFC-123, HCFC-141b 등이 있다. 오존층을 파괴하는 능력이 CFC물질보다 적어 CFC 대체물질 중 과도기 물질로 분류된다.

수소분자가 성층권에 도달하기전 염소분자와 결합하여 오존층 파괴를 줄여준다. 실제로 ODP를 살펴보면 CFC의 1~5% 수준이다. 하지만 덜 파괴하는 것이지 안 파괴하는 것이 아니기 때문에 2013년부터 규제가 발표되어 몬트리올 의정서에 따라 2020년까지 선진국에서 퇴출, 2030년까지 완전 퇴출될 예정이다.

- HCFC-22 : 위의 CFC의 대안으로 냉장/냉동고에서 사용하던 냉매. 선진국에선 2015년 기준 90%이상 퇴출되었으며, 이제는 개도국에서나 사용한다. 대체제로는 R-407A등이 주목받는다.

- HCFC-123 : 일반적인 냉매뿐만 아니라 소화 약제로도 쓰이며, 이 물질이 들어간 소화기는 청정소화기라고 부를 정도로 청정 소화 약제에 해당한다. GWP: 1810

⑤ 수소플루오린화탄소(HFC, hydro-fluoro-carbon)

3세대 냉매. Hydro-Fluoro-Carbon 수소화불화탄소(불화탄화수소)를 나타낸다. 염소원소를 함유하지 않아 오존층을 파괴하지 않는다. 대표적인 화합물로는 HFC-134a, HFC-152a 등이 있다.

염소분자가 없어서 오존층을 파괴하는 일은 없지만 여전히 GWP는 수치가 낮지가 않다. 최근 미국과 유럽에서 이 냉매가 온실 효과를 유발하기 때문에 사용을 금지하려고 하고 있다. 우리나라는 2045년까지 점진적으로 80%를 감축해야 한다.

⑥ R-410A

HFC 32랑 HFC 125를 적절하게 섞어 만든 적절한 에어컨용 프레온 냉매로 적절하지 않게 많이 사용된다. GWP: 2088

⑦ HFC 32(CAS 번호: 75-10-5Y, 축약형: R-32, FC-32)

GWP가 675라 R-410A에 비해 지구 온난화에 미치는 영향이 적기 때문에 관련 시장이 확대될 것으로 전망하고 있다.

⑧ HFC 125

CFC를 대체할 수 있는 냉매이며, 비등점이 영하 48.5도 정도로 낮아 공업용으로 활용할 수 있다. GWP: 3500

⑨ HFC 134a

자동차 냉매로 주로 사용된다. 유럽 F-Gas 규제에 따라 유럽 자동차에 들어가는 냉매는 123a에서 1234yf로 대체되었다. GWP: 1100

⑩ 수소플루오린화올레핀(HFO, hydro-fluoro-olefin)

4.5세대 냉매. 1234yf 기준으로 GWP가 무려 4라서 미국과 유럽에서 사용을 권장하고 있다. 탄소의 이중결합이라는 특성을 가지고 있어서인지 약한 가연성을 가지고 있다. 현재 듀폰과 허니웰이 특허를 독점중이라 가격이 아주 비싸다

⑪ 고속증식로는 나트륨과 납-비스무트 합금 등의 액체금속을 냉매로 사용한다.

⑫ 이산화황

8.4.5 냉매의 호칭

자동차 에어콘, 가정용 냉장고 및 산업계 냉동기를 비롯하여 다양한 분야에서 냉매로 사용되는 CFC(Chloro-Fluoro-Carbon, 염화불화탄소) 및 CFC 대체물질들은 종류가 너무 많고 고유 명칭이 복잡하기 때문에 각각의 물질에 대해 문자와 숫자를 조합하여 일정한 규칙에 따라 고유번호를 부여한다. 통상적으로는 이 고유번호에 따라 간략하게 불린다. 예를 들어 일반적으로는 널리 알려져 있는 CFC-12 (or R-12), HCFC-22 (or R-22) 및 HFC-134a (R-134a)등은 CCl_2F_2, $CHClF_2$ 및 $C_2H_2F_4(CH_2F\text{-}CF_3)$등을 간략하게 부르는 명칭이다. C, H, F, Cl 등으로 구성되어 있는 CFC 및 대체냉매의 명명방법은 다음과 같다.

R-12, R-22, R-729 등과 같이 머리글자 R(Refrigerant)은 냉매를 의미한다. 냉매를 CFC-12, CFC-22 등과 같이 표시하기도 한다. 여기서 CFC란 할로겐화 탄화수소 냉매로서 CFC류가 냉매의 주류를 이루므로, 할로겐화 탄화수소계는 CFC를 붙여 쓰는 것이 더욱 적절한 표현이 될 수 있다.

할로겐화 탄화수소계 및 탄화수소 냉매는 다음과 같이 번호를 붙인다.

① 영문 접두어 뒤의 숫자는 분자식을 나타낸다. 세 자리 숫자의 첫째(100단위) 숫자가 탄소(C)수−1, 둘째(10단위) 숫자가 수소(H)수+1, 그리고 셋째 숫자가 불소(F)의 수를 나타낸다. 즉,

$$C_mH_nF_pCl_q$$

$$n+p+q = 2m+2$$

$$\text{Refrigerant } xyz = R\text{-}xyz$$

$$\begin{aligned} \text{여기서 } x &= m-1 \ ; (\text{탄소 원자수}-1) \\ y &= n+1 \ ; (\text{수소 원자수}+1) \\ z &= p \ ; (\text{불소 원자수}) \end{aligned} \tag{8-21}$$

② 표시된 숫자에서 분자식을 쉽게 알아보려면 표시된 숫자에 90을 더하면 된다. 90을 더하여 얻어진 세 자리 숫자의 첫 번째(100단위) 숫자가 탄소(C)의 수, 두 번째(10단위)숫자가 수소(H)의 수, 그리고 세 번째 숫자가 불소(F)의 수를 나타낸다. 염소(Cl)의 수는 포화화합물을 만드는데 필요한 개수이다.

③ CFC-12의 경우를 예로 들어 설명하면 다음과 같다. 12에 90을 더하면 102가 된다. 따라서 탄소 1, 수소 0, 불소 2개가 함유되어 있고 여기에 추가로 이 화합물의 포화를 위한 염소 2개가 포함되어 결과적으로 CCl_2F_2의 화학식을 갖는다는 것을 알 수 있다.

④ HFC-134a와 같이 숫자 뒤의 영문자는 이성체를 구분하기 위한 표시이다

⑤ 공비 혼합 냉매의 경우에는 500번 대의 번호를 부여하여 R-500, R-501, R-502 등과 같이 표시한다.

⑥ 무기냉매의 기호로는 숫자 7의 다음에 냉매의 분자량을 상수로 써서 나타낸다. 예를 들면 암모니아는 분자량 17.03이므로 R-717로 표시한다. 또한 물은 분자량이 18.02이므로 R-718, 공기는 R-729로 표시한다.

예제 8.9

$CHCl_2CF_3$와 $CClF_3$의 냉매번호를 부여하라

풀이

- $CHCl_2CF_3$

① 분자식	C_2	H_1	F_3	Cl_2
원자수	2	1	3	
	-1	+1	0	
R-	1	2	3	

$\therefore$ $CHCl_2CF_3$ = R-123

따라서 냉매명은 R-123이다. 위의 식에서 $C_mH_nF_pCl_q$는 n+p+q=2m+2를 만족해야하므로 1+3+2=2×2+2을 만족하므로 냉매번호 R-123이다.

- $CClF_3$

② 분자식	C_1	H_0	F_3	Cl
원자수	1	0	3	
	-1	+1	0	
R-	0	1	3	

∴ $CClF_3$ = R-13

표 8.2는 주요냉매의 사용온도 범위를 나타낸 것이다.

[표 8.2 주요냉매의 사용온도 범위]

용도	냉매명	화학 기호	사용 온도 범위*	냉동기의 종류	주요 용도
일반용	R-22	$CHClF_2$	고·중·저·초저	왕복식	냉장 냉방, 열펌프, 화학 공업, 일반용
	R-500	CF_2Cl_2 (73.8%) CH_3-CHF_2 (26.2%)	고·중	왕복식	냉방용, 냉장용
	암모니아	NH_3	중·저	왕복식, 흡수식	제빙, 냉장 화학 공업, 어선, 기타
특수용	R-21	$CHFCl_2$	중·고	터보식 왕복식, 회전식	특수 냉방, 화학 공업, 소형 냉동기
	R-114	$C_2Cl_2F_4$	중·고	터보식 왕복식	특수 냉방용, 화학 공업, 소형 냉동기
	에탄	C_2H_6	초저	왕복식	화학 공업, 저온 연구용
	에틸렌	C_2H_4	초저	왕복식	화학 공업, 저온 연구용
	프로판	C_3H_8	저·초저	왕복식	LPG 저장, LPG 탱커

8.5 공기압축 냉동사이클 (역 Brayton 사이클)

공기압축 냉동사이클은 공기표준 냉동사이클이라고도 하는데, 가스터빈의 기본 사이클인 Brayton사이클의 역방향으로 행하는 역 Brayton사이클이다. 이 사이클은 공기와 같은 기체를 액화시키는 장치나 항공기 객실의 냉방과 같은 특별한 경우에 주로 사용되는 냉동 사이클이다.

그림 8.12는 공기표준 냉동사이클의 구성 및 $p-v$선도, $T-s$ 선도를 나타낸다.

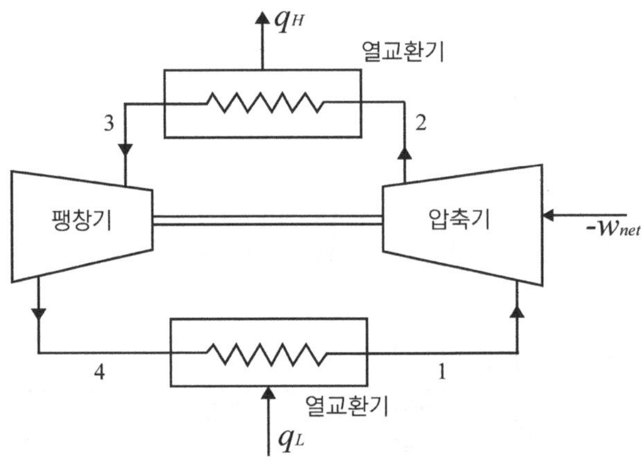

(a) 공기표준 냉동사이클의 구성

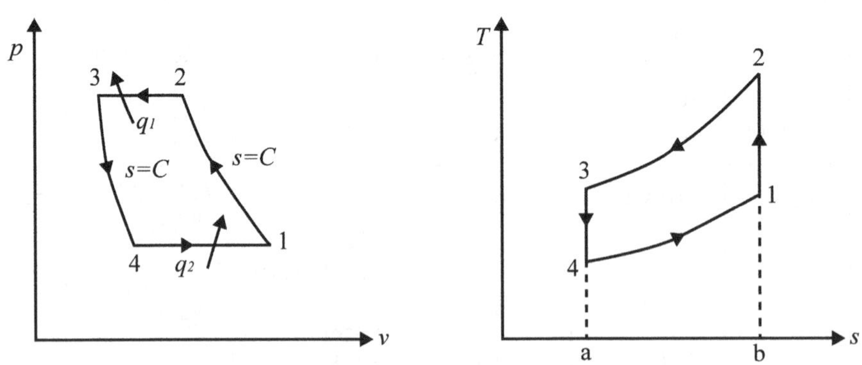

(b) $p-v$선도, $T-s$ 선도

그림 8.12 공기표준 냉동사이클의 구성 및 $p-v$선도, $T-s$ 선도

공기를 상태 1→2까지 단열압축하고, 상태 2→3까지 정압상태에서 냉각하여 열량 $q_1(=q_H)$을 방출하고, 이어서 팽창기를 통하여 상태 3→4까지 단열 팽창한다. 그리고 상태 4→1은 저온의 공기로서 목적물로부터 열량$q_2(=q_L)$를 흡수함으로써 냉동효과를 발생하게 된다. 이렇게 하여 공기는 원래의 상태 1로 되돌아간다. 이 때 사이클에 의한 냉동효과는 4-1-b-a-4로 표시되며, 사이클에 대한 압축기에 의한 일은 1-2-3-4-1로 된다.

사이클의 각 과정에서 압력과 온도와의 관계는 다음과 같이 표시할 수 있다.

$$\frac{T_2}{T_1}=(\frac{p_2}{p_1})^{\frac{k-1}{k}}=\frac{T_3}{T_4}=\frac{T_2-T_3}{T_1-T_4} \quad (8\text{-}22)$$

공기표준 냉동사이클의 냉매 1 kg마다 흡입열량(냉동효과), 방출열량, 압축일, 성적계수는

다음과 같이 나타낼 수 있다.

① 냉동효과 $q_L=C_p(T_1-T_4)$ (8-23)

② 방출열량 $q_H=C_p(T_2-T_3)$ (8-24)

③ 압축일 $w_c=q_H-q_L=C_p[(T_2-T_3)-(T_1-T_4)]$ (8-25)

④ 성적계수 $\epsilon_R=\frac{q_L}{w_c}=\frac{q_L}{q_H-q_L}=\frac{T_1-T_4}{(T_2-T_3)-(T_1-T_4)}$

$$=\frac{1}{(\frac{T_2-T_3}{T_1-T_4})-1}$$

이때 1→2, 3→4는 단열과정이므로

$$\frac{T_2}{T_1}=(\frac{p_2}{p_1})^{\frac{k-1}{k}}=(\frac{p_3}{p_4})^{\frac{k-1}{k}}=\frac{T_3}{T_4}=\frac{T_2-T_3}{T_1-T_4}$$

이므로

$$\epsilon_R = \frac{1}{(\frac{T_2}{T_1}) - 1} = \frac{1}{(\frac{p_2}{p_1})^{\frac{k-1}{k}} - 1} \qquad (8\text{-}26)$$

또한, 실제에 있어서는 이 사이클은 개방사이클로서 항공기의 냉방장치에 응용되고 있으며 그 구성은 그림 8.13과 같다. 이 경우에서 팽창기에서 팽창되어 신선한 공기는 바로 비행기내의 객실로 분출되어 냉방효과를 가져온다.

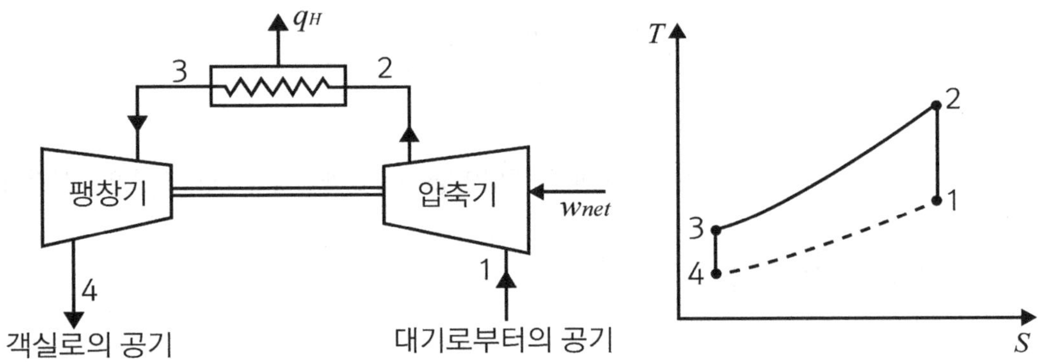

그림 8.13 항공기 냉방에 사용되는 공기표준 냉동사이클의 구성 구성 및 $T-s$선도

예제 8.10

공기압축 냉동사이클에서 공기가 0.2 MPa, -15℃로 압축기에 유입되어 2 MPa로 압축되며, 60℃로 터빈에 유입된다. 이때 다음을 구하라

(단, 공기의 $C_p = 1.005$ kJ/kg K, $k = 1.4$)

① 압축기일

② 터빈일

③ 냉동효과

④ 방출열량

⑤ 성적계수

풀이

$$p_1 = p_4 = 0.2\ \text{MPa}, \quad t_1 = -15℃ = 258.15\ \text{K}$$

$$p_2 = p_3 = 2\ \text{MPa}, \quad t_3 = 60℃ = 333.15\ \text{K}$$

$$T_2 = T_1\left(\frac{p_2}{p_1}\right)^{\frac{k-1}{k}} = 258.15 \times \left(\frac{2}{0.2}\right)^{\frac{0.4}{1.4}} = 498.40\ \text{K}$$

$$T_4 = T_3\left(\frac{p_4}{p_3}\right)^{\frac{k-1}{k}} = 333.15 \times \left(\frac{0.2}{2}\right)^{\frac{0.4}{1.4}} = 172.55\ \text{K}$$

① 압축기일

$$w_c = h_2 - h_1 = C_p(T_2 - T_1) = 1.005(498.40 - 258.15) = 241.45\ \text{kJ/kg}$$

② 터빈일

$$-w_T = h_4 - h_3 = C_p(T_4 - T_3) = 1.005(172.55 - 333.15) = -161.403\ \text{kJ/kg}$$

③ 냉동효과

$$q_L = h_1 - h_4 = C_p(T_1 - T_4) = 1.005 \times (258.15 - 172.55) = 86.028\ \text{kJ/kg}$$

④ 방출열량

$$-q_H = h_3 - h_2 = C_p(T_3 - T_2) = 1.005 \times (333.15 - 498.40) = -166.076\ \text{kJ/kg}$$

⑤ 성적계수

$$\epsilon_R = \frac{q_L}{w_{\neq t}} = \frac{q_L}{w_c - w_T} = \frac{86.028}{241.45 - 161.403} = 1.074$$

예제 8.11

압축기 실린더와 팽창기 실린더에서 냉매인 공기의 상태변화가 가역단열변화를 하는 공기압축 냉동사이클에서 저압이 0.4 MPa이고, 고압이 2 MPa일 때 이 사이클의 성적계수는 얼마인가?

풀이

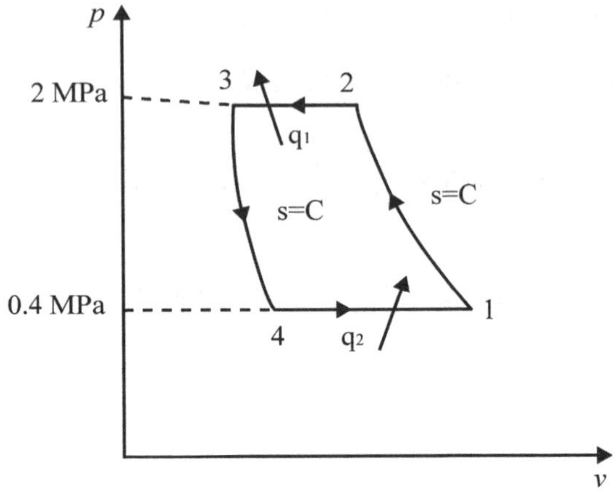

$$p_1 = p_4 = 0.4 \text{ MPa}, \quad p_2 = p_3 = 2 \text{ MPa}$$

$$\epsilon_R = \frac{1}{(\frac{T_2}{T_1}) - 1} = \frac{1}{(\frac{p_2}{p_1})^{\frac{k-1}{k}} - 1} = \frac{1}{(\frac{2}{0.4})^{\frac{0.4}{1.4}} - 1} = 1.71$$

8.6 흡수식 냉동사이클

압축식 냉동기는 냉매로서 주로 프레온 냉매를 사용하고 있으나, 흡수식 냉동기는 이 프레온에 상당하는 냉매로써 물을 사용하고 있다. 물은 우리들이 생활하고 있는 대기압 중에서 100℃로 가열하면 비등 증발한다. 그러나 그림 8.14에서 보는 바와 같이 지배되는 압력상태에 따라서 증발온도가 변화하고 대기압보다 압력이 낮은 상태(진공상태)에서는 증발온도가 100℃보다 낮아진다. 흡수식 냉동기에서는 내부공기를 외부로 배제시켜 직접 냉수를 만들어 내는 증발기를 6~7 mmHg 정도의 진공상태로 유지하여 냉매인 물을 약 5℃정도에서 비등 증발 시킨다.

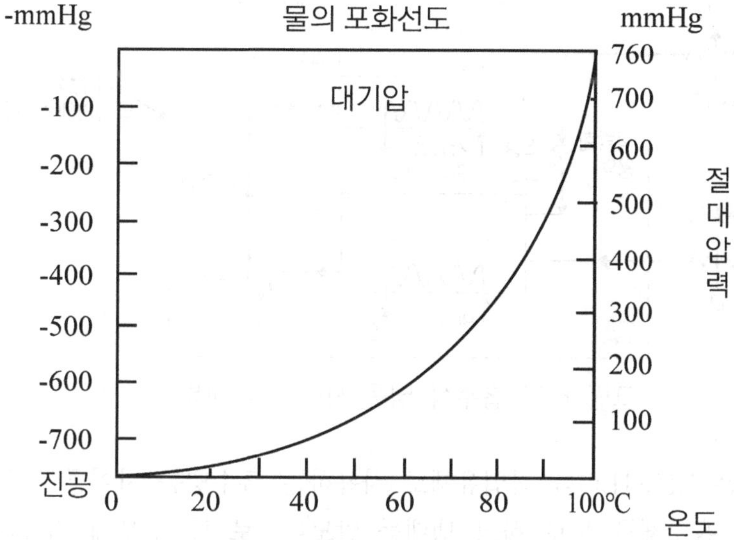

그림 8.14 냉매의 포화선도

증기압축 냉동사이클에서는 증발기에서 나온 저온, 저압의 냉매증기를 압축기에 의하여 고온, 고압의 과열증기가 되도록 하였으나, 암모니아(NH_3) 흡수식 냉동사이클(absorption refrigeration cycle)에서는 암모니아(또는 취화 리튬)와 물(H2O)과의 친화력을 이용하여 물을 암모니아의 흡수제로 사용하고, 그 수용액을 가열함으로써 냉매의 증기를 발생시킴과 동시에 압축하는 것이다. 이렇게 하면 압축에 필요한 압축기의 일이 아주 적어진다. 압축식과 흡수식의 차이점은 냉매를 압축하는데 기계적 에너지를 사용하느냐 또는 열에너지를 사용하느냐 하는 점에 있으며 그 이외의 부분은 별다른 차이점이 없다고 볼 수 있다.

그림 8.15에서 보는 바와 같이 흡수 냉동기는 발생기, 응축기, 팽창밸브, 증발기, 흡수기로 구성된다. 가장 널리 사용하는 물질은 친화력이 있는 암모니아(NH_3), 리튬 브로마이드 등의 혼합물이다. 암모니아 수용액의 경우 암모니아는 냉매의 역할을 하고 물은 수송 매체의 역할을 한다. 또 다른 유체로서는 물-리튬 브로마이드가 사용된다.

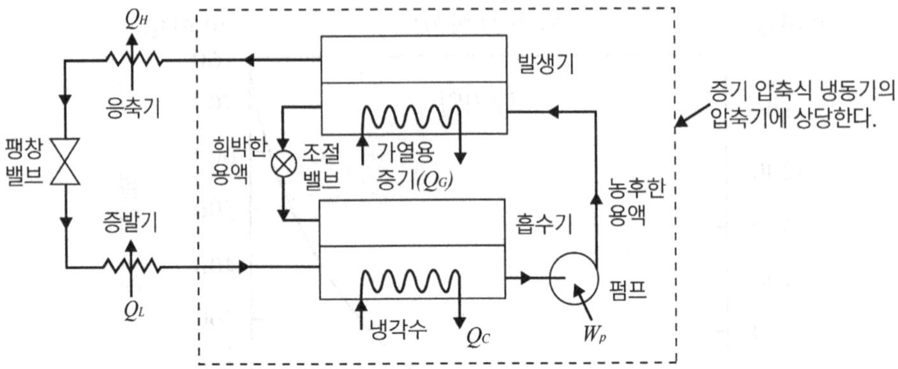

그림 8.15 흡수식 냉동 사이클의 계통도

그림 8.16은 NH_3-H_2O를 작업유체로 사용하는 흡수냉동 사이클의 구성도를 보여주고 있다. 흡수제를 물로 하고 냉매를 암모니아로 할 경우에 저압의 암모니아 증기가 물에 흡수되고, 그 혼합액체 용액이 펌프에 의하여 고압으로 압축된다. 이때 압축과정에서는 혼합액체를 압축하므로 압축에 필요한 압축기의 일이 아주 적어진다. 그림에서와 같이 발생기에서 농후한 암모니아 용액이 가열될 때 냉매인 암모니아만 증발하여 고온고압의 과열증기가 되어 응축기로 가서 액화되고, 팽창밸브를 지나 증발기에서 암모니아가 증발하면서 냉동효과를 나타낸다. 또한, 이 저압의 암모니아 증기는 흡수기에서 물이 흡수되어진다.

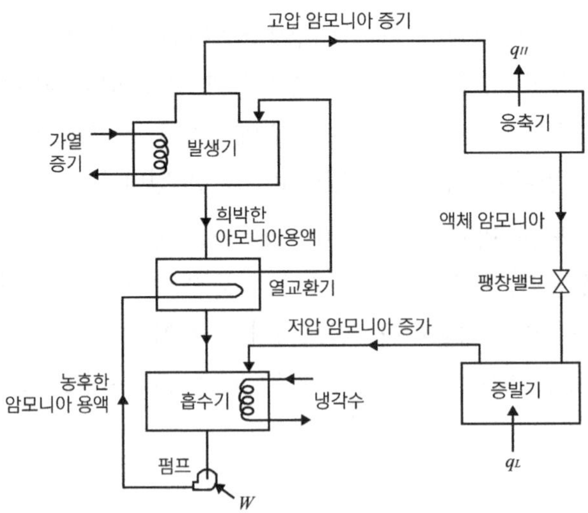

그림 8.16 흡수냉동 사이클의 구성

8장

냉동사이클

연 / 습 / 문 / 제

8.1 다음의 용어를 설명하라

① 냉동 ② 냉동기 ③ 열펌프
④ 성적계수 ⑤ 역 카르노사이클 ⑥ 역 랭킨사이클
⑦ 2원 냉동사이클 ⑧ 냉동톤

8.2 증기 압축식 냉동 사이클의 구조와 작동원리, 저열원으로부터 흡수열량, 응축기의 방열량, 성적계수를 구하여라

8.3 냉동기의 기본사이클을 $P-h$선도를 그리고 각 과정을 설명하라

8.4 역카르노 사이클로 작동하는 어떤 냉장고가 20 kW의 일을 받아서 저온체로부터 100 kJ/s의 열을 흡수한다면 고온체로 방출하는 열량은 얼마인가?

답: $Q_H = 120\ \text{kW}$

8.5 역카르사이클로 작동하는 냉동기가 $t_1 = 70℃$ 와 $t_2 = -10℃$의 온도영역에서 작동한다면 냉동기 사이클의 성적계수와 동일조건의 Heat pump의 성적계수는 구하라

답: $\epsilon_R = 3.289, \quad \epsilon_H = 4.289$

8.6 어느 냉장고가 저온의 물체에서 300 kJ/h의 열을 흡수하여 고온의 물체에 600 kJ/h의 열로 방출한다면 이 냉장고의 성적계수는 얼마인가?

답 : $\epsilon_R = 1$

8.7 프레온 가스를 냉매로 사용하는 증기압축 냉동사이클에서 -12℃의 포화증기를 응축온도가 33℃인 압력까지 압축한다. 이때 다음을 구하라

① 냉동실에서의 흡수 열량q_L ② 압축일w

③ 방출열량q_H ④ 성적계수 COP

⑤ 1 kW의 냉동에 필요한 냉매순환량

여기에서 증발기 출구의 온도가 -12℃일 때 $P_2 = 1.85$ bar, $h_2 = 187$ kJ/kg, $s_2 = s_3$와 33℃의 교점인 3에서 $P_3 = 7.6$ bar, $h_3 = 215$ kJ/kg, $t_3 = 45$℃, $h_4 = h_1 = 69$ kJ/kg 라 둔다.

답:

① $q_L = 118$ kJ/kg

② $w = 28$ kJ/kg

③ $q_H = 146$ kJ/kg

④ $COP_R = 4.21$

⑤ $m = 30.5$ kg/h

8.8 프레온 가스를 냉매로 사용하는 냉동기의 응축기 입구의 엔탈피가 1950 kJ/kg이면 이 냉동기의 냉동효과와 성적계수를 구하라 (단, 압축기 입구의 엔탈피는 1740 kJ/kg이고, 증발기 입구에서의 엔탈피는 300 kJ/kg이다)

답: 냉동효과$q_L = 1440$ kJ/kg, 성적계수 $COP_R = 6.857$

8.9 제빙공장에서 1시간동안에 0℃의 물로 0℃의 얼음을 1 ton 만드는데 60 kW의 열이 소요된다면 이 냉동기의 동작계수는 얼마인가? (단, 얼음의 융해잠열은 335 kJ/kg이다.)

답: $\epsilon_R = 1.55$

8.10 제빙공장의 어떤 냉동기에서 얼음 1 ton을 만드는 데 50 kWh의 동력을 소모한다고 하자. 15℃의 물이 들어가 -10℃의 얼음으로 나온다면 실제의 성적계수는 얼마인가? (단, 물의 비열은 4.186 kJ/kg K, 물의 응고열은 334 kJ/kg이고, 얼음의 평균비열은 2.1 kJ/kg℃이다.)

답: $\epsilon_R = 2.32$

8.11 어떤 냉동기에서 20℃의 물로 0℃의 얼음을 매시간 45 kg 만드는 냉동기의 능력은 몇 냉동톤인가? (단 물의 비열은 4.186 kJ/kg K, 물의 응고열은 334 kJ/kg이다.)

답: 1.352 RT

8.12 $CHFCl_2$ 와 $C_2F_4Cl_2$ 의 냉매번호를 부여 하여라

답: $CHFCl_2$ = R-21, $C_2F_4Cl_2$ = R-114

8.13 공기냉동사이클에서 최저온도 -30℃, 최고압력 5 MPa, 최저 압력 1 MPa일 때 이 냉동사이클의 성적계수를 구하라 (단, 공기의 비열비 k=1.4이다.)

답: $\epsilon_R = 1.71$

8.14 어느 공기냉동기에서 고압측 압력은 10 MPa이고 저압측 압력은 2 MPa이다. 그리고 공기 온도는 팽창기 입구와 압축기 입구에서 각각 80℃와 -20℃이다. 압축기와 팽창기는 다 같이 단열 변화한다면 성적계수는 얼마인가? (단, 공기의 비열비 k=1.4이다.)

답: $\epsilon_R = 1.712$

8.15 어느 공기냉동기에서 고압측 압력은 16 MPa이고 저압측 압력은 2 MPa이다. 그리고 공기 온도는 팽창기 입구와 압축기 입구에서 각각 80℃와 -20℃이다. 압축기와 팽창기는 다 같이 단열 변화한다면 성적계수는 얼마인가? (단, 공기의 비열비 k=1.4이다.)

답: $\epsilon_R = 1.232$

부 록

▮부록 1. 그리스문자(Greek Alphabet)

A	α	alpha (알파)	N	ν	nu (누우)
B	β	beta (베타)	Ξ	ξ	xi (크사이)
Γ	γ	gamma (감마)	O	o	omicron (오미크론)
Δ	δ	delta (델타)	Π	π	pi (파이)
E	ϵ	epsilon (엡실론)	P	ρ	rho (로오)
Z	ζ	zeta (제타)	Σ	σ	sigma (시그마)
H	η	eta (에타, 이타)	T	τ	tau (타우)
Θ	θ	theta (쎄타)	Y	υ	upsilon (윱실론)
I	ι	iota (이오타)	Φ	ϕ	phi (파이)
K	κ	kappa (카파)	X	χ	chi (카이)
Λ	λ	lambda (람다)	Ψ	ψ	psi (프사이)
M	μ	mu (뮤우)	Ω	ω	omega (오메가)

▮부록 2. 주요가스의 분자량, 기체상수 및 비열

가스의 종류	분자 기호	원자수	분자량 M kg/kmol		0℃에서의 값				비열비 (0℃) $k=\frac{C_p}{C_v}$	가스상수 R		표준상태(0℃, 760 mmHg)에서의 밀도 ρ kg/m³		공기에 대한 비중
					정압비열 C_p		정적비열 C_v							
			개략치	엄밀치	kcal/kg·℃	kJ/kg K	kcal/kg·℃	kJ/kg K		kgf·m/kg K	kJ/kg K	계산치	실측치	
헬륨	He	1	4	4.0026	1.251	5.238	0.7550	3.160	1.66	211.8	2.0772	0.1786	0.1785	0.1381
아르곤	Ar	1	40	39.948	0.124	0.520	0.0746	0.31	1.66	21.22	0.2081	1.7821	1.7834	1.379
수소	H_2	2	2	2.01565	3.392	14.200	2.4069	10.0745	1.409	420.62	4.1249	0.08994	0.08987	0.0695
질소	N_2	2	28	28.006148	0.2482	1.0389	0.1773	0.7421	1.400	30.28	0.2969	1.2499	1.2505	0.968
산소	O_2	2	32	31.98983	0.2186	0.9150	0.1565	0.6551	1.397	26.49	0.2598	1.4276	1.42895	1.105
공기	-	2	29	28.95	0.240	1.005	0.1713	0.7171	1.400	29.29	0.2872	1.2922	1.2928	1.000
일산화탄소	CO	2	28	27.994915	0.2485	1.0403	0.1776	0.7433	1.400	30.29	0.2970	1.2495	1.2500	0.967
일산화질소	NO	2	30	29.997989	0.2385	0.9983	0.1723	0.7211	1.384	28.27	0.2772	1.3388	1.3402	1.037
염화수소	HCl	2	36.5	36.464825	0.1910	0.7997	0.1366	0.5717	1.40	23.25	0.2280	1.6265	1.6391	1.268
수증기	H_2O	3	18	18.010565	0.4446	1.861	0.3340	1.398	133	47.73	0.46163	0.8036	-	0.6220
탄산가스	CO_2	3	44	43.98983	0.1952	0.8169	0.1500	0.6279	1.301	19.27	0.1890	1.9634	1.9968	1.530
산화질소	N_2O	3	44	44.001063	0.2032	0.8507	0.1581	0.6618	1.285	19.27	0.1890	1.9637	1.9878	1.538
아황산가스	SO_2	3	64	63.962185	0.1455	0.6092	0.1145	0.4792	1.271	13.26	0.1300	2.8581	2.9265	2.264
암모니아	NH_3	4	17	17.026549	0.4911	2.0557	0.3744	1.5674	1.312	49.79	0.4883	0.7598	0.7713	0.596
아세틸렌	C_2H_2	4	26	26.01565	0.3614	1.5127	0.2850	1.1931	1.268	32.59	0.3196	1.1607	1.1709	0.906
메탄	CH_4	5	16	16.0313	0.5151	2.1562	0.3912	1.6376	1.317	52.89	0.5187	0.7152	0.7168	0.554
메틸클로라이드	CH_3Cl	5	50.5	50.480475	0.1760	0.7369	0.1367	0.5722	1.288	16.79	0.1647	2.2522	2.3084	1.785
에틸렌	C_2H_4	6	28	28.0313	0.3851	1.612	0.3142	1.3153	1.225	30.25	0.2966	1.2506	1.2604	0.975
에탄	C_2H_6	8	30	30.04695	0.4130	1.729	0.3470	1.4524	120	28.20	0.2765	1.3406	1.3560	1.049
에틸클로라이드	C_2H_5Cl	8	64.5	64.49613	0.3201	1.340	0.2893	1.2109	1.106	13.14	0.1289	2.8776	2.8804	2.228
프로판	C_3H_8	11	44	44.06	0.3705	1.551	0.3254	1.362	1.139	19.24	0.1887	2.1002	-	1.521

▮부록 3. H_2O 포화증기 및 과열증기표

【표 3-1 포화증기표(온도기준)】

온도	압력	비체적 [m³/kg]			내부에너지 [kJ/kg]			엔탈피 [kJ/kg]			엔트로피 [kJ/kg K]		
t, ℃	P, MPa	포화액 v_L	증발 v_{LV}	포화증기 v_V	포화액 u_L	증발 u_{LV}	포화증기 u_V	포화액 h_L	증발 h_{LV}	포화증기 h_V	포화액 s_L	증발 s_{LV}	포화증기 s_V
0.01	0.000611657	0.0010002	206.00	206.00	0.000	2374.9	2374.9	0.001	2500.9	2500.9	0.0000	9.1555	9.1555
1	0.0006571	0.0010001	192.44	192.44	4.176	2372.1	2376.3	4.177	2498.6	2502.7	0.0153	9.1138	9.1291
2	0.0007060	0.0010001	179.76	179.76	8.391	2369.3	2377.7	8.392	2496.2	2504.6	0.0306	9.0721	9.1027
3	0.0007581	0.0010001	168.01	168.01	12.603	2366.4	2379.0	12.604	2493.8	2506.4	0.0459	9.0306	9.0765
4	0.0008135	0.0010001	157.12	157.12	16.812	2363.6	2380.4	16.813	2491.4	2508.2	0.0611	8.9895	9.0506
5	0.0008726	0.0010001	147.02	147.02	21.018	2360.8	2381.8	21.019	2489.1	2510.1	0.0763	8.9486	9.0249
6	0.0009354	0.0010001	137.64	137.64	25.223	2357.9	2383.2	25.224	2486.7	2511.9	0.0913	8.9081	8.9994
7	0.001002	0.0010001	128.93	128.93	29.425	2355.1	2384.5	29.426	2484.3	2513.7	0.1064	8.8678	8.9742
8	0.001073	0.0010002	120.83	120.83	33.625	2352.3	2385.9	33.626	2481.9	2515.6	0.1213	8.8278	8.9492
9	0.001148	0.0010003	113.31	113.31	37.823	2349.5	2387.3	37.824	2479.6	2517.4	0.1362	8.7882	8.9244
10	0.001228	0.0010003	106.31	106.31	42.020	2346.6	2388.7	42.021	2477.2	2519.2	0.1511	8.7488	8.8998
11	0.001313	0.0010004	99.792	99.793	46.215	2343.8	2390.0	46.216	2474.8	2521.1	0.1659	8.7096	8.8755
12	0.001403	0.0010005	93.723	93.724	50.409	2341.0	2391.4	50.410	2472.5	2522.9	0.1806	8.6708	8.8514
13	0.001498	0.0010007	88.069	88.070	54.601	2338.2	2392.8	54.602	2470.1	2524.7	0.1953	8.6322	8.8275
14	0.001599	0.0010008	82.797	82.798	58.792	2335.4	2394.1	58.794	2467.7	2526.5	0.2099	8.5939	8.8038
15	0.001706	0.0010009	77.880	77.881	62.982	2332.5	2395.5	62.984	2465.4	2528.4	0.2245	8.5559	8.7804
16	0.001819	0.0010011	73.290	73.291	67.171	2329.7	2396.9	67.173	2463.0	2530.2	0.2390	8.5181	8.7571
17	0.001938	0.0010013	69.005	69.006	71.359	2326.9	2398.3	71.361	2460.6	2532.0	0.2534	8.4806	8.7341
18	0.002065	0.0010015	65.002	65.003	75.546	2324.1	2399.6	75.548	2458.3	2533.8	0.2678	8.4434	8.7112
19	0.002198	0.0010016	61.260	61.261	79.732	2321.3	2401.0	79.734	2455.9	2535.7	0.2822	8.4064	8.6886
20	0.002339	0.0010018	57.760	57.761	83.918	2318.4	2402.4	83.920	2453.5	2537.5	0.2965	8.3696	8.6661
21	0.002488	0.0010021	54.486	54.487	88.102	2315.6	2403.7	88.105	2451.2	2539.3	0.3108	8.3331	8.6439
22	0.002645	0.0010023	51.421	51.422	92.286	2312.8	2405.1	92.289	2448.8	2541.1	0.3250	8.2969	8.6218
23	0.002811	0.0010025	48.551	48.552	96.470	2310.0	2406.4	96.473	2446.4	2542.9	0.3391	8.2609	8.6000
24	0.002986	0.0010028	45.862	45.863	100.65	2307.2	2407.8	100.66	2444.1	2544.7	0.3532	8.2251	8.5783
25	0.003170	0.0010030	43.340	43.341	104.84	2304.3	2409.2	104.84	2441.7	2546.5	0.3673	8.1895	8.5568
26	0.003364	0.0010033	40.976	40.977	109.02	2301.5	2410.5	109.02	2439.3	2548.4	0.3813	8.1542	8.5355
27	0.003568	0.0010035	38.757	38.758	113.20	2298.7	2411.9	113.20	2437.0	2550.2	0.3952	8.1192	8.5144
28	0.003783	0.0010038	36.674	36.675	117.38	2295.9	2413.2	117.38	2434.6	2552.0	0.4091	8.0843	8.4934
29	0.004009	0.0010041	34.718	34.719	121.56	2293.0	2414.6	121.56	2432.2	2553.8	0.4230	8.0497	8.4727
30	0.004247	0.0010044	32.881	32.882	125.74	2290.2	2415.9	125.75	2429.8	2555.6	0.4368	8.0153	8.4521
31	0.004497	0.0010047	31.153	31.154	129.92	2287.4	2417.3	129.93	2427.5	2557.4	0.4506	7.9812	8.4317
32	0.004759	0.0010050	29.528	29.529	134.10	2284.6	2418.7	134.11	2425.1	2559.2	0.4643	7.9472	8.4115
33	0.005035	0.0010054	28.000	28.001	138.28	2281.7	2420.0	138.29	2422.7	2561.0	0.4780	7.9135	8.3914
34	0.005325	0.0010057	26.561	26.562	142.46	2278.9	2421.4	142.47	2420.3	2562.8	0.4916	7.8800	8.3715
35	0.005629	0.0010060	25.207	25.208	146.64	2276.1	2422.7	146.64	2417.9	2564.6	0.5052	7.8467	8.3518
36	0.005947	0.0010064	23.931	23.932	150.82	2273.2	2424.0	150.82	2415.6	2566.4	0.5187	7.8136	8.3323
37	0.006282	0.0010068	22.728	22.729	155.00	2270.4	2425.4	155.00	2413.2	2568.2	0.5322	7.7807	8.3129
38	0.006632	0.0010071	21.594	21.595	159.18	2267.6	2426.7	159.18	2410.8	2570.0	0.5457	7.7480	8.2936
39	0.007000	0.0010075	20.525	20.526	163.35	2264.7	2428.1	163.36	2408.4	2571.8	0.5591	7.7155	8.2746
40	0.007384	0.0010079	19.516	19.517	167.53	2261.9	2429.4	167.54	2406.0	2573.5	0.5724	7.6832	8.2557
41	0.007787	0.0010083	18.564	18.565	171.71	2259.0	2430.8	171.72	2403.6	2575.3	0.5858	7.6512	8.2369

【표 3-1 포화증기표(온도기준)】 (계속)

온도 t, ℃	압력 P, MPa	비체적 [m^3/kg] 포화액 v_L	증발 v_{LV}	포화증기 v_V	내부에너지 [kJ/kg] 포화액 u_L	증발 u_{LV}	포화증기 u_V	엔탈피 [kJ/kg] 포화액 h_L	증발 h_{LV}	포화증기 h_V	엔트로피 [kJ/kg K] 포화액 s_L	증발 s_{LV}	포화증기 s_V
42	0.008209	0.0010087	17.664	17.665	175.89	2256.2	2432.1	175.90	2401.2	2577.1	0.5990	7.6193	8.2183
43	0.008650	0.0010091	16.815	16.816	180.07	2253.4	2433.4	180.08	2398.8	2578.9	0.6123	7.5876	8.1999
44	0.009112	0.0010095	16.012	16.013	184.25	2250.5	2434.8	184.26	2396.4	2580.7	0.6255	7.5561	8.1816
45	0.009594	0.0010099	15.252	15.253	188.43	2247.7	2436.1	188.44	2394.0	2582.5	0.6386	7.5248	8.1634
46	0.010099	0.0010103	14.534	14.535	192.61	2244.8	2437.4	192.62	2391.6	2584.2	0.6517	7.4937	8.1454
47	0.010626	0.0010108	13.855	13.856	196.79	2242.0	2438.8	196.80	2389.2	2586.0	0.6648	7.4628	8.1276
48	0.011176	0.0010112	13.212	13.213	200.96	2239.1	2440.1	200.98	2386.8	2587.8	0.6778	7.4320	8.1099
49	0.011751	0.0010117	12.603	12.604	205.14	2236.3	2441.4	205.16	2384.4	2589.5	0.6908	7.4015	8.0923
50	0.012351	0.0010121	12.027	12.028	209.32	2233.4	2442.8	209.34	2382.0	2591.3	0.7038	7.3711	8.0749
55	0.015761	0.0010145	9.5639	9.5649	230.23	2219.1	2449.4	230.24	2369.9	2600.1	0.7680	7.2219	7.9899
60	0.019946	0.0010171	7.6666	7.6677	251.13	2204.8	2455.9	251.15	2357.7	2608.8	0.8312	7.0770	7.9082
65	0.025041	0.0010199	6.1928	6.1938	272.05	2190.4	2462.4	272.08	2345.4	2617.5	0.8935	6.9361	7.8296
70	0.031201	0.0010228	5.0387	5.0397	292.99	2175.9	2468.9	293.02	2333.1	2626.1	0.9550	6.7990	7.7540
75	0.038595	0.0010258	4.1281	4.1291	313.93	2161.3	2475.2	313.97	2320.6	2634.6	1.0156	6.6656	7.6812
80	0.047415	0.0010290	3.4042	3.4053	334.90	2146.7	2481.6	334.95	2308.1	2643.0	1.0754	6.5356	7.6110
85	0.057867	0.0010324	2.8249	2.8259	355.89	2131.9	2487.8	355.95	2295.4	2651.3	1.1344	6.4090	7.5434
90	0.070182	0.0010359	2.3581	2.3591	376.90	2117.1	2494.0	376.97	2282.6	2659.5	1.1927	6.2854	7.4781
95	0.084609	0.0010396	1.9796	1.9806	397.93	2102.1	2500.0	398.02	2269.6	2667.6	1.2502	6.1648	7.4150
100	0.10142	0.0010435	1.6708	1.6719	418.99	2087.0	2506.0	419.10	2256.5	2675.6	1.3070	6.0471	7.3541
105	0.12090	0.0010474	1.4174	1.4185	440.09	2071.8	2511.9	440.21	2243.2	2683.4	1.3632	5.9320	7.2951
110	0.14338	0.0010516	1.2083	1.2094	461.21	2056.5	2517.7	461.36	2229.7	2691.1	1.4187	5.8194	7.2380
115	0.16918	0.0010559	1.0349	1.0359	482.37	2041.0	2523.3	482.55	2216.0	2698.6	1.4735	5.7092	7.1827
120	0.19867	0.0010603	0.89024	0.89130	503.57	2025.3	2528.9	503.78	2202.1	2705.9	1.5278	5.6013	7.1291
125	0.23222	0.0010649	0.76905	0.77011	524.81	2009.5	2534.3	525.06	2188.0	2713.1	1.5815	5.4955	7.0770
130	0.27026	0.0010697	0.66701	0.66808	546.10	1993.4	2539.5	546.39	2173.7	2720.1	1.6346	5.3918	7.0264
135	0.31320	0.0010747	0.58073	0.58180	567.43	1977.2	2544.6	567.77	2159.1	2726.9	1.6872	5.2900	6.9772
140	0.36150	0.0010798	0.50744	0.50852	588.81	1960.8	2549.6	589.20	2144.2	2733.4	1.7393	5.1900	6.9293
145	0.41563	0.0010850	0.44493	0.44602	610.24	1944.2	2554.4	610.69	2129.1	2739.8	1.7909	5.0917	6.8826
150	0.47610	0.0010905	0.39141	0.39250	631.73	1927.3	2559.0	632.25	2113.7	2745.9	1.8420	4.9951	6.8370
155	0.54342	0.0010962	0.34541	0.34650	653.28	1910.2	2563.5	653.88	2097.9	2751.8	1.8926	4.9000	6.7926
160	0.61814	0.0011020	0.30572	0.30682	674.89	1892.9	2567.8	675.57	2081.9	2757.4	1.9428	4.8063	6.7491
165	0.70082	0.0011080	0.27135	0.27246	696.57	1875.3	2571.9	697.35	2065.4	2762.8	1.9926	4.7140	6.7066
170	0.79205	0.0011143	0.24150	0.24262	718.32	1857.4	2575.7	719.21	2048.7	2767.9	2.0419	4.6230	6.6649
175	0.89245	0.0011207	0.21548	0.21660	740.15	1839.2	2579.4	741.15	2031.6	2772.7	2.0909	4.5332	6.6241
180	1.0026	0.0011274	0.19273	0.19386	762.06	1820.8	2582.8	763.19	2014.0	2777.2	2.1395	4.4445	6.5841
185	1.1233	0.0011343	0.17278	0.17392	784.05	1802.0	2586.1	785.32	1996.1	2781.4	2.1878	4.3569	6.5447
190	1.2550	0.0011414	0.15524	0.15638	806.13	1782.9	2589.1	807.57	1977.7	2785.3	2.2358	4.2702	6.5060
195	1.3986	0.0011488	0.13976	0.14091	828.31	1763.5	2591.8	829.92	1958.9	2788.9	2.2834	4.1844	6.4679
200	1.5547	0.0011565	0.12607	0.12722	850.60	1743.7	2594.3	852.39	1939.7	2792.1	2.3308	4.0995	6.4303
205	1.7240	0.001164	0.11392	0.11509	872.99	1723.5	2596.5	874.99	1919.9	2794.9	2.3779	4.0153	6.3932
210	1.9074	0.001173	0.10313	0.10430	895.49	1702.9	2598.4	897.73	1899.6	2797.4	2.4248	3.9318	6.3565
215	2.1055	0.001181	0.093507	0.094689	918.12	1681.9	2600.0	920.61	1878.8	2799.4	2.4714	3.8488	6.3202
220	2.3193	0.001190	0.084911	0.086101	940.88	1660.5	2601.4	943.64	1857.4	2801.1	2.5178	3.7664	6.2842
225	2.5494	0.001199	0.077212	0.078411	963.78	1638.6	2602.4	966.84	1835.4	2802.3	2.5641	3.6845	6.2485

【표 3-1 포화증기표(온도기준)】 (계속)

온도	압력	비체적 $[m^3/kg]$			내부에너지 [kJ/kg]			엔탈피 [kJ/kg]			엔트로피 [kJ/kg K]		
t, ℃	P, MPa	포화액	증발	포화증기	포화액	증발	포화증기	포화액	증발	포화증기	포화액	증발	포화증기
		v_L	v_{LV}	v_V	u_L	u_{LV}	u_V	h_L	h_{LV}	h_V	s_L	s_{LV}	s_V
230	2.7968	0.001209	0.070301	0.071510	986.83	1616.2	2603.0	990.21	1812.8	2803.0	2.6102	3.6029	6.2131
235	3.0622	0.001219	0.064085	0.065304	1010.0	1593.3	2603.3	1013.8	1789.5	2803.3	2.6561	3.5216	6.1777
240	3.3467	0.001229	0.058481	0.059710	1033.4	1569.8	2603.2	1037.5	1765.5	2803.1	2.7019	3.4406	6.1425
245	3.6509	0.001240	0.053418	0.054658	1057.0	1545.8	2602.8	1061.5	1740.8	2802.3	2.7477	3.3597	6.1074
250	3.9759	0.001252	0.048835	0.050087	1080.7	1521.2	2601.9	1085.7	1715.3	2801.0	2.7934	3.2788	6.0722
255	4.3227	0.001264	0.044678	0.045941	1104.7	1495.9	2600.5	1110.1	1689.0	2799.1	2.8391	3.1980	6.0370
260	4.6921	0.001276	0.040899	0.042175	1128.8	1469.9	2598.8	1134.8	1661.8	2796.6	2.8847	3.1170	6.0017
265	5.0851	0.001289	0.037459	0.038748	1153.3	1443.2	2596.5	1159.8	1633.7	2793.5	2.9304	3.0358	5.9662
270	5.5028	0.001303	0.034319	0.035622	1177.9	1415.7	2593.7	1185.1	1604.6	2789.7	2.9762	2.9542	5.9304
275	5.9463	0.001318	0.031450	0.032767	1202.9	1387.4	2590.3	1210.7	1574.4	2785.1	3.0221	2.8723	5.8943
280	6.4165	0.001333	0.028821	0.030154	1228.1	1358.2	2586.3	1236.7	1543.2	2779.8	3.0681	2.7898	5.8578
285	6.9145	0.001349	0.026409	0.027758	1253.7	1328.0	2581.7	1263.0	1510.7	2773.7	3.1143	2.7065	5.8208
290	7.4416	0.001366	0.024191	0.025557	1279.6	1296.8	2576.4	1289.8	1476.8	2766.6	3.1608	2.6225	5.7832
295	7.9990	0.001385	0.022146	0.023531	1306.0	1264.4	2570.4	1317.0	1441.6	2758.6	3.2076	2.5374	5.7449
300	8.5877	0.001404	0.020259	0.021663	1332.7	1230.8	2563.5	1344.8	1404.8	2749.6	3.2547	2.4510	5.7058
305	9.2092	0.001425	0.018512	0.019937	1359.9	1195.8	2555.8	1373.1	1366.3	2739.4	3.3024	2.3632	5.6656
310	9.8647	0.001448	0.016891	0.018339	1387.7	1159.3	2547.0	1402.0	1325.9	2727.9	3.3506	2.2737	5.6243
315	10.556	0.001472	0.015383	0.016856	1416.1	1121.1	2537.2	1431.6	1283.4	2715.1	3.3994	2.1822	5.5816
320	11.284	0.001499	0.013977	0.015476	1445.1	1080.9	2526.0	1462.1	1238.6	2700.7	3.4491	2.0882	5.5373
325	12.051	0.001528	0.012660	0.014189	1475.0	1038.5	2513.5	1493.4	1191.1	2684.5	3.4998	1.9913	5.4911
330	12.858	0.001561	0.011423	0.012984	1505.7	993.63	2499.3	1525.7	1140.5	2666.2	3.5516	1.8909	5.4425
335	13.707	0.001597	0.010255	0.011852	1537.5	945.69	2483.1	1559.3	1086.3	2645.6	3.6048	1.7862	5.3910
340	14.600	0.001638	0.009146	0.010784	1570.5	894.08	2464.6	1594.4	1027.6	2622.1	3.6599	1.6760	5.3359
345	15.540	0.001685	0.008085	0.009770	1605.3	837.93	2443.2	1631.4	963.57	2595.0	3.7175	1.5588	5.2763
350	16.529	0.001740	0.007061	0.008801	1642.1	776.00	2418.1	1670.9	892.71	2563.6	3.7783	1.4326	5.2109
355	17.570	0.001808	0.006058	0.007866	1681.9	706.30	2388.2	1713.7	812.74	2526.4	3.8438	1.2939	5.1377
360	18.666	0.001895	0.005050	0.006945	1726.1	625.22	2351.3	1761.5	719.50	2481.0	3.9164	1.1364	5.0527
365	19.822	0.002016	0.003989	0.006004	1777.6	525.35	2303.0	1817.6	604.41	2422.0	4.0011	0.9471	4.9482
370	21.043	0.002222	0.002724	0.004946	1845.9	383.53	2229.4	1892.6	440.86	2333.5	4.1142	0.6855	4.7996
373.946	22.064	0.003106	0	0.003106	2019.0	0	2019.0	2087.5	0	2087.5	4.4120	0	4.4120

1) 이 표는 PROPATH에서 제공한 프로그램으로 작성한 것으로 IAPWS－Industrial Formulation 1997－ITS 1990)에 기반을 둔 것이다.
2) 따라서 표의 값은 ASME나 JSME의 수증기표의 값과 일치한다.

【표 3-2 포화증기표(압력기준)】 (계속)

압력	온도	비체적 [m^3/kg]			내부에너지 [kJ/kg]			엔탈피 [kJ/kg]			엔트로피 [kJ/kg K]		
P, MPa	t, ℃	포화액 v_L	증발 v_{LV}	포화증기 v_V	포화액 u_L	증발 u_{LV}	포화증기 u_V	포화액 h_L	증발 h_{LV}	포화증기 h_V	포화액 s_L	증발 s_{LV}	포화증기 s_V
0.000611657	0.01	0.0010002	206.00	206.00	0.000	2374.9	2374.9	0.001	2500.9	2500.9	0.0000	9.1555	9.1555
0.0007	1.88	0.0010001	181.22	181.22	7.889	2369.6	2377.5	7.890	2496.5	2504.3	0.0288	9.0770	9.1058
0.0008	3.76	0.0010001	159.65	159.65	15.808	2364.3	2380.1	15.809	2492.0	2507.8	0.0575	8.9992	9.0567
0.0009	5.44	0.0010001	142.76	142.76	22.887	2359.5	2382.4	22.888	2488.0	2510.9	0.0830	8.9305	9.0135
0.0010	6.97	0.0010001	129.18	129.18	29.297	2355.2	2384.5	29.298	2484.4	2513.7	0.1059	8.8690	8.9749
0.0012	9.65	0.0010003	108.67	108.67	40.568	2347.6	2388.2	40.569	2478.0	2518.6	0.1460	8.7624	8.9083
0.0014	11.97	0.0010005	93.902	93.903	50.281	2341.1	2391.4	50.282	2472.5	2522.8	0.1802	8.6720	8.8521
0.0016	14.01	0.0010008	82.745	82.746	58.835	2335.3	2394.2	58.836	2467.7	2526.6	0.2101	8.5935	8.8036
0.0018	15.84	0.0010011	74.013	74.014	66.492	2330.2	2396.7	66.494	2463.4	2529.9	0.2366	8.5242	8.7609
0.0020	17.50	0.0010014	66.989	66.990	73.433	2325.5	2398.9	73.435	2459.5	2532.9	0.2606	8.4621	8.7227
0.0022	19.01	0.0010016	61.212	61.213	79.787	2321.2	2401.0	79.790	2455.9	2535.7	0.2824	8.4059	8.6883
0.0024	20.41	0.0010019	56.376	56.377	85.654	2317.3	2402.9	85.656	2452.6	2538.2	0.3024	8.3545	8.6569
0.0026	21.72	0.0010022	52.266	52.267	91.105	2313.6	2404.7	91.108	2449.5	2540.6	0.3210	8.3071	8.6280
0.0028	22.94	0.0010025	48.730	48.731	96.201	2310.2	2406.4	96.204	2446.6	2542.8	0.3382	8.2632	8.6014
0.0030	24.08	0.0010028	45.654	45.655	100.99	2306.9	2407.9	100.99	2443.9	2544.9	0.3543	8.2222	8.5766
0.0032	25.16	0.0010030	42.953	42.954	105.50	2303.9	2409.4	105.51	2441.3	2546.8	0.3695	8.1839	8.5534
0.0034	26.18	0.0010033	40.562	40.563	109.78	2301.0	2410.8	109.78	2438.9	2548.7	0.3838	8.1479	8.5316
0.0036	27.15	0.0010036	38.431	38.432	113.84	2298.2	2412.1	113.84	2436.6	2550.4	0.3973	8.1138	8.5112
0.0038	28.08	0.0010038	36.518	36.519	117.71	2295.6	2413.3	117.71	2434.4	2552.1	0.4102	8.0816	8.4918
0.0040	28.96	0.0010041	34.791	34.792	121.40	2293.1	2414.5	121.40	2432.3	2553.7	0.4224	8.0510	8.4735
0.0042	29.81	0.0010044	33.225	33.226	124.94	2290.7	2415.7	124.94	2430.3	2555.2	0.4341	8.0219	8.4561
0.0044	30.62	0.0010046	31.798	31.799	128.33	2288.5	2416.8	128.33	2428.4	2556.7	0.4453	7.9941	8.4395
0.0046	31.40	0.0010048	30.492	30.493	131.59	2286.2	2417.8	131.60	2426.5	2558.1	0.4560	7.9676	8.4236
0.0048	32.15	0.0010051	29.292	29.293	134.73	2284.1	2418.9	134.74	2424.7	2559.5	0.4663	7.9421	8.4084
0.0050	32.88	0.0010053	28.185	28.186	137.76	2282.1	2419.8	137.77	2423.0	2560.8	0.4763	7.9177	8.3939
0.0055	34.58	0.0010059	25.762	25.763	144.90	2277.2	2422.1	144.90	2418.9	2563.8	0.4995	7.8605	8.3600
0.0060	36.16	0.0010064	23.733	23.734	151.49	2272.8	2424.3	151.49	2415.2	2566.7	0.5209	7.8083	8.3291
0.0065	37.63	0.0010070	22.009	22.010	157.62	2268.6	2426.2	157.63	2411.7	2569.3	0.5407	7.7601	8.3008
0.0070	39.00	0.0010075	20.524	20.525	163.36	2264.7	2428.1	163.37	2408.4	2571.8	0.5591	7.7155	8.2746
0.0075	40.29	0.0010080	19.233	19.234	168.75	2261.1	2429.8	168.76	2405.3	2574.1	0.5763	7.6739	8.2502
0.0080	41.51	0.0010085	18.098	18.099	173.84	2257.6	2431.4	173.85	2402.4	2576.2	0.5925	7.6349	8.2274
0.0085	42.66	0.0010089	17.094	17.095	178.67	2254.3	2433.0	178.68	2399.6	2578.3	0.6078	7.5982	8.2060
0.0090	43.76	0.0010094	16.199	16.200	183.25	2251.2	2434.5	183.26	2397.0	2580.3	0.6223	7.5636	8.1859
0.0095	44.81	0.0010098	15.395	15.396	187.62	2248.2	2435.8	187.63	2394.5	2582.1	0.6361	7.5308	8.1669
0.010	45.81	0.0010103	14.670	14.671	191.80	2245.4	2437.2	191.81	2392.1	2583.9	0.6492	7.4997	8.1489
0.011	47.68	0.0010111	13.411	13.412	199.65	2240.0	2439.7	199.66	2387.6	2587.2	0.6737	7.4417	8.1155
0.012	49.42	0.0010119	12.358	12.359	206.90	2235.1	2442.0	206.91	2383.4	2590.3	0.6963	7.3887	8.0850
0.013	51.04	0.001013	11.462	11.463	213.65	2230.5	2444.1	213.66	2379.5	2593.1	0.7172	7.3399	8.0570
0.014	52.55	0.001013	10.690	10.691	219.97	2226.1	2446.1	219.99	2375.8	2595.8	0.7366	7.2945	8.0312
0.015	53.97	0.001014	10.019	10.020	225.92	2222.1	2448.0	225.94	2372.4	2598.3	0.7548	7.2523	8.0071
0.020	60.06	0.001017	7.6471	7.6482	251.38	2204.6	2456.0	251.40	2357.5	2608.9	0.8320	7.0753	7.9072
0.025	64.96	0.001020	6.2024	6.2034	271.90	2190.5	2462.4	271.93	2345.5	2617.4	0.8931	6.9371	7.8302
0.030	69.10	0.001022	5.2275	5.2286	289.20	2178.5	2467.7	289.23	2335.3	2624.6	0.9439	6.8235	7.7675

【표 3-2 포화증기표(압력기준)】 (계속)

압력	온도	비체적 [m³/kg]			내부에너지 [kJ/kg]			엔탈피 [kJ/kg]			엔트로피 [kJ/kg K]		
P, MPa	t, ℃	포화액 v_L	증발 v_{LV}	포화증기 v_V	포화액 u_L	증발 u_{LV}	포화증기 u_V	포화액 h_L	증발 h_{LV}	포화증기 h_V	포화액 s_L	증발 s_{LV}	포화증기 s_V
0.035	72.68	0.001024	4.5242	4.5252	304.21	2168.1	2472.3	304.25	2326.4	2630.7	0.9876	6.7270	7.7146
0.040	75.86	0.001026	3.9921	3.9931	317.53	2158.8	2476.3	317.57	2318.5	2636.1	1.0259	6.6431	7.6690
0.045	78.71	0.001028	3.5750	3.5761	329.51	2150.4	2479.9	329.55	2311.3	2640.9	1.0601	6.5687	7.6288
0.050	81.32	0.001030	3.2391	3.2401	340.42	2142.8	2483.2	340.48	2304.7	2645.2	1.0910	6.5020	7.5930
0.055	83.71	0.001032	2.9626	2.9636	350.47	2135.7	2486.2	350.52	2298.7	2649.2	1.1192	6.4414	7.5606
0.060	85.93	0.001033	2.7308	2.7318	359.77	2129.2	2488.9	359.84	2293.0	2652.9	1.1452	6.3859	7.5311
0.065	87.99	0.001035	2.5337	2.5347	368.46	2123.0	2491.5	368.53	2287.7	2656.2	1.1694	6.3346	7.5040
0.070	89.93	0.001036	2.3639	2.3649	376.61	2117.3	2493.9	376.68	2282.7	2659.4	1.1919	6.2871	7.4790
0.075	91.76	0.001037	2.2160	2.2171	384.29	2111.8	2496.1	384.37	2278.0	2662.4	1.2130	6.2427	7.4557
0.080	93.49	0.001038	2.0862	2.0872	391.56	2106.6	2498.2	391.64	2273.5	2665.2	1.2328	6.2011	7.4339
0.085	95.13	0.001040	1.9711	1.9721	398.46	2101.7	2500.2	398.55	2269.3	2667.8	1.2516	6.1618	7.4135
0.090	96.69	0.001041	1.8684	1.8695	405.03	2097.0	2502.1	405.13	2265.2	2670.3	1.2694	6.1248	7.3942
0.095	98.18	0.001042	1.7762	1.7773	411.32	2092.5	2503.8	411.42	2261.3	2672.7	1.2864	6.0897	7.3760
0.10	99.61	0.001043	1.6930	1.6940	417.33	2088.2	2505.5	417.44	2257.5	2674.9	1.3026	6.0562	7.3588
0.101325	99.97	0.001043	1.6723	1.6733	418.88	2087.1	2506.0	418.99	2256.5	2675.5	1.3067	6.0477	7.3544
0.11	102.29	0.001045	1.5485	1.5496	428.66	2080.1	2508.7	428.77	2250.4	2679.2	1.3328	5.9940	7.3268
0.12	104.78	0.001047	1.4274	1.4284	439.17	2072.5	2511.6	439.30	2243.8	2683.1	1.3608	5.9369	7.2976
0.13	107.11	0.001049	1.3244	1.3254	449.00	2065.4	2514.3	449.13	2237.5	2686.6	1.3867	5.8842	7.2708
0.14	109.29	0.001051	1.2356	1.2366	458.22	2058.6	2516.9	458.37	2231.6	2690.0	1.4109	5.8352	7.2460
0.15	111.35	0.001053	1.1583	1.1594	466.92	2052.3	2519.2	467.08	2226.0	2693.1	1.4335	5.7894	7.2229
0.16	113.30	0.001054	1.0904	1.0914	475.17	2046.2	2521.4	475.34	2220.7	2696.0	1.4549	5.7464	7.2014
0.17	115.15	0.001056	1.0302	1.0312	483.00	2040.5	2523.5	483.18	2215.6	2698.8	1.4752	5.7059	7.1811
0.18	116.91	0.001058	0.97648	0.97753	490.48	2035.0	2525.5	490.67	2210.7	2701.4	1.4944	5.6677	7.1620
0.19	118.60	0.001059	0.92824	0.92930	497.62	2029.7	2527.3	497.82	2206.1	2703.9	1.5127	5.6313	7.1440
0.20	120.21	0.001061	0.88467	0.88574	504.47	2024.6	2529.1	504.68	2201.6	2706.2	1.5301	5.5968	7.1269
0.25	127.41	0.001067	0.71763	0.71870	535.08	2001.7	2536.8	535.35	2181.2	2716.5	1.6072	5.4452	7.0524
0.30	133.53	0.001073	0.60471	0.60579	561.13	1982.0	2543.2	561.46	2163.4	2724.9	1.6718	5.3198	6.9916
0.35	138.86	0.001079	0.52312	0.52420	583.93	1964.6	2548.5	584.31	2147.7	2732.0	1.7275	5.2126	6.9401
0.40	143.61	0.001084	0.46131	0.46239	604.29	1948.8	2553.1	604.72	2133.3	2738.1	1.7766	5.1188	6.8954
0.45	147.91	0.001088	0.41281	0.41390	622.73	1934.4	2557.1	623.22	2120.2	2743.4	1.8206	5.0353	6.8560
0.50	151.84	0.001093	0.37371	0.37480	639.64	1921.1	2560.7	640.19	2107.9	2748.1	1.8606	4.9600	6.8206
0.55	155.46	0.001097	0.34149	0.34259	655.27	1908.6	2563.9	655.88	2096.5	2752.3	1.8972	4.8913	6.7885
0.60	158.83	0.001101	0.31447	0.31558	669.84	1897.0	2566.8	670.50	2085.6	2756.1	1.9311	4.8281	6.7592
0.65	161.99	0.001104	0.29148	0.29258	683.50	1885.9	2569.4	684.22	2075.4	2759.6	1.9626	4.7695	6.7321
0.70	164.95	0.001108	0.27166	0.27276	696.37	1875.4	2571.8	697.14	2065.6	2762.7	1.9921	4.7149	6.7070
0.75	167.76	0.001111	0.25439	0.25550	708.55	1865.5	2574.0	709.38	2056.3	2765.6	2.0198	4.6637	6.6835
0.80	170.41	0.001115	0.23921	0.24033	720.13	1855.9	2576.0	721.02	2047.3	2768.3	2.0460	4.6156	6.6615
0.85	172.94	0.001118	0.22576	0.22688	731.16	1846.8	2577.9	732.11	2038.6	2770.8	2.0708	4.5700	6.6408
0.90	175.36	0.001121	0.21375	0.21487	741.72	1837.9	2579.7	742.72	2030.3	2773.0	2.0944	4.5268	6.6212
0.95	177.67	0.001124	0.20297	0.20409	751.83	1829.4	2581.3	752.90	2022.3	2775.2	2.1169	4.4857	6.6027
1.0	179.89	0.001127	0.19322	0.19435	761.56	1821.2	2582.8	762.68	2014.4	2777.1	2.1384	4.4465	6.5850
1.1	184.07	0.001133	0.17630	0.17744	779.95	1805.5	2585.5	781.20	1999.5	2780.7	2.1789	4.3731	6.5520
1.2	187.96	0.001139	0.16211	0.16325	797.13	1790.7	2587.9	798.50	1985.3	2783.8	2.2163	4.3054	6.5217

【표 3-2 포화증기표(압력기준)】 (계속)

압력	온도	비체적 [m^3/kg]			내부에너지 [kJ/kg]			엔탈피 [kJ/kg]			엔트로피 [kJ/kg K]		
P, MPa	t, ℃	포화액 v_L	증발 v_{LV}	포화증기 v_V	포화액 u_L	증발 u_{LV}	포화증기 u_V	포화액 h_L	증발 h_{LV}	포화증기 h_V	포화액 s_L	증발 s_{LV}	포화증기 s_V
1.3	191.61	0.001144	0.15003	0.15117	813.28	1776.7	2590.0	814.76	1971.7	2786.5	2.2512	4.2425	6.4936
1.4	195.05	0.001149	0.13962	0.14077	828.52	1763.3	2591.8	830.13	1958.8	2788.9	2.2839	4.1836	6.4675
1.5	198.30	0.001154	0.13055	0.13170	842.99	1750.5	2593.5	844.72	1946.3	2791.0	2.3147	4.1284	6.4431
1.6	201.38	0.001159	0.12257	0.12373	856.76	1738.2	2594.9	858.61	1934.3	2792.9	2.3438	4.0762	6.4200
1.7	204.31	0.001163	0.11550	0.11667	869.91	1726.3	2596.2	871.89	1922.6	2794.5	2.3715	4.0268	6.3983
1.8	207.12	0.001168	0.10919	0.11036	882.51	1714.8	2597.3	884.61	1911.4	2796.0	2.3978	3.9798	6.3776
1.9	209.81	0.001172	0.10353	0.10470	894.62	1703.7	2598.3	896.84	1900.4	2797.3	2.4229	3.9350	6.3579
2.0	212.38	0.001177	0.098404	0.099581	906.27	1693.0	2599.2	908.62	1889.8	2798.4	2.4470	3.8921	6.3392
2.5	223.96	0.001197	0.078750	0.079947	958.99	1643.2	2602.2	961.98	1840.1	2802.0	2.5544	3.7015	6.2560
3.0	233.86	0.001217	0.065447	0.066664	1004.7	1598.6	2603.3	1008.4	1794.9	2803.3	2.6456	3.5402	6.1858
3.5	242.56	0.001235	0.055823	0.057058	1045.5	1557.6	2603.0	1049.8	1753.0	2802.7	2.7254	3.3991	6.1245
4.0	250.36	0.001253	0.048524	0.049777	1082.4	1519.4	2601.8	1087.4	1713.5	2800.9	2.7967	3.2731	6.0697
4.5	257.44	0.001270	0.042790	0.044059	1116.4	1483.3	2599.7	1122.1	1675.9	2798.0	2.8613	3.1585	6.0198
5.0	263.94	0.001286	0.038160	0.039446	1148.1	1448.9	2597.0	1154.5	1639.7	2794.2	2.9207	3.0530	5.9737
5.5	269.97	0.001303	0.034339	0.035642	1177.8	1415.9	2593.7	1184.9	1604.8	2789.7	2.9759	2.9548	5.9307
6.0	275.59	0.001319	0.031129	0.032449	1205.8	1384.1	2589.9	1213.7	1570.8	2784.6	3.0274	2.8626	5.8901
6.5	280.86	0.001336	0.028392	0.029728	1232.5	1353.1	2585.6	1241.2	1537.7	2778.8	3.0760	2.7755	5.8515
7.0	285.83	0.001352	0.026028	0.027380	1258.0	1322.9	2580.9	1267.4	1505.1	2772.6	3.1220	2.6926	5.8146
7.5	290.54	0.001368	0.023963	0.025331	1282.4	1293.4	2575.8	1292.7	1473.1	2765.8	3.1658	2.6134	5.7792
8.0	295.01	0.001385	0.022143	0.023528	1306.0	1264.4	2570.4	1317.1	1441.5	2758.6	3.2077	2.5372	5.7448
8.5	299.27	0.001401	0.020525	0.021926	1328.8	1235.8	2564.6	1340.7	1410.3	2751.0	3.2478	2.4637	5.7115
9.0	303.35	0.001418	0.019075	0.020493	1350.9	1207.6	2558.4	1363.7	1379.2	2742.9	3.2866	2.3924	5.6790
9.5	307.25	0.001435	0.017767	0.019203	1372.4	1179.6	2552.0	1386.0	1348.4	2734.4	3.3240	2.3232	5.6472
10.0	311.00	0.001453	0.016581	0.018034	1393.3	1151.8	2545.1	1407.9	1317.6	2725.5	3.3603	2.2556	5.6159
10.5	314.61	0.001470	0.015498	0.016969	1413.8	1124.1	2538.0	1429.3	1286.9	2716.1	3.3956	2.1895	5.5850
11.0	318.08	0.001489	0.014505	0.015994	1433.9	1096.6	2530.5	1450.3	1256.1	2706.4	3.4300	2.1246	5.5545
11.5	321.44	0.001507	0.013590	0.015097	1453.6	1069.0	2522.6	1470.9	1225.3	2696.2	3.4636	2.0607	5.5243
12.0	324.68	0.001526	0.012743	0.014269	1473.0	1041.3	2514.4	1491.3	1194.3	2685.6	3.4965	1.9977	5.4941
12.5	327.82	0.001546	0.011955	0.013501	1492.1	1013.6	2505.7	1511.5	1163.0	2674.5	3.5288	1.9353	5.4640
13.0	330.86	0.001566	0.011219	0.012785	1511.0	985.65	2496.7	1531.4	1131.5	2662.9	3.5606	1.8733	5.4339
13.5	333.81	0.001588	0.010529	0.012116	1529.8	957.45	2487.2	1551.2	1099.6	2650.8	3.5920	1.8116	5.4036
14.0	336.67	0.001610	0.009879	0.011489	1548.3	928.91	2477.2	1570.9	1067.2	2638.1	3.6230	1.7500	5.3730
14.5	339.45	0.001633	0.009265	0.010898	1566.8	899.94	2466.8	1590.5	1034.3	2624.8	3.6538	1.6884	5.3422
15.0	342.16	0.001657	0.008683	0.010340	1585.3	870.47	2455.8	1610.2	1000.7	2610.9	3.6844	1.6264	5.3108
15.5	344.79	0.001682	0.008129	0.009811	1603.8	840.37	2444.1	1629.9	966.37	2596.2	3.7150	1.5638	5.2789
16.0	347.36	0.001710	0.007599	0.009308	1622.3	809.55	2431.9	1649.7	931.13	2580.8	3.7457	1.5006	5.2463
16.5	349.86	0.001738	0.007090	0.008828	1641.0	777.90	2418.9	1669.7	894.88	2564.6	3.7765	1.4364	5.2129
17.0	352.29	0.001769	0.006600	0.008369	1660.0	745.18	2405.1	1690.0	857.38	2547.4	3.8077	1.3708	5.1785
17.5	354.67	0.001803	0.006124	0.007927	1679.2	711.18	2390.4	1710.8	818.35	2529.1	3.8393	1.3035	5.1428
18.0	356.99	0.001839	0.005659	0.007499	1698.9	675.64	2374.6	1732.0	777.51	2509.5	3.8717	1.2339	5.1055
18.5	359.26	0.001880	0.005202	0.007082	1719.2	638.19	2357.4	1754.0	734.42	2488.4	3.9050	1.1613	5.0663
19.0	361.47	0.001925	0.004747	0.006673	1740.3	598.32	2338.6	1776.9	688.52	2465.4	3.9396	1.0849	5.0246
19.5	363.63	0.001977	0.004289	0.006267	1762.5	555.28	2317.8	1801.1	638.92	2440.0	3.9762	1.0034	4.9795

【표 3-2 포화증기표(압력기준)】 (계속)

압력	온도	비체적 [m^3/kg]			내부에너지 [kJ/kg]			엔탈피 [kJ/kg]			엔트로피 [kJ/kg K]		
P, MPa	t, ℃	포화액 v_L	증발 v_{LV}	포화증기 v_V	포화액 u_L	증발 u_{LV}	포화증기 u_V	포화액 h_L	증발 h_{LV}	포화증기 h_V	포화액 s_L	증발 s_{LV}	포화증기 s_V
20.0	365.75	0.002039	0.003820	0.005858	1786.3	507.89	2294.2	1827.1	584.29	2411.4	4.0154	0.9145	4.9299
20.5	367.81	0.002114	0.003324	0.005438	1812.6	454.12	2266.7	1855.9	522.26	2378.2	4.0588	0.8148	4.8736
21.0	369.83	0.002212	0.002776	0.004988	1842.9	389.86	2232.8	1889.4	448.15	2337.5	4.1093	0.6970	4.8062
21.5	371.80	0.002360	0.002103	0.004463	1882.1	304.16	2186.2	1932.8	349.38	2282.2	4.1749	0.5417	4.7166
22.0	373.71	0.002750	0.000826	0.003577	1961.4	124.09	2085.5	2021.9	142.26	2164.2	4.3109	0.2199	4.5308
22.0640	373.946	0.003106	0	0.003106	2019.0	0	2019.0	2087.5	0	2087.5	4.4120	0	4.4120

【표 3-3 과열증기표】

T ℃	*v* m^3/kg	*u* kJ/kg	*h* kJ/kg	*s* kJ/kg K	*v* m^3/kg	*u* kJ/kg	*h* kJ/kg	*s* kJ/kg K	*v* m^3/kg	*u* kJ/kg	*h* kJ/kg	*s* kJ/kg K
	P=0.01 MPa(45.81 ℃)				*P*=0.05 MPa(81.33 ℃)				*P*=0.10 MPa(99.63 ℃)			
Sat.	14.674	2437.9	2584.7	8.1502	3.240	2483.9	2645.9	7.6939	1.6940	2506.1	2675.5	7.3594
50	14.869	2443.9	2592.6	8.1749								
100	17.196	2515.5	2687.5	8.4479	3.418	2511.6	2682.5	7.6947	1.6958	2506.7	2676.2	7.3614
150	19.512	2587.9	2783.0	8.6882	3.889	2585.6	2780.1	7.9401	1.9364	2582.8	2776.4	7.6134
200	21.825	2661.3	2879.5	8.9038	4.356	2659.9	2877.7	8.1580	2.172	2658.1	2875.3	7.8343
250	24.136	2736.0	2977.3	9.1002	4.820	2735.0	2976.0	8.3556	2.406	2733.7	2974.3	8.0333
300	26.445	2812.1	3076.5	9.2813	5.284	2811.3	3075.5	8.5373	2.639	2810.4	3074.3	8.2158
400	31.063	2968.9	3279.6	9.6077	6.209	2968.5	3278.9	8.8642	3.103	2967.9	3278.2	8.5435
500	35.679	3132.3	3489.1	9.8978	7.134	3132.0	3488.7	9.1546	3.565	3131.6	3488.1	8.8342
600	40.295	3302.5	3705.4	10.1608	8.057	3302.2	3705.1	9.4178	4.028	3301.9	3704.4	9.0976
700	44.911	3479.6	3928.7	10.4028	8.981	3479.4	3928.5	9.6599	4.490	3479.2	3928.2	9.3398
800	49.526	3663.8	4159.0	10.6281	9.904	3663.6	4158.9	9.8852	4.952	3663.5	4158.6	9.5652
900	54.141	3855.0	4396.4	10.8396	10.828	3854.9	4396.3	10.0967	5.414	3854.8	4396.1	9.7767
1000	58.757	4053.0	4640.6	11.0393	11.751	4052.9	4640.5	10.2964	5.875	4052.8	4640.3	9.9764
1100	63.372	4257.5	4891.2	11.2287	12.674	4257.4	4891.1	10.4859	6.337	4257.3	4891.0	10.1659
1200	67.987	4467.9	5147.8	11.4091	13.597	4467.8	5147.7	10.6662	6.799	4467.7	5147.6	10.3463
1300	72.602	4683.7	5409.7	11.5811	14.521	4683.6	5109.6	10.8382	7.260	4683.5	5409.5	10.5183
	P=0.20 MPa(120.23 ℃)				*P*=0.30 MPa(133.55 ℃)				*P*=0.40 MPa(143.63 ℃)			
Sat.	0.8857	2529.5	2706.7	7.1272	0.6058	2543.6	2725.3	6.9919	0.4625	2553.6	2738.6	6.8959
150	0.9596	2576.9	2768.8	7.2795	0.6339	2570.8	2761.0	7.0778	0.4708	2564.5	2752.8	6.9299
200	1.0803	2654.4	2870.5	7.5066	0.7163	2650.7	2865.6	7.3115	0.5342	2646.8	2860.5	7.1706
250	1.1988	2731.2	2971.0	7.7086	0.7964	2728.7	2967.6	7.5166	0.5951	2726.1	2964.2	7.3789
300	1.3162	2808.6	3071.8	7.8926	0.8753	2806.7	3069.3	7.7022	0.6548	2804.8	3066.8	7.5662
400	1.5493	2966.7	3276.6	8.2218	1.0315	2965.6	3275.0	8.0330	0.7726	2964.4	3273.4	7.8985
500	1.7814	3130.8	3487.1	8.5133	1.1867	3130.0	3486.0	8.3251	0.8893	3129.2	3484.9	8.1913
600	2.013	3301.4	3704.0	8.7770	1.3414	3300.8	3703.2	8.5892	1.0055	3300.2	3702.4	8.4558
700	2.244	3478.8	3927.6	9.0194	1.4957	3478.4	3927.1	8.8319	1.1215	3477.9	3926.5	8.6987
800	2.475	3663.1	4158.2	9.2449	1.6499	3662.9	4157.8	9.0576	1.2372	3662.4	4157.3	8.9244
900	2.705	3854.5	4395.8	9.4566	1.8041	3854.2	4395.4	9.2692	1.3529	3853.9	4395.1	9.1362
1000	2.937	4052.5	4640.0	9.6563	1.9581	4052.3	4639.7	9.4690	1.4685	4052.0	4639.4	9.3360
1100	3.168	4257.0	4890.7	9.8458	2.1121	4256.8	4890.4	9.6585	1.5840	4256.5	4890.2	9.5256
1200	3.399	4467.5	5147.5	10.0262	2.2661	4467.2	5147.1	9.8389	1.6996	4467.0	5146.8	9.7060
1300	3.630	4683.2	5409.3	10.1982	2.4201	4683.0	5409.0	10.0110	1.8151	4682.8	5408.8	9.8780
	P=0.50 MPa(151.86 ℃)				*P*=0.60 MPa(158.85 ℃)				*P*=0.80 MPa(170.43 ℃)			
Sat.	0.3749	2561.2	2748.7	6.8213	0.3157	2567.4	2756.8	6.7600	0.2404	2576.8	2769.1	6.6628
200	0.4249	2642.9	2855.4	7.0592	0.3520	2638.9	2850.1	6.9665	0.2608	2630.6	2839.3	6.8158
250	0.4744	2723.5	2960.7	7.2709	0.3938	2720.9	2957.2	7.1816	0.2931	2715.5	2950.0	7.0384
300	0.5226	2802.9	3064.2	7.4599	0.4344	2801.0	3061.6	7.3724	0.3241	2797.2	3056.5	7.2328
350	0.5701	2882.6	3167.7	7.6329	0.4742	2881.2	3165.7	7.5464	0.3544	2878.2	3161.7	7.4089
400	0.6173	2963.2	3271.9	7.7938	0.5137	2962.1	3270.3	7.7079	0.3843	2959.7	3267.1	7.5716
500	0.7109	3128.4	3483.9	8.0873	0.5920	3127.6	3482.8	8.0021	0.4433	3126.0	3480.6	7.8673
600	0.8041	3299.6	3701.7	7.3522	0.6697	3299.1	3700.9	8.2674	0.5018	3297.9	3699.4	8.1333
700	0.8969	3477.5	3925.9	8.5952	0.7472	3477.0	3925.3	8.5107	0.5601	3476.2	3924.2	8.3770
800	0.9896	3662.1	4156.9	8.8211	0.8245	3661.8	4156.5	8.7367	0.6181	3661.1	4155.6	8.6033
900	1.0822	3853.6	4394.7	9.0329	0.9017	3853.4	4394.4	8.9486	0.6761	3852.8	4393.7	8.8153
1000	1.1747	4051.8	4639.1	9.2328	0.9788	4051.5	4638.8	9.1485	0.7340	4051.0	4638.2	9.0153
1100	1.2672	4256.3	4889.9	9.4224	1.0559	4256.1	4889.6	9.3381	0.7919	4255.6	4889.1	9.2050
1200	1.3596	4466.8	5146.6	9.6029	1.1330	4466.5	5146.3	9.5185	0.8497	4466.1	5145.9	9.3855
1300	1.4521	4682.5	5408.6	9.7749	1.2101	4682.3	5408.3	9.6906	0.9076	4681.8	5407.9	9.5575

【표 3-3 과열증기표】 (계속)

T ℃	v m³/kg	u kJ/kg	h kJ/kg	s kJ/kg K	v m³/kg	u kJ/kg	h kJ/kg	s kJ/kg K	v m³/kg	u kJ/kg	h kJ/kg	s kJ/kg K
	P=1.00 MPa(179.91 ℃)				P=1.20 MPa(187.99 ℃)				P=1.40 MPa(195.07 ℃)			
Sat.	0.19444	2583.6	2778.1	6.5865	0.16333	2588.8	2784.8	6.5233	0.14084	2592.8	2790.0	6.4693
200	0.2060	2621.9	2827.9	6.6940	0.16930	2612.8	2815.9	6.5898	0.14302	2603.1	2803.3	6.4975
250	0.2327	2709.9	2942.6	6.9247	0.19234	2704.2	2935.0	6.8294	0.16350	2698.3	2927.2	6.7467
300	0.2579	2793.2	3051.2	7.1229	0.2138	2789.2	3045.8	7.0317	0.18228	2785.2	3040.4	6.9534
350	0.2825	2875.2	3157.7	7.3011	0.2345	2872.2	3153.6	7.2121	0.2003	2869.2	3149.5	7.1360
400	0.3066	2957.3	3263.9	7.4651	0.2548	2954.9	3260.7	7.3774	0.2178	2952.5	3257.5	7.3026
500	0.3541	3124.4	3478.5	7.7622	0.2946	3122.8	3476.3	7.6759	0.2521	3121.1	3474.1	7.6027
600	0.4011	3296.8	3697.9	8.0290	0.3339	3295.6	3696.3	7.9435	0.2860	3294.4	3694.8	7.8710
700	0.4478	3475.3	3923.1	8.2731	0.3729	3474.4	3922.0	8.1881	0.3195	3473.6	3920.8	8.1160
800	0.4943	3660.4	4154.7	8.4996	0.4118	3659.7	4153.8	8.4148	0.3528	3659.0	4153.0	8.3431
900	0.5407	3852.2	4392.9	8.7118	0.4505	3851.6	4392.2	8.6272	0.3861	3851.1	4391.5	8.5556
1000	0.5871	4050.5	4637.6	8.9119	0.4892	4050.0	4637.0	8.8274	0.4192	4049.5	4636.4	8.7559
1100	0.6335	4255.1	4392.9	9.1017	0.5278	4254.6	4888.0	9.0172	0.4524	4254.1	4887.5	8.9457
1200	0.6798	4465.6	5145.4	9.2822	0.5665	4465.1	5144.9	9.1977	0.4855	4464.7	5144.4	9.1262
1300	0.7261	4681.3	5407.4	9.4543	0.6051	4680.9	5407.0	9.3698	0.5186	4680.4	5406.5	9.2984
	P=1.60 MPa(201.41 ℃)				P=1.80 MPa(207.15 ℃)				P=2.00 MPa(212.42 ℃)			
Sat.	0.12380	2596.0	2794.0	6.4218	0.11042	2598.4	2797.1	6.3794	0.09963	2600.3	2799.5	6.3409
225	0.13287	2644.7	2857.3	6.5518	0.11673	2636.6	2846.7	6.4808	0.10377	2628.3	2835.8	6.4147
250	0.14184	2692.3	2919.2	6.6732	0.12497	2686.0	2911.0	6.6066	0.11144	2679.6	2902.9	6.5453
300	0.15862	2781.1	3034.8	6.8844	0.14021	2776.9	3029.2	6.8226	0.12547	2772.6	3023.5	6.7664
350	0.17456	2866.1	3145.4	7.0694	0.15457	2863.0	3141.2	7.0100	0.13857	2859.8	3137.0	9.9564
400	0.19005	2950.1	2154.2	7.2374	0.16847	2947.7	3250.9	7.1794	0.15120	2945.2	3247.6	7.1271
500	0.2203	3119.5	3472.0	7.5390	0.19550	3117.9	3469.8	7.4825	0.17568	3116.2	3467.6	7.4317
600	0.2500	3293.3	3693.2	7.8080	0.2220	3292.1	3691.7	7.7523	0.19960	3290.9	3690.1	7.7024
700	0.2794	3472.7	3919.7	8.0535	0.2482	3471.8	3918.5	7.9983	0.2232	3470.9	3917.4	7.9487
800	0.3086	3658.3	4152.1	8.2808	0.2742	3657.6	4151.2	8.2258	0.2467	3657.0	4150.3	8.1765
900	0.3377	3850.5	4390.8	8.4935	0.3001	3849.9	4390.1	8.4386	0.2700	3849.3	4389.4	8.3895
1000	0.3668	4049.0	4635.8	8.6938	0.3260	4048.5	4635.2	8.6391	0.2933	4048.0	4634.6	8.5901
1100	0.3958	4253.7	4887.0	8.8837	0.3518	4253.2	4886.4	8.8290	0.3166	4252.7	4885.9	8.7800
1200	0.4248	4464.2	5143.9	9.0643	0.3776	4463.7	5143.4	9.0096	0.3398	4463.3	5142.9	8.9607
1300	0.4538	4679.9	5406.0	9.2364	0.4034	4679.5	5405.6	9.1818	0.3631	4679.0	5405.1	9.1329
	P=2.50 MPa(223.99 ℃)				P=3.00 MPa(233.90 ℃)				P=3.50 MPa(242.60 ℃)			
Sat.	0.07998	2603.1	2803.1	6.2575	0.06668	2604.1	2804.2	6.1869	0.05707	2603.7	2803.4	6.1253
225	0.08027	2605.6	2806.3	6.2639								
250	0.08700	2662.6	2880.1	6.4085	0.07058	2644.0	2855.8	6.2872	0.05872	2623.7	2829.2	6.1749
300	0.09890	2761.6	3008.8	6.6438	0.08114	2750.1	2993.5	6.5390	0.06842	2738.0	2977.5	6.4461
350	0.10976	2851.9	3126.3	6.8403	0.09053	2843.7	3115.3	6.7428	0.07678	2835.3	3104.0	6.6579
400	0.12010	2939.1	3239.3	7.0148	0.09936	2932.8	3230.9	6.9212	0.08453	2926.4	3222.3	6.8405
450	0.13014	3025.5	3350.8	7.1746	0.10787	3020.4	3344.0	7.0834	0.09196	3015.3	3337.2	7.0052
500	0.13993	3112.1	3462.1	7.3234	0.11619	3108.0	3456.5	7.2338	0.09918	3103.0	3450.9	7.1572
600	0.15930	3288.0	3686.3	7.5960	0.13243	3285.0	3682.3	7.5085	0.11324	3282.1	3678.4	7.4339
700	0.17832	3468.7	3914.5	7.8435	0.14838	3466.5	3911.7	7.7571	0.12699	3464.3	3908.8	7.6837
800	0.19716	3655.3	4148.2	8.0720	0.16414	3653.5	4145.9	7.9862	0.14056	3651.8	4143.7	7.9134
900	0.21590	3847.9	4387.6	8.2853	0.17980	3846.5	4385.9	8.1990	0.15402	3845.0	4384.1	8.1276
1000	0.2346	4046.7	4633.1	8.4861	0.19541	4045.4	4631.6	8.4009	0.16743	4044.1	4630.1	8.3288
1100	0.2532	4251.5	4884.6	8.6762	0.21098	4250.3	4883.3	8.5912	0.18080	4249.2	4881.9	8.5192
1200	0.2718	4462.1	5141.7	8.8569	0.22652	4460.9	5140.5	8.7720	0.19415	4459.8	5139.3	8.8000
1300	0.2905	4677.8	5404.0	9.0291	0.24206	4676.6	5402.8	8.9442	0.20749	4675.5	5401.7	8.8723

【표 3-3 과열증기표】 (계속)

T ℃	v m³/kg	u kJ/kg	h kJ/kg	s kJ/kg K	v m³/kg	u kJ/kg	h kJ/kg	s kJ/kg K	v m³/kg	u kJ/kg	h kJ/kg	s kJ/kg K
	P=4.0 MPa(250.40 ℃)				P=4.5 MPa(257.49 ℃)				P=5.0 MPa(263.99 ℃)			
Sat.	0.04978	2602.3	2801.4	6.0701	0.04406	2600.1	2798.3	6.0198	0.03944	2597.1	2794.3	5.9734
275	0.05457	2667.9	2886.2	6.2285	0.04730	2650.3	2863.2	6.1401	0.04141	2631.3	2838.3	6.0544
300	0.05884	2725.3	2960.7	6.3615	0.05135	2712.0	2943.1	6.2828	0.04532	2698.0	2924.5	6.2084
350	0.06645	2826.7	3092.5	6.5821	0.05840	2817.8	3080.6	6.5131	0.05194	2808.7	3068.4	6.4493
400	0.07341	2919.9	3213.6	6.7690	0.06475	2913.3	3204.7	6.7047	0.05781	2906.6	3195.7	6.6459
450	0.08002	3010.2	3330.3	6.9363	0.07074	3005.0	3323.3	6.8746	0.06330	2999.7	3316.2	6.8186
500	0.08643	3099.5	3445.3	7.0901	0.07651	3095.3	3439.6	7.0301	0.06857	3091.0	3433.8	6.9759
600	0.09885	3279.1	3674.4	7.3688	0.08765	3276.0	3670.5	7.3110	0.07869	3273.0	3666.5	7;2589
700	0.11094	3462.1	3905.9	7.6198	0.09847	3459.9	3903.0	7.5631	0.08849	3457.6	3900.1	7.5122
800	0.12287	3650.0	4141.5	7.8502	0.10911	3648.3	4139.3	7.7942	0.09811	3646.6	4137.1	7.7440
900	0.13469	3843.6	4382.3	8.0647	0.11965	3842.2	4380.6	8.0091	0.10762	3840.7	4378.8	7.9593
1000	0.14645	4042.9	4628.7	8.2662	0.13013	4041.6	4627.2	8.2108	0.11707	4040.4	4625.7	8.1612
1100	0.15817	4248.0	4880.6	8.4567	0.14056	4246.8	4879.3	8.4015	0.12648	4245.6	4878.0	8.3520
1200	0.16987	4458.6	5138.1	8.6376	0.15098	4457.5	5136.9	8.5825	0.13587	4456.3	5135.7	8.5331
1300	0.18156	4674.3	5400.5	8.8100	0.16139	4673.1	5399.4	8.7549	0.14526	4672.0	5398.2	8.7055
	P=6.0 MPa(275.64 ℃)				P=7.0 MPa(285.88 ℃)				P=8.0 MPa(295.06 ℃)			
Sat.	0.03244	2589.7	2784.3	5.8892	0.02737	2580.0	2772.1	5.8133	0.02352	2569.8	2758.0	5.7432
300	0.03616	2667.2	2884.2	6.0674	0.02947	2632.2	2838.4	5.9305	0.02426	2590.9	2785.0	5.7906
350	0.04223	2789.6	3043.0	6.3335	0.03524	2769.4	3016.0	6.2283	0.02995	2747.7	2987.3	6.1301
400	0.04739	2892.9	3177.2	6.5408	0.03993	2878.6	3158.1	6.4478	0.03432	2863.8	3138.3	6.3634
450	0.05214	2988.9	3301.8	6.7193	0.04416	2978.0	3287.1	6.6327	0.03817	2966.7	3272.0	6.5551
500	0.05665	3082.2	3422.2	6.8803	0.04814	3073.4	3410.3	6.7975	0.04175	3064.3	3398.3	6.7240
550	0.06101	3174.6	3540.9	7.0288	0.0195	3167.2	3530.9	6.9486	0.04516	3159.8	3521.0	6.8778
600	0.06525	3266.9	3658.4	7.1677	0.05565	3260.7	3650.3	7.0894	0.04845	3254.4	3642.0	7.0206
700	0.07352	3453.1	3894.2	7.4234	0.06283	3448.5	3888.3	7.3476	0.05481	3443.9	3882.4	7.2812
800	0.08160	3643.1	4132.7	7.6566	0.06981	3639.5	4128.2	7.5822	0.06097	3636.0	4123.8	7.5173
900	0.08958	3837.8	4375.3	7.8727	0.07669	3835.0	4371.8	7.7991	0.06702	3832.1	4368.3	7.7351
1000	0.09749	4037.8	4622.7	8.0751	0.08350	4035.0	4619.8	8.0020	0.07301	4032.8	4616.9	7.9384
1100	0.10536	4243.3	4875.4	8.2661	0.09027	4240.9	4872.8	8.1933	0.07896	4238.6	4870.3	8.130
1200	0.11321	4454.0	5133.3	8.4474	0.09703	4451.7	5130.9	8.3747	0.08489	4449.5	5128.5	8.3115
1300	0.12106	4669.6	5396.0	8.6199	0.10377	4667.3	5393.7	8.5475	0.09080	4665.0	5391.5	8.4842
	P=9.0 MPa(303.40 ℃)				P=10.0 MPa(311.06 ℃)				P=12.5 MPa(327.89 ℃)			
Sat.	0.02048	2557.8	2742.1	5.6772	0.018026	2544.4	2724.7	5.6141	0.013495	2505.1	2673.8	5.4624
325	0.02327	2646.6	2856.0	5.8712	0.019861	2610.4	2809.1	5.7568				
350	0.02580	2724.4	2956.6	6.0361	0.02242	2699.2	2923.4	5.9443	0.016126	2624.6	2826.2	5.7118
400	0.02993	2848.4	3117.8	6.2854	0.02641	2832.4	3096.5	6.2120	0.02000	2789.3	3039.3	6.0417
450	0.03350	2955.2	3256.6	6.4844	0.02975	2943.4	3240.9	6.4190	0.02299	2912.5	3199.8	6.2719
500	0.03677	3055.2	3386.1	6.6576	0.03279	3045.8	3373.7	6.5966	0.02560	3021.7	3341.8	6.4618
550	0.03987	3152.2	3511.0	6.8142	0.03564	3144.6	3500.9	6.7561	0.02801	3125.0	3475.2	6.6290
600	0.04285	3248.1	3633.7	6.9589	0.03837	3241.7	3625.3	6.9029	0.03029	3225.4	3604.0	6.7810
650	0.04574	3343.6	3655.3	7.0943	0.04101	3338.2	3748.2	7.0398	0.03248	3324.4	3730.4	6.9218
700	0.04857	3439.3	3876.5	7.2221	0.04358	3434.7	3870.5	7.1687	0.03460	3422.9	3855.3	7.0536
800	0.05409	3632.5	4119.3	7.4596	0.04859	3628.9	4114.8	7.4077	0.03869	3620.0	4103.6	7.2965
900	0.05950	3829.2	4364.8	7.6783	0.05349	3826.3	4361.2	7.6272	0.04267	3819.1	4352.5	7.5182
1000	0.06485	4030.3	4614.0	7.8821	0.05832	4027.8	4611.0	7.8315	0.04658	4021.6	4603.8	7.7237
1100	0.07016	4236.3	4867.7	8.0740	0.06312	4234.0	4865.1	8.0237	0.05045	4228.2	4858.8	7.9165
1200	0.07544	4447.2	5126.2	8.2556	0.06789	4444.9	5123.8	8.2055	0.05430	4439.3	5118.0	8.0937
1300	0.08072	4662.7	5389.2	8.4284	0.07265	4460.5	5387.0	8.3783	0.05813	4654.8	5381.4	8.2717

【표 3-3 과열증기표】(계속)

T ℃	*v* m^3/kg	*u* kJ/kg	*h* kJ/kg	*s* kJ/kg K	*v* m^3/kg	*u* kJ/kg	*h* kJ/kg	*s* kJ/kg K	*v* m^3/kg	*u* kJ/kg	*h* kJ/kg	*s* kJ/kg K
	P=15.0 MPa(342.24 ℃)				*P*=17.5 MPa(354.75 ℃)				*P*=20.0 MPa(365.81 ℃)			
Sat.	0.010337	2455.5	2610.5	5.3098	0.007920	2390.2	2528.8	5.1419	0.005834	2293.0	2409.7	4.9269
350	0.011470	2520.4	2692.4	5.4421								
400	0.015649	2740.7	2975.5	5.8811	0.012447	2685.0	2902.9	5.7213	0.009942	2619.3	2818.1	5.5540
450	0.018445	2879.5	3156.2	6.1404	0.015174	2844.2	3109.7	6.0184	0.012695	2806.2	3060.1	5.9017
500	0.02080	2996.6	3308.6	6.3443	0.017358	2970.3	3274.1	6.2383	0.014768	2942.9	3238.2	6.1401
550	0.02293	3104.7	3448.6	6.5199	0.019288	3083.9	3421.4	6.4230	0.016555	3062.4	3393.5	6.3348
600	0.02491	3208.6	3582.3	6.6776	0.02106	3191.5	3560.1	6.5866	0.018178	3174.0	3537.6	6.5048
650	0.02680	3310.3	3712.3	6.8224	0.02274	3296.0	3693.9	6.7357	0.019693	3281.4	3675.3	6.6582
700	0.02861	3140.9	3840.1	6.9572	0.02434	3398.7	3824.6	6.8736	0.02113	3386.4	3809.0	6.7933
800	0.03210	3610.9	4092.4	7.2040	0.02738	3601.8	4081.1	7.1244	0.02385	3592.7	4069.7	7.0544
900	0.03546	3811.9	4343.8	7.4279	0.03031	3804.7	4335.1	7.3507	0.02645	3797.5	4326.4	7.2830
1000	0.03875	4015.4	4596.6	7.6348	0.03316	4009.3	4589.5	7.5589	0.02897	4003.1	4582.5	7.4925
1100	0.04200	4222.6	4852.6	7.8283	0.03597	4216.9	4846.4	7.7531	0.03145	4211.3	4840.2	7.6874
1200	0.04523	4433.8	5112.3	8.0108	0.03876	4428.3	5106.6	7.9360	0.03391	4422.8	5151.0	7.8704
1300	0.04845	4649.1	5376.0	8.1840	0.04154	4643.5	5370.5	8.1093	0.0.3636	4638.0	5365.1	8.0442
	P=25.0 MPa				*P*=30.0 MPa				*P*=35.0 MPa			
375	0.0019731	1798.7	1848.0	4.0320	0.0017892	1737.8	1791.5	3.9305	0.0017003	1702.9	1762.4	3.8722
400	0.006004	2430.1	2580.2	5.1418	0.002790	2067.4	2151.1	4.4728	0.002100	1714.1	1987.6	4.2126
425	0.007881	2609.2	2806.3	5.4723	0.005303	2455.1	2614.2	5.1504	0.003428	2253.4	2373.4	4.7747
450	0.009162	2720.7	2949.7	5.6744	0.006735	2619.3	2821.4	5.4424	0.004961	2498.7	2672.4	5.1962
500	0.011123	2884.3	3162.4	5.9592	0.008678	2820.7	3081.1	5.7905	0.006927	2751.9	2994.4	5.6282
550	0.012724	3017.5	3335.6	6.1765	0.010168	2970.3	3275.4	6.0342	0.008345	2921.0	3213.0	5.9026
600	0.014137	3137.9	3491.4	6.3602	0.011446	3100.5	3443.9	6.2331	0.009527	3062.0	3395.5	6.1179
650	0.015433	3251.6	3637.4	6.5229	0.012596	3221.0	3598.9	6.4058	0.01575	3189.8	3559.9	6.3010
700	0.016646	3361.3	3777.5	6.6707	0.013661	3335.8	3745.6	6.5606	0.011533	3309.8	3713.5	6.4631
800	0.018912	3574.3	4047.1	6.9345	0.15623	3555.5	4024.2	6.8332	0.013278	3536.7	4001.5	6.7450
900	0.021045	3783.0	4309.1	7.1680	0.017448	3768.5	4291.9	7.0718	0.014883	3754.0	4274.9	6.93.86
1000	0.02310	3990.9	4568.5	7.3802	0.019196	3978.8	4554.7	7.2867	0.016410	3966.7	4541.1	7.2064
1100	0.02512	4200.2	4828.2	7.5765	0.020903	4189.2	4816.3	7.4845	0.017895	4178.3	4804.6	7.4037
1200	0.02711	4412.0	5089.9	7.7605	0.022589	4401.3	5079.0	7.6692	0.019360	4390.7	5068.3	7.5910
1300	0.02910	4626.9	5354.4	7.9342	0.024266	4616.0	5344.0	7.8432	0.020815	4605.1	5333.6	7.7653
	P=40.0 MPa				*P*=50.0 MPa				*P*=60.0 MPa			
375	0.0016407	1677.1	1742.8	3.8290	0.0015594	1638.6	1716.6	3.7639	0.0015028	1609.4	1699.5	3.7141
400	0.0019077	1854.6	1930.9	4.1135	0.0017309	1788.1	1874.6	4.0031	0.0016335	1745.4	1843.4	3.9318
425	0.002532	2096.9	2198.1	4.5029	0.002007	1959.7	2060.0	4.2734	0.0018165	1892.7	2001.7	4.1626
450	0.003693	2365.1	2512.8	4.9459	0.002486	2159.6	2284.0	4.5884	0.002085	2053.9	2179.0	4.4121
500	0.005622	2678.4	2903.3	5.4700	0.003892	2525.5	2720.1	5.1726	0.002956	2390.6	2567.9	4.9321
550	0.006984	2869.7	3149.1	5.7785	0.005118	2763.6	3019.5	5.5485	0.003956	2658.8	2896.2	5.3441
600	0.008094	3022.6	3346.4	6.0114	0.006112	2942.0	3247.6	5.8178	0.004834	2861.1	3151.2	5.6452
650	0.009063	3158.0	3520.6	6.2054	0.006966	3093.5	3441.8	6.0342	0.005595	3028.8	3364.5	5.8829
700	0.009941	3283.6	3681.2	6.3750	0.007727	3230.5	3616.8	6.2189	0.006272	3177.2	3553.5	6.0824
800	0.011523	3517.8	3978.7	6.6662	0.009076	3479.8	3933.6	6.5290	0.007459	3441.5	3889.1	6.4109
900	0.012962	3739.4	4257.9	6.9150	0.010283	3710.3	4224.4	6.7882	0.008508	3681.0	4191.5	6.6805
1000	0.014324	3954.6	4527.6	7.1356	0.011411	3930.5	4501.1	7.0146	0.009480	3906.4	4475.2	6.9127
1100	0.015642	4167.4	4793.1	7.3364	0.012496	4145.7	4770.5	7.2184	0.010409	4124.1	4748.6	7.1195
1200	0.016940	4380.1	5057.7	7.5224	0.013561	4359.1	5037.2	7.4058	0.011317	4338.2	5017.2	7.3083
1300	0.018229	4594.3	5323.5	7.6969	0.014616	4572.8	5303.6	7.5808	0.012215	4551.4	5284.3	7.4837

자료 : Gordon J. Van Wylen and Richard E. Sonntag, *Fundamentals of Classical Thermodynamics*, English/SI Version, 3rd ed., Wiley, New York, 1986, pp.641~648, table A.1. 3. Originally published in Joseph H. Keenan, Frederick G. Keyes, Philip G. Hill, and Joan G. Moore, Steam Tables, SI Units, Wiley, New York, 1978.

▮부록 4. 압축액(압축수)표

T ℃	*v* m³/kg	*u* kJ/kg	*h* kJ/kg	*s* kJ/kg K	*v* m³/kg	*u* kJ/kg	*h* kJ/kg	*s* kJ/kg K	*v* m³/kg	*u* kJ/kg	*h* kJ/kg	*s* kJ/kg K
	P=2.5 MPa(223.99 ℃)				*P*=5.0 MPa(263.99 ℃)				*P*=7.5 MPa(290.59 ℃)			
Sat.	0.0011973	959.1	962.1	2.5546	0.0012859	1,147.8	1,154.2	2.9202	0.0013677	1,282.0	1,292.2	3.1649
0	0.0009990	−0.00	2.50	−0.0000	0.0009977	0.04	5.04	0.0001	0.0009965	0.06	7.54	0.0002
20	0.0010006	83.80	86.30	0.2961	0.0009995	83.65	88.65	0.2956	0.0009984	83.50	90.99	0.2950
40	0.0010067	167.25	169.77	0.5715	0.0010056	166.95	171.97	0.5705	0.0010045	166.64	174.18	0.5696
60	0.0010160	250.67	253.21	0.8298	0.0010149	250.23	255.30	0.8285	0.0010138	249.79	257.40	0.8272
80	0.0010280	334.29	336.86	1.0737	0.0010268	333.724	338.85	1.0720	0.0010256	333.15	340.84	1.0704
100	0.0010423	418.24	420.85	1.3050	0.0010410	17.52	422.72	1.3030	0.0010397	416.81	424.62	1.3011
120	0.0010590	502.68	505.33	1.5255	0.0010576	501.80	507.09	1.5233	0.0010562	500.94	508.86	1.5211
140	0.0010784	587.82	590.52	1.7369	0.0010768	586.76	592.15	1.7343	0.0010752	585.72	593.78	1.7317
160	0.0011006	673.90	676.65	1.9404	0.0010988	672.62	678.12	1.9375	0.0010970	671.37	679.59	1.9346
180	0.0011261	761.16	763.97	2.1375	0.0011240	759.63	765.25	2.1341	0.0011219	759.13	766.55	2.1308
200	0.0011555	849.9	852.8	2.3294	0.0011530	848.1	853.9	2.3255	0.0011505	846.3	854.9	2.3216
220	0.0011898	940.7	943.7	2.5174	0.0011866	938.4	944.4	2.5128	0.0011835	936.2	945.1	2.5083
240					0.0012264	1,037.5	1,037.5	2.6979	0.0012225	1,028.6	1,037.8	2.6925
260					0.0012749	1,127.9	1,134.3	2.8830	0.0012696	1,124.4	1,134.0	2.8763
280									0.0013288	1,225.4	1,235.4	3.0631
	P=10 MPa(311.96 ℃)				*P*=12.5 MPa(327.89 ℃)				*P*=15 MPa(342.24 ℃)			
Sat.	0.0014524	1,393.0	1,407.6	3.3596	0.0015466	1,495.2	1,511.2	3.5286	0.0016581	1585.6	1610.5	3.6848
0	0.0009952	0.09	10.04	0.0002	0.0009940	0.13	12.56	0.0003	0.0009928	0.15	15.05	0.0004
20	0.0009972	83.86	93.33	0.2945	0.0009961	83.21	95.67	0.2940	0.0009950	83.06	97.99	0.2934
40	0.0010034	166.35	176.38	0.5686	0.0010024	166.05	178.58	0.5676	0.0010013	165.76	180.78	0.5666
60	0.0010127	249.36	259.49	0.8258	0.0010116	248.94	261.58	0.8245	0.0010105	248.51	263.67	0.8232
80	0.0010245	332.59	342.83	1.0688	0.0010233	332.03	344.82	1.0672	0.0010222	331.48	346.81	1.0656
100	0.0010385	416.12	426.50	1.2992	0.0010373	415.42	428.39	1.2973	0.0010361	414.74	430.28	1.2955
120	0.0010549	500.08	510.64	1.5189	0.0010535	499.24	512.41	1.5167	0.0010522	498.40	514.19	1.5145
140	0.0010737	584.68	595.42	1.7292	0.0010722	583.66	597.07	1.7267	0.0010707	582.66	598.72	1.7242
160	0.0010953	670.13	681.08	1.9317	0.0010935	668.91	682.58	1.9288	0.0010918	667.71	684.09	1.9260
180	0.0011199	756.65	767.84	2.1275	0.0011178	755.19	769.16	2.1242	0.0011159	753.76	770.50	2.1210
200	0.0011480	844.5	856.0	2.3178	0.0011456	842.8	587.1	2.3141	0.0011433	841.0	858.2	2.3104
220	0.0011805	934.1	945.9	2.5039	0.0011776	932.0	946.7	2.4995	0.0011748	929.9	947.5	2.4953
240	0.0012187	1,026.0	1,038.1	2.6872	0.0012150	1,023.4	1,038.5	2.6821	0.0012114	1020.8	1039.0	2.6771
260	0.0012645	1,121.1	1,133.7	2.8699	0.0012597	1,117.8	1,133.5	2.8637	0.0012550	1114.6	1133.4	2.8576
280	0.0013216	1,220.9	1,234.1	3.0548	0.0013148	1,216.6	1,233.0	3.0469	0.0013084	1212.5	1232.1	3.0393
300	0.0013972	1,328.4	1,342.3	3.2469	0.0013867	1,322.3	1,339.6	3.2361	0.0013770	1316.6	1337.3	3.2260
320					0.0014895	1,439.9	1,458.5	3.4399	0.0014824	1431.1	1453.2	3.4247
340									0.0016311	1567.5	1591.9	3.6546

▌부록 4. 압축액(압축수)표 (계속)

T ℃	v m³/kg	u kJ/kg	h kJ/kg	s kJ/kg K	v m³/kg	u kJ/kg	h kJ/kg	s kJ/kg K	v m³/kg	u kJ/kg	h kJ/kg	s kJ/kg K
	P=20 MPa(365.81 ℃)				P=30 MPa				P=50 MPa			
Sat.	0.002036	1785.6	1826.3	4.0139								
0	0.0009904	0.19	20.01	0.0004	0.0009856	0.25	29.82	0.0001	0.0009766	0.20	49.03	0.0014
20	0.0009928	82.77	102.62	0.2923	0.0009886	82.17	111.84	0.2899	0.0009804	81.00	130.02	0.2848
40	0.0009992	165.17	185.16	0.5646	0.0009951	164.04	193.89	0.5607	0.0009872	1 61.86	211.21	0.5527
60	0.0010084	247.68	267.85	0.8206	0.0010042	246.06	276.19	0.8154	0.0009962	242.98	292.79	0.8052
80	0.0010199	330.40	350.80	1.0624	0.0010156	328.30	358.77	1.0561	0.0010073	324.34	374.70	1.0440
100	0.0010337	413.39	434.06	1.2917	0.0010290	410.78	441.66	1.2844	0.0010201	405.88	456.89	1.2703
120	0.0010496	496.76	517.76	1.5102	0.0010445	493.59	524.93	1.5018	0.0010348	487.65	539.39	1.4857
140	0.0010678	580.69	602.04	1.7193	0.0010621	576.88	608.75	1.7098	0.0010515	569.77	622.35	1.6915
160	0.0010885	665.35	687.12	1.9204	0.0010821	660.82	693.28	1.9096	0.0010703	652.41	705.92	1.8891
180	0.0011120	750.95	773.20	2.1147	0.0011047	745.59	778.73	2.1024	0.00109121	735.69	790.25	2.0794
200	0.0011388	837.7	860.5	2.3031	0.0011302	831.4	865.3	2.2893	0.0011146	819.7	875.5	2.2634
220	0.0011695	925.9	949.3	2.4870	0.001159	918.3	953.1	2.4711	0.0011408	904.7	961.7	2.4419
240	0.0012046	1016.0	1040.0	2.6674	0.0011920	1006.9	1042.6	2.6490	0.0011702	990.7	1049.2	2.6158
260	0.0012462	1108.6	1133.5	2.8459	0.0012303	1097.4	1134.3	2.8243	0.0012034	1078.1	1138.2	2.7860
280	0.0012965	1204.7	1230.6	3.0248	0.0012755	1190.7	1229.0	2.9986	0.0012415	1167.2	1229.3	2.9537
300	0.0013596	1306.1	1333.3	3.2071	0.0013304	1287.9	1327.8	3.1741	0.0012860	1258.7	1323.0	3.1200
320	0.0014437	1415.7	1444.6	3.3979	0.0013997	1390.7	1432.7	3.3539	0.0013388	1353.3	1420.2	3.2868
340	0.0015684	1539.7	1571.0	3.6075	0.0014920	1501.7	1546.5	63.5426	0.0014032	1452.0	1522.1	3.4557
360	0.0018266	1702.8	1739.3	3.8772	0.0016265	1626.6	1675.4	3.7494	0.0014838	1556.0	1630.2	3.6291
380					0.0018691	1781.4	1837.5	4.0012	0.0015884	1667.2	1746.6	3.8101

자료 : Gordon J. Van Wylen and Richard E, Sonntag, *Fundamentals of Classical Thermodynamics*, SI Version, 3rd ed., Wiley, New York, 1986, pp.627~628, table A.1.4. Originally published in Joseph H, Keenan, Frederick G. Keyes, Philip G. Hill, and Joan G. Moore, *Steam Tables*, SI Units, Wiley, New York, 1978.

부록 5. 포화고체(얼음) 증기표

포화 온도 ℃ T_{sat}	압력 kPa P_{sat}	비체적 m^3/kg		내부에너지 kJ/kg			엔탈피 kJ/kg			엔트로피 kJ/kg K		
		포화 얼음 v_s	포화 증기 v_g	포화 얼음 u_s	승화 u_{sg}	포화 증기 u_s	포화 얼음 h_s	승화 h_{sg}	포화 증기 h_s	포화 얼음 s_s	승화 s_{sg}	포화 증기 s_g
0.01	0.6113	1.0908	206.1	−333.40	2708.7	2375.3	−333.40	2834.8	2501.4	−1.221	10.378	9.156
0	0.6108	1.0908	206.3	−333.43	2708.8	2375.3	−333.43	2834.8	2510.3	−1.221	10.378	9.157
−2	0.5176	1.0904	241.7	−337.62	2710.2	2372.6	−337.62	2835.3	2497.7	−1.237	10.456	9.219
−4	0.4375	1.0901	283.8	−341.78	2711.6	2369.8	−341.78	2835.7	2494.0	−1.253	10.536	9.283
−6	0.3689	1.0898	334.2	−345.91	2712.9	2367.0	−345.91	2836.2	2490.3	−1.268	10.616	9.348
−8	0.3102	1.0894	394.4	−350.02	2714.2	2364.2	−350.02	2836.6	2486.6	−1.284	10.698	9.414
−10	0.2602	1.0891	466.7	−354.09	2715.5	2361.4	−354.09	2837.0	2482.9	−1.299	10.781	9.481
−12	0.2176	1.0888	553.7	−358.14	2716.8	2358.7	−358.14	2837.3	2479.2	−1.315	10.865	9.550
−14	0.1815	1.0884	658.8	−362.15	2718.0	2355.9	−362.15	2837.6	2475.5	−1.331	10.950	9.619
−16	0.1510	1.0881	786.0	−366.14	2719.2	2353.1	−366.14	2837.9	2471.8	−1.346	11.036	9.690
−18	0.1252	1.0878	940.5	−370.10	2720.4	2350.3	−370.10	2838.2	2468.1	−1.362	11.123	9.762
−20	0.1035	1.0874	1128.6	−374.03	2721.6	2347.5	−374.03	2838.4	2464.3	−1.377	11.212	9.835
−22	0.0853	1.0871	1358.4	−377.93	2722.7	2344.7	−377.93	2838.6	2460.6	−1.393	11.302	9.909
−24	0.0701	1.0868	1640.1	−381.80	2723.7	2342.0	−381.80	2838.7	2456.9	−1.408	11.394	9.985
−26	0.0574	1.0864	1986.4	−385.64	2724.8	2339.2	−385.64	2838.9	2453.2	−1.424	11.486	10.062
−28	0.0469	1.0861	2413.7	−389.45	2725.8	2336.4	−389.45	2839.0	2449.5	−1.439	11.580	10.141
−30	0.0381	1.0858	2943	−393.23	2726.8	2333.6	−393.23	2839.0	2445.8	−1.455	11.676	10.221
−32	0.0309	1.0854	3600	−396.98	2727.8	2330.8	−396.98	2839.1	2442.1	−1.471	11.773	10.303
−34	0.0250	1.0851	4419	−400.71	2728.7	2328.0	−400.71	2839.1	2438.4	−1.486	11.872	10.386
−36	0.0201	1.0848	5444	−404.40	2729.6	2325.2	−404.40	2839.1	2434.7	−1.501	11.972	10.470
−38	0.0161	1.0844	6731	−408.06	2730.5	2322.4	−408.06	2839.0	2430.9	−1.517	12.073	10.556
−40	0.0129	1.0841	8354	−411.70	2731.3	2319.6	−411.70	2839.9	2427.2	−1.532	12.176	10.644

자료 : Gordon J. Van Wylen and Richard E, Sonntag, *Fundamentals of Classical Thermodynamics*, SI Version, 3rd ed., Wiley, New York, 1986, p.629, table A.1.5. Originally published in Joseph H, Keenan, Frederick G. Keyes, Philip G. Hill, and Joan G. Moore, *Steam Tables*, SI Units, Wiley, New York, 1978.

▌부록 6. 암노니아(NH_3)의 포화증기 및 과열증기표

【표 6-1 암모니아(R717, NH_3)의 포화증기표(온도기준)】

온도	압력	비체적 [m^3/kg]		엔탈피 [kJ/kg]			엔트로피 [kJ/kg K]		
t, ℃	P, MPa	포화액 v_L	포화증기 v_V	포화액 h_L	증발 h_{LV}	포화증기 h_V	포화액 s_L	증발 s_{LV}	포화증기 s_V
-70	0.01094	0.001380	9.00786	-110.81	1466.37	1355.55	-0.3094	7.2181	6.9088
-65	0.01562	0.001390	6.45223	-89.51	1454.24	1364.73	-0.2058	6.9865	6.7807
-60	0.02189	0.001401	4.70573	-68.06	1441.80	1373.73	-0.1040	6.7642	6.6602
-55	0.03014	0.001413	3.48955	-46.47	1429.03	1382.56	-0.0040	6.5507	6.5467
-50	0.04084	0.001424	2.62775	-24.73	1415.91	1391.19	0.0945	6.3451	6.4396
-45	0.05449	0.001436	2.00708	-2.85	1402.44	1399.59	0.1914	6.1470	6.3384
-40	0.07169	0.001449	1.55328	19.17	1388.59	1407.76	0.2867	5.9558	6.2425
-38	0.07971	0.001454	1.40678	28.01	1382.95	1410.96	0.3245	5.8811	6.2056
-36	0.08845	0.001459	1.27649	36.88	1377.23	1414.11	0.3619	5.8074	6.1694
-34	0.09795	0.001465	1.16039	45.77	1371.46	1417.23	0.3992	5.7347	6.1339
-33.33	0.101325	0.001466	1.12417	48.76	1369.50	1418.26	0.4117	5.7104	6.1221
-32	0.10826	0.001470	1.05672	54.67	1365.62	1420.29	0.4362	5.6629	6.0992
-30	0.11943	0.001475	0.96396	63.60	1359.71	1423.31	0.4730	5.5921	6.0651
-28	0.13151	0.001481	0.88082	72.55	1353.73	1426.28	0.5096	5.5221	6.0317
-26	0.14457	0.001486	0.80614	81.52	1347.69	1429.21	0.5460	5.4529	5.9989
-24	0.15864	0.001492	0.73896	90.51	1341.57	1432.08	0.5821	5.3846	5.9667
-22	0.17379	0.001498	0.67840	99.52	1335.39	1434.91	0.6180	5.3171	5.9351
-20	0.19008	0.001503	0.62373	108.55	1329.13	1437.68	0.6538	5.2504	5.9041
-18	0.20756	0.001509	0.57428	117.60	1322.79	1440.39	0.6893	5.1844	5.8736
-16	0.22631	0.001515	0.52949	126.67	1316.38	1443.06	0.7246	5.1191	5.8437
-14	0.24637	0.001521	0.48885	135.76	1309.90	1445.66	0.7597	5.0546	5.8143
-12	0.26782	0.001527	0.45192	144.88	1303.34	1448.21	0.7946	4.9908	5.7853
-10	0.29071	0.001534	0.41830	154.01	1296.70	1450.71	0.8293	4.9276	5.7569
-8	0.31513	0.001540	0.38767	163.16	1289.97	1453.14	0.8638	4.8651	5.7289
-6	0.34114	0.001546	0.35970	172.34	1283.17	1455.51	0.8981	4.8032	5.7013
-4	0.36880	0.001553	0.33414	181.54	1276.28	1457.81	0.9323	4.7419	5.6741
-2	0.39819	0.001559	0.31074	190.76	1269.30	1460.06	0.9662	4.6812	5.6474
0	0.42938	0.001566	0.28930	200.00	1262.24	1462.24	1.0000	4.6210	5.6210
2	0.46246	0.001573	0.26962	209.27	1255.09	1464.35	1.0336	4.5615	5.5951
4	0.49748	0.001580	0.25153	218.55	1247.84	1466.40	1.0670	4.5024	5.5695
6	0.53453	0.001587	0.23489	227.87	1240.51	1468.37	1.1003	4.4439	5.5442
8	0.57370	0.001594	0.21956	237.20	1233.08	1470.28	1.1334	4.3858	5.5192
10	0.61505	0.001601	0.20543	246.57	1225.55	1472.11	1.1664	4.3283	5.4946
12	0.65866	0.001608	0.19237	255.95	1217.92	1473.88	1.1992	4.2712	5.4703
14	0.70463	0.001616	0.18031	265.37	1210.19	1475.56	1.2318	4.2145	5.4463
16	0.75303	0.001623	0.16914	274.81	1202.36	1477.17	1.2643	4.1583	5.4226
18	0.80395	0.001631	0.15879	284.28	1194.42	1478.70	1.2967	4.1024	5.3991
20	0.85748	0.001639	0.14920	293.78	1186.37	1480.16	1.3289	4.0470	5.3759
22	0.91369	0.001647	0.14029	303.31	1178.22	1481.53	1.3610	3.9919	5.3529
24	0.97268	0.001655	0.13201	312.87	1169.94	1482.82	1.3929	3.9372	5.3301
26	1.0345	0.001663	0.12431	322.47	1161.55	1484.02	1.4248	3.8829	5.3076
28	1.0993	0.001672	0.11714	332.09	1153.05	1485.14	1.4565	3.8288	5.2853

【표 6-1 암모니아(R717, NH_3)의 포화증기표(온도기준)】 (계속)

온도 t, ℃	압력 P, MPa	비체적 [m^3/kg] 포화액 v_L	포화증기 v_V	엔탈피 [kJ/kg] 포화액 h_L	증발 h_{LV}	포화증기 h_V	엔트로피 [kJ/kg K] 포화액 s_L	증발 s_{LV}	포화증기 s_V
30	1.1672	0.001680	0.11046	341.76	1144.41	1486.17	1.4881	3.7751	5.2631
32	1.2382	0.001689	0.10422	351.45	1135.65	1487.11	1.5196	3.7216	5.2412
34	1.3124	0.001698	0.09840	361.19	1126.76	1487.95	1.5509	3.6684	5.2194
36	1.3900	0.001707	0.09296	370.96	1117.74	1488.70	1.5822	3.6155	5.1978
38	1.4709	0.001716	0.08787	380.78	1108.58	1489.36	1.6134	3.5628	5.1763
40	1.5554	0.001726	0.08310	390.64	1099.27	1489.91	1.6446	3.5104	5.1549
42	1.6435	0.001736	0.07863	400.54	1089.82	1490.36	1.6756	3.4581	5.1337
44	1.7353	0.001745	0.07445	410.48	1080.22	1490.70	1.7065	3.4060	5.1126
46	1.8310	0.001756	0.07052	420.48	1070.46	1490.94	1.7374	3.3541	5.0915
48	1.9305	0.001766	0.06682	430.52	1060.54	1491.06	1.7683	3.3023	5.0706
50	2.0340	0.001777	0.06335	440.62	1050.46	1491.07	1.7990	3.2507	5.0497
55	2.3111	0.001804	0.05554	466.10	1024.47	1490.57	1.8758	3.1220	4.9977
60	2.6156	0.001834	0.04880	491.97	997.30	1489.27	1.9523	2.9935	4.9458
65	2.9491	0.001866	0.04296	518.26	968.82	1487.09	2.0288	2.8651	4.8939
70	3.3135	0.001900	0.03787	545.04	938.90	1483.94	2.1054	2.7361	4.8415
75	3.7105	0.001937	0.03342	572.38	907.35	1479.72	2.1823	2.6062	4.7885
80	4.1420	0.001978	0.02951	600.34	873.97	1474.31	2.2596	2.4748	4.7344
85	4.6100	0.002022	0.02606	629.04	838.49	1467.53	2.3377	2.3412	4.6789
90	5.1167	0.002071	0.02300	658.61	800.58	1459.19	2.4168	2.2045	4.6213
95	5.6643	0.002127	0.02027	689.19	759.82	1449.01	2.4973	2.0639	4.5612
100	6.2553	0.002190	0.01782	721.00	715.63	1436.63	2.5797	1.9178	4.4975
105	6.8923	0.002263	0.01561	754.35	667.21	1421.57	2.6647	1.7644	4.4291
110	7.5783	0.002350	0.01360	789.68	613.39	1403.08	2.7533	1.6009	4.3543
115	8.3170	0.002456	0.01174	827.74	552.26	1379.99	2.8474	1.4228	4.2702
120	9.1125	0.002594	0.00999	869.92	480.31	1350.23	2.9502	1.2217	4.1719
125	9.9702	0.002795	0.00828	919.68	389.44	1309.12	3.0702	0.9781	4.0483
130	10.898	0.003202	0.00638	992.02	247.30	1239.32	3.2437	0.6134	3.8571
132.25	11.333	0.004444	0.00444	1119.22	0	1119.22	3.5542	0	3.5542

1) REFPROP, Version 7.0을 사용하여 작성한 것으로 2005 ASHRAE Handbook의 표와도 수값이 일치함.
2) IIR(국제냉동기구)의 기준에 따라 0℃에서 포화액 엔탈피를 200 kJ/kg, 엔트로피를 1 kJ/kg K로 선택함.

【표 6-2 암모니아(R717, NH_3)의 과열증기표】

P, MPa	포화증기	온도 t, ℃																
0.07	−40.45	−40	−20	0	20	40	60	80	100	120	140	160	180	2 00	220	240	260
v, m^3/kg	1.58833	1.59169	1.74006	1.88528	2.02870	2.17101	2.31261	2.45373	2.59451	2.73505	2.87540	3.01561	3.15571	3.29572	3.43566	3.57554	3.71538
h, kJ/kg	1407.05	1408.04	1451.99	1495.02	1537.80	1580.70	1623.95	1667.67	1711.98	1756.95	1802.63	1849.07	1896.30	1944.34	1993.23	2042.98	2093.61
s, kJ/kg·K	6.2509	6.2551	6.4360	6.5996	6.7508	6.8924	7.0262	7.1537	7.2757	7.3931	7.5064	7.6162	7.7227	7.8265	7.9277	8.0266	8.1233
0.08	−37.93		−20	0	20	40	60	80	100	120	140	160	180	200	220	240	260
v, m^3/kg	1.40202		1.51929	1.64711	1.77311	1.89799	2.02216	2.14585	2.26919	2.39229	2.51521	2.63798	2.76064	2.88322	3.00672	3.12817	3.25057
h, kJ/kg	1411.07		1450.85	1494.19	1537.16	1580.20	1623.53	1667.33	1711.69	1756.70	1802.41	1848.87	1896.12	1944.19	1993.09	2042.85	2093.49
s, kJ/kg·K	6.2043		6.3673	6.5321	6.6840	6.8260	6.9601	7.0877	7.2099	7.3274	7.4408	7.5506	7.6573	7.7611	7.8623	7.9612	8.0580
0.09	−35.66		−20	0	20	40	60	80	100	120	140	160	180	200	220	240	260
v, m^3/kg	1.25589		1.34756	1.46186	1.57431	1.68564	1.79625	1.90638	2.01616	2.12570	2.23506	2.34427	2.45337	2.56238	2.67133	2.78021	2.88905
h, kJ/kg	1414.64		1449.70	1493.34	1536.52	1579.68	1623.11	1666.98	1711.39	1756.44	1802.19	1848.68	1895.95	1944.03	1992.95	2042.72	2093.37
s, kJ/kg·K	6.1633		6.3063	6.4723	6.6248	6.7672	6.9017	7.0295	7.1518	7.2694	7.3829	7.4928	7.5995	7.7033	7.8046	7.9035	8.0003
0.1	−33.59		−20	0	20	40	60	80	100	120	140	160	180	200	220	240	260
v, m^3/kg	1.13809		1.21016	1.31365	1.41527	1.51576	1.61552	1.71480	1.81374	1.91243	2.01094	2.10930	2.20755	2.30572	2.40381	2.50185	2.59984
h, kJ/kg	1417.86		1448.53	1492.50	1535.87	1579.17	1622.70	1666.63	1711.10	1756.19	1801.96	1848.48	1895.77	1943.87	1992.81	2042.59	2093.25
s, kJ/kg·K	6.1267		6.2513	6.4184	6.5717	6.7146	6.8493	6.9774	7.0998	7.2175	7.3311	7.4410	7.5478	7.6516	7.7529	7.8519	7.9487
0.15	−25.21		−20	0	20	40	60	80	100	120	140	160	180	200	220	240	260
v, m^3/kg	0.77876		0.79779	0.86894	0.93810	1.00609	1.07333	1.14007	1.20647	1.27261	1.33857	1.40439	1.47010	1.53572	1.60126	1.66675	1.73219
h, kJ/kg	1430.35		1442.60	1488.21	1532.62	1576.60	1620.60	1664.88	1709.61	1754.91	1800.85	1847.49	1894.89	1943.08	1992.09	2041.95	2092.67
s, kJ/kg·K	5.9861		6.0350	6.2085	6.3654	6.5105	6.6467	6.7758	6.8990	7.0172	7.1312	7.2414	7.3484	7.4525	7.5539	7.6530	7.7500
0.2	−18.85			0	20	40	60	80	100	120	140	160	180	200	220	240	260
v, m^3/kg	0.59465			0.64649	0.69947	0.75122	0.80221	0.85269	0.90282	0.95270	1.00239	1.05193	1.10137	1.15071	1.19999	1.24920	1.29837
h, kJ/kg	1439.25			1483.83	1529.31	1574.00	1618.49	1663.12	1708.12	1753.62	1799.72	1846.50	1894.01	1942.30	1991.38	2041.31	2092.08
s, kJ/kg·K	5.8865			6.0557	6.2164	6.3638	6.5016	6.6317	6.7556	6.8744	6.9888	7.0993	7.2065	7.3108	7.4124	7.5116	7.6087
0.3	−9.22			0	20	40	60	80	100	120	140	160	180	200	220	240	260
v, m^3/kg	0.40608			0.42382	0.46073	0.49630	0.53106	0.56530	0.59917	0.63278	0.66620	0.69947	0.73264	0.76571	0.79871	0.83165	0.86455
h, kJ/kg	1451.65			1474.73	1522.54	1568.72	1614.22	1659.58	1705.12	1751.04	1797.47	1844.52	1892.25	1940.72	1989.96	2040.01	2090.90
s, kJ/kg·K	5.7459			5.8319	6.0009	6.1533	6.2941	6.4264	6.5518	6.6717	6.7868	6.8980	7.0058	7.1104	7.2123	7.3118	7.4091

【표 6-2 암모니아(R717, NH_3)의 과열증기표】 (계속)

P, MPa	포화증기	온도 t, ℃															
0.4	−1.88			0	20	40	60	80	100	120	140	160	180	200	220	240	260
v, m^3/kg	0.30941			0.31225	0.34125	0.36878	0.39545	0.42158	0.44732	0.47281	0.49810	0.52324	0.54827	0.57320	0.59807	0.62288	0.64763
h, kJ/kg	1460.19			1465.15	1515.55	1563.32	1609.89	1656.00	1702.10	1748.45	1795.21	1842.53	1890.48	1939.13	1988.53	2038.72	2089.73
s, kJ/kg·K	5.6458			5.6640	5.8422	5.9999	6.1440	6.2784	6.4054	6.5264	6.6424	6.7543	6.8625	6.9675	7.0698	7.1695	7.2670
0.6	9.28				20	40	60	80	100	120	140	160	180	200	220	240	260
v, m^3/kg	0.21035				0.22151	0.24113	0.25977	0.27781	0.29545	0.31282	0.32998	0.34699	0.36389	0.38070	0.39743	0.41410	0.43072
h, kJ/kg	1471.47				1500.83	1552.17	1601.03	1648.73	1695.98	1743.21	1790.66	1838.53	1886.93	1935.95	1985.67	2036.13	2087.36
s, kJ/kg·K	5.5034				5.6055	5.7749	5.9262	6.0653	6.1954	6.3187	6.4364	6.5496	6.6588	6.7647	6.8676	6.9679	7.0658
0.8	17.85				20	40	60	80	100	120	140	160	180	200	220	240	260
v, m^3/kg	0.15955				0.16135	0.17717	0.19185	0.20588	0.21949	0.23281	0.24591	0.25886	0.27170	0.28444	0.29710	0.30971	0.32226
h, kJ/kg	1478.59				1484.97	1540.47	1591.88	1641.30	1689.77	1737.90	1786.07	1834.50	1883.36	1932.76	1982.79	2033.52	2085.00
s, kJ/kg·K	5.4009				5.4227	5.6060	5.7651	5.9092	6.0427	6.1684	6.2879	6.4023	6.5126	6.6193	6.7229	6.8237	6.9221
1	24.90					40	60	80	100	120	140	160	180	200	220	240	260
v, m^3/kg	0.12850					0.13866	0.15104	0.16269	0.17389	0.18478	0.19546	0.20598	0.21638	0.22668	0.23691	0.24707	0.25719
h, kJ/kg	1483.37					1528.17	1582.43	1633.69	1683.45	1732.53	1781.43	1830.43	1879.76	1929.55	1979.91	2030.91	2082.62
s, kJ/kg·K	5.3200					5.4667	5.6348	5.7842	5.9213	6.0494	6.1707	6.2865	6.3979	6.5054	6.6096	6.7110	6.8099
1.5	38.70					40	60	80	100	120	140	160	180	200	220	240	260
v, m^3/kg	0.08617					0.08684	0.09638	0.10497	0.11301	0.12070	0.12816	0.13544	0.14260	0.14966	0.15664	0.16355	0.17042
h, kJ/kg	1489.56					1494.05	1557.23	1613.82	1667.15	1718.80	1769.62	1820.13	1870.67	1921.45	1972.64	2024.34	2076.65
s, kJ/kg·K	5.1688					5.1832	5.3789	5.5439	5.6908	5.8257	5.9518	6.0712	6.1852	6.2949	6.4008	6.5036	6.6036
2	49.35						60	80	100	120	140	160	180	200	220	240	260
v, m^3/kg	0.06445						0.06875	0.07595	0.08248	0.08861	0.09447	0.10015	0.10570	0.11114	0.11649	0.12179	0.12703
h, kJ/kg	1491.08						1529.23	1592.56	1650.07	1704.58	1757.50	1809.62	1861.43	1913.24	1965.29	2017.72	2070.64
s, kJ/kg·K	5.0565						5.1729	5.3576	5.5160	5.6584	5.7897	5.9129	6.0298	6.1417	6.2494	6.3536	6.4548
3	65.72							80	100	120	140	160	180	200	220	240	260
v, m^3/kg	0.04217							0.04653	0.05174	0.05639	0.06071	0.06481	0.06876	0.07259	0.07634	0.08001	0.08363
h, kJ/kg	1486.69							1544.46	1613.05	1674.50	1732.23	1787.91	1842.48	1896.50	1950.35	2004.29	2058.49
s, kJ/kg·K	4.8863							5.0534	5.2424	5.4029	5.5462	5.6778	5.8010	5.9176	6.0291	6.1363	6.2399

【표 6-2 암모니아(R717, NH_3)의 과열증기표】 (계속)

P, MPa	포화증기	온도 t, ℃															
4	78.40							80	100	120	140	160	180	200	220	240	260
v, m^3/kg	0.03071							0.03117	0.03609	0.04013	0.04374	0.04709	0.05026	0.05330	0.05625	0.05912	0.06193
h, kJ/kg	1476.18							1484.41	1570.95	1641.75	1705.39	1765.21	1822.87	1879.30	1935.09	1990.63	2046.17
s, kJ/kg·K	4.7518							4.7752	5.0139	5.1988	5.3567	5.4982	5.6283	5.7502	5.8657	5.9761	6.0822
5	88.88								100	120	140	160	180	200	220	240	260
v, m^3/kg	0.02365								0.02636	0.03023	0.03348	0.03641	0.03913	0.04171	0.04418	0.04657	0.04891
h, kJ/kg	1461.20								1521.09	1605.53	1676.68	1741.39	1802.54	1861.62	1919.50	1976.72	2033.67
s, kJ/kg·K	4.6344								4.7974	5.0181	5.1947	5.3477	5.4857	5.6133	5.7331	5.8469	5.9558
6	97.89								100	120	140	160	180	200	220	240	260
v, m^3/kg	0.01882								0.01938	0.02346	0.02656	0.02924	0.03168	0.03396	0.03613	0.03821	0.04022
h, kJ/kg	1442.16								1457.13	1564.56	1645.68	1716.28	1781.42	1843.42	1903.55	1962.58	2021.01
s, kJ/kg·K	4.5249								4.5651	4.8461	5.0475	5.2144	5.3615	5.4954	5.6199	5.7372	5.8489
7	105.81									120	140	160	180	200	220	240	260
v, m^3/kg	0.01527									0.01841	0.02154	0.02409	0.02634	0.02842	0.03037	0.03223	0.03402
h, kJ/kg	1418.83									1516.50	1611.82	1689.69	1759.43	1824.67	1887.24	1948.19	2008.17
s, kJ/kg·K	4.4175									4.6709	4.9076	5.0918	5.2492	5.3901	5.5197	5.6408	5.7555
8	112.90									120	140	160	180	200	220	240	260
v, m^3/kg	0.01250									0.01432	0.01767	0.02018	0.02232	0.02425	0.02604	0.02774	0.02936
h, kJ/kg	1390.35									1456.18	1574.24	1661.38	1736.49	1805.35	1870.56	1933.55	1995.16
s, kJ/kg·K	4.3069									4.4759	4.7694	4.9755	5.1451	5.2939	5.4289	5.5541	5.6719

▌부록 7. H_2O의 증기선도 ($h-s$ chart)

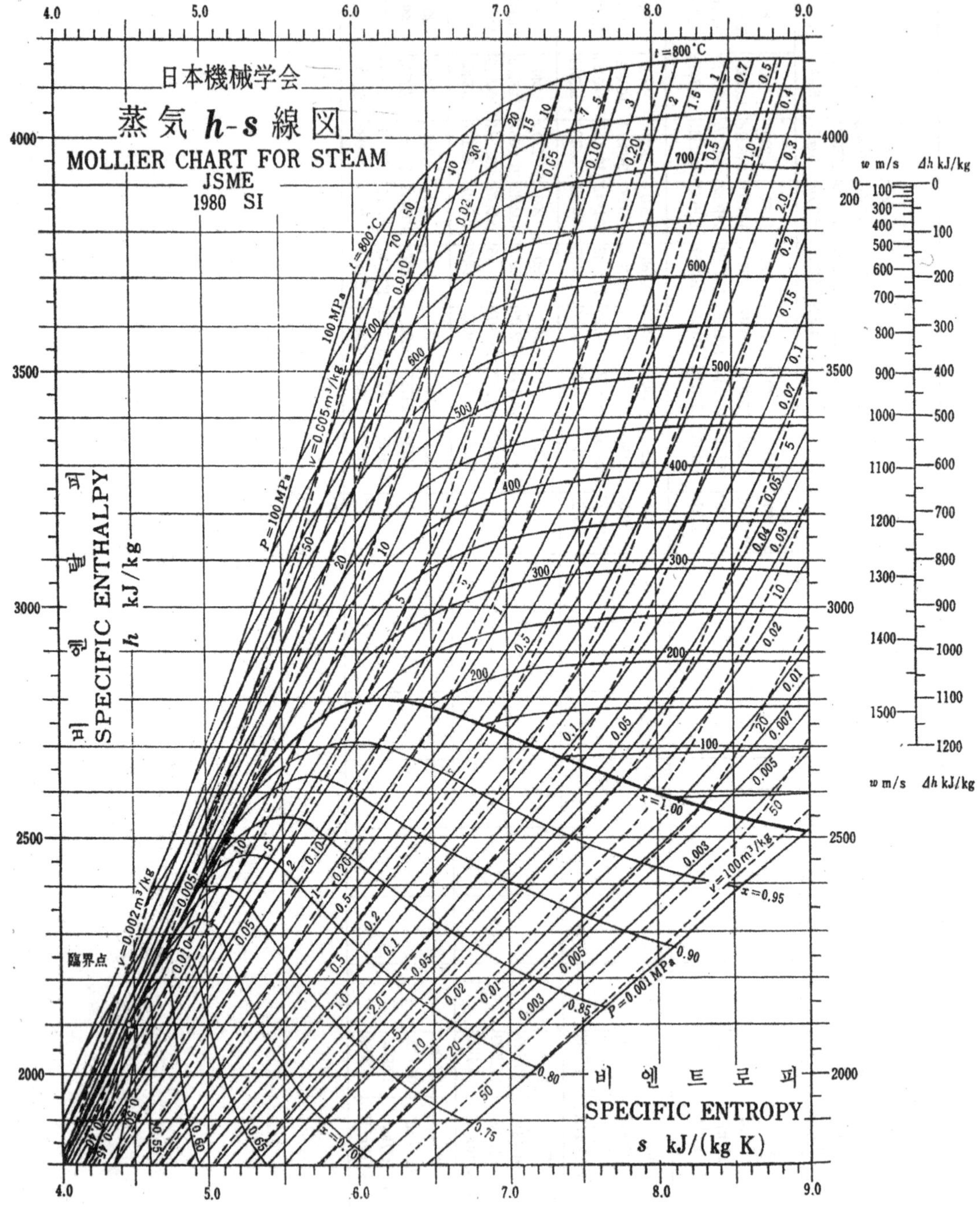

■ 부록 8. NH_3의 냉매선도 ($p-s$ chart)

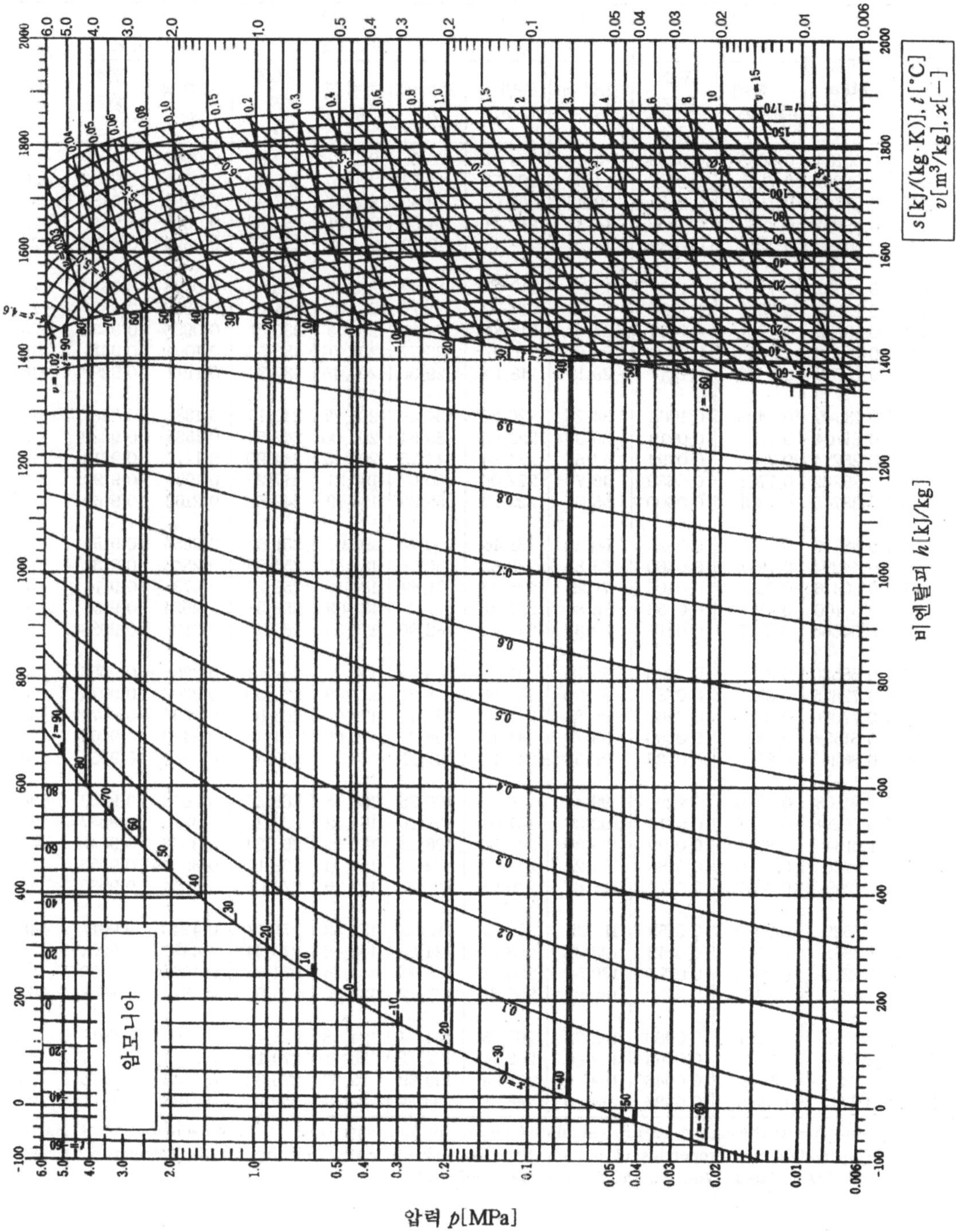

▌부록 9. R-134a의 포화증기표 및 과열증기표

온도 ℃	압력 MPa	비체적 m^3/kg		내부에너지 kJ/kg		엔탈피 kJ/kg			엔트로피 kJ/kg K		온도 ℃
		포화액 $v_f \times 10^{-3}$	포화증기 v_g	포화액 u_f	증발열 u_g	포화액 h_f	증발열 h_{fg}	포화증기 h_g	포화액 s_f	포화증기 s_g	
−40	0.05164	0.7055	0.3569	−0.04	204.45	0.00	222.88	222.88	0.0000	0.9560	−40
−36	0.06332	0.7113	0.2947	4.68	206.73	4.73	220.67	225.40	0.0201	0.9506	−36
−32	0.07704	0.7172	0.2451	9.47	209.01	9.52	218.37	227.90	0.0401	0.9456	−32
−28	0.09305	0.7233	0.2052	14.31	211.29	14.37	216.01	230.38	0.0600	0.9411	−28
−26	0.10199	0.7265	0.1882	16.75	212.43	16.82	214.80	231.62	0.0699	0.9390	−26
−24	0.11160	0.7296	0.1728	19.21	213.57	19.29	213.57	232.85	0.0798	0.9370	−24
−22	0.12192	0.7328	0.1590	21.68	214.70	21.77	212.32	234.08	0.0897	0.9351	−22
−20	0.13299	0.7361	0.1464	24.17	215.84	24.26	211.05	235.31	0.0996	0.9332	−20
−18	0.14483	0.7395	0.1350	26.67	216.97	26.77	209.76	236.53	0.1094	0.9315	−18
−16	0.15748	0.7428	0.1247	29.18	218.10	29.30	208.45	237.74	0.1192	0.9298	−16
−12	0.18540	0.7498	0.1068	34.25	220.36	34.39	205.77	240.15	0.1388	0.9267	−12
−8	0.21704	0.7569	0.0919	39.38	222.60	39.54	203.00	242.54	0.1583	0.9239	−8
−4	0.25274	0.7644	0.0794	44.56	224.84	44.75	200.15	244.90	0.1777	0.9213	−4
0	0.29282	0.7721	0.0689	49.79	227.06	50.02	197.21	247.23	0.1970	0.9190	0
4	0.33765	0.7801	0.0600	55.08	229.27	55.35	194.19	249.53	0.2162	0.9169	4
8	0.38756	0.7884	0.0525	60.43	231.46	60.73	191.07	251.80	0.2354	0.9150	8
12	0.44294	0.7971	0.0460	65.83	233.63	66.18	187.85	254.03	0.2545	0.9132	12
16	0.50416	0.8062	0.0405	71.29	235.78	71.69	184.52	256.22	0.2735	0.9116	16
20	0.57160	0.8157	0.0358	76.80	237.91	77.26	181.09	258.36	0.2924	0.9102	20
24	0.64566	0.8257	0.0317	82.37	240.01	82.90	177.55	260.45	0.3113	0.9089	24
26	0.68530	0.8309	0.0298	85.18	241.05	85.75	175.73	261.48	0.3208	0.9082	26
28	0.72675	0.8362	0.0281	88.00	242.08	88.61	173.89	262.50	0.3302	0.9076	28
30	0.77006	0.8417	0.0265	90.84	243.10	91.49	172.00	263.50	0.3396	0.9070	30
32	0.81528	0.8473	0.0250	93.70	244.12	94.39	170.09	264.48	0.3490	0.9064	32
34	0.86247	0.8530	0.0236	96.58	245.12	97.31	168.14	265.45	0.3584	0.9058	34
36	0.91168	0.8590	0.0223	99.47	246.11	100.25	166.15	266.40	0.3678	0.9053	36
38	0.96298	0.8651	0.0210	102.38	247.09	103.11	164.12	267.33	0.3772	0.9047	38
40	1.0164	0.8714	0.0199	105.30	248.06	106.19	162.05	268.24	0.3866	0.9041	40
42	1.0720	0.8780	0.0188	108.25	249.02	109.19	159.94	269.14	0.3960	0.9035	42
44	1.1299	0.8847	0.0177	111.22	249.96	112.22	157.79	270.01	0.4054	0.9030	44
48	1.2526	0.8989	0.0159	117.22	251.79	118.35	153.33	271.68	0.4243	0.9017	48
52	1.3851	0.9142	0.0142	123.31	253.55	124.58	148.66	273.24	0.4432	0.9004	52
56	1.5278	0.9308	0.0127	129.51	255.23	130.93	143.75	274.68	0.4622	0.8990	56
60	1.6813	0.9488	0.0114	135.82	256.81	137.42	138.57	275.99	0.4814	0.8973	60
70	2.1162	1.0027	0.0086	152.22	260.15	154.34	124.08	278.43	0.5302	0.8918	70
80	2.6324	1.0766	0.0064	169.88	262.14	172.71	106.41	279.12	0.5814	0.8827	80
90	3.2435	1.1949	0.0046	189.82	261.34	193.69	82.63	276.32	0.6380	0.8655	90
100	3.9742	1.5443	0.0027	218.60	248.49	224.74	34.40	259.13	0.7196	0.8117	100

자료 : **Table A−10 through A-12 are calculated based on equations from D. P. Wilson and R. S. Basu, "Thermodynamic Properties of a New Stratospherically Safe Working Fluid−Refrigerant 134a," *ASHRAE Trans.*, Vol. 94, Pt. 2, 1988, pp. 2095~2118.**

부록 9. R-134a의 포화증기표 및 과열증기표 (계속)

압력 MPa	온도 ℃	비체적 m^3/kg 포화액 $v_f \times 10^{-3}$	비체적 m^3/kg 포화증기 v_g	내부에너지 kJ/kg 포화액 u_f	내부에너지 kJ/kg 증발열 u_g	엔탈피 kJ/kg 포화액 h_f	엔탈피 kJ/kg 증발열 h_{fg}	엔탈피 kJ/kg 포화증기 h_g	엔트로피 kJ/kg K 포화액 s_f	엔트로피 kJ/kg K 포화증기 s_g	압력 MPa
0.06	-37.07	0.7097	0.3100	3.41	206.12	3.46	221.27	224.72	0.0147	0.9520	0.06
0.08	-31.21	0.7184	0.2366	10.41	209.46	10.47	217.92	228.39	0.0440	0.9447	0.08
0.10	-26.43	0.7258	0.1917	16.22	212.18	16.29	215.06	231.35	0.0678	0.9395	0.10
0.12	-22.36	0.7323	0.1614	21.23	214.50	21.32	212.54	233.86	0.0879	0.9354	0.12
0.14	-18.80	0.7381	0.1395	25.66	216.52	25.77	210.27	236.04	0.1055	0.9322	0.14
0.16	-15.62	0.7435	0.1229	29.66	218.32	29.78	208.19	237.97	0.1211	0.9295	0.16
0.18	-12.73	0.7485	0.1098	33.31	219.94	33.45	206.26	239.71	0.1352	0.9273	0.18
0.20	-10.09	0.7532	0.0993	36.69	221.43	36.84	204.46	241.30	0.1481	0.9253	0.20
0.24	-5.37	0.7618	0.0834	42.77	224.07	42.95	201.14	244.09	0.1710	0.9222	0.24
0.28	-1.23	0.7697	0.0719	48.18	226.38	48.39	198.13	246.52	0.1911	0.9197	0.28
0.32	2.48	0.7770	0.0632	53.06	228.43	53.31	195.35	248.66	0.2089	0.9177	0.32
0.36	5.84	0.7839	0.0564	57.54	230.28	57.82	192.76	250.58	0.2251	0.9160	0.36
0.40	8.93	0.7904	0.0509	61.69	231.97	62.00	190.32	252.32	0.2399	0.9145	0.40
0.50	15.74	0.8056	0.0409	70.93	235.64	71.33	184.74	256.07	0.2723	0.9117	0.50
0.60	21.58	0.8196	0.0341	78.99	238.74	79.48	179.71	259.19	0.2999	0.9097	0.60
0.70	26.72	0.8328	0.0292	86.19	241.42	86.78	175.07	261.85	0.3242	0.9080	0.70
0.80	31.33	0.8454	0.0255	92.75	243.78	93.42	170.73	264.15	0.3459	0.9066	0.80
0.90	35.53	0.8576	0.0226	98.79	245.88	99.56	166.62	266.18	0.3656	0.9054	0.90
1.00	39.39	0.8695	0.0202	104.42	247.77	105.29	162.68	267.97	0.3838	0.9043	1.00
1.20	46.32	0.8928	0.0166	114.69	251.03	115.76	155.23	270.99	0.4164	0.9023	1.20
1.40	52.43	0.9159	0.0140	123.98	253.74	125.26	148.14	273.40	0.4453	0.9003	1.40
1.60	57.92	0.9392	0.0121	132.52	256.00	134.02	141.31	275.33	0.4714	0.8982	1.60
1.80	62.91	0.9631	0.0105	140.49	257.88	142.22	134.60	276.83	0.4954	0.8959	1.80
2.00	67.49	0.9878	0.0093	148.02	259.41	149.99	127.95	277.94	0.5178	0.8934	2.00
2.50	77.59	1.0562	0.0069	165.48	261.84	168.12	111.06	279.17	0.5687	0.8854	2.50
3.00	86.22	1.1416	0.0053	181.88	262.16	185.30	92.71	278.01	0.6156	0.8735	3.00

■ 부록 9. R-134a의 포화증기표 및 과열증기표 (계속)

T ℃	v m^3/kg	u kJ/kg	h kJ/kg	s kJ/kg K	v m^3/kg	u kJ/kg	h kJ/kg	s kJ/kg K
	P=0.6 bars=0.06 MPa (T_{sat}=−37.07 ℃)				P=1.0 bars=0.10 MPa (T_{sat}=−26.43 ℃)			
Sat.	0.31003	206.12	224.72	0.9520	0.19170	122.18	231.35	0.9395
−20	0.33536	217.86	237.98	1.0062	0.19770	216.77	236.54	0.9602
−10	0.34992	224.97	245.96	1.0371	0.20686	224.01	244.70	0.9918
0	0.36433	232.24	254.10	1.0675	0.21587	231.41	252.99	1.0227
10	0.37861	239.69	262.41	1.0973	0.22473	238.96	261.43	1.0531
20	0.39279	247.32	270.89	1.1267	0.23349	246.67	270.02	1.0829
30	0.40688	255.12	279.53	1.1557	0.24216	254.54	278.76	1.1122
40	0.42091	263.10	288.35	1.1844	0.25076	262.58	287.66	1.1411
50	0.43487	271.25	297.34	1.2126	0.25930	270.79	296.72	1.1696
60	0.44879	279.58	306.51	1.2405	0.26779	279.16	305.94	1.1977
70	0.46266	288.08	315.84	1.2681	0.27623	287.70	315.32	1.2254
80	0.47650	296.75	325.34	1.2954	0.28464	296.40	324.87	1.2528
90	0.49031	305.58	335.00	1.3224	0.29302	305.27	334.57	1.2799
	P=1.4 bars=0.14 MPa (T_{sat}=−18.80 ℃)				P=1.8 bars=0.18 MPa (T_{sat}=−12.73 ℃)			
Sat.	0.13945	216.52	236.04	0.9322	0.10983	219.94	239.71	0.9273
−10	0.14549	223.03	243.40	0.9606	0.11135	222.02	242.06	0.9362
0	0.15219	230.55	251.86	0.9922	0.11678	229.67	250.69	0.9684
10	0.15875	238.21	260.43	1.0230	0.12207	237.44	259.41	0.9998
20	0.16520	246.01	269.13	1.0532	0.12723	245.33	268.23	1.0304
30	0.17155	253.96	277.97	1.0828	0.13230	253.36	277.17	1.0604
40	0.17783	262.06	286.96	1.1120	0.13730	261.53	286.24	1.0898
50	0.18404	270.32	296.09	1.1407	0.14222	269.85	295.45	1.1187
60	0.19020	278.74	305.37	1.1690	0.14710	278.31	304.79	1.1472
70	0.19633	287.32	314.80	1.1969	0.15193	286.93	314.28	1.1753
80	0.20241	296.06	324.39	1.2244	0.15672	295.71	323.92	1.2030
90	0.20846	304.95	334.14	1.2516	0.16148	304.63	333.70	1.2303
100	0.21449	314.01	344.04	1.2785	0.16622	313.72	343.63	1.2573
	P=2.0 bars=0.20 MPa (T_{sat}=−10.09 ℃)				P=2.4 bars=0.24 MPa (T_{sat}=−5.37 ℃)			
Sat.	0.09933	221.43	241.30	0.9253	0.08343	224.07	244.09	0.9222
−10	0.09938	221.50	241.38	0.9256				
0	0.10438	229.23	250.10	0.9582	0.08574	228.31	248.89	0.9399
10	0.10922	237.05	258.89	0.9898	0.08993	236.26	257.84	0.9721
20	0.11394	244.99	267.78	1.0206	0.09399	244.30	266.85	1.0034
30	0.11856	253.06	276.77	1.0508	0.09794	252.45	275.95	1.0339
40	0.12311	261.26	285.88	1.0804	0.10181	260.72	285.16	1.0637
50	0.12758	269.61	295.12	1.1094	0.10562	269.12	294.47	1.0930
60	0.13201	278.10	304.50	1.1380	0.10937	277.67	303.91	1.1218
70	0.13639	286.74	314.02	1.1661	0.11307	286.35	313.49	1.1501
80	0.14073	295.53	323.68	1.1939	0.11674	295.18	323.19	1.1780
90	0.14504	304.47	333.48	1.2212	0.12037	304.15	333.04	1.2055
100	0.14932	313.57	343.43	1.2483	0.12398	313.27	343.03	1.2326

▮부록 9. R-134a의 포화증기표 및 과열증기표 (계속)

T ℃	v m³/kg	u kJ/kg	h kJ/kg	s kJ/kg K	v m³/kg	u kJ/kg	h kJ/kg	s kJ/kg K
	P=2.8 bars=0.28 MPa (T_{sat}=−1.23 ℃)				P=3.2 bars=0.32 MPa (T_{sat}=2.48 ℃)			
Sat.	0.07193	226.38	246.52	0.9197	0.06322	228.43	248.66	0.9177
0	0.07240	227.37	247.64	0.9238				
10	0.07613	235.44	256.76	0.9566	0.06576	234.61	255.65	0.9427
20	0.07972	243.59	265.91	0.9883	0.06901	242.87	264.95	0.9749
30	0.08320	251.83	275.12	1.0192	0.07214	151.19	274.28	1.0062
40	0.08660	260.17	284.42	1.0494	0.07518	259.61	283.67	1.0367
50	0.08992	268.64	293.81	1.0789	0.07815	268.14	293.15	1.0665
60	0.09319	277.23	303.32	1.1079	0.08106	276.79	302.72	1.0957
70	0.09641	285.96	312.95	1.1364	0.08392	285.56	312.41	1.1243
80	0.09960	294.82	322.71	1.1644	0.08674	294.46	322.22	1.1525
90	0.10275	303.83	332.60	1.1920	0.08953	303.50	332.15	1.1802
100	0.10587	312.98	342.62	1.2193	0.09229	312.68	342.21	1.2076
110	0.10897	322.27	352.78	1.2461	0.09503	322.00	352.40	1.2345
120	0.11205	331.71	363.08	1.2727	0.09774	331.45	362.73	1.2611
	P=4.0 bars=0.40 MPa (T_{sat}=8.93 ℃)				P=5.0 bars=0.50 MPa (T_{sat}=15.74 ℃)			
Sat.	0.05089	231.97	252.32	0.9145	0.04086	235.64	256.07	0.9117
10	0.05119	232.87	253.35	0.9182				
20	0.05397	241.37	262.96	0.9515	0.04188	239.40	260.34	0.9264
30	0.05662	249.89	272.54	0.9837	0.04416	248.20	270.28	0.9597
40	0.05917	258.47	282.14	1.0148	0.04633	256.99	280.16	0.9918
50	0.06164	267.13	291.79	1.0452	0.04842	265.83	290.04	1.0229
60	0.06405	275.89	301.51	1.0748	0.05043	274.73	299.95	1.0531
70	0.06641	284.75	311.32	1.1038	0.05240	283.72	309.92	1.0825
80	0.06873	293.73	321.23	1.1322	0.05432	292.80	319.96	1.1114
90	0.07102	302.84	331.25	1.1602	0.05620	302.00	330.10	1.1397
100	0.07327	312.07	341.38	1.1878	0.05805	311.31	340.33	1.1675
110	0.07550	321.44	351.64	1.2149	0.05988	320.74	350.68	1.1949
120	0.07771	330.94	362.03	1.2417	0.06168	330.30	361.14	1.2218
130	0.07991	340.58	372.54	1.2681	0.06347	339.98	371.72	1.2484
140	0.08208	350.35	383.18	1.2941	0.06524	349.79	382.42	1.2746
	P=6.0 bars=0.60 MPa (T_{sat}=21.58 ℃)				P=7.0 bars=0.70 MPa (T_{sat}=26.72 ℃)			
Sat.	0.03408	238.74	259.19	0.9097	0.02918	241.42	261.85	0.9080
30	0.03581	246.41	267.89	0.9388	0.02979	244.51	265.37	0.9197
40	0.03774	225.45	278.09	0.9719	0.03157	253.83	275.93	0.9539
50	0.03958	264.48	288.23	1.0037	0.03324	263.08	286.35	0.9867
60	0.04134	273.54	298.35	1.0346	0.03482	272.31	296.69	1.0182
70	0.04304	282.66	308.48	1.0645	0.03634	281.57	307.01	1.0487
80	0.04469	291.86	318.67	1.0938	0.03781	290.88	317.35	1.0784
90	0.04631	301.14	328.93	1.1225	0.03924	300.27	327.74	1.1074
100	0.04790	310.53	339.27	1.1505	0.04064	309.74	338.19	1.1358
110	0.04946	320.03	349.70	1.1781	0.04201	319.31	348.71	1.1637
120	0.05099	329.64	360.24	1.2053	0.04335	328.98	359.33	1.1910
130	0.05251	339.38	370.88	1.2320	0.04468	338.76	370.04	1.2179
140	0.05402	349.23	381.64	1.2584	0.04599	348.66	380.86	1.2444
150	0.05550	359.21	392.52	1.2844	0.04729	358.68	391.79	1.2706
160	0.05698	369.32	403.51	1.3100	0.04857	368.82	402.82	1.2963

▮부록 9. R-134a의 포화증기표 및 과열증기표 (계속)

T ℃	v m³/kg	u kJ/kg	h kJ/kg	s kJ/kg K	v m³/kg	u kJ/kg	h kJ/kg	s kJ/kg K
	P=8.0 bars=0.80 MPa (T_{sat}=31.33 ℃)				P=9.0 bars=0.90 MPa (T_{sat}=35.53 ℃)			
Sat.	0.02547	243.78	264.15	0.9066	0.02255	245.88	266.18	0.9054
40	0.02691	252.13	273.66	0.9374	0.02325	250.32	271.25	0.9217
50	0.02846	261.62	284.39	0.9711	0.02472	260.09	282.34	0.9566
60	0.02992	271.04	294.98	1.0034	0.02609	269.72	293.21	0.9897
70	0.03131	280.45	305.50	1.0345	0.02738	279.30	303.94	1.0214
80	0.03264	289.89	316.00	1.0647	0.02861	288.87	314.62	1.0521
90	0.03393	299.37	326.52	1.0940	0.02980	298.46	325.28	1.0819
100	0.03519	308.93	337.08	1.1227	0.03095	308.11	335.96	1.1109
110	0.03642	318.57	347.71	1.1508	0.03207	317.82	346.68	1.1392
120	0.03762	328.31	358.40	1.1784	0.03316	327.62	357.47	1.1670
130	0.03881	338.14	369.19	1.2055	0.03423	337.52	368.33	1.1943
140	0.03997	348.09	380.07	1.2321	0.03529	347.51	379.27	1.2211
150	0.04113	358.15	391.05	1.2584	0.03633	357.61	390.31	1.2475
160	0.04227	368.32	402.14	1.2843	0.03736	367.82	401.44	1.2735
170	0.04340	378.61	413.33	1.3098	0.03838	378.14	412.68	1.2992
180	0.04452	389.02	424.63	1.3351	0.03939	388.57	424.02	1.3245
	P=10.0 bars=1.00 MPa (T_{sat}=39.39 ℃)				P=12.0 bars=1.20 MPa (T_{sat}=46.32 ℃)			
Sat.	0.02020	247.77	267.97	0.9043	0.01663	251.03	270.99	0.9023
40	0.02029	248.39	268.68	0.9066				
50	0.02171	258.48	280.19	0.9428	0.01712	254.98	275.52	0.9164
60	0.02301	268.35	291.36	0.9768	0.01835	265.42	287.44	0.9527
70	0.02423	278.11	302.34	1.0093	0.01947	275.59	298.96	0.9868
80	0.02538	287.82	313.20	1.0405	0.02051	285.62	310.24	1.0192
90	0.02649	297.53	324.01	1.0707	0.02150	295.59	321.39	1.0503
100	0.02755	307.27	334.82	1.1000	0.02244	305.54	332.47	1.0804
110	0.02858	317.06	345.65	1.1286	0.02335	315.50	343.52	1.1096
120	0.02959	326.93	356.52	1.1567	0.02423	325.51	354.58	1.1381
130	0.03058	336.88	367.46	1.1841	0.02508	335.58	365.68	1.1660
140	0.03154	346.92	378.46	1.2111	0.02592	345.73	376.83	1.1933
150	0.03250	357.06	389.56	1.2376	0.02674	355.95	388.04	1.2201
160	0.03344	367.31	400.74	1.2638	0.02754	366.27	399.33	1.2465
170	0.03436	377.66	412.02	1.2895	0.02834	376.69	410.70	1.2724
180	0.03528	388.12	423.40	1.3149	0.02912	387.21	422.16	1.2980
	P=14.0 bars=1.40 MPa (T_{sat}=52.43 ℃)				P=16.0 bars=1.60 MPa (T_{sat}=57.92 ℃)			
Sat.	0.01405	253.74	273.40	0.9003	0.01208	256.00	275.33	0.8982
60	0.01495	262.17	283.10	0.9297	0.01233	258.48	278.20	0.9069
70	0.01603	272.87	295.31	0.9658	0.01340	269.89	291.33	0.9457
80	0.01701	283.29	307.10	0.9997	0.01435	280.78	303.74	0.9813
90	0.01792	293.55	318.63	1.0319	0.01521	291.39	315.72	1.0148
100	0.01878	303.73	330.02	1.0628	0.01601	301.84	327.46	1.0467
110	0.01960	313.88	341.32	1.0927	0.01677	312.20	339.04	1.0773
120	0.02039	324.05	352.59	1.1218	0.01750	322.53	350.53	1.1069
130	0.02115	334.25	363.86	1.1501	0.01820	332.87	361.99	1.1357
140	0.02189	344.50	375.15	1.1777	0.01887	343.24	373.44	1.1638
150	0.02262	354.82	386.49	1.2048	0.01953	353.66	384.91	1.1912
160	0.02333	365.22	397.89	1.2315	0.02017	364.15	396.43	1.2181
170	0.02403	375.71	409.36	1.2576	0.02080	374.71	407.99	1.2445
180	0.02472	386.29	420.90	1.2834	0.02142	385.35	419.62	1.2704
190	0.02541	396.96	432.53	1.3088	0.02203	396.08	431.33	1.2960
200	0.02608	407.73	444.24	1.3338	0.02263	406.90	443.11	1.3212

■ 부록 10. R-134a의 $P-h$선도

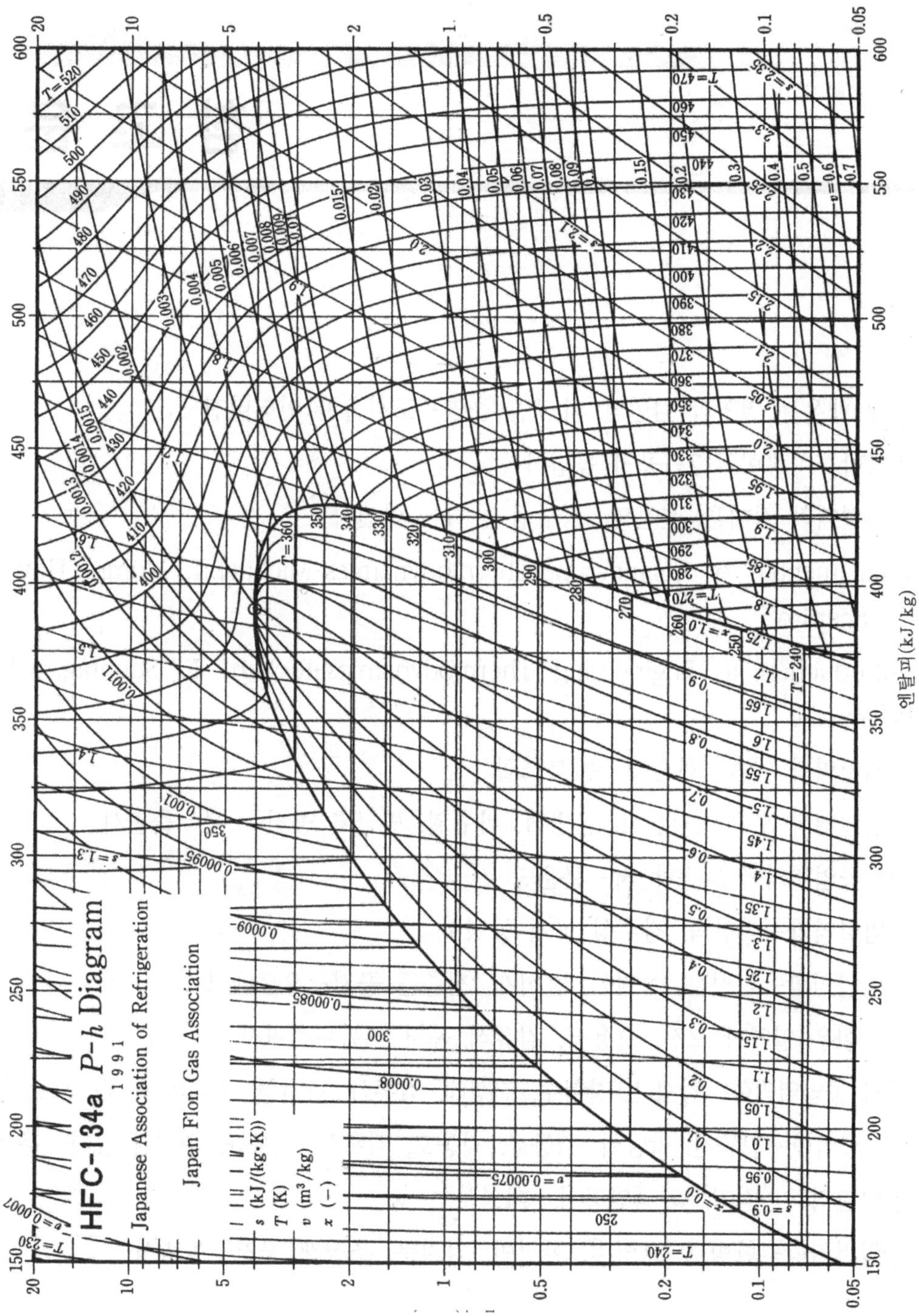

참 고 문 헌

1. 쉽게 배우는 열역학-김민남 외 7인 공역- 도서출판 인터비젼
2. 열역학 -허경희외 7인공저-동명사
3. 기계열역학-김태훈, 문훈영, 정구섭 공저 - 학연사
4. Fundamentals of Engineering Thermodynamics-Michael J. Moran, Howard N. Shapiro
5. Introduction to Engineering Thermodynamics-Richard E. Sonntag, Claus Borgnakke
6. 기계열역학 연습- 한홍걸-(주)북스힐
7. 공업열역학-오용석.김홍석, 문병철, 바귀열, 방극호 공저 - 복두출판사
8. 최신공업열역학-노승탁 저- 문운당
9. 공업열역학- 이창식, 김우성 공저-동명사
10. 공업열역학- 김철수, 이원섭, 유석재, 신종근 공저- 오토테크
11. 알기쉬운 열역학-오선, 오용석, 김유식 공저 - 복두출판사
12. 신제 공업열역학- 김재근, 강형수, 전성태, 김홍석, 박기형, 조국환 공저- 오토테크
13. 공업열역학- 김동진, 박남섭, 김동균, 김동호, 김홍석, 이봉규, 추교찬 공저- 문운당
14. 공업열역학 -김지문외 4인공저- 대영사
15. 공업열역학- 한병호, 오영일, 한성빈, 김지문, 조성재 공저- 동명사

찾 아 보 기

ㅅ

ㅇ

ㅋ

ㅌ

ㅍ

ㅎ

C

H

J

R

T

쉽게배우는 열역학

2020년 2월 1일 초판 인쇄
2020년 2월 5일 인쇄 발행
저 자 정구섭 · 정용욱
발 행 인 송기수
발 행 처 도서출판 GS인터비전
편 집 처 도서출판 GS인터비전
인 쇄 처 대명프린팅
등록번호 제 25100-2016-000050호
I S B N 979-11-5576-318-6(93420)
주 소 서울 은평구 증산로 15길 69 2층
전 화 02-976-7898, 02-3272-7898.
팩 스 02-6468-7898
홈페이지 gsintervision.co.kr
E-Mail gsinter7@gmail.com
정 가 32,000원